E. RAVIN

PHARMACIEN

Directeur du Jardin botanique de la ville d'Auxerre.

FLORE DE L'YONNE

CATALOGUE DES PLANTES

CROISSANT NATURELLEMENT OU SOUMISES A LA GRANDE CULTURE

DANS LE DÉPARTEMENT.

DEUXIÈME ÉDITION.

AUXERRE

CHEZ L'AUTEUR, RUE DU PONT, 106.

—

1866.

FLORE DE L'YONNE.

E. RAVIN

PHARMACIEN

Directeur du Jardin botanique de la ville d'Auxerre.

FLORE DE L'YONNE

CATALOGUE DES PLANTES

CROISSANT NATURELLEMENT OU SOUMISES A LA GRANDE CULTURE

DANS LE DÉPARTEMENT.

———

DEUXIÈME ÉDITION.

AUXERRE

CHEZ L'AUTEUR, RUE DU PONT, 106.

—

1866.

INTRODUCTION.

—

Au point de vue botanique on peut établir quatre régions qui nous serviront de base pour étudier la distribution géographique des plantes dans l'Yonne. Nous aurons donc :

1° La région granitique, qui comprend la partie sud de l'Avallonnais, depuis Pont-Aubert jusqu'à la Nièvre ;

2° La région jurassique, qui s'étend dans le centre et l'est, depuis Avallon jusqu'à Auxerre, et de Châtel-Censoir jusqu'à la Côte-d'Or ;

3° La région crétacée qui occupe la partie nord du département ;

4° La région sablonneuse à l'ouest.

Nous ne prétendons point dire, en admettant cette division, que chacun de ces terrains ne renferme que des plantes spéciales, loin de là notre pensée ; nous savons au contraire que beaucoup d'espèces sont communes à tous. Néanmoins un grand nombre d'autres existent pour les caractériser et leur donner une végétation particulière ; on observe encore pour certaines espèces des rapprochements entre les sables du terrain crétacé, le granite, la craie et le terrain jurassique.

I. Région granitique. — Le sol de cette région, arrosé par le Cousin, la Cure et le Trainclain, est très-accidenté; on n'y trouve point de plaines : partout des montagnes couvertes de bois, des vallées étroites, des rochers escarpés réunis en masses imposantes ou disséminés çà et là dans les champs, dans les cours d'eau, impriment à la contrée un aspect pittoresque et particulier; des bois nombreux arrêtent l'écoulement et l'évaporation des eaux, qui entretiennent dans le pays une fraîcheur remarquable; aussi la végétation, quoique très vigoureuse, y est-elle sensiblement retardée. Elle est caractérisée particulièrement par la présence des plantes suivantes :

Ranunculus aconitifolius, Corydalis solida, Cardamine sylvatica, Thlaspi sylvestre, Stellaria nemorum, Chrysosplenium oppositifolium, Impatiens noli tangere, Rubus idæus, Sambucus racemosa, Senecio fuschii, Doronicum pardalianches, Digitalis purpurea, Luzula maxima, Asplenium septentrionale, Aspidium aculeatum.

II. Région jurassique. — Dans cette région, le sol est très perméable, peu boisé; des coteaux nus, des rochers arides, des plaines découvertes, sous l'influence du soleil s'échauffent plus que partout ailleurs; aussi la végétation y est-elle riche et variée; nous citerons comme caractéristiques de cette région les plantes suivantes :

Adonis æstivalis, autumnalis, flammea, Anemone pulsatilla, sylvestris, Ranunculus gramineus, Helianthemum pulverulentum, procumbens, Hesperis matronalis, Thlaspi montanum, Arabis brassicæformis, Ononis natrix, columnæ,

Coronilla minima, Hippocrepis comosa, Amelanchier vulgaris, Libanotis montana, Trinia vulgaris, Ptychotis heterophylla, Peucedanum cervaria, Laserpitium latifolium, Artemisia camphorata, Pyrethrum corymbosum, Xeranthemum cylindraceum, Tragopogon major, Aster amellus, Podospermum laciniatum, Convolvulus cantabrica, Hyssopus officinalis, Veronica teucrium, Lithospermum purpureo-cæruleum, Globularia vulgaris, Phyteuma orbiculare, Muscari lelievrii, Alopecurus utriculatus, Avena pratensis, Kæleria setacea, Ceterach officinarum, Polypodium robertianum.

III. Région crétacée. — La végétation de cette région a beaucoup de rapport avec celle du terrain jurassique ; il n'y a rien d'étonnant qu'il en soit ainsi : les plaines y sont découvertes, les coteaux arides, les bois clairs ; on trouve donc là pour les plantes les mêmes moyens d'existence.

Aussi on y rencontre, comme dans le calcaire jurassique, les espèces suivantes :

Anthyllis vulneraria, Coronilla minima, Teucrium montanum, Papaver somniferum, Carduus tenuiflorus, Ononis natrix, columnæ, Cirsium oleraceum, Fœniculum officinale, Festuca rigida, Arabis arenosa, Genista pilosa, Helianthemum procumbens, pulverulentum ; Thalictrum collinum, Fumaria parviflora, Saponaria vaccaria, Adonis æstivalis, autumnalis, etc., etc.

Les espèces qui suivent sont caractéristiques de la craie dans l'Yonne :

Petasites vulgaris, Linaria supina, Inula germanica, Sisymbrium supinum, irio, Carduus crispus, Chenopodium glaucum, Reseda phyteuma, Spiranthes autumnalis, etc.

IV. Région des Sables. — Le sous-sol de cette région

est argileux; il empêche l'infiltration des eaux qui se rassemblent dans les bas-fonds, pour former des étangs, des marécages, des tourbières. Les parties découvertes et en pente exposées au midi sont très arides, très brûlantes ; peu d'espèces peuvent y croître. On y voit çà et là quelques pieds rabougris de Aira canescens, Jasione montana, Calluna vulgaris, au milieu des Lichens ; mais aussitôt qu'on rencontre un peu d'humidité, l'aspect change et la végétation devient très variée. C'est ainsi qu'on trouve dans les bois Selinum carvifolium, Ulex nanus, Gentiana pneumonanthe, Hypochæris maculata, Peucedanum gallicum, oreoselinum, Helianthemum guttatum, Sedum elegans, Mellitis grandiflora, Genista anglica, Centaurea nigra, Arnica montana, Pyrola rotundifolia, etc. Dans les lieux découverts on rencontre Inula graveolens, Anthemis nobilis, Filago montana, arvensis, Chamagrostis minima, Lychnis viscaria, Silene conica, Cynodon dactylon, Spergularia segetalis, Juncus capitatus, Plantago arenaria, Veronica triphyllos, acinifolia, Festuca uniglumis, Chrysantemum segetum, Corrigiola littoralis, Cicendia pusilla, Microcala filiformis, Spergula subulata, etc. Dans les lieux marécageux on voit Lobelia urens, Salix repens, Lycopodium inundatum, Tillæa muscosa, Drosera rotundifolia, Erica tetralix, Cyperus flavescens, Spiranthes æstivalis, Eriophorum angustifolium, Helosciadium repens, Carum verticillatum, Nardus stricta, etc. Dans les tourbières, Osmunda regalis, Menyanthes trifoliata, Elodes palustris, Potamogeton oblongum, Ranunculus hederaceus, Galium uliginosum, Carex biligularis, stellulata, Drosera intermedia, Blechnum spicans, Juncus obtusiflorus, squarrosus, Polystichum spinulosum, etc.

Dans les régions que nous venons de parcourir, chaque plante choisit la place qui convient le mieux à son organisation. Les unes vivent dans les bois montueux, clairs, comme Doronicum pardalianches, Gentiana lutea, germanica, ciliata, Inula salicina, Orchis simia, Anemone sylvestris, Geranium sanguineum, Ranunculus gramineus, Phyteuma orbiculare ; les autres dans les bois couverts, comme Neottia nidus avis, Asarum europæum, Melica uniflora, etc.; d'autres sur les côteaux arides, Coronilla minima, Hyssopus officinalis, Convolvulus cantrabrica, Artemisia camphorata, Medicago minima, Ficus carica, Anemone pulsatilla, etc.; d'autres accompagnent partout les moissons, telles sont Buplevrum rotundifolium, Alsine tenuifolia, Radiola linoïdes, Caucalis daucoïdes, Turgenia latifolia, Delphinium consolida, Galeopsis ladanum, ochroleuca, Adonis æstivalis, autumnalis, Nigella arvensis, Galium tricorne, Orlaya grandiflora, Matricaria chamomilla, etc.

Certaines autres affectionnent, soit les prés humides. comme Alopecurus utriculatus, Œnanthe lachenalii, peucedanifolia, Lychnis floscuculi, Senecio paludosus, Triglochin palustre, Schœnus nigricans, Parnassia palustris, Thalictrum flavum ; soit les bords des ruisseaux, des étangs, des rivières ; de ce nombre sont Caltha palustris, Spiræa ulmaria, Lithrum salicaria, Salix alba, cinerea, aurita, viminalis, Alnus glutinosa, Carex riparia, acuta, Scirpus maritimus, sylvaticus, Bidens tripartita, cernua, Lysimachia vulgaris, Potentilla supina, Alisma ranunculoïdes, Polygonum persicaria, etc., ou bien habitent les eaux mêmes, comme Typha angustifolia, Sparganium ramosum, simplex, Alisma plantago, Sagittaria sagittæfolia, Ranunculus fluitans, Naias major, minor, les Potamogeton, Glyceria fluitans, Hippuris vulgaris, les Myriophyllum, les Callitriche.

Œnanthe fistulosa, phellandrium, etc. Beaucoup d'autres avoisinent toujours les habitations, et croissent au pied des murs, sur les toits, les décombres, les fumiers ; parmi celles-ci, on trouve Sempervivum tectorum, Iris germanica, Datura stramonium, Hyosciamus niger, Chenopodium murale, Amaranthus sylvestris, Chelidonium majus, Lepidium rudérale, etc.

Il en est encore un certain nombre qui vivent aux dépens des autres, celles-ci sur le tronc des arbres, comme le Gui (Viscum album); celles-là sur les racines, comme les Orobanches (Orobanche ramosum, galii, epithymum, amethystea, etc.); d'autres étreignent de leurs mille bras les luzernes, les bruyères, les polygala, le houblon, absorbent tous les sucs nutritifs de ces diverses plantes et les font mourir; aussi leur a-t-on donné le nom de Teignes (Cuscuta minor et major).

On voit d'après ce qui précède que les différents terrains de notre département sont représentés dans la Flore par des espèces spéciales à ces terrains, espèces qui leur donnent souvent une physionomie particulière. Certains botanistes, tout en admettant la grande influence, au point de vue physique et chimique, du sol géologique, n'ont voulu voir dans les plantes examinées sous cet aspect que trois catégories : les espèces indifférentes, les espèces des terrains calcaires et celles des terrains siliceux. Cela peut être vrai si l'on examine la chose d'une manière générale, mais nous ne pouvons nier que nos terrains ne soient nettement caractérisés par leur flore et nous préférons de beaucoup cette division. Nous voyons bien quelquefois certaines plantes caractéristiques d'un terrain se retrouver dans un autre, mais elles s'y trouvent alors dans des conditions exceptionnelles et les échantillons sont presque toujours isolés. C'est ainsi qu'on trouvera quelquefois parmi les roches à base de silice et d'alumine des plantes calcicoles ; mais alors ces roches renferment aussi une petite proportion de chaux carbonatée, qu'elles livrent en se désagrégeant peu à peu.

L'addition de la chaux comme fumure des terres arables, enfin la présence d'une notable proportion de silice dans certains calcaires sont presque immédiatement dévoilés par les végétaux qui apparaissent à leur surface et font voir l'exception à côté de la règle.

Après avoir reconnu plusieurs grandes régions botaniques dans le département, il est de notre devoir d'indiquer quelques-unes de nos herborisations aux botanistes qui voudront le parcourir à leur tour. Nous allons donc prier le lecteur de nous suivre pour un instant dans nos excursions.

1º HERBORISATION DANS LE CALCAIRE DES ENVIRONS D'AUXERRE.

Si l'on sort d'Auxerre par la porte du Pont et que l'on prenne la route de Lyon, le premier chemin que l'on rencontre est celui d'Egriselles. Sur le talus de gauche, entre le 1er et le 2e kilomètre, on remarque çà et là, exposé au midi, le pavot cornu (Glaucium flavum), si reconnaissable à ses longs fruits arqués, siliquiformes. Le Festuca rigida nous apparaît, en même temps que la suavité de leur odeur nous fait découvrir dans les haies les Rosa dumetorum, rubiginosa, Lemanii, dumalis. En revenant sur les côteaux qui bordent la route de Lyon, nous trouverons, selon la saison, Anemone pulsatilla, Carex gynobasis, Ophrys apifera, Papaver somniferum, Rubus tomentosus, Globularia vulgaris, Ononis natrix, columnæ, Medicago minima, Ptychotis heterophylla. Au pied des côteaux, à droite de la route, s'étend la prairie marécageuse de Sainte-Nitace. Là nous trouverons en abondance Alopecurus utriculatus, Œnanthe lachenalii, Orchis galeata, Festuca arundinacea, Glyceria airoïdes, Valeriana dioïca, Epipactis palustris, Orchis conopsea, Chara hispida, fragilis. Dans les haies qui bordent la route, la vigne étale en liberté ses longs sarments et, sur le talus du fossé entre le 3e et le 4e kilomètre, le Bunias orientalis est complétement naturalisé. Plus loin on voit, sur la gauche, le petit bois de Côte-Neuve où croissent l'Ophrys pseudospeculum, Thalictrum montanum, Teucrium montanum. De là jusqu'à Saint-Bris la végétation est la même que celle des côteaux, mais au-delà de cette petite ville nous ferons une ample moisson. Les bois situés entre Saint-Cyr, Irancy et Saint-Bris, renferment une grande quantité d'espèces intéressantes parmi lesquelles nous distinguerons Laserpitium latifolium, Gentiana lutea, germanica, Asarum europæum, remarquable par sa racine à saveur poivrée, Hypericum montanum, Cytisus supinus, Genista pilosa, Avena pratensis, Phalangium ramosum, Orchis simia, fusca, Aceras pyramidalis, Ophrys myodes, Epipactis ensifolia, latifolia, atrorubens, Cephalanthera rubra, Narcissus poeticus, Neottia nidus avis, Libanotis montana, Phyteuma orbicularis, Odontites lutea, Pyrethrum corymbosum. Dans les champs vous récolterez Iberis amara, Erysimum orientale, Euphorbia falcata ; puis, sur le sommet des côteaux qui environnent Irancy, le Gentiana germanica et le Micropus erectus vous apparaîtront tandis que vous découvrirez Arabis arenosa dans les vignes et Phalangium ramosum sur les mergers.

Après avoir traversé Irancy par une vallée étroite, on arrive à la rivière que l'on traverse à Vincelottes ; Vincelles se trouve tout près, et derrière Vincelles les bois de l'hôpital couvrent le sommet des côteaux ; les pentes offrent un gazon court formé par le Carex humilis entremêlé çà et là de Helianthemum procumbens. Les Ranunculus gramineus, Thlaspi montanum, Amelanchier vulgaris, Lithospermum purpureo cæruleum, Anemone sylvestris, Orchis simia, habitent les bois ; on rencontre dans les prés humides, au Val-de-Mercy, Narcissus poeticus ; dans les haies, Berberis vulgaris ; sur les bords des chemins et des champs, Fumaria parviflora, Polygala austriaca ; dans le bois des Brosses, situé au-dessus de Coulanges-la-Vineuse, on trouve Aceras anthropophora ; à Jussy, dans les champs, Orlaya grandiflora, dans les vignes Tulipa sylvestris.

Les essences qui constituent les bois que nous avons parcourus dans cette première excursion sont : le chêne, le charme, l'érable, l'alisier, l'alouchier, le courgelier, quelquefois le hêtre.

2° HERBORISATION DANS LES SABLES DES ENVIRONS D'AUXERRE.

En sortant d'Auxerre par la porte d'Eglény, si l'on prend l'ancienne route de Saint-Georges, on aborde au sommet de la côte le terrain sablonneux-ferrugineux. Là, dans les champs qui environnent la tour, autrefois moulin de Saint-Georges, on trouve en abondance Festuca uniglumis, Plantago arenaria, Brassica cheïranthus, Aira canescens ; sur les talus de la route, Armeria plantaginea ; dans les taillis de droite, Sedum elegans, Orchis bifolia ; dans ceux de gauche, Orchis chlorantha, Genista tinctoria, Pyrola rotundifolia, Festuca tenuifolia ; à un kilomètre plus à gauche se trouvent d'autres taillis où croit le Chlora perfoliata ; dans les vignes situées entre les deux taillis que je viens de citer, abonde le Lathyrus tuberosus. Dans les moissons on trouvera Chrysanthemum segetum, Vicia varia, Lathyrus hirsutus, Herniaria hirsuta ; sur les bords des champs et des chemins, Buplevrum tenuissimum, Carex tomentosa, Oxalis stricta ; dans les petits bois entre Perrigny et Saint-Georges, Sanicula europæa, Lathyrus nissolia, Sison amomum. Ce dernier ne se trouve que dans l'allée perpendiculaire au grand chemin ; de là, si l'on regagne la route en passant par Saint-Georges, après avoir traversé le ruisseau de Baulches, toujours en suivant la route, on passera dans les bois de Charbuy, très agréables pour le promeneur, mais n'offrant rien de remarquable ; les Genista anglica, Erica tetralix, Aira flexuosa se présentent à chaque pas. Dans les chemins creux qui conduisent à Charbuy, sur les talus à l'ombre des grandes haies, fleurissent les Viola odorata et subcarnea, tandis que, sur les bords des prés, le Trifolium molinerii étale ses fleurs d'un blanc jaunâtre ou rosé.

Au-delà de Charbuy, la route traverse un bois de pins qui s'étend jusqu'à Riot ; là se trouve un étang qui alimente un moulin, et c'est dans cet étang même que pousse le Menyanthes trifoliata ; dans les vernées marécageuses on trouve Stellaria uliginosa, Cardamine amara, Carex paniculata, Veronica montana, Galeobdolon luteum. En se dirigeant au nord, on traverse Vieuxchamp et d'autres hameaux de Charbuy. Les chemins sont bordés de haies où l'on rencontre fréquemment le néflier, le prunier, l'agripaume (Leonurus cardiaca) ; au-delà de Charbuy, on arrive dans les bruyères situées entre Charbuy, Perrigny et Appoigny ; ces bruyères sont aujourd'hui presque défrichées, mais dans les parties encore incultes et humides, on peut recueillir en abondance Ulex nanus, Carex pulicaris, Rhyncospora alba, Carum verticillatum, Salix repens, Spiranthes æstivalis,

Lobelia urens, Radiola linoïdes, Illecebrum verticillatum, Microcala filiformis.

Dans les bois humides autour des bruyères, on rencontre Gentiana pneumonanthe, Hypochæris maculata, Selinum carvifolium, Centaurea nigra, Erica tetralix; dans les portions sèches des bruyères on peut recueillir Inula graveolens, Filago lutescens, Anthemis nobilis, Gnaphalium dioïcum, Spergula subulata, Mænchia erecta. En se rapprochant d'Appoigny, près du bois appelé la Biche, les bruyères deviennent tourbeuses; elles sont habitées par Elodes palustris, Eriophorum angustifolium, Potamogeton oblongum, Ranunculus hederaceus, Lycopodium inundatum, Galium uliginosum, Osmunda regalis, Nardus stricta.

En traversant le ruisseau de la Biche, on quitte les bruyères pour reprendre immédiatement les sables; on trouve alors dans les chemins les Cynodon dactylon, Silene conica, Veronica verna, Saxifraga granulata, Linaria pelisseriana, Gagea arvensis, et surtout le Lychnis viscaria que l'on ne rencontre nulle part ailleurs; on peut revenir à Auxerre en passant par les Bries et Bruande. Dans les bois, avant d'arriver à ce hameau, croît en très-grande abondance le Sedum telephium ; c'est là la plus belle station de cette plante dans l'Yonne.

3° HERBORISATION DANS LE GRANITE, SUR LES BORDS DU COUSIN.

Si l'on veut se rendre un compte exact de la richesse botanique et de la beauté grandiose de notre Avallonnais, il faudra se rendre à Pont-Aubert pour remonter de là le cours du Cousin. A Pont-Aubert même, en un lieu tourbeux, sur la rive droite de la rivière, on trouve l'Epilobium palustre ; passant ensuite sur la rive gauche on pourra recueillir, dans les fentes des rochers, Asplenium lanceolatum, et en poursuivant plus loin, Corydalis solida, Stellaria nemorum, Digitalis purpurea, Allium ursinum, Impatiens noli tangere, Aspidium angulare, Luzula maxima, Sedum sexangulare: après avoir remonté la rive gauche, deux kilomètres environ, le chemin se perd, car il est barré par les rochers, et il faut, pour continuer sa route, ou grimper sur les rochers et tourner les bois, ou repasser sur la rive droite, à l'aide des débris de roche qui encombrent partout la rivière ; on s'expose, il est vrai, à se mouiller légèrement si l'on fait un faux pas, mais on y gagne une délicieuse promenade, et l'occasion de recueillir, vers un moulin à tan, l'Ulmus effusa ; dans les taillis, Scilla bifolia ; sur les rochers, Festuca poa. Asplenium septentrionale, etc. Arrivé à Avallon, on reprendra la rive gauche ; dans les bois, à mi-côte, on trouvera Doronicum pardalianches, Sambucus racemosa, Galium harcynicum ; plus loin, sur les bords mêmes du Cousin, Epilobium spicatum, le rare Meconopsis cambrica ainsi que les Rubus idæus et glandulosus; dans les lieux humides, Chrysosplenium oppositifolium, Ranunculus aconitifolius, Polystichum spinulosum, Corrigiola littoralis. Ensuite passant encore sur la rive droite, on retourne à Avallon, par les côteaux sur lesquels on trouve l'Hypericum linearifolium, Illecebrium verticillatum, Lychnis sylvestre, etc.

4° HERBORISATION DANS LA CRAIE, DE THORIGNY A PONT-SUR-YONNE.

En sortant de Thorigny dans la direction du nord, on trouve dans les champs, outre les espèces communes aux terrains calcaires, quelques plantes intéressantes en assez grande abondance : Fumaria parviflora, Adonis æstivalis,

flammea; on aperçoit quelques pieds du Galium anglicum,
et, chose remarquable, c'est que dans l'Auxerrois cette espèce ne croît que dans les terres sablonneuses. En continuant toujours dans la même direction, on ne tarde pas à
atteindre des côteaux peu boisés, sur lesquels on pourra
recueillir Rubus glandulosus, Thalictrum montanum, Ononis
columnæ, Orobanche teucrii, Helianthemum procumbens et
pulverulentum, et dans les bois des Granges le rare Pyrola
rotundifolia, grâce à la découverte qu'en a faite le très-obli-
geant M. Bonjour.

Entre Thorigny et Saint-Martin, le long de l'Oreuse, les
prés sont souvent bordés par une belle mauve, le Malva
italica. A Fleurigny, tout en visitant l'œuvre de Jean Cousin
et le château dont les souvenirs historiques pourront faire
oublier au touriste, pour un instant, ses préoccupations botaniques, on pourra recueillir le Saponaria vaccaria et l'Adonis autumnalis. L'Hypericum tetrapterum apparaît dans
les prés humides, tandis que sur les bords des ruisseaux
on voit partout le Cirsium oleraceum étaler ses grandes
feuilles radicales. La végétation devient alors tout à fait
uniforme.

A Pont-sur-Yonne, sur le pont même, croît le Sisymbrium
irio, au pied du parapet et dans les interstices des marches
de l'escalier qui conduit dans la petite île placée au milieu
de la rivière. Cette petite île (1) devra toujours être visitée
par les botanistes, car elle donne asile à une plante bien
rare pour notre département; nous voulons parler du Sisymbrium supinum, qui se trouve là en compagnie du Medicago
media et du Sinapis nigra.

(1) Cette île est aujourd'hui détruite.

5ᵉ HERBORISATION A LAROCHE ET SES ENVIRONS.
TERRAIN CRÉTACÉ INFÉRIEUR.

A la sortie de la gare du chemin de fer, à Laroche, il existe une chambre d'emprunt arrosée par un ruisseau ; une humidité permanente permet, malgré le peu de terre végétale qui s'y trouve, le développement d'un grand nombre de plantes aquatiques, parmi lesquelles on sera heureux de trouver Epilobium palustre, Carex pseudo-cyperus, Carex distans, Scirpus tabernæmontani, Typha latifolia. A Laroche devant les maisons, sur le talus boisé de la route et vers la rivière, se trouve le Tordylium maximum, plante rare chez nous, tandis qu'elle est citée comme commune dans la flore du centre de la France ; plus loin, sur le quai, au pied des murs de l'auberge du Petit-Matelot, croît le Lepidium ruderale, espèce bien reconnaissable à l'odeur forte et désagréable qu'elle exhale ; aussi la sent-on très bien avant de la voir. Les champs sont couverts par la Linaire couchée (Linaria supina). On rencontre çà et là l'Isatis tinctoria, l'Erysimum cheïriflorum, et dans les haies le Rosa tomentosa.

A Looze on trouve la Belladone (Atropa belladona). Dans les bois autour de Looze, Asperula odorata ; sur les pelouses sèches, Aceras antropophora, Orchis ustulata, Ophrys apifera ; près Brion, sur le versant ouest d'un côteau nu, dont le sommet est couvert par le Genista pilosa, se trouve la plus belle station dans l'Yonne du Polygala austriaca dont toutes les fleurs sont roses. Les champs autour de Brion et Migennes n'offrant plus rien de remarquable, on se rendra sur les bords du canal de Bourgogne, vers le pont qui conduit à Cheny ; là, sur la rive droite du canal jusqu'à

Laroche, les fossés sont marécageux et l'on pourra recueillir Blysmus compressus, Carex ampullacea et vesicaria, et sur le fond du canal même, en face la gare de Laroche, les Naias major et minor, le Nitella stelligera, Utricularia neglecta, Ranunculus divaricatus ; enfin, sur les bords du canal, Verbascum phlomoïdes.

Il serait superflu de nous étendre davantage sur nos excursions ; le résultat de nos herborisations est tout entier dans notre catalogue, puisque nous indiquons les lieux précis où nous avons recueilli les espèces rares ou peu communes. Toutefois nous devons prévenir les botanistes qui plus tard parcourront l'Yonne, qu'ils ne retrouveront plus certaines stations de plantes qui déjà sont complétement bouleversées, notamment celles qui affectionnent les bruyères sèches ou humides. Depuis la pratique du drainage que nous avons vu venir avec effroi, mais avec encore plus de respect, beaucoup de terres jusqu'alors incultes, mais très-appréciées par nous pour la variété de leur végétation, ont été assainies. Aujourd'hui déjà les seigles remplacent les Lobélies, les Spiranthes d'été, le Salix repens. Ces pauvres déshéritées n'ont point encore disparu complétement des domaines qu'elles possédaient depuis tant de siècles et leur présence dans les sillons, malgré le soc de la charrue, semble protester contre son envahissement.

La classification suivie pour ce catalogue est celle du prodrôme de de Candolle. L'ouvrage qui a été constamment notre guide est celui de M. Boreau, directeur du jardin botanique d'Angers.

Nous nous sommes appliqué à réunir, pour chaque plante signalée, le plus de renseignements possibles. C'est ainsi qu'on trouvera à chaque numéro du catalogue le nom, la synonymie, la station et la localité précises, l'exposition, aussi souvent que cela aura été possible, l'époque de la floraison, la durée d'existence, la nature du sol, enfin les observations particulières qu'il nous a été donné de recueillir.

Nous avons pensé qu'il serait bien de construire des clefs analytiques pour les familles, les genres et les espèces. Notre catalogue deviendra ainsi plus pratique, il servira de guide pour l'étude des plantes de l'Yonne, en même temps qu'il deviendra un livre élémentaire destinée à propager le goût de notre science favorite, si utile dans ses applications à l'agriculture, à l'industrie, à la médecine.

Enfin, notre catalogue, ainsi disposé, offrira encore un dernier avantage, celui d'être conforme aux instructions de la Commission instituée par le Ministre de l'Instruction publique pour s'occuper de la *Description scientifique de la France*, immense ouvrage dont nous appelons la réalisation de tous nos vœux.

Il nous reste à adresser des remerciements aux différentes personnes qui ont bien voulu nous venir en aide dans notre travail. En première ligne nous placerons M. Boreau, qui nous a aidé de ses conseils avec une bienveillance et un empressement qu'on ne saurait trop louer.

Citons ensuite les personnes qui, dans le département, ont bien voulu venir à notre aide, soit par leur coopération efficace sur les lieux, soit par leurs envois :

M. Blanche, instituteur à Mailly-la-Ville, plantes du terrain calcaire ;

M. Grenet, docteur en médecine à Joigny, plantes de cet arrondissement ;

M. Guérin, instituteur, et M. Guinot, médecin, espèces du Tonnerrois ;

M. Juliot, professeur au Lycée de Sens, plantes du Sénonais ;

M. Moreau, professeur au collége d'Avallon, plantes de l'Avallonnais ;

M. Tétrel, receveur de l'enregistrement à Lisle-sur-le-Serein, plantes de l'Avallonnais ;

MM. Prot, inspecteur des écoles primaires, Lasnier, instituteur à Auxerre, amis dévoués et compagnons joyeux de beaucoup de nos excursions ;

M. S. Moreau, maître-adjoint à l'École normale, plantes du Sénonais.

DICTIONNAIRE DES TERMES BOTANIQUES.

A

ACCRESCENT, partie de la plante qui s'accroît, quand les parties voisines se détruisent.

ACCRESCIBLE, qui peut s'accroître.

ACÉRÉ, dur, ferme et pointu.

ACHAINE, fruit sec indéhiscent, à péricarpe non adhérent à l'amande, (exemple : grand soleil).

ACICULAIRE, comme une aiguille.

ACOTYLÉDON, végétal privé de cotylédon.

ADHÉRENT, qui se soude, se confond avec la partie voisine.

ADNÉ, placé dessus immédiatement.

AGAME, dépourvu de pistil et d'étamines.

AGGLOMÉRÉ, ramassé en peloton.

AGGLUTINÉ, en masse pâteuse.

AGGRÉGÉ, en paquet.

AIGRETTE, réunion de soies fines et délicates, placées au sommet de beaucoup de fruits (pissenlit). Quand les soies sont simples, l'aigrette est simplement poilue; quand les soies portent de chaque côté des petites soies, l'aigrette est plumeuse.

AIGU, terminé en pointe.

AIGUILLON, excroissance pointue provenant de l'écorce et se détachant facilement (rosier).

AIGUILLONNÉ, muni d'aiguillon.

AILE, partie membraneuse qui accompagne des fruits (orme, érable), des tiges (genêt sagitté). On donne aussi ce nom aux pétales latéraux des papillonnacées, des orchidées.

AILÉ, pourvu d'ailes.

AISSELLE, angle placé à l'insertion des feuilles, des rameaux sur la tige.

ALTERNE, se dit principalement des feuilles quand elles naissent seule à seule, à des points différents de la tige (tilleul).

ALVÉOLÉ, marqué de trous anguleux.

AMANDE, partie intérieure d'une graine mûre.

AMPLEXICAULE, dont la base élargie embrasse la tige.

ANCIPITÉ, renflé au milieu, aminci des deux côtés.

ANDROGYNE, plante portant des fleurs mâles et des fleurs femelles sur le même individu.

ANDROPHORE, qui porte les anthères.

ANGULEUX, relevé de parties saillantes.

ANNUEL, qui vit une année.

ANTHÈRE, petit corps placé au sommet de l'étamine et contenant le pollen.

ANTHODE (V. CAPITULE).

APÉTALE, privé de pétales.

APHYLLE, privé de feuilles.

APICILAIRE, placé au sommet.

APICULÉ, terminé en pointe courte.

APPENDICE, partie accessoire.

APPENDICULÉ, muni d'appendices.

APPRIMÉ, dressé, serré contre l'axe.

ARANÉEUX, simulant les fils d'une toile d'araignée.

ARBRE, végétal robuste à tronc non ramifié à la base (chêne).

ARBRISSEAU, végétal souvent élevé, ramifié dès la base, muni de bourgeons écailleux (aubépine).

ARBRISSEAU (Sous-), végétal à tige ligneuse et rameaux herbacés (rue, bruyères).

ARBUSTE, végétal peu élevé, ramifié

dès la base, dépourvu de bourgeons écailleux (oranger).

ARÊTE, soie plus ou moins longue, plus ou moins raide, terminant une partie quelconque. Les barbes du blé sont des arêtes.

ARISTÉ, pourvu d'une arête.

ARQUÉ, courbé en arc.

ARRONDI, de forme sphérique.

ARTICULÉ, se dit : 1° d'un fruit présentant des étranglements à intervalles égaux (radis); 2° des folioles d'une feuille composée quand elles s'enlèvent sans déchirure (acacia).

ASCENDANT, horizontal à la base, redressé au sommet.

ATTÉNUÉ, diminué de largeur ou d'épaisseur, soit à la base, soit au sommet.

AURICULÉ, pourvu d'oreillettes.

AXE, partie centrale servant de support commun.

AXILLAIRE, placé à l'aisselle.

B

BACCIFORME, en forme de baie.

BAIE, fruit charnu, dépourvu de noyau (raisin, groseille).

BANDELETTES, saillies souvent colorées qui se trouvent sur les fruits mûrs des ombellifères. Facile à voir sur l'Heracleum sphondylium.

BARBU, couvert de poils droits.

BASILAIRE, placé à la base d'une partie quelconque.

BEC, pointe placée au-dessous d'un fruit.

BIDENTÉ, à deux dents.

BIFIDE, divisé en deux branches, ou en deux lobes peu profonds.

BIFLORE, à deux fleurs.

BIFORÉ, percé de deux trous.

BIFURQUÉ, en forme de fourche à deux dents.

BIJUGUÉE, se dit d'une feuille composée de deux paires de folioles.

BILABIÉ, partagé en deux lobes inégaux simulant deux lèvres.

BILAMELLÉ, formé de deux lames.

BILOBÉ, divisé en deux lobes.

BILOCULAIRE, cavité formée de deux loges.

BIPALEOLÉ, formé de deux paillettes.

BIPARTI, BIPARTITE, divisé presque jusqu'à la base en deux divisions.

BIPINNATIFIDE, se dit d'une feuille profondément découpée en lobes découpés eux-mêmes.

BIPINNÉE, se dit d'une feuille deux fois pinnée.

BISANNUEL, qui vit deux ans.

BITERNÉE, feuille à pétiole commun, portant trois pétioles secondaires, pourvus de trois folioles chacun.

BIVALVE, à deux valves.

BRACTÉE, feuille modifiée, placée à la base de beaucoup de fleurs.

BRACTÉOLE, petite bractée.

BULBE ou OIGNON, tige raccourcie, souterraine, qui donne naissance à la tige dans la plupart des liliacées.

BULBILLES, petites bulbes qui accompagnent les fleurs dans plusieurs espèces d'ails.

C

CADUC, partie qui tombe avant que les parties voisines aient terminé leur végétation, opposé de persistant.

CALATHIDE, (V. CAPITULE).

CALICE, enveloppe la plus extérieure de la fleur, ordinairement verte, formée d'un nombre variable de folioles appelées sépales, qui sont ou libres (calice dialysépale, pavot), ou soudées entre elles (calice gamosépale, œillet). Dans les fleurs où il n'y a qu'une enveloppe florale, le calice est coloré (lys).

CALICULE, réunion de plusieurs bractées qui entourent le calice dans quelques fleurs (mauve).

CALICULE, qui a un calicule.

CALLEUX, bordé ou couvert de callosités.

CAMPANULÉ, en forme de cloche.

CANALICULÉ, creusé par un sillon.

CANNELÉ, relevé d'angles saillants et parallèles.

CAPILLAIRE, comme un cheveu.

CAPITÉ, rassemblé en tête.

CAPITULE (Anthode, Calathide), est l'axe déprimé ou élargi ou conique qui contient des fleurs sessiles, réunies en tête et entourées de folioles nombreuses formant involucre (soleil).

CAPSULAIRE, de la nature de la capsule.

CAPSULE, fruit sec et déhiscent, provenant soit d'un ovaire libre (solanées, liliacées), soit d'un ovaire adhérent (campanulacées, rubiacées, etc.).

CARÈNE, constituée par la soudure des deux pétales intérieurs dans la corolle des papillonnacées.

CARÉNÉ, creusé d'un côté et saillant de l'autre, comme la carène d'un vaisseau.

CARPELLE, une des divisions d'un fruit multiple. Dans les labiées, menthe, sauge, etc., le fruit est composé de quatre carpelles.

CARTILAGINEUX, tenace et flexible.

CARYOPSE, fruit monosperme indéhiscent à péricarpe adhérent à la graine (blé, orge, riz, etc.).

CASQUE, constitué par la réunion des divisions supérieures de l'enveloppe florale dans les orchidées et d'autres fleurs irrégulières (aconit).

CAULESCENT, muni d'une tige.

CAULINAIRE, qui tient à la tige.

CHARNU, épais, succulent, contenant beaucoup d'humidité

CHATON, est un épi composé de fleurs mâles ou femelles, dont l'axe articulé à sa base tombe d'une pièce (saule, peuplier, noisetier, etc.).

CHAUME, tige des graminées.

CHEVELU, garni de filets capillaires.

L'extrémité fine et déliée des racines se nomme le chevelu.

CHIFFONNÉ, plié sans ordre.

CILS, poils droits, disposés en série au bord d'une partie quelconque.

CILIÉ, bordé de cils.

CIRCINÉ, roulé en crosse.

CIRRIFORME, en forme de vrille.

CLAVIFORME, en forme de massue.

CLOISON, séparation qui divise les fruits en plusieurs loges. La cloison est formée par le prolongement de l'endocarpe ; elle aboutit souvent sur un axe appelé columelle, qui prend quelquefois de grandes proportions comme dans le genre géranium.

COLLET, partie intermédiaire entre la tige et le corps de la racine.

COLORÉ, qui offre une couleur autre que la couleur verte.

COLUMELLE, axe central et sur lequel viennent s'appuyer les cloisons dans les fruits à plusieurs loges.

COMMISSURE, surface plane par où se touchent les deux carpelles dans le fruit des ombellifères.

COMPLÈTE (FLEUR), (V. FLEURS).

COMPOSÉ, formé de plusieurs parties distinctes.

COMPOSÉE (FLEUR), (V. FLEUR).

COMPOSÉES (FEUILLES), (V. FEUILLES).

COMPRIMÉ, offrant une largeur beaucoup plus grande que l'épaisseur.

CONCEPTACLE (fruit de la chelidoine, du pavot cornu).

CÔNE, fruit composé d'utricules membraneux, placés dans l'aisselle de bractées ligneuses, sèches, dures, disposées en cône (sapin, aulne, bouleau).

CONIQUE, en forme de cône.

CONJOINT, soudé sur une étendue quelconque.

CONJOINTES (FLEURS), (V. FLEURS).

CONNÉES, feuilles opposées et soudées à la base (chèvrefeuille, dipsacus sylvestris).

Connectif, lien qui réunit les deux loges d'une anthère.

Connivent, rapproché sans soudure.

Contracté, resserré, moins gros.

Convergent; lorsque les nervures secondaires sont arquées et se dirigent vers le ommet de la feuille, elles sont convergentes.

Convoluté, roulé en spirale.

Cordiforme, échancré en cœur à la base.

Corné, sec, dur, transparent comme la corne.

Corolle, est l'enveloppe intérieure du périant e double; elle e-t colorée. Les feuilles qui la con-tituent sont tantôt soudées (corolle gamopétale, ex. : chèvrefeuille), tantôt libres (corolle dialypétale ou polypétale, ex. : rose): elle est régulière (rose), ou irrégulière (sauge).

Corymbe, quand les pédoncules et les pédicelles, partant de points différents, se terminent à la même hauteur. Dans ce cas, les fleurs sont disposées en corymbe (sorbier, millefeuilles, tanaisie).

Côte, partie saillante comprise entre chaque sillon des fruits des ombellifères.

Cotonneux, couvert de poils courts et entrelacés.

Cotylédon, partie constituante de l'embryon contenu dans toutes les graines.

Couchée, se dit d'une tige quand elle est étalée librement sur la terre.

Couronne, appendice qui se trouve dans la fleur des narcisses; surmonte les pommes, les poires, les nèfles, etc.

Crénelé, bordé de dents arrondies et droites.

Crispé, contracté en plis irréguliers.

Cruciforme, corolle à quatre pétales, disposés en croix.

Crustacé, sec, dur et friable.

Cryptogame, végétal dépourvu d'étamines et de pistils, qui, au lieu de se reproduire par une graine conte-nant un embryon, se perpétue à l'aide de spores (fougère).

Cubique, à six pans égaux.

Cucculiforme, en forme de capuchon.

Cuspidé, terminé en pointe courte, raide.

Cyatiforme, en forme de coupe.

Cylindracé, approchant la forme cylindrique.

Cylindrique, qui a la forme d'un cylindre.

Cyme; la cyme appartient à l'inflorescen e définie; elle est soit dichotomique (petite centaurée), soit ramifiée (sureau), soit scorpioïde (myosotis).

D

Débile, faible.

Décandre, à dix étamines.

Décliné, penché inférieurement.

Décomposée, (V. Feuille).

Décurrente, feuille dont le limbe se prolonge sur la tige (bouillon blanc).

Définies, étamines au nombre de une à douze; mode d'inflorescence.

Déhiscent; beaucoup de fruits, à l'époque de la maturité s'ouvrent d'une manière régulière, pour donner passage à la graine mûre; cet acte s'appelle déhiscence.

Deltoïde, en forme de delta.

Demi-fleuron, lamelle allongée, colorée, qui constitue la corolle des semi-flosculeuses (pissenlit).

Denté, bordé de dents.

Dentelé, bordé de petites dents.

Denticulé, bordé de très-petites dents.

Déprimé, dont le centre est concave.

Diadelphe, quand les étamines sont soud es en deux faisceaux.

Dialypétale, à pétales libres.

Dialysépale, à sépales libres.

Diandre, à deux étamines.

Dichotome, qui se divise en bifurcations successives.

DICOTYLÉDONE. plante dont la graine renferme deux cotylédons.

DIDYME, formé de deux parties égales.

DIDYNAME, fleur à quatre étamines : deux longues. deux plus courtes (labiées).

DIFFUS, épars, sans ordre.

DIGITÉ, divisé comme les doigts de la main (feuille du marronnier).

DIGYNE, à deux styles.

DIOIQUE ; lorsque les étamines et les pistils sont placés sur des pieds différents, la plante est dioïque (saule, chanvre).

DIPÉTALE, à deux pétales.

DIPHYLLE, à deux feuilles.

DIPTÈRE, à deux ailes.

DISCOLORE, à deux couleurs.

DISÉPALE, à deux sépales.

DISPERME, à deux graines.

DISQUE ; on appelle ainsi un plateau qui couronne quelques ovaires ; on donne aussi ce nom à l'ensemble des fleurons des radiées.

DISTANT, écarté.

DISTIQUE, attaché alternativement sur deux côtés opposés.

DIVARIQUÉ, écarté à angle ouvert.

DIVERGENT, dont la direction s'éloigne beaucoup de l'axe.

DORSAL, placé sur le dos.

DRUPE, fruit charnu (cerise, prune).

DRUPACÉ, qui tient de la drupe.

E

ECAILLES, petites feuilles colorées ou membraneuses qui se rencontrent sur différentes parties des plantes.

ECAILLEUX, garni d'écailles.

ECHANCRÉ, qui offre un angle rentrant ou une dépression plus ou moins profonde.

EFFILÉ, atténué longuement au sommet.

ELLIPSOÏDE, de forme elliptique.

EMARGINÉ. (V. ECHANCRÉ).

EMBRYON, germe de toute plante renfermé dans la graine ; il se compose de la radicule, de la plumule et du corps cotylédonaire.

ENGAINANT, offrant une gaîne embrassante.

ENGAINÉ, entouré par une gaîne.

ENSIFORME, en forme de lame d'épée.

ENTIER, sans division.

EPARS, sans ordre.

EPERON, cornet qui se trouve à la base de plusieurs fleurs (ancolie, violette).

EPERONNÉ, muni d'un éperon.

EPI, réunion de fleurs sessiles sur un axe commun, jamais ramifié (plantain, blé, orge).

EPIGYNE, placé sur l'ovaire.

EPILLET, petit épi. Dans les graminées, chaque paquet de fleurs contenu entre deux glumes (balles) constitue un épillet.

EPINE, excroissance dure et pointue, qui prend naissance dans le tissu intérieur (aubépine, prunellier).

EPINEUX, garni d'épines.

ETALÉ, qui s'éloigne de l'axe en formant un angle droit.

ETAMINES, se composent dans la plupart des fleurs du filet et de l'anthère. Elles sont insérées dans l'intérieur de la corolle, autour de l'ovaire ; leur nombre est variable, souvent en même quantité que les divisions de la corolle ; quelquefois double ; d'autres fois moindre.

ETENDARD, pétale supérieur de la corolle d'une papillonnacée.

ETOILÉ, à divisions rayonnantes en étoiles.

EXTRORSE, anthère dont la face regarde l'extérieur de la fleur.

F

FALCIFORME. recourbé comme une faux.

FASCICULÉ, réuni en faisceau.

Fastigiés, rameaux redressés et rapprochés de la tige.

Femelle, fleur ne contenant que l'ovaire.

Fendu, divisé jusqu'au-dessous du milieu.

Feuille ; une feuille est formée du limbe et du pétiole (queue). Dans ce cas, la feuille est pétiolée ; quand le pétiole manque, la feuille est sessile. Une feuille est simple quand le limbe est continu dans toute son étendue ; composée, quand elle est formée de la réunion de petites feuilles distinctes (acacia) ; décomposée, quand le pétiole commun se divise en pétioles secondaires portant des folioles (actée).

Feuillé, garni de feuilles.

Filet, petit corps mince et délié qui supporte l'anthère.

Filiforme, comme un fil.

Fimbrié, à bord frangé.

Fistuleux, creux.

Fleur ; on donne en général le nom de fleur à cette partie qui se compose d'un pistil, d'étamines, d'une corolle et d'un calice ; c'est là la fleur complète ; toute fleur qui manque d'un de ses organes est incomplète. La fleur est hermaphrodite quand le pistil est accompagné d'étamines. Elle est uni-sexuelle quand la fleur ne renferme que des étamines ou un pistil.

Fleuraison, époque où les fleurs s'épanouissent.

Fleuron, petite fleur à corolle tubuleuse dont la réunion constitue l'anthode dans les flosculeuses et le centre de l'anthode dans les radiées (famille des composées).

Flexueux, courbé en divers sens.

Floconneux, couvert d'un duvet qui s'enlève par flocons.

Floral, qui se rapporte à la fleur.

Florifère, qui porte des fleurs.

Flosculeuse, grande tribu des composées, dont les anthodes ne sont composés que de fleurons.

Foliacé, de la nature des feuilles.

Foliole, petite feuille ; une division d'une feuille composée. Par extension, on donne ce nom aux divisions du calice, de l'involucre, etc.

Follicule, fruit à une seule loge et à une seule valve, s'ouvrant par la suture ventrale où les graines sont attachées (pied-d'alouette, dompte-venin).

Fourni, garni, touffu.

Fructifère, qui porte ou qui contient le fruit.

Fruit, ovaire arrivé à maturité ; il se compose du péricarpe qui en détermine la forme, et de la graine ; le fruit est sec ou charnu, déhiscent ou indéhiscent.

Fugace, (V. Caduque).

Fusiforme, comme un fuseau.

G

Gaine ; dans beaucoup de graminées la base des feuilles se dilate et entoure la tige ; cette dilatation embrassante s'appelle la gaîne.

Galéiforme, en forme de casque.

Gamopétale, corolle d'une seule pièce.

Gamosépale, calice d'une seule pièce. Ces deux organes sont souvent plus ou moins divisés au sommet, mais toujours d'une seule pièce à la base.

Géminé, disposé deux à deux.

Gemmule, partie de la plumule qui doit fournir la tige.

Géniculé, plié comme un genou.

Gibbeux, offrant une bosse.

Glabre, dépourvu de poils.

Glanduleux, chargé de glandes.

Glauque, vert blanchâtre.

Globuleux, arrondi.

Glomérule, réunion de fleurs nombreuses.

Glumacé, de la nature des glumes.

Glume, enveloppe extérieure de la fleur des graminées, composée de deux écailles appelées spathelles.

Glumelle, enveloppe intérieure de la fleur des graminées, composée de

deux écailles appelées spathellules.
La glume se trouve à la base de chaque épillet et la glumelle à la base de chaque fleur.
La glume et la glumelle constituent ce que l'on ap, elle vulgairement balles.

GLUTINEUX, qui s'attache comme la glu.

GORGE, partie de la corolle ou du calice où se trouve un rétréci sement, à la base de leurs divisions.

GOUSSE, fruit uniloculaire, bivalve (pois, haricot).

GRANULEUX, couvert de granulations.

GRAINE, ovule arrivé à maturité et destiné à reproduire un nouvel individu.

GRAPPE, la grappe est une inflorescence dans laquelle l'axe primaire, plus ou moins allongé, porte des axes secondaires terminés chacun par une fleur (groseiller rouge, cassis).

GRIMPANT, qui s'attache aux corps environnants.

GRUMELEUX, formé d'une agglomération de petits grains.

GYMNOSPERME, végétaux dans lesquels la graine n'est pas renfermée dans une cavité close.

H

HAMPE, pédoncule radical florifère dépourvu de feuilles (primevère, jacinthe).

HASTÉ, en forme de fer de hallebarde.

HÉMISPHÉRIQUE, en demi-sphère.

HERBE, plante jamais ligneuse.

HERBACÉ, de la nature des herbes.

HÉRISSÉ, garni de poils droits et raides.

HERMAPHRODITE, fleur pourvue d'étamines et de pistil.

HÉXAGONE, à six pans.

HEXANDRE, à six étamines.

HIRCINE, de bouc.

HISPIDE, garni de poils raides.

HUMIFUSE, tige étalée sur la terre.

HYPOCRATERIFORME, corolle gamopétale à tube droit et à limbe très-évasé, en soucoupe (myosotis, pervenche).

HYPOGYNE, placé au dessous de l'ovaire.

I

IMBRIQUÉ, qui se recouvre comme les tuiles d'un toit.

IMPARIPINNÉE, feuille composée de folioles en nombre impair (rosier).

INCISÉ, découpé longitudinalement.

INCLUS, renfermé dans le contenant.

INCOMPLET, qui manque d'une ou plusieurs parties constituantes.

INDÉFINIES, étamines au nombre de plus de douze.

INDÉHISCENT, qui ne s'ouvre pas.

INDUVIÉ, recouvert par une enveloppe.

INERME, dépourvu d'épines et d'aiguillons.

INFÈRE, ovaire soudé avec le calice.

INFLÉCHI, renversé en avant.

INFLORESCENCE. Disposition des fleurs sur la tige et les rameaux. Les fleurs sont axillaires ou terminales; dans le premier cas, l'inflorescence est indéfinie; dans le deuxième, elle est définie.

INFUNDIBULIFORME, en entonnoir.

INTRORSES, anthères dont la face est tournée vers le centre de la fleur.

INVERSE, tourné dans un sens opposé au sens ordinaire.

INVOLUCRAL, qui tient de l'involucre.

INVOLUCRE, réunion de folioles ou de bractées qui enveloppent la base de l'anthode dans les composées, les dipsacées; collerette qui entoure la base des ombelles dans la famille des ombellifères.

INVOLUCELLE, petit involucre qui entoure la base des ombellules.

INVOLUCRÉ, muni d'un involucre.

INVOLUTÉ, à bords roulés en dedans.

IRRÉGULIER, le calice et la corolle sont irréguliers quand les pièces qui les composent n'offrent pas de symétrie.

L

LABEL, division inférieure de la fleur des orchidées.

LABIÉE, corolle divisée transversalement en deux levres dissemblables.

LACÉRÉ, découpé en filaments irréguliers.

LACHE, composé de parties très-écartées.

LACINIÉ, découpé en lanières.

LACTESCENT, contenant un suc laiteux.

LANCÉOLÉ, élargi au milieu, allongé et pointu aux deux extrémités, comme un fer de lance.

LAPPACÉ, hérissé de pointes terminées en hameçon.

LATÉRAL, placé sur le côté.

LÉGUME (V. GOUSSE).

LENTICULAIRE, comme une lentille.

LIBRE, qui n'adhère point aux parties environnantes.

LIGNEUX, de la nature du bois.

LIGULE, expansion ou courte et tronquée, ou allongée et pointue, souvent déchirée, placée au sommet de la gaîne et opposée au limbe de la feuille dans les graminées.

LIGULÉE, corolle allongée en languettes, des fleurs d'une grande tribu des composées (semiflosculeuses ou liguliflores).

LIMBE, partie étalée d'un organe.

LINÉAIRE, allongé et d'égale largeur.

LINGUIFORME, en forme de langue.

LISSE, sans poils et sans aspérités.

LOBES, découpures ou échancrures.

LOBÉ, bordé de lobes.

LOGES, cavités formées par des cloisons dans les anthères et dans les fruits.

LONGITUDINAL, de la base au sommet.

LYRÉ, en forme de lyre.

M

MACULÉ, taché.

MALE (fleur), qui ne renferme que des étamines.

MARCESCENT, qui persiste quoique desséché.

MARGINAL, qui tient au bord.

MARGINÉ, entouré d'un bord.

MEMBRANEUX, souple, mince, blanchâtre.

MÉRICARPE, la moitié d'un fruit qui se sépare naturellement en deux parties, comme dans les ombellifères.

MÉRITHALLE (entre-nœud), portion de la tige qui se trouve entre deux feuilles superposées.

MONADELPHE, étamines dont tous les filets sont soudés entre eux.

MONANDRE, à une étamine.

MONILIFORME, en forme de chapelet.

MONOCOTYLÉDON, grande classe de végétaux, dont la graine ne contient qu'un seul cotylédon.

MONOGYNE, à un style.

MONOÏQUE, quand les étamines et les pistils occupent des fleurs séparées, quoique sur le même pied.

MONOPÉTALE (V. GAMOPÉTALE).

MONOPHYLLE, formé d'une seule feuille ou d'une seule pièce.

MONOSÉPALE (V. GAMOSÉPALE).

MONOSPERME, à une seule graine.

MUCRONÉ, terminé par une petite pointe droite et raide.

MULTICAULE, produisant plusieurs tiges.

MULTIFIDE, à divisions nombreuses.

MULTIFLORE, à fleurs nombreuses.

MULTILOBÉ, à plusieurs lobes.

MULTILOCULAIRE, à plusieurs loges.

MULTIPARTITE, à plusieurs partitions.

MULTIPLE, composé de plusieurs parties distinctes et de même nature.

Muriqué, couvert de pointes courtes élargies à la base.

Mutique, sans arêtes ni pointes; c'est le contraire de mucroné.

N

Napiforme, en forme de navet.

Naviculaire, en forme de nacelle.

Nectaires, glandes placées dans les fleurs et qui sécrètent un liquide muqueux et sucré.

Nectarifère, qui contient des nectaires.

Nervé, Nerveux, marqué de fortes nervures.

Nervures, lignes saillantes sur la surface inférieure des feuilles. La nervure du milieu qui partage la feuille en deux parties s'appelle nervure ou côte médiane; de cette nervure partent des nervures secondaires qui en se ramifiant et s'anastomasant entre elles forment le réseau de la feuille des dicotylédones. Les nervures des feuilles des monocotylédones ne se ramifient point et sont toutes parallèles.

Noueux, offrant des renflements.

Nul, privé d'un organe qui se rencontre ailleurs.

Nutant, penché.

O

Obcordiforme, en cœur renversé.

Oblique, formant un angle entre la perpendiculaire et l'horizontale.

Oblong, plus long que large, arrondi aux deux bouts.

Obovale, en ovale renversé, dont la pointe est en bas.

Obtus, dont le sommet est arrondi.

Octandre, à huit étamines.

Oligosperme, qui n'a que peu de graines.

Ompelle, réunion de pédoncules partant tous du même point; chaque pédoncule, appelé rayon. donne naissance, en se ramifiant, à une division de même sorte nommée ombellule dont les rayons se terminent tous par une fleur solitaire.

Ombellule (V. Ombelle).

Ombiliqué, marqué au centre d'une dépression.

Ondulé, dont la surface présente des ondulations.

Onglet, partie inférieure rétrécie des divisions de la corolle dans les fleurs polypétales (œillet).

Onguiculé, muni d'un onglet.

Opposé, placé en face l'un de l'autre et par paire.

Orbiculaire, en cercle.

Osseux, endurci, dur.

Ouvert, écarté.

Ovaire, partie inférieure renflée du pistil; l'ovaire est le rudiment du fruit et renferme les ovules; l'ovaire est simple ou divisé; ses divisions se nomment carpelles; l'ovaire simple est uniloculaire ou pluriloculaire.

Ovale, en forme d'œuf, dont la partie la plus large est en bas.

Ovoïde, qui se rapproche de l'ovale.

Ovule, petit corps placé dans l'ovaire et attaché au trophosperme; l'ovule fécondé et mûr forme la graine.

P

Paillettes, petites lames minces, étroites, membraneuses, qui accompagnent les fleurs dans plusieurs composées (camomille des champs).

Palai, renflement qui ferme la gorge de la corolle dans quelques fleurs irrégulières (linaire vulgaire).

Paléacé, couvert de paillettes.

Palmé, disposé comme une main dont les doigts sont ouverts (feuilles de vigne).

Panaché, parsemé de taches colorées.

Panicule, se compose d'un axe pri-

maire allongé, portant des axes secondaires ramifiés et terminés par
des fleurs. La panicule présente la
forme de pyramide, les axes secondaires allant en diminuant de longueur de la base au sommet.

PANICULÉ, disposé en panicule.

PAPILLONNACÉE, corolle irrégulière à
cinq pétales; le supérieur, large,
dressé, est l'étendard; les deux latéraux sont les ailes; les deux inférieurs, soudés en nacelle, se nomment la carène (haricot).

PAPPIFORME, en forme d'aigrette.

PAPYRACÉ, comme une feuille de pa-
pier.

PARASITE, plante qui croît sur la tige
ou sur les racines d'une autre
plante.

PARIÉTAL, adhérent à une paroi.

PARTIEL, qui ne se rapporte qu'à une
partie du tout.

PAUCIFLORE, garni de peu de fleurs.

PECTINÉ, disposé en dents de peigne.

PÉDICELLE, ramification du pédoncule
et portant la fleur.

PÉDICELLÉ, muni d'un pédicelle.

PÉDONCULE, support non ramifié de la
fleur; quand il se divise, chaque
division prend le nom de pédicelle.

PÉDONCULÉ, muni d'un pédoncule.

PELTÉ, qui est attaché par le centre.

PENTAGONE, à cinq angles.

PENTAGYNE, à cinq styles.

PENTANDRE, à cinq étamines.

PERFOLIÉE, feuille dont le limbe est
traversé par la tige.

PERFORÉ, percé au sommet.

PÉRIANTHE, enveloppe de la fleur; il
est simple quand il n'est formé que
par le calice (liliacées); double,
quand il est formé d'un calice et
d'une corolle.

PÉRICARPE, partie formée par les pa-
rois de l'ovaire et qui détermine la
forme du fruit.

PÉRIGYNE, placé autour de l'ovaire.

PÉRIGONE, nom donné au périanthe,
enveloppe colorée de la fleur des
liliacées.

PERSISTANT, partie qui reste, quoique
desséchée.

PERSONNÉE, corolle à deux lèvres des
scrophularinées.

PÉTALE, une division d'une corolle
polypétale.

PÉTALIFORME, en forme de pétale.

PÉTALOÏDE, qui imite les pétales.

PÉTIOLE, support de la feuille.

PÉTIOLAIRE, qui tient au pétiole.

PÉTIOLÉ, muni d'un pétiole.

PÉTIOLULE, support des folioles.

PHANÉROGAME, végétaux dont les fleurs
sont pourvues d'étamines et de pistils.

PHYLLODE, pétiole dilaté, d'apparence
foliacée, dépourvu de folioles (lathyrus nissolia).

PINNATIFIDE, muni de lobes profonds,
latéraux et d'égale longueur.

PINNATIPARTITE, feuille découpée de
chaque côte, presque jusqu'à la nervure médiane.

PINNÉE, feuille composée, dont les folioles sont disposées sur le pétiole
commun, comme les barbes d'une
plume (rosier, acacia).

PINNULE, lobes ou folioles des feuilles
des fougères.

PISTIL, organe placé au centre ou au-
dessous de la fleur; il se compose
de l'ovaire, du style et du stigmate.

PIVOTANTE, racine qui s'enfonce per-
pendiculairement dans le sol (carotte).

PLACENTAIRE, partie intérieure du péricarpe où les ovules sont attachés.

PLANE, aplati.

PLUMEUX, qui porte des poils disposés
comme les barbes d'une plume.

PLUMULE, partie de l'embryon destinée
à former la tige.

PLURILOCULAIRE, à plusieurs loges.

POILU, pourvu de poils longs et mous.

POLYADELPHE, dont les étamines sont
soudées en plusieurs faisceaux

POLYANDRE, à étamines nombreuses.

POLYGAME, plante où l'on voit, sur le

même individu, des fleurs mâles, des fleurs femelles et des fleurs hermaphrodites.

POLYGYNE, à styles nombreux.

POLYPÉTALE, (V. DIALYPÉTALE), à plusieurs pétales.

POLYPHYLLE, à folioles nombreuses.

POLYSÉPALE, (V. DIALYSÉPALE), à plusieurs sépales.

POLYSPERME, à graines nombreuses.

POLLEN, poussière jaunâtre contenue dans les anthères.

PONCTUÉ, marqué de points petits, saillants ou déprimés.

PRÉFLEURAISON, disposition des parties de la fleur dans le bouton.

PRISMATIQUE, en forme de prisme.

PROCOMBANTE (tige), couchée sur terre sans prendre racine.

PROLIFÈRE, quand un organe donne naissance accidentellement à un organe de même nature.

PUBESCENT, couvert d'un duvet court et mou.

PULPEUX, dont le tissu est succulent.

PULVÉRULENT, comme parsemé de poussière.

PYRAMIDAL, disposé en pyramide.

PYRIFORME, en forme de poire.

PYXIDE, fruit sec arrondi, formé de deux valves qui s'ouvrent transversalement, comme une boîte à savonnette (mouron, plantain).

Q

QUADRANGULAIRE, à quatre angles.

QUADRIFIDE, à quatre incisions peu profondes.

QUADRILOCULAIRE, à quatre loges.

QUADRIPARTI, à quatre incisions très-profondes.

QUATERNÉ, placé quatre à quatre, en opposition.

QUEUE, appendice effilé qui termine plusieurs fruits (clématite); vulgairement on se sert de ce mot pour désigner les pédoncules, les pédicelles des fruits, les pétioles des feuilles (queue de cerise).

R

RACINE, partie du végétal qui s'enfonce dans la terre; le point qui la sépare de la souche se nomme collet; elle est simple ou ramifiée; pivotante (carotte) ou horizontale (arnica); ovoïde, globuleuse (radis); ou napiforme (navet), contournée (bistorte), tuberculeuse (pomme de terre, orchis).

RADICAL, qui part de la racine, ou qui y est attaché.

RADICANT, qui produit des racines.

RADICELLES, extrémités fines et déliées des racines, ou chevelu.

RADICULE, partie de l'embryon destinée à produire la racine.

RADIÉE, anthode composée de fleurons au centre et de demi-fleurons (ligules) à la circonférence (grand soleil).

RAIDE, grêle et ferme.

RAMEAUX, divisions secondaires qui portent les feuilles, les fleurs dans les arbres.

RAMEUX, muni de branches ou de rameaux.

RAMPANT, couché sur le sol et s'y enracinant.

RAYON. (V. OMBELLE).

RAYONNANT, disposé en rayons.

RÉCEPTACLE, extrémité supérieure dilatée du pédoncule où se trouvent placées une ou plusieurs fleurs.

RÉFLÉCHI, recourbé vers le sol.

RÉGULIER, dont toutes les parties sont symétriques.

RÉNIFORME, plus long que large, à bord courbé d'un côté, échancré de l'autre.

RÉTICULÉ, couvert de lignes entrecroisées, en réseau.

RÉTROFLÉCHI, recourbé sur soi-même.

RÉTUS, obtus avec une petite dépression.

Révoluté, roulé en dehors.

Rhizôme, tige souterraine, semblable à une racine rampante, mais qui donne naissance à une tige aérienne (iris, sceau de Salomon).

Rhomboïdal, en forme de rhombe.

Ronciné, découpé de chaque côté en lobes aigus et recourbés.

Rostré, muni d'un bec ou pointe terminale.

Rotacée, corolle à tube court, à limbe étalé.

Rugueux, marqué de sillons ou de rides.

S

Sagitté, en fer de flèche.

Saillant, qui dépasse, qui s'élève au-dessus.

Sarmenteux, qui produit des tiges longues et flexibles, tombantes ou rampantes.

Scabre, rude au toucher.

Scarieux, mince, sec, membraneux.

Scutelliforme, en forme de bouclier.

Segment, une division d'un corps quelconque (la feuille de marronnier est composée de segments).

Semi, la moitié.

Semiadhérent, soudé à moitié.

Semicylindrique, plane d'un côté, convexe de l'autre.

Semiflosculeuses. (V. Radiée).

Semiluné, en croissant.

Semisagitté, en demi fer de flèche.

Sépale, quand le calice est formé de folioles distinctes, chaque foliole prend le nom de sépale.

Sérié, disposé en série, en rang.

Serrulé, bordé de petites dents courbées dans le même sens.

Sertule, réunion de pédoncules uniflores presque égaux, (jonc fleuri, primevère).

Sessile, dépourvu de support, attaché directement sur l'axe.

Sétacé, en forme de soie raide.

Silicule, fruit à deux loges, s'ouvrant de bas en haut, quelquefois indéhiscent, dont la longueur n'excède pas trois fois la largeur (bourse à pasteur, thlaspi).

Silique, fruit à deux loges, s'ouvrant de bas en haut, beaucoup plus longue que large (cardamine, giroflée). Ces deux espèces de fruits appartiennent à la famille des crucifères.

Siliquiforme, en forme de silique.

Sillonné, marqué de sillons longitudinaux.

Simple, sans divisions profondes.

Sinué, dont le bord est formé par une ligne sinueuse.

Sinus, angle rentrant formé par des lobes.

Sous-Arbrisseau, petit arbrisseau (bruyère).

Sous-frutescent, de la nature du sous-arbrisseau.

Soyeux, muni de poils longs, flexibles, brillants.

Spathe, expansion membraneuse souvent colorée qui enveloppe les fleurs dans plusieurs plantes, (arum, oignon).

Spathelle, nom donné à chacune des bractées de la glume.

Spathellule ; désigne chacune des bractées de la glumelle.

Spatulé, rétréci longuement à la base, élargi au sommet, en forme de spatule.

Spiciforme, en forme d'épi.

Spiculé, composé d'épillets.

Spinelleux, muni de petites épines.

Spinescent, terminé par une épine.

Spongieux, dont le tissu ressemble à celui d'une éponge.

Squamiforme, en forme d'écailles.

Squarreux, couvert d'écailles.

Staminifère, qui porte les étamines.

Stigmate, partie supérieure du pistil.

Stipité, muni d'un petit support.

Stipules, bractées foliacées qui accompagnent la base du pétiole dans beaucoup de feuilles.

STIPULÉ, qui a des stipules.

STOLON, jet rampant radicant qui part du collet de la plante (fraisier).

STOLONIFÈRE, qui a des stolons.

STRIÉ, marqué de petits sillons longitudinaux.

STYLE, partie intermédiaire du pistil, le style supporte le stigmate.

SUBAPICILAIRE, placé un peu au-dessous du sommet.

SUBÉREUX, comme du liège.

SUBMERGÉ, entièrement plongé dans l'eau.

SUBULÉ, linéaire et terminé en pointe fine et allongée.

SUCCULENT, formé d'un tissu rempli de sucs.

SUPÈRE, ovaire libre et visible dans l'intérieure de la fleur.

SURDÉCOMPOSÉE. (V. FEUILLE).

SUTURE, ligne qui indique la soudure des valves d'un fruit, c'est par les sutures que se fait la déhiscence.

SYNANTHÉRÉE, plante dont les anthères sont soudées en tube au milieu duquel passe le style.

T

TERMINAL, placé au sommet.

TERNÉ, opposé trois à trois.

TÉTRADYNAME, fleur à 6 étamines, dont quatre grandes et deux petites.

TÉTRAGONE, à quatre angles.

TÉTRAGYNE, à quatre styles.

TÉTRANDRE, à quatre étamines.

TÉTRASPERME, à quatre graines.

THYRSE, panicule dont les rameaux les plus longs sont à la partie moyenne (lilas).

TIGE, partie du végétal qui porte les feuilles et les fleurs. La tige est simple ou ramifiée, ligneuse ou herbacée, pleine ou creuse (fistuleuse) ; on distingue trois parties distinctes dans les tiges ligneuses, l'écorce, l'aubier, le cœur.

TOMENTEUX, couvert d'un duvet court, serré et entrecroisé.

TORULEUX, semblable à une corde nouée.

TRAPÉZOÏDE, en forme de trapèze.

TRIANDRE, à trois étamines.

TRIGONE, à trois angles.

TRILOBÉ, à trois lobes.

TRILOCULAIRE, à trois loges.

TRINERVÉ, à trois nervures.

TRIPARTI, à trois divisions profondes.

TRIPINNÉE, feuille composée, dont les folioles sont placées sur les ramifications secondaires du pétiole.

TRIPINNATIFIDE, feuille lobée, dont les lobes sont eux-mêmes doublement lobés.

TRIQUÈTRE, à trois angles aigus.

TRISPERME, à trois graines.

TRITERNÉE, feuille dont le pétiole se partage en trois pétioles secondaires qui se divisent eux-mêmes en trois pétioles tertiaires, pourvus chacun de trois folioles.

TRIVALVE, à trois valves.

TRONC. (V. TIGE).

TRONQUÉ, coupé horizontalement.

TROPHOSPERME (placentaire), partie intérieure du péricarpe qui porte les ovules.

TUBERCULE, racine renflée, charnue (pomme de terre, orchis).

TUBÉREUX, muni de tubercules.

TUBULEUX, en forme de tube.

TURBINÉ, en forme de toupie.

TURION, pousse de l'année qui part de la racine (ronce).

U

UNCINÉ, terminé par une pointe recourbée.

UNIFLORE, à une fleur.

UNILATÉRAL, placé ou tourné d'un seul côté.

UNILOCULAIRE, à une loge.

Unisexuelle, fleur qui ne contient que des étamines ou des pistils (saule, chanvre).

Urcéolé, en forme de grelot (fleur de l ruyère).

Utricule, fruit sec qui ne diffère de l'akène que par la déhiscence (amaranthe).

Utriculaire, renflé en outre.

Utriculiforme, en forme d'outre.

V

Vallécule, partie du fruit des ombellifères où se trouvent les bandelettes.

Valvaire, (préfleuraison), quand les pétales dans le bouton se touchent par les bords.

Valve, portion du péricarpe contenue entre deux sutures.

Veines, ramifications des nervures dans les feuilles.

Veiné, marqué de veines.

Velouté, couvert de poils doux.

Velu, couvert de poils nombreux, mous et couchés.

Ventru, renflé au milieu.

Verruqueux, couvert de petites aspérités.

Verticille, anneau de feuilles ou de fleurs autour de la tige.

Verticillé, disposé en verticille.

Visqueux, enduit d'une matière gluante.

Vivace, plante dont les racines fournissent de nouvelles tiges chaque année (framboisier).

Volubile, qui croit en spirale.

Voûté, courbé en voûte.

Vrilles, appendices filamenteux, qui se roulent en spirales autour des corps voisins. Les vrilles sont d'origines diverses. Dans la vigne, c'est un raisin avorté, dans les feuilles des vesces, des lathyrus, c'est une modification des pétioles.

LISTE DES AUTEURS CITÉS DANS LE CATALOGUE.

Abréviation	Auteur	Abréviation	Auteur
Aït.	Aiton.	Lejeune.	Lejeune.
All.	Allioni.	L'her.	L'Héritier.
Anders.	Anderson.	Lindl.	Lindley.
Andrez.	Andreziouski.	Link.	Link.
J. Bauh.	Jean Bauhin.	L.	Linneus.
Bell.	Bellardi.	Lob.	Lobel.
Bernh.	Bernhardi.	Loisel.	Loiseleur-Deslonchamp
Bertol.	Bertoloni.	Lorey.	Lorey et Duret.
Besser.	Besser.	Marsch.	Marschall.
Borkh.	Borkhausen.	Medik.	Medikus.
Bonn.	Bonning.	Mérat.	Mérat.
Bog.	Bogenh.	Mey.	Meyer.
Bor.	Boreau.	Mill.	Miller.
Braun.	Braun.	Mœnch.	Mœnch.
Cass.	Cassini.	Moris.	Morison.
Chaix.	Chaix.	Murr.	Murray.
Chaub.	Chaubart.	Mut.	Mutel.
Cos. et Germ.	Cosson et Germain.	Nestl.	Nestler.
Coult.	Coulter.	P. B.	Palissot de Beauvois
Crantz.	Crantz.	Panz.	Panzer.
Curt.	Curtis.	Pers.	Person.
Dalech.	Dalechamp.	Poll.	Pollich.
D. C.	Decandolle.	Presl.	Presl.
Desf.	Desfontaines.	Rau.	Rau.
Desv.	Desvaux.	Red.	Redouté.
Dietr.	Dietrich.	Rich.	Richard.
Don.	Don.	Reich.	Reichembach.
Dufr.	Dufresne.	Retz.	Retzius.
Duham.	Duhamel.	Rœhl.	Rœhling.
Dun.	Dunal.	Rœm. et Schultz.	Rœmer et Schultz.
Durand.	Durande.	Roth.	Roth.
Ehrh.	Ehrhard.	St-Hil.	Saint-Hilaire.
Fenzl.	Fenzl.	Savi.	Savi.
Forst.	Forster.	Salisb.	Salisbury.
Fries.	Fries.	Schlechtht.	Schlechtendal.
Gœrtn.	Gœtner.	Schrad.	Schrader.
Gaud.	Gaudin.	Schrank.	Schrank.
Gill.	Gillies.	Schreb.	Schreber.
Gm. Gmel.	Gmelin.	Schultz.	Schultz.
God.	Godron.	Scop.	Scopoli.
Good.	Goodenough.	Seub.	Seubert.
Griseb.	Grisebach.	Sibthrop.	Sibthorp.
Guss.	Gussone.	Smith.	Smith.
Hall.	Haller.	Soy.	Soyer-Villemet.
Haw.	Haworth.	Spach.	Spach.
Hayne.	Hayne.	Spenn.	Spenner.
Heit.	Heister.	Spreng.	Sprengel.
Hoffm.	Hoffmann.	Stev.	Stewens.
Hopp.	Hoppe.	Sw.	Swartz.
Horn.	Hornemann.	T.	Tournefort.
Host.	Host.	Tabern.	Tabernœmontanus.
Jacq.	Jacquin.	Vahl.	Vahl.
Jord.	Jordan.	Vaill.	Vaillant.
Kit.	Kitaibel.	Vent.	Ventenat.
Koch.	Koch.	Vig.	Viguier.
Kœl.	Kœler.	Vill.	Vilars.
Kunt.	Kunt.	Waldst. et Kit.	Waldstein et Kitaïbell.
Lamk.	Lamarck.	Walp.	Walpers.
Lag.	Lagasca.	Wallr.	Wallroth.
Lapeyr.	Lapeyrouse.	Webb.	Webber.
Latourette.	Latourette.	Weihe.	Weihe.
Leman.	Leman.	Willd.	Willdenow.
Leysser.	Leysser.	Wimm.	Wimmer.
Lamotte.	Lamotte.	With.	Withering.
Lec. et Lam.	Lecoq et Lamotte.	Wulf.	Wulfen.
Lehm.	Lehmann.		

—

① ANNUELLE. — Plante ne fleurissant qu'une fois, germant au printemps et mourant avant l'hiver de la même année.

② BISANNUELLE. — Plante ne fleurissant qu'une fois, mais germant dans l'année qui précède l'année où elle meurt.

♃ VIVACE. — Plante à souche herbacée ou ligneuse, continuant à vivre un certain nombre d'années indéterminé.

♄ LIGNEUSE. — Plante à tige ligneuse, continuant à vivre pendant un nombre d'années indéterminé et portant chaque année des fleurs et des fruits.

! SIGNE DE CERTITUDE. — Après l'indication d'une localité, ce signe indique que nous avons trouvé la plante nous-même; après un nom propre, il signifie que nous avons vu des échantillons authentiques de la plante trouvée par le botaniste cité.

C. C. C. — Très-vulgaire, partout et très-abondant.

C. C. — Très-commun, répandu dans tout le département.

C. — Commun dans tout le département.

A. C. — Assez commun, fréquent dans un certain nombre de localités ou se rencontrant çà et là dans toutes les régions.

A. R. — Assez rare.

R. — Rare.

R. R. — Très-rare.

R. R. R. — Très-rare et peu abondant à la localité indiquée.

CLEF ANALYTIQUE DES FAMILLES.

<table>
<tr><td>1</td><td>Plantes présentant de véritables fleurs, c'est-à-dire pour-
vues d'étamines et de pistils. (Plantes phanérogames). .</td><td>2</td></tr>
<tr><td></td><td>Plantes dépourvues d'étamines et de pistils. (Plantes cryp-
togames). . . . .</td><td>155</td></tr>
<tr><td>2</td><td>Fleurs pourvues d'un calice et d'une corolle ou d'une seule
enveloppe colorée pétaloïde. . . . .</td><td>3</td></tr>
<tr><td></td><td>Périanthe jamais pétaloïde ou nul. . . . .</td><td>104</td></tr>
<tr><td>3</td><td>Fleurs dioïques, c'est-à-dire plantes ne présentant sur le
même individu que des fleurs d'un même sexe, mâle ou
femelle. . . . .</td><td>96</td></tr>
<tr><td></td><td>Toutes les fleurs n'étant pas unisexuelles sur le même in-
dividu. Fleurs hermaphrodites, ou monoïques ou poly-
games. . . . .</td><td>4</td></tr>
<tr><td>4</td><td>Etamines, 2 à 12. . . . .</td><td>5</td></tr>
<tr><td></td><td>Etamines nombreuses. . . . .</td><td>6</td></tr>
<tr><td>5</td><td>Ovaire libre. . . . .</td><td>15</td></tr>
<tr><td></td><td>Ovaire adhérent . . . .</td><td>75</td></tr>
<tr><td>6</td><td>Filets des étamines soudés en tube . . Malvacées .(xv).</td><td></td></tr>
<tr><td></td><td>Filets des étamines non soudés. . . . .</td><td>7</td></tr>
<tr><td>7</td><td>Etamines insérées à la gorge du calice ou à la base de ses
divisions . . . . Rosacées. (xxviii).</td><td></td></tr>
<tr><td></td><td>Etamines insérées sous l'ovaire ou autour de l'ovaire. .</td><td>8</td></tr>
<tr><td>8</td><td>Pétales très-inégaux, les supérieurs palmatipartits. . .
. . . . Résédacées. (vii).</td><td></td></tr>
<tr><td></td><td>Pétales non palmatipartits. . . . .</td><td>9</td></tr>
<tr><td>9</td><td>Ovaire simple à carpelles soudés. . . . .</td><td>11</td></tr>
<tr><td></td><td>Ovaire à carpelles libres ou soudés inférieurement. . .</td><td>10</td></tr>
<tr><td>10</td><td>Fleurs hermaphrodites, pétales 5 à 15, quelquefois nuls.
. . . . Renonculacées. (i).</td><td></td></tr>
<tr><td></td><td>Fleurs monoïques. Pétales 3. . . . Alismacées (lxxxvi).</td><td></td></tr>
<tr><td>11</td><td>Calice à 2 sépales, corolle à 4 pétales. Papavéracées. (iv).</td><td></td></tr>
<tr><td></td><td>Plus de 2 sépales . . . .</td><td>12</td></tr>
<tr><td>12</td><td>Feuilles surdecomposées . . . . Renonculacées. (i).</td><td></td></tr>
<tr><td></td><td>Feuilles entières. . . . .</td><td>12bis</td></tr>
<tr><td>12 bis</td><td>Pétales disposés sur plusieurs rangs, plantes aquatiques à
feuilles arrondies nageantes. . . Nymphœacées. (iii).</td><td></td></tr>
<tr><td></td><td>Pétales sur un rang, plantes terrestres. . . . . . .</td><td>13</td></tr>
<tr><td>13</td><td>Fruits ligneux indéhiscents, arbres. . . Tiliacées. (xvi).</td><td></td></tr>
<tr><td></td><td>Fruits déhiscents, polyspermes, plantes herbacées. . .</td><td>14</td></tr>
<tr><td>14</td><td>Filets des étamines réunis à la base en plusieurs faisceaux,
3 à 5 styles. . . . . Hypéricinées. (xvii).</td><td></td></tr>
<tr><td></td><td>Filets libres, 1 style. . . . . . . Cistinées. (viii).</td><td></td></tr>
</table>

33 { Plante toute blanchâtre écailleuse.   *Monotropacées*. (liv.)
   { Plantes jamais blanchâtres. 33bis

33   { Plante d'une odeur fétide très-pénétrante, fleurs jaunes.
bis { . . . . *Rutacées*. (xxiv).
     { Plante d'une odeur non fétide. 34

34 { Fruit uniloculaire polysperme à placenta central libre ou
   {   monosperme, les étamines n'étant alors jamais tédrady-
   {   names. 35
   { Fruit à plusieurs loges ou uniloculaire à placentas parié-
   {   taux, ou monosperme, les étamines étant tétradynames. 39

35 { Feuilles munies à la base d'une gaîne qui entoure la tige.
   { . . . . *Polygonacées* (lxxiv).
   { Point de gaîne à la base des feuilles. 36

36 { Étamines 5 opposées aux pétales. *Plumbaginacées*. (lxx).
   { Étamines alternes avec les pétales ou en plus grand nombre. 37

37 { Calice à 2 ou 3 sépales. . . . . *Portulacées*. (xxxiv).
   { Calice à 4 ou 5 sépales. 38

38 { Fruit déhiscent polysperme. . . *Caryophyllées*. (xii).
   { Fruit indéhiscent monosperme. . *Paronychiées*. (xxxv).

39 { Une seule enveloppe florale colorée pétaloïde. . . . 40
   { Deux enveloppes florales, un calice et une corolle. . . 42

40 { Ovaire surmonté par 3 styles. . *Colchicacées*. (lxxxix).
   { 1 style. 41

41 { Fruit capsulaire déhiscent. . . . . *Liliacées*. (xci).
   { Fruit charnu bacciforme. . . . . . *Asparagées* (xc).

42 { Sépales disposés sur deux rangs. . *Lythrariées*. (xxxii).
   { Sépales disposés sur un rang. 43

43 { 4 sépales, 4 pétales en croix, 6 étamines tétradynames.
   { . . . . *Crucifères*. (vi).
   { Étamines non tétradynames. 44

44 { Styles 2. . . . . *Saxifragées*. (xxxviii).
   { Styles 1, 3 ou 5. 45

45 { Feuilles trifoliolées . . . . *Oxalidées*. (xxii).
   { Feuilles simples. 46

46 { Étamines soudées à la base. . . . . *Linacées*. (xiv).
   { Étamines libres. 47

47 { Feuilles toutes radicales ou alternes. 48
   { Feuilles opposées ou verticillées 49

48 { 5 étamines. . . . . *Droséracées*. (x).
   { 10 étamines. . . . . *Pyrolacées* (liii).

49 { Pétales 3, sépales 3. . . . . . . *Elatinées* (xiii).
   { Pétales 4-5, sépales 4-5. . . . . *Caryophyllées*. (xii).

50 { Étamines opposées aux lobes de la corolle. 51
   { Étamines alternes avec les lobes de la corolle. . . . 52

51 { 1 style et un stigmate. . . . . . *Primulacées*. (lvi).
   { 5 stigmates. . . . . *Plumbaginacées*. (lxx).

52 { Carpelles soudés en un ovaire simple. 54
   { 4 carpelles distincts 55

53 { Etamines 5, feuilles alternes. . . Borraginées. (lxiii).
   { Etamines 4, 2, feuilles opposées, tige carrée. . . . .
   { . . . . Labiées. (lxix).

54 { Plantes munies de vrilles. . . . Cucurbitacées. (xxxiii).
   { Point de vrilles. 55

55 { Etamines à filets soudés en 1 ou 2 faisceaux. 56
   { Etamines libres. 59

56 { 5 Etamines soudées à la base, fleurs régulières. . . .
   { . . . . Asclépiadées. (lx).
   { 6 à 10 étamines, fleurs irrégulières. 57

57 { 6 Etamines, 2 sépales. . . . . . Fumariacées. (v).
   { 8, 10 Etamines, 5 sépales libres ou soudées. 58

58 { 8 Etamines, sépales libres . . . . . Polygalées. (xi).
   { 10 Etamines, sépales soudés. . Légumineuses. (xxvii).

59 { Etamines en nombre égal ou en plus grand nombre que
   {   celui des pièces de la corolle. 60
   { Etamines en nombre moindre 69

60 { Calice à 2 ou 3 sépales. . . . . Portulacées. (xxxiv).
   { Calice à 4 ou 5 sépales 61

61 { Etamines en nombre double de celui des pièces de la co-
   {   rolle. . . . . 61 bis
   { Etamines en nombre égal. 62

61 { Corolle à 5 divisions profondes. . . Pyrolacées. (liii).
bis { Corolle à 4 divisions . . . . Ericacées. (lii).

62 { Corolle scarieuse. . . . . . . Plantaginacées. (lxxi).
   { Non. 63

63 { Arbre ou arbrisseau à feuilles épineuses persistantes. . .
   { . . . . Ilicinées. (lvii).
   { Plantes herbacées. 64

64 { Plantes parasites, non feuillées. . Convolvulacées. (lxii).
   { Plantes non parasites, feuillées. 65

65 { Fruit à 3 ou 4 graines; tiges ordinairement volubiles. .
   { . . . . Convolvulacées. (lxii).
   { Fruit à graines nombreuses; tiges non volubiles. . . . 66

66 { Stigmate en anneau, surmonté par une couronne de poils,
   {   corolle à lobes tronqués obliquement, feuilles coriaces
   {   persistantes. . . . . Apocynacées (lix).
   { Stigmate non surmonté par des poils, feuilles non persis-
   {   tantes. 67

67 { Corolle persistante sur le fruit après la floraison, feuilles
   {   presque toujours opposées. . . . Gentianées. (lxi).
   { Corolle non persistante, feuilles alternes. 68

68 { Anthères bilobées, fruit souvent bacciforme. . . . . .
   { . . . . Solanacées. (lxiv).
   { Anthères unilobées, fruit jamais bacciforme. . . . . .
   { . . . . Verbascées. (lxv).

                    CLEF ANALYTIQUE

108 { Périanthe à 6 divisions; fleurs portées sur des ramuscules
      ovales épineux. . . . . *Asparagées.* (xc).
      Enveloppe florale constituée par des écailles ou des brac-
      tées. 109

109 { Feuilles persistantes . . . . . . *Conifères.* (lxxxv).
      Feuilles non persistantes. 110

110 { Feuilles opposées, fleurs en grappes. . *Oléacées.* (lviii).
      Feuilles alternes, fleurs en chatons. . *Salicinées.* (lxxxi).

111 { Plante submergée, feuilles ondulées presque épineuses,
      fructifiant sous l'eau. . . . . *Potamées.* (lxxxvii).
      Plantes ne fructifiant jamais sous l'eau. 112

112 { Feuilles linéaires à nervures parallèles. *Cypéracées.* (xcvi).
      Feuilles à nervures ramifiées 113

113 { Feuilles composées imparipinnées. . *Rosacées.* (xxviii).
      Feuilles simples, rarement palmatiséquées. 114

114 { Une gaîne membraneuse embrassant la tige à la base des
      feuilles. . . . . *Polygonacées.* (lxxiv).
      Pas de gaîne membraneuse. 115

115 { Fruit contenant plusieurs graines, étamines 8, 12. . . . .
      . . . . *Euphorbiacées.* (lxxviii).
      Fruit à une seule gaîne, étamines 4-5. 116

116 { Feuilles alternes. , ... *Salsolacées.* (lxxiii).
      Feuilles opposées. . . . . *Urticées.* (lxxix).

117 { Arbres ou arbrisseaux. 118
      Plantes herbacées. 127

118 { Feuilles composées imparipinnées. 119
      Feuilles simples. 120

119 { Feuilles opposées. . . . . *Oléacées.* (lviii).
      Feuilles alternes. . . . . . . *Juglandées.* (lxxxiii).

120 { Fleurs hermaphrodites 121
      Fleurs monoïques. 122

121 { 1 Style, sous-arbrisseau . . . . *Thymélées.* (lxxv).
      2 Styles, arbres. . . . . *Urticées.* (lxxix).

122 { Feuilles aciculées, persistantes. . . *Conifères.* (lxxxv).
      Feuilles jamais aciculées. 123

123 { Feuilles opposées, persistantes. *Euphorbiacées.* (lxxviii).
      Feuilles alternes . . . . : . 124

124 { Fleurs femelles jamais en chatons. . *Quercinées.* (lxxxii).
      Fleurs femelles en chatons, ou renfermées dans un récep-
      tacle charnu. 125

125 { Chatons fructifères succulents ou fruits renfermés dans un
      réceptacle charnu. . . . . . . *Urticées.* (lxxix).
      Chatons fructifères jamais charnus. 126

126 { Chatons cylindriques ou ovoïdes. . . *Bétulinées.* (lxxx).
      Chatons sphériques . . . . *Platanées.* (lxxxiv).

146 { Feuilles munies de stipules, plantes hérissées de poils pi-
        quants, irritants. . . . . *Urticées.* (lxxix).
      Feuilles sans stipules, plantes glabres ou pubescentes non
        piquantes. 147

147 { Calice scarieux . . . . *Amaranthacées.* (lxxii).
      Calice herbacé ou charnu . . . . *Salsolacées* (lxxiii).

148 { Ovaire soudé avec le calice. 149
      Ovaire libre. 151

149 { Périanthe à 3 lobes, ou tubuleux, prolongé en une lan-
        guette unilatérale. . . . . . *Aristolochiées.* (lxxvii).
      Calice à 4-5 lobes. 150

150 { Style 1. . . . . *Onagraires.* (xxix).
      Styles 2. . . . . *Saxifragées.* (xxxviii).

151 { Fruit uniloculaire polysperme. . . *Caryophyllées.* (xii).
      Fruit à plusieurs loges monospermes 152

152 { Plantes terrestres . . . . . *Euphorbiacées.* (lxxviii).
      Plantes aquatiques. . . . . : . *Haloragées.* (xxx).

153 { Etamines nombreuses, fleurs monoïques, les mâles et les
        femelles groupés séparément en épis serrés ou en tête
        globuleuse. . . . . *Typhacées.* (xcviii).
      Etamines 2-3 : fleurs hermaphrodites ou monoïques, soli-
        taires à l'aisselle d'une ou deux bractées réunies en épis
        ou en épillets. 154

154 { Fleurs solitaires à l'aisselle d'une bractée. . . . . .
        . . . . *Cypéracées.* (xcvi).
      Fleurs entourées chacune de 2 bractées . . . . . .
        . . . . *Graminées.* (xcvii).

155 { Pas de feuilles, rameaux verticillés 156
      Des feuilles, rameaux non verticillés. 157

156 { Fructifications réunies en épis au sommet des tiges et des
        rameaux. . . . . *Equisétacées.* (cii).
      Fructifications jamais réunies en épis. . *Characées.* (cv).

157 { Fructifications radicales globuleuses, tige filiforme. . .
        . . . . *Marsiléacées.* (ciii).
      Tige non filiforme, fruits portés sur les tiges ou sur les
        feuilles. 158

158 { Feuilles petites, rapprochées, imbriquées sur la tige, fruc-
        tification à l'aisselle des feuilles. *Lycopodiacées.* (civ).
      Feuilles jamais imbriquées, fructifications agglomérées au
        sommet des feuilles ou sur la surface inférieure des
        feuilles. . . . . *Fougères.* (ci).

CATALOGUE DES PLANTES

QUI CROISSENT NATURELLEMENT OU CULTIVÉES EN GRAND

DANS LE DÉPARTEMENT DE L'YONNE.

PREMIÈRE PARTIE.

PHANÉROGAMES.

CLASSE PREMIÈRE.

DICOTYLÉDONÉES.

SOUS-CLASSE 1ʳᵉ. — DICOTYLÉDONÉES DIALYPÉTALES.

FAM. I. — **RENONCULACÉES**. (RANUNCULACEÆ, JUSS.)

1	Feuilles opposées. . . . . *Clematis.* (i).	
	Feuilles alternes ou radicales.	2
2	Fleurs irrégulières en casque ou éperonnées.	3
	Fleurs régulières	5
3	Fleurs en casque. . . . . *Aconitum.* (xiii).	
	Fleurs éperonnées.	4
4	Fleurs à cinq éperons. . . . . *Aquilegia.* (xi).	
	Fleurs à un éperon. . . . . *Delphinium.* (xii).	
5	Fleurs n'ayant qu'une seule enveloppe florale ordinairement pétaloïde	6
	Fleurs pourvues d'un calice et d'une corolle.	9
6	Un involucre au-dessous de la fleur. . . . . *Anémone.* (iii).	
	Pas d'involucre.	7
7	Un seul carpelle devenant une baie. . . . . . *Actea.* (xiv).	
	Plusieurs carpelles.	8
8	Feuilles composées. . . . . *Thalictrum.* (ii).	
	Feuilles simples. . . . . *Caltha.* (viii).	
9	Toutes les feuilles radicales, linéaires, entières. . . . . *Myosurus.* (v).	
	Feuilles n'étant pas toutes radicales entières.	10
10	Pétales munis d'une écaille à la base ; fleurs jaunes ou blanches.	11
	Pétales sans écailles : fleurs jamais jaunes.	12

11 { Sépales 5 ; pétales 5 ; carpelles mucronés. *Ranunculus*. (vi).
{ Sépales 3 ; pétales 6 à 12 ; carpelles obtus. . *Ficaria*. (vii).

12 { Fleurs rouges ; carpelles en épis. . . . . . *Adonis*. (iv).
{ Fleurs bleuâtres ou vertes 13

13 { Fleurs bleuâtres ; feuilles penniséquées à segments capillaires.
{ . . . . *Nigella*. (x).
{ Fleurs vertes souvent bordées de rouge ; feuilles pédalées,
{ palmiséquées. . . . . *Helleborus*. (ix).

I. Clematis, L., CLÉMATITE.

(de *Kléma*, sarment de vigne ; allusions à sa tige grimpante.)

1. CL. VITALBA, L., Cl. Vignes blanches. — Fleurs blanches,
plantes grimpantes, fruit plumeux. Haies, buissons. Juillet, septembre. Calcaires. ♃. C.

> Cette espèce se rencontre çà et là dans tous les terrains ; le granitique
> fait exception. Vulg. *herbe aux Gueux*, *Viorne*, *cheveux de la Vierge* ; vé-
> néneuse, vésicante. On rencontre çà et là dans les haies *Clematis viticella*, *L.*,
> à fleurs violettes ou rouges.

II. Thalictrum, L., PIGAMON.

(de *Thallô*, je verdoie, *Istar*, vite ; allusion à sa végétation rapide.)

1 { Fleurs et fruits groupés en bouquets compacts au sommet des
{ rameaux ; étamines non pendantes. . . *T. Flavum*. (3).
{ Fleurs et fruits distants, étamines pendantes. 2

2 { Des feuilles à la base de la tige. . . . . *T. collinum*. (1).
{ Des gaines à la base de la tige. . . . *T. montanum*. (2).

2. — 1. TH. COLLINUM, Wallr., P. des collines. *T. saxatile*,
D. C. (pro parte) ; *T. flexuosum*, Reich ; *T. Jacquinia-
num*, Koch. — Tige presque lisse et faiblement sillonnée
sous les gaines, fleurs jaunâtres. Côteaux arides, bois
découverts. Serrigny [Guérin] ! Saint-Bris ! Saint-Cyr !
Nord-ouest. Juin, août. Calcaires. ♃. A. R.

3. — 2. TH. MONTANUM, Wallr. P. des montagnes. *T. minus*
(Auct.). — Tige fortement sillonnée tout autour. Côteaux
arides. L'Auxerrois ! le Tonnerrois ! le Sénonais ! Mai,
juillet. Calcaires. ♃. A. C.

> Vulg. petit pigamon.

4. — 3. TH. FLAVUM, L. P. jaune. — Fleurs jaunâtres. Prairies
marécageuses, bords des rivières. Juin, juillet. ♃ A. C.

> Vulg. *grand pigamon* ; sa racine jaunâtre passe pour purgative.
> Ne se rencontre pas dans les prairies marécageuses des montagnes.

III. Anémone, L., ANÉMONE.

(*Anémos*, vent, plante qui fleurit dans les lieux battus des vents ou à
l'époque des vents).

1 { Fleurs violettes. . . . . *A. pulsatilla*. (1).
{ Fleurs jaunes ou blanches, ou rosées. 2

2 { Fleurs jaunes. . . . . *A. ranunculoïdes*. (4).
  { Fleurs blanches ou rosées 3

3 { Fleurs glabres; racines horizontales très-fragiles . . . . .
  { . . . . *A. nemorosa*. (2).
  { Fleurs velues en dehors. . . . . . . *A. sylvestris*. (3).

5. — 1. A. PULSATILLA, L. A. Pulsatille. *Pulsatilla vulgaris*. Mill.
— Fleurs violettes, Carpelles plumeux. Coteaux herbeux
arides. Mars, mai. Calcaires. ♃. C. dans l'Auxerrois et
le Tonnerrois. R. Ailleurs. Gizy-les-Nobles [Moreau]!
Vulg. *Coquelourde*. Vénéneuse, âcre, rubéfiante.

6. — 2. A. NEMOROSA, L. A. des bois. — Pédoncules courbés au
sommet à la maturité, fleurs blanches ou rosées. Dans
les prés, les bois. Mars, avril. Partout. ♃ C. C.
Vulg. *Sylvie*.

7. — 3. A. SYLVESTRIS, L. A. Sylvestre. — Pédoncule dressé à la
maturité, fleurs d'un blanc velouté. Clairières des bois
montueux, Saint-Bris! Mailly-Château! Ouaine! Val-de-
Mercy! Sud-ouest. Mai, juin. Calcaires. ♃. R.
Croît en abondance au Val-de-Mercy. La station a une longueur de plusieurs kilomètres, mais peu large.

8. — 4. A RANUNCULOIDES, L. A. Renoncule. — Fleurs jaunes.
Bois montueux, prés couverts. Avril, mai. Calcaires.
♃. R. R. R.
Bois du parc à Mailly-Château (Sagot). Mérat la cite aussi, mais sans
nom de localité. Mérat, pharmacien à Auxerre, mort en 1790, botaniste dis-
tingué qui a laissé une Flore manuscrite de l'arrondissement d'Auxerre.

IV. Adonis, L., ADONIDE.

(Le sang d'Adonis donna naissance à cette plante.)

1 { Pétales obovales concaves; sépales pourpres. . . . .
  { . . . . *A. autumnalis*. (1).
  { Pétales oblongs plans: sépales jaunâtres. 2

2 { Pétales irréguliers; base de la tige hérissée. *A. flammea*. (3).
  { Pétales réguliers; tige non hérissée à la base. *A. æstivalis*. (2).

9. — 1. A. AUTUMNALIS, L., A. d'automne. — Fleurs pourpres,
bord supérieur des carpelles à peine courbe. Moissons,
sur le plateau entre Escamps et Gy-l'Evêque! Thorigny!
Pailly, Plessis-Saint-Jean, Gizy, [S. Moreau]! Mai, juillet.
Calcaires argileux. ♁ A. R.
Vulg. *Goutte-de-Sang*.

10. — 2. A. ÆSTIVALIS, L., A. d'été. — Fleurs vermillon pâle,
bord supérieur des carpelles bossu. Moissons à Saint-
Bris! Cruzy! (Serrigny) [Guérin]! Mai, juillet. Calcaires.
⊙. A. R.
Croît seulement sur le sommet des côteaux. Mérat la cite sans nom de
localité.
Var. : *Flava*, grande plante à fleurs jaunes; Tonnerre (Guérin).

11. — 3. A. FLAMMEA, Jacq., A. couleur de feu. *A. anomala*, Wallr. — Fleurs rouge vif, deux ou trois pétales iné-gaux. Moissons : Auxerrois ! Tonnerrois ! Sénonais ! Joigny ! Mai, juillet. ②. A. C.

V. Myosurus, L., MYOSURE.

(*Oura*, queue, *Mus*, rat ; allusion à la forme allongée du pistil.)

12. — M. MINIMUS. L.. M. minime. — Feuilles toutes radicales, fleurs vertes, jaunâtres, carpelles disposés en épis, grêles, allongés. Moissons humides à Bleigny ! Appoigny ! Ville-neuve-Saint-Salves ! Auxerre ! Perrigny ! Charbuy ! la Puisaie ! Avril, juin. Sables ferrugineux. ②. A. R.

VI. Ranunculus, Hall., RENONCULE.

(*Rana*, grenouille, plante qui habite les lieux humides, comme les grenouilles.)

1	Fleurs blanches.	2
	Fleurs jaunes.	8
2	Pédoncules opposés aux feuilles, penchés à la maturité. . .	3
	Pédoncules terminaux dressés, pubescents, blanchâtres. . . . . *R. aconitifolius.* (6).	
3	Feuilles toutes réniformes. . . . . . . *R. hederaceus.* (1).	
	Plusieurs feuilles, toutes découpées filiformes	4
4	Découpures des feuilles parallèles. . . . *R. fluitans.* (5).	5
	Découpures des feuilles divergentes.	
5	Pétales dépassant peu le calice ; 8 à 10 étamines. . . . . *R. trichophyllus* (3).	
	Pétales dépassant beaucoup le calice ; étamines nombreuses.	6
6	Toutes les feuilles découpées filiformes.	7
	Feuilles supérieures flottantes, réniformes, lobées. . . . . *R. aquatilis.* (2).	
7	Découpures courtes, raides, disposées en cercle régulier ; pé-doncules beaucoup plus longs que les feuilles. . . . . *R. divaricatus.* (4).	
	Découpures molles, divergentes en tout sens : pédoncules dé-passant peu les feuilles. . . . . . . *R. aquatilis.* (2).	
8	Feuilles entières.	9
	Feuilles plus ou moins découpées	11
9	Feuilles sessiles : fleurs grandes	10
	Feuilles inférieures pétiolées ; fleurs petites. . . . . *R. flammula.* (9).	
10	Calice glabre ; plante terrestre. . . . *R. gramineus.* (7).	
	Calice vélu ; plante aquatique. . . . . . *R. lingua.* (8).	
11	Racine émettant des rejets rampants . . . *R. repens.* (14).	
	Racine sans rejets rampants, ou bulbiforme	12
12	Feuilles glabres.	13
	Feuilles velues	14
13	Ovaires saillants hors de la corolle ; feuilles florales entières fleurs petites. d'un jaune pâle. . . . *R. sceleratus.* (16).	
	Ovaires non saillants ; feuilles supérieures découpées ; fleurs d'un beau jaune . . . . *R. auricomus.* (10).	

13. — 1. R. HEDERACEUS, L., R. à feuilles de lierre. — Tige rampante, radicante aux nœuds, non sillonnée; fleurs petites, blanches. Lieux fangeux. Toucy ! Appoigny ! Quarré-les-Tombes ! Mai, septembre. Sables ferrugineux et granite. ♃. R.

14. — 2. R. AQUATILIS, Dodon, R. aquatique. *Batrachyum hete-rophyllum*, Fries. — Tige sillonnée, fleurs blanches. Fossés, mares. Avril, juillet. ♃. C.

Var. *Fluitans*, feuilles supérieures réniformes, lobées; fleurs blanches grandes, habitant les eaux profondes.

15. — 3. R. TRICHOPHYLLUS, Chaix, R. à feuilles capillaires. *R. capillaceus*, Thuill.; *R. pectinatus*, Dub ; *R. paucis-tamineus*, Tausch.. Cosson et Germain. — Diffère de l'espèce précédente par ses pétales étroits non rétrécis en onglet. Mares, fossés, ruisseaux. Mars, juin ♃. C.

Sur la vase desséchée elle présente une forme naine.

16. — 4. R. DIVARICATUS, Schrank, R. divariquée. *R. circinna-tus*, Sibth.; *R. aquatilis*, B. L ; *R. rigidus*, Hoffm. — Tige grêle sillonnée, pédoncule beaucoup plus long que les feuilles, fleurs grandes blanches. Canaux Laroche ! Tanlay ! Auxerre ! Juin, septembre. ♃. R.

17. — 5. R. FLUITANS, Lamk., R. flottante. *R. fluviatilis*, Wild ; *R. peucedanifolius*, Thuil.; *R. aquatilis*, D. L. — Plante d'un vert foncé, fleurs grandes, blanches. Eaux courantes. Mai, septembre. ♃. C. C.

18. — 6. R. ACONITIFOLIUS, L. R. à feuilles d'aconit. — Tige dressée, rameuse, fleurs blanches. Lieux ombragés hu-mides, bords du Cousin, Avallon, près le bâtiment nommé la Papeterie [M. Moreau] ! Mai, juillet. Granite. ♃. R. R.

19. — 7. R. GRAMINEUS, L. R. à feuilles de graminées. —

Plante glauque, feuilles entières, fleurs jaunes. Bois montueux; abonde entre Vincelles et le Val-de-Mercy! Ouest. Mai, juin. Calcaires. ♃. R.

20. — 8. R. LINGUA, L., R. langue. — Tige de un mètre, pédoncules non sillonnés, fleurs grandes, jaunes. Etang de la Coudre, à Venoy! marais d'Andries! Juin, août. Calcaires. ♃. R. R.
Vulg. Grande douve.

21. — 9. R. FLAMMULA, L., R. flammette. — Tige de 0m50 au plus, pédoncules sillonnés, fleurs petites, jaunes. Fossés, ruisseaux des bois. Mai, septembre. Partout. ♃. C. C.
Vulg. Petite douve.

22. — 10. R. AURICOMUS, L., R. à tête d'or. — Feuilles radicales réniformes, crénelées en cœur à la base, fleurs jaunes. Bois montueux, humides. Avril, mai. Calcaires. ♃. C.

23. — 11. R. STEVENI, Andrez., R. de Steven. *R. acris*, Jord. — Fleurs jaunes, bec des carpelles court, à peine courbé et caduc. Dans les prés. Mai, juin. Partout. ♃ C. C. C
Vulg. Bouton d'or.

24. — 12. R. VULGATUS, Jord., R. commune. — Fleurs jaunes, bec des carpelles long, crochu, persistant. Bois, pelouses sèches. Merry-sur-Yonne [Sagot in Boreau]. Mai, juin. Calcaires. ♃. R.

25. — 13. R. NEMOROSUS, D. C., R. des forêts. *R. lanuginosus*, Dub.; *R. sylvaticus*, Gren. — Pédoncules sillonnés, fleurs jaunes, feuilles souvent tachées de brun en dessus. Bois humides. Avril, juillet. Calcaires. C.

26. — 14. R. REPENS, L., R. rampante. — Fleurs jaunes, feuilles souvent marbrées dessus. Les champs, les vignes, les prés. Avril, octobre. Partout. ♃. C. C
Vulg. Bassin.

27. — 15. R. BULBOSUS, L., R. bulbeuse. — Fleurs jaunes, racine bulbeuse, sépales réfléchis. Dans les champs, les prés, les bois. Avril, octobre. Partout. ♃. C. C.

28. — 16. R. SCELERATUS, L., R. scélérate. — Pétales jaunes, plus courts que le calice; carpelles nombreux, très-glabres. Mares, fossés, à Venoy! Chevannes! Héry! etc. Mai, septembre. Terrain argileux. ☉. A. R.

29. — 17. R. PHILONOTIS, Ehrh., R. des mares. *R. hirsutus*, Aït. — Fleurs jaunes, sépales réfléchis, carpelles munis de tubercules. Dans les champs, les vignes. Mai, septembre. Partout. ☉. C. C.
Cette espèce abonde principalement dans les vignes des calcaires.

30. — 18. R. ARVENSIS, L., R. des champs. — Fleurs jaune-
pâle, carpelles hérissés. Dans les moissons, les vignes.
Mai, juillet. Terrain sablonneux et calcaire. ⊕. C.
Autour d'Auxerre on l'observe plus fréquemment dans les sables.

VII. Ficaria, Dill., FICAIRE.

(*Ficus*, figue ; allusion à ses racines renflées comme des figues.)

31. — F. RANUNCULOIDES, Mœnch., F. Renoncule. *Ranunculus
ficaria*. L. — Pétales 6 à 9, jaune d'or. Lieux humides
des prés , bois, haies. Mars, mai. Partout. ♃. C C.
Anti-hemorroïdaire.

VIII. Caltha, L., POPULAGE.

(*Caltha*, nom latin donné à un souci ; *Populage*, parce que la plante
croît dans les lieux humides, comme le peuplier.)

32 — C. PALUSTRIS, L., P. des marais. — Sépales 5, d'un beau
jaune, corolle nulle. Lieux marécageux, prés. Mars,
mai. Partout. ♃. C. C.
Vulg. *Souci d'eau.*

IX. Helleborus, L., HELLÉBORE.

(*Elein , Bora*, pâture qui fait mourir)

33. — H. FÆTIDUS, L., H fétide. — Fleurs verdâtres, souvent
bordées de rouge. Lieux pierreux, bords des chemins.
Février, mai. Calcaires. ♃. C.
Vulg. *Pied de Griffon.* Guichard (*) la signale en 1660, dans les lieux montueux, près de l'église de Saint-Martin. Mérat prétend que cette plante,
placée sur les tas de blé, en chasse les charençons. Vénéneuse, drastique.

X Nigella, L., NIGELLE.

(*Nigellus*, noirâtre ; allusion à la couleur des graines.)

34. — N. ARVENSIS, L., N. des champs. — Fleurs d'un blanc
bleuâtre, anthères apiculées, rameaux divariqués. —
Dans les moissons, à Auxerre ! Monéteau ! Chemilly !
etc. Juin, septembre. Calcaires argileux. ②. A. R.
Vulg. *Patte d'araignée.* On rencontre çà et là sur les décombres *Nigella
damascena*, L., facile à distinguer de la précédente par ses fleurs plus
grandes, ses anthères mutiques, ses tiges simples ou à rameaux dressés.

XI. Aquilegia, L., ANCOLIE.

(*Aquilegium*, réservoir d'eau ; allusion à la forme des pétales.)

35. — A. VULGARIS, L., A. commune. — Fleurs bleues. Bois
secs, coteaux arides. Mai, juillet. Calcaires. ♃. A. C.
Cultivée, ornement.

(*) Barthélémy Guichard, pharmacien à Sens, a laissé un manuscrit contenant la Flore
des jardins et des champs, fait en collaboration avec les docteurs Gilotte et Villers.

XII. Delphinium, L., DAUPHINELLE.

(*Delphin*, dauphin; allusion à la forme du sépale supérieur, qui ressemble à un dauphin.)

36. — D. CONSOLIDA, L.. D. des champs. — Fleurs d'un beau
• bleu. Dans les moissons. Juin, septembre. ②. C. C.

Vulg. *Pied d'oiseau*. Diurétique.

XIII. Aconitum, L., ACONIT.

(*Akoné*, pierre; allusion à son habitation au milieu des rochers.)

37. — A. NAPELLUS, L., A. napel. *A. neubergense.* D. C. —
Fleurs bleues. Bords de la Cure, au milieu des rochers,
vers le château de Railly [Boreau]! Pierre Perthuis. Août,
septembre. Granite. ♃. R.R.

Vulg. *casque romain*; ornement. Vénéneuse, antinévralgique.

XIV. Actæa, L., ACTÉE.

(*Actaia*, baie de sureau; allusion à ses fruits.)

38. — A. SPICATA, L., A. en épis. — Fleurs blanches, baies
noires. Bois couverts. Saint-Bris [Mérat]! Coulange-la-
Vineuse! Saint-Moré! Tanlay! Mai, juin. Calcaires. ♃. R.

Mérat indique dans le bois de Tourbenay *peonia corallina*, Retz. (Vulg.
Pivoine, mâle); je l'ai cherchée en vain; on la reconnaîtra à ses grandes
fleurs d'un beau rouge, ses fruits tomenteux.

FAM. II. — BERBERIDÉES. (BERBERIDEÆ, Vent.)

I. Berberis, L., VINETTIER.

(*Berbéri*, coquille; allusion à la forme concave des pétales.)

39. — B. VULGARIS, L., V. commun. — Fleurs jaunes en grappes,
fruits rouges, acides astringents. Dans les haies. Auxerre! Val-de Mercy! Avril, mai. Calcaires. Arbrisseau.
A. C.

Vulg. Epine vinette; fréquemment cultivé.

FAM. III. — NYMPHÉACÉES. (NYMPHEACEÆ, Salisb.)

Calice à 4 sépales, fleurs blanches. . . . . *Nymphæa.* (i).
Calice à 5 sépales, fleurs jaunes. . . . . . *Nuphar.* (ii).

I. Nymphæa, L., NYMPHEA.

(*Nymphé*, nymphe.)

40. — N. ALBA, L., N. blanc. — Fleurs blanches. Dans les étangs.
Moutiers, près Saint-Sauveur! étang des Luneaux à Blé-
neau! étang Saint-Ange-Othe! étang de la Bruyère, près
Toucy! Etangs de Marot! de Quarré! Juin, août. ♃. R.

Vulg. *Nénuphar blanc*, lys d'étang.

II. Nuphar, Sm., NÉNUPHAR.

(Altération de *Niloufar*, arabe.)

41. — 1. N. LUTEUM, Smith., N. jaune. *Nymphæa lutea*, L. — Fleurs jaunes. Eaux tranquilles. Juin, août. Partout. ♃. C C.

Vulg. *Plateau*. (Ne fleurit pas dans les eaux courantes.)

FAM. IV. — **PAPAVÉRACÉES.** (PAPAVERACEÆ, Juss.)

1	Capsule globuleuse ou oblongue.	2
	Capsule siliquiforme.	3
2	Fleurs jaunes . . . . *Meconopsis*. (ii).	
	Fleurs jamais jaunes. . . . . *Papaver*. (i).	
3	Capsule très-allongée, arquée, à deux loges. *Glaucium*. (iii).	
	Capsule à une loge. . . . . *Chelidonium*. (iv.)	

I. Papaver, Tournef., PAVOT.

(du celtique *Papa*, bouillie.)

1	Capsules hérissées de poils raides.	2
	Capsules glabres.	3
2	Capsules ovales arrondies . . . . . . *P. hybridum*. (1).	
	Capsules allongées en massue. . . . . *P. argemone*. (2).	
3	Feuilles pinnatipartites, velues.	4
	Feuilles sinuées, dentées, glabres, glauques. . . . . *P. somniferum*. (6).	
4	Capsules arrondies . . . . *P. Rhœas*. (5).	
	Capsules allongées.	5
5	Stigmates atteignant les bords du disque. *P. Lecoquii*. (3).	
	Stigmates n'atteignant pas les bords du disque. . . . . *P. Lamottei*. (4).	

42. — 1. P. HYBRIDUM, L., P. hybride. — Fleurs rouges, sépales hérissés, soies des capsules arquées. Moissons à Auxerre! Serrigny, [Guérin]! Mai, juillet. Calcaires. ①. R. R.

43. — 2. P. ARGEMONE, L., P. argenome. — Fleurs rouges, sépales presque glabres, soies des capsules droites. Lieux pierreux incultes. Mai, septembre. Calcaires. ②. C. C.

44. — 3. P. LECOQUII, Lamot., P. de Lecoq. *P. dubium*, Lecoq et Lamotte. — Fleurs rouges, pédoncules à poils apprimés. Dans les vignes, les jardins. Mai, juillet. Calcaires. ②. C.

45. — 4. P. LAMOTTEI, Boreau, P. de Lamotte. *P. dubium*, Lam., *P. dubium*, var. *lævigatum*, Lecoq et Lamot. — Fleurs rouges tachées de violet à la base, pédoncules à poils apprimés. Lieux secs. Mai, juillet. ②. C.

46. — 5. P. RHÆAS, L., P. coquelicot. — Fleurs grandes, d'un rouge vif, pédoncules à poils étalés. Moissons et prairies artificielles. Mai, juillet. Partout. ⊙. C. C.

Vulg. *coquelicot*; médicinale, narcotique.

47. — 6. P. SOMNIFERUM, L., P. somnifère. *P. Hortense*, Huss. — Fleurs d'un violet pâle, plante glauque. Dans les vignes, bords des chemins; Auxerre! Vincelles! Arcy! le Sénonais! le Tonnerrois! Juin, Août. Calcaires. ⊙. A. C.

Vulg. *pavot*; médicinale, narcotique.

II. Meconopsis, Vig., MÉCONOPSIS.

(*Mécon*, pavot, *opsis*, apparence, qui ressemble au pavot.)

48. — M. CAMBRICA. Vig., M. Gallois. *Papaver cambricum*, L. — Feurs jaune-orangé longuement pédonculées. Dans les broussailles, sur la rive gauche du Cousin, en face l'ancienne papeterie [M. Moreau] à Avallon! dans les champs [Thierry]! Sud. Mai, Août. Granite. ♃. R. R. R.

III. Glaucium, Tournef., GLAUCIÈRE.

(de *glaucos*, glauque; allusion à la couleur de la plante.)

49. — G. LUTEUM, Scop., G. jaune. *G. flavum*, Crtz.; *Chelidonium glaucium*, L. — Fleurs grandes, d'un beau jaune, siliques très-longues arquées. Auxerre, route d'Egriselle! bord de l'Yonne, rive gauche, sur la grève entre Bassou et Laroche! Ouest. Juin, Août. Calcaires, ♃. R.

Vulg. *pavot cornu*. Mérat dit que cette plante croît en abondance dans la plaine des Capucins, commune d'Auxerre; elle est disparue aujourd'hui de cet endroit.

IV. Chelidonium, Tournef., CHÉLIDOINE.

(de *kelidon*, hirondelle.)

50. — C. MAJUS, L., C. éclaire. — Fleurs jaunes. Sur les murs, dans les haies. Mai, Octobre. Partout. ♃. C. C.

Vulg. *Eclaire*, herbe aux verrues. Plante à suc jaune très-acre, employée pour guérir les verrues, les cors.

FAM. V. — FUMARIACÉES. (FUMARIACEÆ, D. C.)

{ Eperon court, capsule arrondie monosperme. *Fumaria* (ii).
{ Eperon allongé, capsule allongée polysperme. *Corydalis* (i).

I. Corydalis, D. C., CORYDALIS.

(de *corudallis*, alouette; allusion à l'éperon de la fleur.)

51. — C. SOLIDA, Smith., C. plein. *C. bulbosa*, D. C.; *C. digitata*, Pers.; *Fumaria bulbosa*, var. *solida*, L. — Racine tuberculeuse, fleurs purpurines. Dans les haies, les prés,

bords du Cousin d'Avallon à Pontaubert [Moreau] ! Mars, Avril. Granite. ♃. R.

II. **Fumaria**, L., FUMETERRE.

(de *Fumus,* fumée ; allusion à la saveur amère de la plante.)

1 { Sépales suborbiculaires dépassant largement la base de la corolle. . . . . *F. micrantha.* (4).
Sépales ovales ou linéaires, dépassant peu ou point la base de la corolle 2

2 { Fruit arrondi ou globuleux, non échancré au sommet. . . . 3
Fruit plus large que long, déprimé au sommet. 5

3 { Sépales n'atteignant pas le tiers de la longueur de la corolle. . 4
Sépales égalant ou dépassant le tiers de la longueur de la corolle. . . . . *F. Wirtgeni.* (1).

4 { Fleurs blanchâtres; capsule apiculée. . *F. parviflora.* (6).
Fleurs rosées; capsule arrondie . . . . *F. vaillantii.* (5).

5 { Plante diffuse, un peu volubile ; fleurs pâles. *F. media.* (2).
Plante dressée, non volubile ; fleurs rouges. *F. officinalis.* (3).

52. — 1. F. WIRTGENI, Koch, F. de Wirtgen. — Fleurs rouge-clair, pourpres au sommet avec une tache verte, capsule arrondie non déprimée. Dans les moissons à Sens! Mai, septembre. Calcaires. ①. R.

53. — 2. F. MEDIA, Lois., F. intermédiaire. — Fleurs roses, pâles, pourpres au sommet, capsule déprimée au sommet. Lieux cultivés; Auxerre! Champs! Mars, juillet. Calcaires. ② A. R.

54. — 3. F. OFFICINALIS, L., F. Officinale. — Fleurs rouges, capsules plus larges que longues, déprimées au sommet. Dans les champs, les vignes. Avril, octobre. Partout. ② C.

> Vulg. *fumeterre;* à Seignelay on rencontre la forme vernale à grandes fleurs d'un rouge foncé. Médicinale, dépurative.

55. — 4. F. MICRANTHA, Lagasc., F. à petites fleurs. *F. densiflora,* D. C.? Fleurs blanches à la base, purpurines au sommet. Sépales très-larges orbiculaires. Lieux cultivés. Auxerre! Sens! Mai, septembre. Calcaires. ② R.

56. — 5. F. VAILLANTII, Loisel., F. de Vaillant. — Fleurs d'un rose violet plus foncé au sommet, sépales très-petits, visibles à la loupe. Dans les champs, les vignes. Mai, juillet. Calcaires. ② R.

> Cette espèce est excessivement abondante dans les vignes, sur le sommet des côteaux de l'Auxerrois.

5. — 6. F. PARVIFLORA, Lamk., F. à très-petites fleurs. — Fleurs blanches, brunes au sommet, fruit arrondi, apiculé. Dans les moissons, au Val-de-Mercy! le Sénonais! Juin, septembre. Calcaires. ①.

> C. Dans le Sénonais; R. ailleurs.

FAM. VI. — **CRUCIFÈRES**. (CRUCIFERÆ, JUSS.)

1   { Fruit linéaire ou lancéolé (silique). 2
     { Fruit presque aussi large que long (silicule). 22

2   { Siliques partagées en articles transversaux.   *Raphanus* (xiv).
     { Siliques non partagées en articles transversaux. 3

3   { Fleurs jaunes. 4
     { Fleurs blanches, ou roses . . . . : 14

4   { Silique terminée par un bec très-long 5
     { Silique terminée par un bec très court ou nul 9

5   { Feuilles auriculées amplexicaules. 6
     { Feuilles ni articulées ni amplexicaules. 7

6   { Feuilles supérieures entières ou dentées. . . *Brassica* (xi).
     { Feuilles supérieures incisées 12

7   { Bec cylindrique ou conique. . . . . . . *Brassica* (xi).
     { Bec ni cylindrique ni conique. 8

8   { Bec très long comprimé; calice étalé. . . . *Sinapis* (xii).
     { Calice dressé, bec nul ou court 9

9   { Feuilles entières. . . . . *Cheiranthus* (i).
     { Feuilles incisées ou dentées. 10

10   (Silique comprimée, aplatie, graines disposées sur deux rangs
      { dans chaque loge. . . . . *Diplotaxis*. (xiii).
      { Silique anguleuse ou cylindrique, graine non disposée sur deux
      (rangs . . . . 10 bis

10   { Silique tétragone . . . . *Erysimum*. (x).
bis   { Silique cylindrique ou anguleuse 11

11   { Calice étalé. . . . . *Sinapis* (xii).
     { Calice dressé ou un peu ouvert 12

12   (Calice dressé; silique à quatre angles inégaux. *Barbarea*. (iii).
      { Calice un peu ouvert; silique cylindrique, anguleuse ou ellip-
      (tique 13

13   (Silique cylindrique, ou elliptique; graines disposées sur deux
      { rangs dans chaque loge. . . . . . . *Nasturtium*. (ii).
      { Graines sur un rang; silique souvent anguleuse. . . . .
      (. . . . . *Sysimbrium* (ix).

14   { Feuilles ailées à folioles distinctes 15
     { Feuilles simples ou lobées. 17

15   (Souche horizontale, écailleuse; silique terminée par un bec
      { distinct. . . . . *Dentaria*, (vii).
      (Pas de souche horizontale écailleuse; bec nul ou très-court. . 16

16   { Silique comprimée. . . . . *Cardamine*. (vi).
     { Silique cylindracée. . . . . *Nasturtium*. (ii).

17   { Silique appliquée contre la tige. . . . . 17 bis
     { Silique plus ou moins écartée 18

17   { Feuilles de la tige glabres . . . . *Turritis* (iv).
bis   { Feuilles de la tige velues. . . . . *Arabis* (v).

18   { Feuilles profondément pinnatifides . . . *Sisymbrium*. (ix).
     { Feuilles entières ou fleurs roses. 19

19   { Silique tétragone 20
     { Silique non distinctement tétragone. 21

1. Cheiranthus, R. Br., GIROFLÉE.

(de l'arabe *Keiri*).

58. — C. CHEIRI, L., Giroflée violette. — Fleurs jaunes. Sur les vieux murs. Auxerre ! Mailly-la-Ville ! Avallon ! etc. Mars, mai. ♃. A. C.

Vulg. *giroflée* jaune, violier jaune.

II. **Nasturtium**, R. Br., CRESSON.

(de *nasum torquere*, picoter le nez; allusion au suc âcre et piquant
du cresson).

1 { Fleurs blanches 2
  { Fleurs jaunes 3

2 { Folioles des feuilles dissemblables. ovales ou arrondies . . . .
  { . . . . *N. officinale.* (1).
  { Folioles des feuilles uniformes lancéolées. *N. siifolium.* (2).

3 { Feuilles supérieures entières ou dentées. *N. amphibium.*(3).
  { Feuilles supérieures profondément pinnatifides 4

4 { Pétales ne dépassant pas le calice . . . . . *N. palustre.* (6).
  { Pétales deux fois plus longs que le calice 5

5 { Siliques de la longueur des pédicelles . . *N. sylvestre.* (5).
  { Siliques plus courtes que les pédicelles . . *N. anceps.* (4).

59. — 1. N. OFFICINALE, Br. C. officinal., *Sisymbrium nastur-
    tium*, L. — Folioles arrondies, fleurs blanches. Dans les
    fontaines, bords des ruisseaux, lieux marécageux. Mai,
    septembre. Partout. ♃. C. C.
      Vulg. *cresson* de fontaine. Antiscorbutique, alimentaire.

60. — 2. N. SIIFOLIUM, Reich. C. à feuilles de thym. — Folioles
    cordiformes lancéolées, fleurs blanches. Eaux vives,
    fossés. Mai, septembre. ♃. C.
      Vulg, *grand cresson.* Antiscorbutique, alimentaire.

61. — 3. N. AMPHIBIUM, Br. C. amphibie., *Sisymbrium am-
    phibium*, L. — Souche vivace, tiges couchées, radican-
    tes à la base puis redressées. Fleurs jaunes. Étangs, ca-
    naux. Mai. juillet. Partout. ♃. C. C.

62. — 4. N. ANCEPS, D C., C. à deux faces, *Sisymbrium anceps*,
    Walh. S. *amphibium*, Var. *terrestre*, L. — Siliques li-
    néaires comprimées, fleurs jaunes. Bords des eaux. Juin,
    août. ♃. P. C.

63. — 5. N. SYLVESTRE, Brown., C. des bois. — Siliques linéaires
    cylindriques. Fleurs jaunes. *Sisymbrium sylvestre*, L.
    Lieux humides. Mai, septembre Partout. ♃. C. C.

64 — 6. N. PALUSTRE, D. C., C. des marais. — Pas de souche
    vivace, tige dressée. Fleurs jaunes. *Sisymbrium palustre*,
    D. C. Bords des eaux. Mai, septembre. ☉. P. C.

III. **Barbarea**. R. Br. BARBARÉE.

(de *barbara*, sainte Barbe).

1 { Feuilles supérieures pinnatifides; siliques à pointe obtuse. .
  { . . . . *B. præcox.*
  { Feuilles supérieures sinuées ou dentées. . . . *B. vulgaris.*

65. — 1. B. VULGARIS, Br. B. vulgaire, *Erysimum barbarœa*, L.

— Fruits serrés contre la tige. Fleurs jaunes. Bords des eaux. Avril, juin. Partout. ⚥. C. C.

66. — 2. B. PRÆCOX, R. Br. B. précoce. *B. patula*, Fries. *Erysimum præcox*, Sm. — Fruits étalés, fleurs jaunes pâles. Lieux cultivés, humides. Avril, mai. Alluvion. ②. Auxerre !

Refleurit en automne. Antiscorbutique.

IV. Turritis. L. TOURETTE.

(de *turris*, tour; la plante est dressée comme une tour).

67. — T. GLABRA, L. T. Glabre. *Arabis perfoliata*, Lam. — Plante glauque, rameaux dressés. Fleurs d'un blanc jaunâtre. Mai, juillet. Bois secs sablonneux ou calcaires, Val-de-Mercy ! forêt de Pontigny ! ②. R.

V. Arabis, L. ARABETTE.

(de l'Arabie).

1	Feuilles de la tige ni auriculées, ni embrassantes	2
	Feuilles de la tige auriculées, embrassantes.	3
2	Fleurs blanches . . . . *A. Thaliana.* (4).	
	Fleurs roses. . . . . *A. Arenosa.* (5).	
3	Feuilles glabres, glauques, très entières. *A. Brassicæformis* (1).	
	Feuilles pubescentes denticulées.	4
4	Graines finement ponctuées. . . . . . _*A. Sagittata.* (2).	
	Graines non ponctuées . . . . *A. Hirsuta.* (3).	

68. — 1. A. BRASSICÆFORMIS, Walroth. A. Faux choux. *Brassica alpina*, L., *Erysimum alpinum*, Dub. — Plante glauque, fleurs blanches. Bois montagneux ; Misery, Vau-la-Ronce [Boreau], Saint-Moré ! Mailly-la-Ville ! Tanlay [Guinot]! Mai, juillet. Calcaires: ⚥. R. R.

Altitude, 200 mètres environ.

69. — 2. A. SAGITTATA, Berthol. A. Sagittée. — Plante velue, rameuse, fleurs blanches. Feuilles sagittées. Lieux herbeux des bois, coteaux calcaires, arides. Saint-Bris ! Mailly-la-Ville! etc. Mai, juillet. ①. A. C.

70. — 3. A. HIRSUTA, Scop. A. Hérissée. *Turritis hirsuta*, L. — Plante velue, feuilles non sagittées. Fleurs blanches. Dans les prés, à Auxerre! Mai, juillet. Calcaires. R. R.

Cette plante est citée par les auteurs comme ② : j'ai vu fleurir six fois le même pied dans mon jardin.

71. — 4. A. THALIANA, L. A. de Thalius. *Conringia thaliana*, Reich. *Sisymbrium thalianum*, Gaud. — Fleurs blanches. Dans les champs. Mars, mai. Sables et granites. ①. C. C.

72. — 5. A. ARENOSA, Scop. *Sisymbrium arenosum*, L. — Fleurs roses. Dans les champs, les vignes. Saint-Bris! Irancy! Coulanges! Val-de-Mercy! Ancy-le-Franc! Sens! etc. Avril, juin. Calcaires. ☉. A. C.

Refleurit en automne et très-abondamment dans les champs d'Ancy-le-Franc.

VI Cardamine, L. CARDAMINE.

(*Kardamon*, cresson).

1 { Fleurs petites à pétales dépassant peu le calice 3
{ Fleurs grandes à pétales trois fois plus longs que le calice. . 2

2 { Feuilles supérieures à segments linéaires entiers; fleurs lilas.
. . . . *C. pratensis.* (2).
{ Toutes les feuilles à segments élargis, dentés; fleurs blanches.
. . . . *C. amara.* (4).

3 { Pétioles à oreillettes sagittées. . . . . *C. impatiens.* (5).
{ Pétioles sans oreillettes sagittées. 4

4 { 4 étamines, 2 ou 3 feuilles caulinaires. . . *C. Hirsuta.* (3).
{ 6 étamines, 6 à 10   —   —   . . *C. Sylvatica.* (4).

73. — 1. C. AMARA, L. C. amère. — Fleurs blanches; anthères violettes. Lieux marécageux; dans les vernées autour de Rio, Lindry! Avril, mai. Sables. ♃. R. R.

74. — 2. C. PRATENSIS, L. C. des prés. — Fleurs lilas, veinées; anthères jaunes. Prés, bois, bords des eaux. Mars, mai. Partout. ♃. C. C.

Dans les bruyères marécageuses, les fleurs sont blanches.

75. — 3. C. HIRSUTA, L. C. velue. — Fleurs blanches; pédicelles et siliques dressés, racine pivotante rameuse à la base. Lieux humides. Island! Pontaubert! Auxerre! Forêt d'Othe! Avril, juin. ☉. R.

76. — 4. C. SYLVATICA, Link. C des bois. — Fleurs blanches. Pédicelles étalés, racine oblique couverte de radicelles. Lieux humides. Bords de la Cure à Chastellux [Moreau]. Avril, juin. Granite. ☉. R. R. R.

77. — 5. C. IMPATIENS, L C. impatiente. — Fleurs très petites, blanches. Plante d'un beau vert à folioles nombreuses. Lieux couverts ou humides, forêt d'Othe, canal des étangs! Arcy [S. Moreau], Ile du bâtardeau, Auxerre! Mai, juin. Alluvions. ☉. R.

VII. Dentaria, L. DENTAIRE.

(*Dens*, dent; la souche est comme dentée).

78. — D. PINNATA, Lam., D. pennée. *D. pentaphyllos*, L. — Fleurs grandes, lilas ou blanches. Bois couverts, Saint-Moré, [Boreau]! Avallon, [Moreau]! Val-de-Mercy, [S. Moreau]! Avril, juin. Calcaires. ♃. R. R.

VIII. **Hesperis**, L. JULIENNE.

(*Esperos*, soir ; allusion au parfum de la plante le soir).

79. — H. MATRONALIS, L. J. des Dames. — Fleurs blanches ou
lilas. Bois montagneux, au pied des roches à l'ouest du
bois du parc, Mailly-Château, [Mérat]! Merry, [Boreau]!
Mai, Juin. Calcaires. ②. R. R.

> Vulg. *Girarde*, ornement.

IX. **Sisymbrium**, L. SISYMBRE.

(*Sisymbrion*, espèce de cresson).

1 { Fleurs blanches 2
{ Fleurs jaunes . . . . , ... 3

2 { Feuilles larges sinuées, dentées ; à odeur alliacée . . . . . .
{ . . . . *S. alliaria*. (5).
{ Feuilles pinnatifides non alliacées. . . . *S. supinnm*. (6).

3 { Feuilles bitripinnatiséquées à lobes linéaires. *S. Sophia*.(4).
{ Feuilles pinnatipartites ou hastées 4

4 { Siliques dressées appliquées, contre la tige. *S. officinale*. (1).
{ Siliques étalées. 5

5 { Siliques chargées d'aspérités. . . . . . . *S. asperum*. (3).
{ Siliques lisses. . . . . *S. Irio*. (2).

80. — 1. S. OFFICINALE, Scop., S. officinal. *Erysimum officinale*,
L. — Fleurs jaunes, siliques épaisses à la base. Bords
des chemins, des champs. Mai, octobre. Partout. ①.
C. C

> Vulg. *Erysimum, velar, herbe aux chantres* ; médicinale, anti-catarrhale.

81. — 2. S. IRIO, L. S. irio. — Fleurs jaunes, siliques dépassant
les fleurs supérieures. Lieux incultes, pied des murs à
Pont-sur-Yonne! Avril, juillet. Calcaires. ②. R. R. R.

82. — 3. S. ASPERUM, L. S. rude. — Fleurs jaunes, tige étalée
un peu tuberculeuse. Moissons, autour de l'étang des
Chenêts! Juin, août. Calcaire argileux. ①. R. R.

83. — 4. S. SOPHIA. L.. S. Sagesse. — Fleurs jaunes, tige rameuse supérieure. Vieux murs, décombres, çà et là. Mai,
octobre. Calcaires. ①. C.

> Vulg. *sagesse des chirurgiens*. Vulnéraire, vermifuge.

84. — 5. S. ALLIARIA, Scop. S. alliaire. *Erysimum alliaria*, L.,
Hesperis alliaria, Lam.; *Alliaria officinalis*, Andrz. —
Fleurs blanches, tige dressée, feuilles dentées. Lieux
humides. Avril, juin. Partout. ②. C. C.

> Vulg. *alliaire*. Vulnéraire, vermifuge.

85. — 6. S. SUPINUM, L., S. couché. *Braya supina*, Koch. —
Fleurs blanches, tiges couchées, feuilles pinnatifides

Bords des routes, des champs. Sens [Prot]! Pont-sur-Yonne! Pailly, Vertilly, Plessis-du-Mée, Sergines, Michery, [S. Moreau]! Juin, septembre. Calcaires. ④. R.

X. Erysimum, L. Vélar.

(*Eruô*, sauver, *oimé*, voix).

1 { Fleurs blanchâtres ; feuilles embrassantes . . . . *E. orientale*. (3).
{ Fleurs jaunes ; feuilles atténuées à la base.   2

2 { Siliques égalant environ deux fois la longueur des pédicelles . . . . *E. Cheirantoïdes*. (1).
{ Siliques six ou sept fois plus longues que les pédicelles . . . . *E. cheiriflorum*. (2).

86. — 1. E. CHEIRANTOIDES. L., V. giroflée. — Fleurs petites, jaunes, inodores. Lieux humides. Auxerre! Druyes! Gizy, Champlost, [S. Moreau]! Juin, Septembre. Alluvions. ①. A. C.

87 — 2. E. CHEIRIFLORUM, Wallr., V. à fl. de violier. *Cheiranthus Erysimoïdes*, L.; *Erysimum hieracifolium*, Jacq.; *E. odoratum*, Koch.; *E. murale*, Saint-Hil.; *E. strictum*, Derb.; *E. lanceolatum*, Lorcy. — Fleurs grandes, jaunes odorantes. Lieux secs et pierreux. Merry-sur-Yonne! Châtel-Censoir! Crain! Lucy! Mailly-Château! Tonnerre! [Boreau.]Mailly-la-Ville! Tanlay! Brion! Vertilly, [S. Moreau]! Juin, juillet Calcaires. ①. A. R.

88. — 3. E. ORIENTALE, Brown, V. d'Orient. *Brassica orientalis*, L ; *Brassica perfoliata*, Lam.; *Erysimum perfoliatum*, Crantz.; *Conringia orientalis*, Pers. — Fleurs blanchâtres; plante glauque, glabre. Champs cultivés; Auxerre! Saint-Bris! Chemilly! Lindry! Mai, juillet. Calcaires. ①. A. C.

XI. Brassica, L. Chou.

(*Bresic*, non celtique du chou).

1 { Toutes les feuilles pinnatifides . . . . *B. cheiranthus*. (5).
{ Feuilles supérieures entières   2

2 { Sépales appliqués sur les pétales . . . . *B. oleracea*. (1).
{ Sépales étalés   3

3 { Feuilles intermédiaires de la tige pétiolées . . *B. rapa*. (2).
{ Feuilles intermédiaires de la tige rétrécies à la base, sessiles.   4

4 { Feuilles caulinaires, la plupart pinnatifides . *B. napus*. (4).
{ Feuilles caulinaires la plupart entières . *B. campestris*. (3).

89. — 1. B. OLERACEA, L., C. potager, — Fleurs jaunes ou blanches, étamines presque égales. Cultivée partout. Mai, juin. ②.

Vulg. *chou*; alimentaire.

90. — 2. B. RAPA, L., C. Rave. — Fleurs jaunes, racine charnue. Siliques redressées sur les pédoncules. Cultivée en grand. Avril, mai. ②.

Vulg. *rave*; alimentaire.

91. — 3. B. CAMPESTRIS, L., C. champêtre. — Fleurs jaunes, racine non charnue. Siliques redressées sur les pédoncules. Cultivée en grand. Avril, mai. ②.

Vulg. *colza*; oléagineuse, navette d'été.

92. — 4. B. NAPUS, L., C. navet. — Fleurs jaunes. Pédoncules et siliques étalés. çà et là, dans les moissons, cultivée en grand. Avril, mai. ②.

Vulg. *navette d'hiver*; alimentaire, oléagineuse.

93. — 5. B. CHEIRANTHUS, Vill., C. giroflée. *B. Erucastrum*, Dub.; *B. Cheirantiflora*, Duby.; *Sinapis Cheiranthus*, Koch —Fleurs jaunes.Tiges glauques hérissées à la base. Bords des chemins, bois taillis; Appoigny! Saint-Georges! Avallon! ♃. Mai, septembre. Sables et granites. ②. A. C.

XII. Sinapis, L. Sénevé.

(*Sinapi*, sénevé).

1 { Siliques dressées contre la tige. . . . . . . *S. nigra*. (3).
{ Siliques étalées. 2

2 { Feuilles supérieures sinuées, dentées . . . *S. arvensis*. (1).
{ Toutes les feuilles profondément pinnatipartites. . . . . *S. Alba*. (2).

94. — 1. S. ARVENSIS,L., S. des champs — Fleurs jaunes; Feuilles supérieures sessiles; graines lisses. Dans les champs, les vignes. Mai, octobre. Partout. ①. C. C.

Vulg. *moutarde sauvage*.

95. — 2. S. ALBA, L., S. blanc. — Fleurs jaunes; feuilles toutes pétiolées; graines alvéolées. Moissons, çà et là. Avallon [Boreau]. Auxerre! Champlost, Pailly, [S. Moreau]! Mai, juillet. ①.

Vulg. *moutarde blanche*; laxative.

96. — 3. S. NIGRA, L., S. noir. *Brassica nigra*, Kock. — Fleurs jaunes, tige glauque. Bords de l'Yonne; abonde depuis Régennes jusqu'à Laroche! Juin! septembre. ①. A. R.
Vulg. *moutarde noire*; médicinale, rubéfiante, condimentaire.

XIII. Diplotaxis, D. C. DIPLOTAXIS.

(de *diplos*, double, *taxis*, rang, graines placées sur deux rangs).

1 { Sépales égalant le pédoncule. . . . . . . *D. viminea*. (2).
{ Sépales moitié moins longs que le pédoncule. *D. muralis*. (1).

97. — 1. D. MURALIS, D. C. D. des murs. *Sisymbrium murale*,

L. — Fleurs jaunes. Tige un peu velue et feuillée à la base. Vignes des terrains calcaires. Evry et Cuy, [Moreau]! Mai, septembre. ☉. R.

98. — 2. D. VIMINEA, D. C., D. des vignes. *Sisymbrium viminum*, L., — Fleurs jaunes, petites. Tige glabre, feuilles toutes radicales. Terrains calcaires arides. Gizy, Pailly, [Moreau]! Juin, octobre. ☉. R.

XIV. **Raphanus**, L. RADIS.

(*Raphanos*, rave).

⎰	Silique moniliforme striée.	*R. raphanistrum.* (2).
⎱	Silique cylindrique non striée	*R. sativus.* (1).

99. — 1. R. SATIVUS, L., R. cultivé. — Fleurs blanches ou violettes , variées, racine grosse et noire extérieurement. Cultivée. Mai, juillet. ☉.

Vulg., *petite rave*, radis noir, alimentaire.

100. — 2. R. RAPHANISTRUM, L., R. Ravenelle. — Dans les champs. Mai, septembre. ☉. C. C.

Fleurs jaunes ou blanches veinées de violet.

XV. **Bunias**, R. Br. BUNIAS.

(*Bounos*, colline).

101. — 1. B ORIENTALIS, L., B. d'orient. — Fleurs jaunes. Talus de la route de Lyon, à 3 kilomètres d'Auxerre, Sainte-Nitace ! Mai, juillet. Calcaires. ♃.

Cette plante est complétement naturalisée et est très abondante dans la localité citée.

XVI. **Calepina**, ADANS.

(Calépine).

102. — 1. C. CORVINI, Desv., C. de Corvinus. *Bunias cochlearioïdes*, Wild.; *Lælia cochlearioïdes*, Pers. — Fleurs blanches. Tige glabre, étalée à la base. Dans les champs arides. Auxerre, près le moulin de Preuilly ! Tonnerre ! Mai, juin. Calcaires. ☉. R. R.

XVII. **Neslia**, Desv., NÉLIE.

(Dédié à de Nesle).

103. — 1. N. PANICULATA, Desv., N. paniculée. *Bunias paniculata*, D. C.; *Myagrum paniculatum*, L. — Fleurs jaunes, Tige dressée, velue. Moissons. Mai, juillet. Calcaires. ☉. C.

Abonde dans les moissons maigres, entre Chemilly et l'Yonne.

XVIII. Myagrum, L. MYAGRE.

(Musca, mouche, *agra,* capture).

104. — 1. M. PERFOLIATUM, L., M. perfolié. *Cakile perfoliata,*
fl. fr. — Fleurs jaunes; tige droite, glabre, glauque. Dans
les moissons. Augy! Serrigny [Guérin]! Champs [Lasnier]!
Appoigny [Rojot]! Mai, juillet. Calcaires. ☉. R.

XIX. Isatis, L. PASTEL.

(Isadsein, polir, unir).

105. — 1. I. TINCTORIA, L., P. des Teinturiers. — Dans les moissons pierreuses. Vincelles [Mérat]! Escolives! Coulanges-
la-Vineuse! Val de-Mercy! le Sénonais! Maillot, Màlay
Guichard]. Mai, juin. Calcaires. ②. A. C.
Vulg. *pastel;* plante tinctoriale à couleur bleue.

XX. Senebiera, Per. SÉNEBIÈRE.

(Dédié à Sénebier, de Genève).

106. — 1. S. CORONOPUS, Poir., S. pied de Corneille. *Cochlearia
coronopus,* L., *Coronopus Ruellii,* All ; *Coronopus vulgaris,* Desf. — Fleurs blanches ; silicules tuberculeuses ;
plante diffuse. Lieux incultes, pied des murs. Mai, octobre. Partout. ☉. C. C.

XXI. Capsella, Vent. CAPSELLE.

(Capsa, cassette, bourse).

107. — 1. C. BURSA PASTORIS, Mœnch., C. bourse à pasteur.
Thlaspi bursa pastoris, L. — Fleurs blanches; fruit
triangulaire. Partout ; toute l'année. ②. C. C.

XXII. Hutchinsia, R. B., HUTCHINSIE.

(Dédié à Mlle Hutchins, irlandaise).

108. — 1. H. PETRÆA, R. Br., H. des pierres. *Lepidium petrœum,*
L.; *Tesdalia petrœa,* Reich. — Très-petite plante à fleurs
blanches. Mars, mai. ☉. Rochers calcaires ; lisière du
bois du parc à Mailly-la-Ville! Exp. ouest, alt. 192 mètres
Elle croît au milieu des Draba dont elle s'en distingue facilement par
son feuillage découpé et plus sombre.

XXIII. Lepidium, L. PASSERAGE.

(Lepis, écaille).

{ Feuilles caulinaires sagittées amplexicaules. . . . .
. . . . *L. campestre.* (3).
{ Feuilles non sagittées amplexicaules   2

2 { Feuilles caulinaires entières ou dentées.   *L. latifolium*. (1).
  { Feuilles caulinaires pinnatiparties à segments linéaires . . .   3

3 { Pétales très-petits ou nuls. . . . . . .   *L. ruderale* (2).
  { Pétales dépassant longuement le calice . .   *I. sativum*. (4).

109. — 1. L. LATIFOLIUM, L., P. à larges feuilles. — Fleurs
      blanches. Plante glabre, glauque. Lieux herbeux, in-
      cultes. Venoy! Ouest. Juin, juillet. Calcaires argileux. ♃.
      R. R.

110. — 2. L. RUDERALE, L., P. des décombres. — Fleurs blan-
      châtres; plante très fétide; silicule orbiculaire entière.
      Pied des murs, à Laroche! Ouest. Juin, octobre. Calcaires.
      ☉. R. R.

111. — 3. L. CAMPESTRE, Br., P. des champs. *Thlaspi campestre*,
      L. — Fleurs blanches; silicule ovale échancrée. Bords
      des chemins, champs incultes. Mai, juillet. Calcaires. ☉.
      C. C.

112. — 4. L. SATIVUM, L., P. cultivé. *Thlaspi sativum*, Desf. —
      Fleurs blanches; silicule orbiculaire échancrée. Subs-
      pontanée, autour des habitations. Mai, juillet. Cultivée. ☉.
      Vulg. *cresson alénois*; alimentaire.

XXIV. Iberis, L. IBÉRIDE.

(*Iberis*, Espagne).

I { Feuilles caulinaires élargies et dentées. . . *I. amara*. (1).
  { Feuilles caulinaires linéaires entières . . *I. Durandii*. (2).

113. — 1. I. AMARA, L., I. amer. — Fleurs blanches ou lilas;
      style dépassant un peu les lobes de la silicule. Dans les
      champs pierreux. Juin, septembre. Calcaires. ☉. C. C.
      Vulg. *téraspic des champs*.

114. — 2. I. DURANDII, Lor., I. de Durande. — Fleurs lilas ou
      purpurines; styles de la longueur des lobes. Champs
      pierreux. Val-de-Mercy, Coulanges-la Vineuse [Boreau].
      Saint-Martin-sur-Armançon [Guinot]! Juillet, septembre.
      Calcaires. ②. R. R.

XXV. Teesdalia. R. Br., TISDALIE.

(Dédié à Teesdale).

115. — 1 T. IBERIS, D. C., T. ibéride. *Iberis nudicaulis*, L. —
      Fleurs blanches. Très-petite plante à feuilles découpées,
      toutes radicales. Lieux arides. Saint Georges! Perrigny!
      Appoigny! Avallon! Avril, juin. Sables et granites. ☉.
      A. C.

XXVI. **Thlaspi**, Dill., TABOURET.

(*Thlaein*, comprimer).

1 (Silicule presque plane entièrement bordée d'une aile membra-
   braneuse large . . . . **T. arvense**. (1).
   (Silicule bordée seulement au sommet. 2

2 (Style saillant hors de l'échancrure de la silicule 3
   (Style non saillant . . . . **T. perfoliatum**. (2).

3 (Pétales à peine plus longs que le calice . **T. sylvestre**.. (3).
   (Pétales beaucoup plus longs que le calice. 4

4 (Etamines environ de la longueur des pétales
   . . . . **T. arnaudiæ**. (4).
   (Etamines beaucoup plus courtes que les pétales. . . . . .
   . . . . **T. montanum**. (5).

116. — 1. TH. ARVENSE, L., T. des champs. — Fleurs blanches;
silicule plane orbiculaire. Dans les vignes, les champs.
Appoigny! Monéteau! Cruzy! Evry, Cuy, Gurgy, [S.
Moreau]! Avril, octobre. Calcaire argileux. ④. A. C.

117. — 2. TH. PERFOLIATUM, L., T. perfolié. — Fleurs blanches;
petite plante glauque. Dans les champs, les vignes.
Mars, mai. Calcaire argilenx. ④. C. C.

118. — 3. TH. SYLVESTRE. Jord., T. des bois. *Th. alpestre* (auct.)
— Fleurs blanches; anthères pourpres noirs. Dans les
bois, à Avallon [Boreau]. Avril, mai. ②. R.

119. — 4. TH. ARNAUDIÆ, Jord., T. d'Arnaud. — Fleurs blanches; anthères rougeâtres. Le long des haies, dans les
pâturages des montagnes; Island près Avallon! Rochers
à Arcy [Carré]. Ouest. Avril, juin. Granite. ②. R.

120. — 5. TH. MONTANUM, L., T. des montagnes. — Fleurs blanches. Bois clairs, à Coulanges! Vincelles! Mailly-la-Ville!
Argentenay, [Guinot]! Avril, juin. Calcaires. ♃. A. R.

XXVII. **Camelina**, Crantz., CAMELINE.

(de *Kamaï*, linon, petit lin).

1 (Silicules ventrues; graines jaunâtres. . . . . **C. sativa**. (1).
   (Silicules convexes; graines brunes. . . **C. microcarpa**. (2).

121. — 1. C. SATIVA, Crantz., C. cultivée. *Myagrum sativum*, L.
— Fleurs jaunâtres; tige peu feuillée; silicule à cloison
obovale cunéiforme. Mai, juillet. ④. Cultivée en grand.
Vulg. *cameline*: graines oléagineuse.

122. — 2 C. MICROCARPA, Andrz., C. à petits fruits. *C. Sylvestris*, Wallr. — Fleurs jaunâtres, pâles; tige très feuillée;
silicule à cloison orbiculaire, contractée à la base. Coulanges, Vincelles, Cravant, Chablis [Boreau]. Laroche!
Pailly, Vertilly [S. Moreau]! Mai, juillet. ④. R.

XXVIII. Cochlearia, L. COCHLEARIA.

(*Cochlear*, cuiller).

123. — 1. C. ARMORACIA, L., C. Armoricain. *Armoracia rusticana*, Koch. — Fleurs blanches ; feuilles radicales très-grandes, entières. Bords des ruisseaux, près des habitations, à Auxerre ! Sub-spontanée. Mai, juin. Cultivée. ☉
Vulg. *raifort*, médicinale, antiscorbutique.

XXIX. Erophila, D. C. EROPHILE.

(*Er*, printemps, *philein*, aimer.)

124. — 1. E. VULGARIS, D. C., E. Vulgaire. *Draba verna*, L. — Fleurs blanches ; petite plante à feuilles toutes radicales, plus ou moins velues, à silicules plus ou moins allongées. Sur les toits, dans les champs. Partout. ☉ C. C.

Cette espèce très-variable présente différentes formes que l'on pourra étudier, à l'aide des caractères qui suivent :

1	Lobes des pétales écartés divergents	3
	Lobes des pétales contigus.	2
2	Silicules arrondies, plantes des murs. *E.brachycarpa*. .	Jord.
	Silicules oblongues, plantes des sables. *E. hirtella*. . .	Jord.
3	Feuilles linéaires ou lancéolées étroites	4
	Feuilles oblongues obovales. . . . . . . *E. majuscula*.	Jord.
4	Sépales ovales ; silicules oblongues elliptiques . . . . *E. glabrescens*.	Jord.
	Sépages oblongs ; silicules linéaires oblongues : . . . . *E. stenocarpa*.	Jord.

Mérat cite le LUNARIA BIENNIS, Mœnch, dans les fossés et dans les haies.

XXX. Alyssum, L. ALYSSON.

(A, privatif, *Lussa*, rage, qui guérit la rage).

125. — 1. AL. CALYCINUM, L., A. Calycinum. — Fleurs jaunes blanchissant avec l'âge. Plante cendrée, étalée, velue. Champs, bords des chemins. Mai, juin. Partout. ☉ C. C.

FAM. VII. — RÉSÉDACÉES. (RESEDACEÆ. D. C.).

1. Réséda, L. RÉSÉDA.

(*Resedare*, calmer).

1	Calice à 4 divisions. . . . . *R. luteola*. (3).	
	Calice à 6 divisions.	2
2	Feuilles caulinaires pinnatipartites . . . . . *R. lutea*. (2).	
	Feuilles entières rarement trifides. . . . *R. phyteuma*. (1).	

126. — 1. R. PHYTEUMA, L., R. Raiponce. — Fleurs blanchâtres ;

capsules atténuées à la base. Lieux secs, bords des routes; champs crayeux. Nailly! Sens [Prot]! Courgenay, Saint-Maurice, Pailly, Sergines [S. Moreau]! Mai, octobre. ☉. R.

127. — 2. R. LUTEA, L., R. jaune. — Fleurs jaunes verdâtres; capsule. ovale arrondie à la base. Lieux incultes, côteaux arides, murs. Mai, septembre. Partout. ②. C.

> Vulg. *réséda sauvage.*

128. — 3. R. LUTEOLA, L., R. Gaude. — Fleurs jaunes verdâtres en longs épis. Bords des chemins, décombres. Mai, septembre. Partout. ②. C.

> Vulg. *gaude*; principe tinctorial jaune. Mérat indique Astrocarpus purpurascens Walp., sans localité.

Fam. VIII. — **CISTINÉES**. (Cisti, Juss).

1. **Helianthemum**, T. Hélianthème.

(*Elios*, soleil, *anthos*, fleur; fleur qui ne dure qu'un jour).

1	Feuilles toutes munies de deux stipules	4
	Feuilles dépourvues de stipules, au moins les inférieures . .	2
2	Tige grêle herbacée; plante annuelle . . *H. guttatum*. (1).	
	Tige ligneuse à la base	3
3	Feuilles planes ovales obtuses; fleurs en grappes lâches . . . . *H. canum*. (2).	
	Feuilles linéaires; pédoncules uniflores. *H. procumbens*. (3).	
4	Fleurs jaunes. . . . . *H. vulgare*. (4).	
	Fleurs blanches.	5
5	Feuilles à bord enroulé; calices couverts d'une pubescence courte, étoilée. . . . . *H. pulverulentum*. (6).	
	Feuilles planes; calices hérissés de longs poils sur les angles. . . . . *H. appennum*. (·).	

129. — 1. H. GUTTATUM, Mill., H. Taché. *Cistus guttatus*, L. — Fleurs jaunes tachées de brun en grappes unilatérales. Moissons et taillis, dans les lieux secs. Fleury! Monéteau! Gurgy! Ouest. Juin, août. Sables ferrugineux. ☉. A. R.

130. — 2. H. CANUM, Dunal., H. Blanc. *Cistus canus*, L. — Fleurs jaunes; feuilles blanches, tomenteuses en dessous. Côteaux arides. Voutenay! Merry! Mailly-Château! [Boreau]. Cry! Mai, juillet. Calcaires. ♃. R.

131. — 3. H. PROCUMBENS, Dunal., H. Couché. *Helianthemum fumana*, auct. plur. — Fleurs jaunes; feuilles linéaires vertes. Pelouses sèches, arides. Tonnerre! Merry! Thorigny! Coulanges! etc. Juin, août. Calcaires. ♃. A. R.

132. — 4. H. VULGARE, Gært., H. Vulgaire. *Cistu helianthe-*

mum, L.— Fleurs jaunes; feuilles élargiesà peine roulées sur les bords. Bords des chemins herbeux, pelouses sèches. Bois. Mars, septembre. Calcaires. ♃. C.

133. — 5. H. APENNINUM, Pers., H. des Apennins. *Cistus appenninum*, L. — Fleurs blanches; feuilles élargies à peine roulées sur les bords. Côteaux secs. Châtel-Censoir, Mailly-Château [Boreau]. Serrigny [Guérin]! Mai, juillet. Calcaires. ♃. R.

134. — 6. H. PULVERULENTUM, D. C., H. poudreux. *Cistus pulverulentus*, Tuill.; *Cistus polifolius*, Vill. — Fleurs blanches; feuilles étroites à bords fortement roulés. Côteaux arides, chemins herbeux, bords des bois. Mai, juillet. Calcaires. ♃. A. C.

Les H. Fumana, Mill. et H. Umbellatum, Mill. sont signalés par Mérat sans désignation de localité.

Fam. IX. — VIOLARIÉES. (Violarieæ, D. C.).

1	Pédoncules radicaux; sépales obtus	2
	Pédoncules portés sur une tige feuillée; sépales aigus. . . .	6
2	Souche émettant des rejets rampants feuillés.	3
	Pas de rejets rampants. . . . . *V. hirta.* (1).	
3	Feuilles ovales oblongues, plus ou moins aiguës.	5
	Feuilles suborbiculaires obtuses.	4
4	Fleurs d'un bleu violet ou blanches . . . . *V. odorata.* (3).	
	Fleurs carnées ou lilas . . . . *V. subcarnea.* (2).	
5	Eperon et capsule violacés. . . . . *scotophilla.* (4).	
	Eperon et capsule non violacés . . . . . . *virescens.* (5).	
6	Stipules profondément découpées à lobe médian très grand. foliacé	8
	Stipules entières ou seulement incisées	7
7	Fleurs violet clair; éperon blanchâtre. . *V. riviniana.* (6).	
	Fleurs bleues; éperon jaunâtre. . . . . . *V. canina.* (7).	
8	Lobe médian des stipules entiers.	9
	Lobe médian denté	10
9	Fleurs grandes d'un beau violet. . . . . *V. de Cry.* (12).	
	Fleurs petites, blanches ou tachetées de violet. *V. segetalis.* (11).	
10	Corolle grande, à nuances veloutées. . . . *V. tricolor.* (8).	
	Corole petite, blanche, ou tachée de bleue ou de jaune . . .	11
11	Eperon dépassant sensiblement les appendices du calice; fleurs blanches jaunâtres . . . . *V. Provostii* (10).	
	Eperon peu ou point saillant; fleurs blanches ou tachées de violet. . . . . *Agrestis.* (9).	

Viola, L. Violette.

(du grec *jon*, violette).

135. — 1. V. HIRTA, L., V. hérissée.—Fleurs bleu-clair inodores:

plante hérissée. Les haies, les buissons. Mars, mai. Partout. ♃. C. C.

136. — 2. V. SUBCARNEA, Jord., V. subcarnée. — Fleurs blanche-lilas, odeur légère. Dans les haies. Mailly Château. Merry. Coulanges-sur-Yonne[Sagot in Boreau]. Charbuy! Venoy! Mars, avril. Calcaires et sables. ♃. A. R.

137. — 3. V. ODORATA, L., V. odorante. — Fleurs blanches ou violettes, très odorantes. Haies, prés, bois. Auxerre! Charbuy! Toucy! Mars, avril. ♃. A. C.

Vulg. *violette odorante*; médicinale, pectorale.

138. — 4. V. SCOTOPHYLLA, Jord,, V. vert sombre. Fleurs blanches ou tachées de violet; plante nuancée de couleur lie de vin. Bois secs, broussailles. Merry-sur-Yonne [Sagot in Boreau]. Bois du parc à Mailly-la-Ville! Février, avril. Calcaires. ♃. R. Alt. 192 mètres.

139. — 5. V. VIRESCENS, Jord., V. vert pâle — Fleurs blanches, ou bleues; plante verte. Dans les bois. Magny [Boreau]. Février, avril. Calcaires. ♃. R.

140. — 6. V. RIVINIANA, Reich., V. de Rivin. *V. canina*, D. C.— Fleurs bleues; plante des lieux humides. Appoigny! Avallon! etc. Avril, mai. Sables et granite. ♃. C.

141. — 7. V. CANINA, L., V. des chiens. — Fleurs bleues pâles; plante des lieux secs. Lisières des bois, bruyères. Avril, juin. Sables. ♃. P. C.

142. — 8. V. TRICOLOR, L., V. Tricolore. —Cultivée. Mai, sept. ☉.

Vulg. *pensée*. On la trouve fréquemment autour des habitations sur les décombres. •

143. — 9. V. AGRESTIS, Jord., V. des champs.— Fleurs blanches; pétales supérieurs souvent tachés de violet. Bords des champs, lieux cultivés. Mai, septembre. ☉. C.

144. — 10. V. PROVOSTII, Bor., V. de Provost. — Pétales blancs jaunâtres veloutés, l'intérieur marqué souvent de 5 stries violettes. Lieux frais, champs en friches; Sainte-Nitace à Auxerre! Vermenton! Vincelles! Avril, septembre. Calcaires argileux. ☉. R.

145. — 11. V. SEGETALIS, Jord., V. des Moissons. *V. arvensis* (auct.). — Fleurs blanches, pétales supérieurs souvent tachés de violet au sommet. Dans les champs. Mai, septembre. ☉. C.

Le nom vulgaire de *pensée sauvage* s'applique aux trois précédentes; elles sont médicinales, dépuratives.

146. — 12. V. DE CRY. — Souche d'apparence bisannuelle, tige de 4 à 5 centimètres, anguleuse, rameuse, violacée.

Feuilles ovales, obtuses, très glabres, vert foncé dessus,
vert plus pâle dessous, charnues et comme vernies, violacées sur les nervures; stipules profondément découpées en 3, 9 lobes, le terminal plus grand, foliacé, entier, les latéraux linéaires et d'autant plus petits qu'ils
s'éloignent du lobe médian; fleurs grandes d'un beau
violet; pétales supérieurs oblongs obtus, les latéraux
oblongs plus courts, munis au-dessus de l'onglet de
poils violets et de stries d'un violet foncé, l'inférieure
triangulaire, peu ou point émarginé à onglet blanc,
marqué d'une tache jaune à la base; éperon violet dépassant les sépales de la longueur des sépales mêmes;
sépales lancéolés aigus trois à quatre fois aussi longs que
larges; pédoncules dépassant longuement les feuilles. Sur
le laris blanc à Cry. Sud.

FAM. X. — **DROSÉRACÉES**. (DROSERACEÆ, D. C.).

Feuilles glabres.	*Parnassia.* (11).
Feuilles chargées de poils glanduleux rouges. .	*Drosera.* (1).

1. **Drosera**, L. ROSSOLIS.

(*Drosos*, rosée, *ros solis*, rosée du soleil; allusion au suc sécrété
par les glandes).

Feuilles arrondies à pétioles velus; tige dressée. . . . . .
. . . . *D. rotundifolia*. (1).
Feuilles allongées à pétiole glabre; tige coudée à la base. . .
. . . . *D. intermedia*. (2).

147. — 1. D. ROTUNDIFOLIA, L., R. à feuilles rondes. — Fleurs
blanches; hampe beaucoup plus longue que les feuilles,
qui sont étalées. Dans les tourbières, les bruyères marécageuses. Bleigny! Perrigny! Charbuy! Branches! Saint-
Sauveur! Appoigny [Mérat]! Juin, août. Sables ferrugineux. ♃ ou ☉. A. C.

148. — 2. D. INTERMEDIA, Hayne. *Dr. longifolia*, Smith. —
Fleurs blanches; feuilles dressées aussi longues que la
hampe à la floraison. Lieux tourbeux, autour de l'étang
de la Marcennerie, près Saint-Sauveur! Appoigny [Mérat].
Juillet, septembre. Sables. ♃ R.

II. **Parnassia**, L. PARNASSIE.

(*Parnassos*, Parnasse).

149. — 1. P. PALUSTRIS, L. — Fleurs grandes d'un beau blanc,
solitaires. Prés marécageux. Andryes! Druyes! Toucy,
St-Sauveur [Mérat]. Sainpuits [Houard]. Bords de l'Oreuse
[Prot]! l'Avallonnais! Juillet, octobre. Calcaires. ♃. A. R.

Fam. XI. — **POLYGALEES**. (POLYGALEÆ, JUSS.).

1. **Polygala**, L. POLYGALA.

(*Polus*, beaucoup, *gala*, lait).

1 { Bractées formant une houppe au sommet des jeunes grappes. *P. Lejeunei*. (3). / Bractées plus courtes que les fleurs 2

2 { Ailes à nervure moyenne ne s'anastomosant pas avec les laté- rales. . . . . *P. austriaca*. (5). / Ailes à nervures s'anastomosant entre elles 3

3 { Feuilles de la tige opposées, grappe peu fournie . . . . *P. depressa*. (6). / Feuilles alternes ou rapprochées en rosettes sur la tige ; grappe multiflore 4

4 { Rameaux florifères partant du centre des rosettes de feuilles. . . . . *P. calcarea* (4). / Rameaux florifères ne partant point d'une rosette de feuilles. 5

5 { Tiges redressées ; ailes plus larges que la capsule . . . . *P. vulgaris*. (1). / Tiges diffuses ; capsule plus large que les ailes. . . . . *P. oxyptera*. (2).

150. — 1. P. VULGARIS, L., P. vulgaire. — Fleurs bleues, sou- vent rouges, rarement blanches ; ailes obovales. Prés, bois, pelouses, haies. Avril, juin. Partout. ♃. C.

151. — 2. P. OXYPTERA, Reich., P. à ailes aiguës. — Fleurs blanc-pâle ou rosées, ailes aiguës. Bords des chemins herbeux, des bois sablonneux. Saint-Georges ! Perrigny ! Mai, septembre. ♃. A. R.

152. — 3. P. LEJEUNEI, Bor., P. de Lejeune. *P. verviana*, Lej. (pro parte). Fleurs petites d'un blanc verdâtre souvent lavées de roses. Pelouses sèches. Merry-sur-Yonne, Brosses [Sagot in Boreau]. Mai, août. Calcaires. ♃. R.

153. — 4. P. CALCAREA, Schultz., P. du calcaire. *P. amara*, Dub.; *P. amarella*, Cosson et Germ. — Fleurs d'un beau bleu ; feuilles des rosettes ovales, celles de la tige étroites. Côteaux herbeux, lisières et allées des bois. Auxerre ! Saint-Bris ! Irancy ! Coulanges ! Tonnerre ! Avril, juin. Calcaires compactes. ④. A. C.

154. — 5. P. AUSTRIACA, Crantz , P. d'Autriche. — Fleurs bleuâtres ou rosées. Pelouses des montagnes, à Brion ! Tonnerre ! Val-de-Mercy [Prot]! Ouest. Mai, juin. Cal- caires. ♃. R. R.

* A Brion, dans la craie, nous n'avons vu, M. Prot et moi, que des indi- vidus à fleurs roses à racines grêles comme dans une plante annuelle.

A Tonnerre, dans le calcaire dur, on ne rencontre que des individus à fleurs d'un bleu tendre.

155. — 6 P. DEPRESSA, Wenderoth., P. Couché. *P. serpyllacea*, Weih. — Fleurs bleuâtres; tiges étalées; feuilles de la tige opposées, celles des rameaux éparses. Bruyères humides. Avril, juin. Sables. ⚥. C.

FAM. XII. — **CARYOPHYLLÉES**. (CARYOPHYLLEÆ, Juss.).

1	Calice à sépales soudés en tube	2
	Calice à sépales libres	7
2	Calice muni d'un calicule à la base . . . . *Dianthus*. (II).	
	Calice dépourvu de calicule.	3
3	2 styles	4
	3-5 styles	5
4	Calice tubuleux denté; onglet très-long. . *Saponaria*. (iii).	
	Calice campanulé à 5 divisions; onglet court. *Gypsophila*. (i).	
5	3 styles	6
	5 styles . . . . *Lychnis*. (vi).	
6	Calice tubuleux : fruit sec . . . . *Silene*. (v).	
	Calice campanulé; fruit charnu . . . . *Cucubalus*. (iv).	
7	10 étamines	8
	Moins de 10 étamines.	13
8	3 styles	9
	5 styles	12
9	Pétales profondément divisés. . . . . *Stellaria*. (x).	
	Pétales entiers ou à peine échancrés	10
10	Feuilles avec des stipules scarieuses. . . *Spergularia*. (xi).	
	Feuilles sans stipules.	11
11	Capsule à 3 valves . . . . *Alsine*. (xii).	
	Capsule à 6 valves . . . . *Arenaria*. (xiii).	
12	Pétales entiers. . . . . *Spergula*. (viii).	
	Pétales bifides ou échancrés. . . . . . *Cerastium*. (xv).	
13	3 styles	14
	4 styles	15
14	Pétales dentées. . . . . *Holosteum*. (ix).	
	Pétales bifides . . . . *Stellaria*. (x).	
15	Capsules s'ouvrant en 4 valves. . . . . . . *Sagina*. (vii).	
	Capsules s'ouvrant en 8, 10 valves . . . . . *Mœnchia*.(xiv).	

1. **Gypsophila**, L. GYPSOPHILE.

(*Gupsos*, plâtre, *philos*, ami).

156. — 1. G. MURALIS, L., G. des murs. *G. serotina*, Hayn. — Plante grêle très-rameuse, à fleurs roses veinées. Moissons, clairières humides des bois. Monéteau! Forêt d'Othe! le Sénonais [S. Moreau]! etc. Juin, octobre. Sables. ☉. A. C.

II. G. **Dianthus.** L. ŒILLET.

(*Dios*, Jupiter, *anthos*, fleur).

1 {
Ecailles du calicule herbacées, aiguës, velues . . . . **D. *armeria*. (2).**
Ecailles du calicule scarieuses, glabres. **2**

2 {
Ecailles plus longues que le calice ; fleurs petites, d'un rose pâle. . . . . **D. *prolifer*. (1).**
Ecailles plus courtes que le calice ; fleurs grandes d'un beau rose. . . . . **D. *carthusianorum*. (3).**

157. — 1. D. PROLIFER, L., Œ. Prolifère. — Fleurs roses, petites, terminales, agglomérées ; plante glabre. Lieux secs, berges des rivières, bords des chemins. Juin, septembre. Partout. ⊕. C. C.

158. — 2. D. ARMERIA, L., Œ. velu. — Plante pubescente ; pétales crénelés, rouges, ponctués de blanc. Lieux secs ombragés, dans les haies, les bois. Mai, octobre. Sables. ②. C.

159. — 3. D. CARTHUSIANORUM, L., Œ. des chartreux. — Fleurs en fascicules, pétales purpurins longuement velus à la gorge. Lieux secs, lisières des bois montueux. Baon ! Tonnerre ! Saint-Moré, etc. Juin, septembre. Calcaires. ♃. A. R.

III. G. **Soponaria**, L. SAPONAIRE.

(*Sapo*, savon).

1 {
Calice cylindrique ; plante vivace . . . **S. *officinalis*. (2).**
Calice à 5 angles très-prononcé ; plante annuelle. . . . . **S. *vaccaria*. (1).**

160. — 1. S. VACCARIA, L., S. des vaches. — Feuilles sessiles lancéolées, glauques ; pétales roses crénelés. Dans les moissons pierreuses. Auxerre ! Cruzy ! Pimelles ! Fleurigny ! Béru, Champlost [S. Moreau] ! Juin, juillet. Calcaires. ②. A. R.

161. — 2. S. OFFICINALIS, L., S. officinale. — Fleurs roses en corymbe ; feuilles atténuées à la base, non glauque. Lieux humides, dans les prés, bords des rivières. Juillet, septembre. Partout. ♃. C. C.
Vulg. *saponaire*, dépurative.

IV. **Cucubalus**, L. CUCUBALE.

162. — 1. C. BACCIFERUS, L., C. baccifère. — Plante glabre grimpant dans les haies ; pétales blancs verdâtres, profondément découpés. Lieux frais, dans les haies, à Venoy ! Seignelay ! Héry ! Perrigny ! etc., le Sénonais

[Guichard]. Juillet, septembre. Calcaires argileux et sables. ⚥. peu C.

V. Silene, L. Silénée.

(Silenus, silène ; allusion au calice ventru du silene inflata).

1 { Calice velu ou pubescent 3
   { Calice glabre ou presque glabre 2

2 { Calice vésiculeux très-renflé ; fleurs blanches 3
   { Calice non vésiculeux ; fleurs roses. . . . . *S. armeria.* (3).

3 { Tige faible portant 1 à 4 fleurs . . . . . *S. rupicola.* (2).
   { Tige grande, pluriflore . . . . *S. inflata* (1).

4 { Dents du calice triangulaires courtes ; plante vivace . . . .
   { . . . . *S. nutans.* (4).
   { Dents du calice longues subulées ; plante annuelle. 5

5 { Calice conique à 30 stries. . . . . *S. conica.* (5).
   { Calice oblong à 10 stries. . . . . *S. noctiflora.* (6).

163. — 1. S. INFLATA, Sm., S. gonflée, *Cucubalus*, Behen L. — Feurs blanches ; capsule ovoïde arrondie. Dans les champs cultivés. Juin, octobre. Calcaires. ⚥. C.
Vulg. Behen.

164. — 2. S. RUPICOLA, Bor., S. des roches. *S. inflata minor* [Mor.] — Fleurs blanches ; capsules arrondies. Coteaux élevés. Tonnerre ! Juin, octobre. Calcaires. ⚥. R.

165. — 3. S. ARMERIA L., S. armérie. — Plante glauque ; fleurs rouges en bouquets terminaux. Roches granitiques. Chastellux, Saint-Germain [S. Moreau]! Juin, septembre. ② R.

166. — 4. S. NUTANS, L., S. penchée. — Fleurs blanches ou verdâtres, rarement roses, en grappe penchée, unilatérale. Bois secs montueux, rochers. Mai, août. Calcaires ⚥ C.

167. — 5. S. CONICA, L., S. conique. — Fleurs petites, roses, terminales. Lieux arides, bords herbeux des chemins. Charbuy ! Appoigny ! Mai, juillet. Sables. ①. R.

168. — 6. S. NOCTIFLORA, L , S. noctiflore. — Fleurs assez grandes, blanches, axillaires et terminales. Moissons, autour du château de Maulnes, Cruzy ! Juin, septembre. Calcaires. ①. R. R.

VI. Lychnis, L. Lychnis.

(Luknos, lampe ; allusion à la forme du fruit).

1 { Pétales profondément découpés en lanières divergentes. . . .
   { . . . . *L. flos-cuculi.* (2).
   { Pétales entiers ou bifides. 2

2 { Pétales bifides 3
   { Pétales entiers . . . .

3 { Fleurs blanches. . . . . *L. vespertina* (5).
  { Fleurs roses . . . . *L. diurna* (4).

4 { Divisions du calice dépassant les pétales. . *L. githago.* (5).
  { Divisions du calice plus courtes que les pétales; plante vis-
  { queuse sous les nœuds . . . . *L. viscaria.* (1).

169. — 1. L. VISCARIA, L., L. visqueux. *Viscaria purpurea*, Wim. — Fleurs nombreuses d'un rose foncé en pani-cule, pétales presque entier. Talus des chemins creux, Appoigny, lieu dit l'Étroit! Versant Est du côteau. Mai, juillet. Sables. ♃. R. R.

170. — 2. L. FLOSCUCULI, L., L. fleur de coucou. — Fleurs roses en grappes lâches, pétales laciniés. Lieux maréca-geux, prés, bois humides. Mai, juin. Partout. ♃. C. C.

171. — 3. L. VESPERTINA, Sibth., L. du soir, *L. dioïca*, D. C.; *L. dioïca*, Var. b. L.; *Melandrium pratense*, Rocl.; *Silene pratensis*, God. — Fleurs blanches rarement rosées, dents du calice obtuses. Dans les haies, les champs, les prés. Mai, septembre. Partout. ♃ ou ②. C. C.

   Vulg *compagnon blanc.*

172. — 4. L. DIURNA, Sibth., L. du jour. *L. sylvestris*, Hoppe.; *L. dioïca*, Var. a. L.; *Melandrium sylvestre*, Rocl. — Fleurs rouges, dents du calice aiguës. Lieux frais, haies, prés, bois; forêt de Pontigny! Avallonnais! Avril, août. Sables et granite. ♃. A. R.

   Vulg. *compagnon rouge.* Plus abondante dans le granite que dans les sables.

173. — 5. L. GITHAGO, Lam., L. nielle. *Agrostema Githago*, L. — Fleurs rouge-violet, dépassées par les extrémités du calice. Dans les blés. Juin, juillet. ① C. C.

   Vulg. *nielle, bruine.* Vénéneuse.

VII. Sagina, L. SAGINÉ.

(*Sagina*, engrais,)

1 { Tiges couchées radicantes; feuilles non ciliées. . . . . . .
  { . . . . , . . . *S. procumbens* (1).
  { Tiges droites; feuilles ciliées plus ou moins à la base.. . . .
  { . . . . *S. apetala.* (2).

174. — 1. S. PROCUMBENS, L., S. couchée. — Pétales blancs ou nuls; tiges naissant d'une rosette centrale de feuilles. Lieux humides. Dans les sables principalement. Mai, oc-tobre. ♃. C. C.

175. — 2. S. APETALA, L., S apétale. — Pétales blancs ou nuls; tiges naissant du collet de la racine. Lieux humides. Sables. Mai, octobre. ①.A. C.

VIII. Spergula, L. Spargoute

(*Spargere*, répandre).

1 { Feuilles munies de stipules. 2
  { Feuilles sans stipules; plante pubescente. . . . .
    . . . . *S. subulata*. (1).

2 { Feuilles sillonnées en dessous; graines munies d'une bordure
    étroite. . . . . *S. arvensis*. (2).
  { Feuilles non sillonnées; graines munies d'une large bordure
    membraneuse. . . . . *S. pentandra*. (3).

176 — 1. S. SUBULATA, Swartz., S. Subulée. *Sagina subulata*,
Wim. — Fleurs blanches, feuilles opposées. Moissons
humides. Charbuy! Appoigny! Perrigny! Versant Est du
côteau. Mai, septembre. Sables. ♃. R.

Les SPERG. SAGINOÏDES L., et NODOSA, L. indiqués par Mérat dans les
lieux sablonneux humides, n'ont pas été retrouvés depuis.

177. — 2. S. ARVENSIS, L., S. des champs. — Fleurs blanches;
feuilles verticillées; dix étamines, rarement cinq. Dans
les champs cultivés. Mai, octobre. Sables. ☉. C.

Vulg. *spergule*.

178. — 3. S. PENTANDRA, L., S. à cinq étamines. — Fleurs
blanches, feuilles verticillées, cinq étamines, rarement
dix. Pelouses sèches des bois. Bleigny! Charbuy! Appoigny! Mars, Mai. Sables. ☉. A.R.

IX. Holosteum, L. Holostée.

(*Olosteos*, tout osseux; allusion aux pédicelles redressés à la maturité).

179. — 1. H. UMBELLATUM, L., H. en ombelle. — Fleurs blanches. Plante glauque rameuse. Champs, bords des chemins. Mars, mai. Partout. ☉. C.C.

X. Stellaria, L. Stellaire.

(*Stella*, étoile).

1 { Feuilles inférieures pétiolées. 2
  { Feuilles toutes sessiles. 3

2 { Tiges présentant sur l'une de leurs faces une ligne de poils.
    . . . . *S. media*. (2).
  { Tiges sans ligne de poils. . . . . *S. nemorum*. (1).

3 { Pétales beaucoup plus longs que le calice. . *S. holostea*. (3).
  { Pétales plus courts que le calice ou le dépassant peu. . . . 4

4 { Bractées ciliées; pétales dépassant un peu le calice. . . . . .
    . . . . *S. graminea*. (4).
  { Bractées non ciliées; pétales plus courts que le calice. . . .
    . . . . *S. uliginosa*. (5).

180. — 1. S. NEMORUM, L., S. des bois. — Fleurs blanches;
pétales plus longs que le calice. Lieux ombragés, hu-

mides. Abondante sur les rives du Cousin jusqu'à Pont-Aubert! Mai, juillet. — Granite. ♃. R.

181. — 2. S. MEDIA, Will., S. intermédiaire. *Alsine media*, L. — Pétales blancs de la longueur du calice ou moins. Lieux cultivés, murs, décombres. Toute l'année. Partout. ☉. C.C.C.

Vulg. *mouron blanc.*

182. — 3. HOLOSTEA, L., S. Holostée. — Fleurs grandes, blanches; feuilles coriaces. Dans les haies, les bois. Avril, mai. Partout. ♃. C.C.

183. — 4. GRAMINEA, L. — Fleurs petites, blanches; pédicelles égalant sept à huit fois la longueur du calice. Haies, prés, bois. Mai, septembre. Partout. ♃. C.C.

184. — 5. S. ULIGINOSA, Murray. *S. aquatica*, Poll.; *Larbræa aquatica*, A. Saint-Hil. — Fleurs petites, blanches; pédicelles égalant deux à trois fois la longueur du calice. Lieux tourbeux. Appoigny! Lindry! etc. Mai, août. Sables. ♃. A. C.

Sur les bords de la rivière, devant Saint-Antoine et ailleurs dans le Séno-nais (Guichard).

XI. **Spergularia**, Pers. SPARGULAIRE.

1 { Tige droite, glabre; fleurs blanches rosées. . *S. segetalis* (1). Tige couchée pubescente; fleurs roses purpurines . . . . *S. rubra.* (2).

185. — 1. S. SEGETALIS, Fenzl., S. des moissons. *Alsine segetalis*, L ; *Arenaria segetalis*, Lamk. — Feuilles cylindriques aristées. Moissons humides. Venoy! au hameau du Buisson. Est. Mai, juin. Sables. ☉. R.

Indiquée par Mérat comme très-commune.

186. — 2. S. RUBRA, Pers., S. rouge. *Arenaria rubra*, L. — Feuilles planes mucronées. Bords des chemins herbeux. Mai, septembre. Sables argileux. ☉. C.

XII **Alsine**, Wahlb., ALSINE.

(*Alsos*, bois sombre.)

1 { Pédicelles fructifères dressés. . . . . . . *A. tenuifolia.* (1). Pédicelles fructifères étalés. . . . . *A. laxa.* (2).

187. — 1. A. TENUIFOLIA, Crantz., A. à feuilles menues. *Arenaria tenuifolia*, L. — Fleurs blanches; feuilles recourbées au sommet; dix étamines. Moissons, vieux murs. Mai, septembre. Partout. ☉. C. C.

188. — 2. A. LAXA. Jord., A. lâche. — Fleurs blanches; feuilles
non recourbées; cinq étamines. Lieux secs, murs. Mai,
septembre. Partout. ⊕. A. C.

L'ALS. SETACEA, Mérat et Koch., indiqués par Mérat dans les terres sablonneuses, n'a pas été retrouvé.

XIII. Arenaria, L. SABLINE.

(*Arena*, sable.)

1 { Feuilles inférieures pétiolées. . . . . . . *A. trinervia*. (**2**).
  { Feuilles toutes sessiles. . . . . *A. serpyllifolia*. (**1**).

189. — 1. A. SERPYLLIFOLIA, L., S. à feuilles de serpolet. —
Fleurs blanches; feuilles ovales acuminées. Sur les murs,
dans les champs, les bois. Mai, septembre. Partout. ⊕. C.

190. — 2. A. TRINERVIA, L., S. à trois nervures. *Mœhringia
trinervia*, Koch. — Fleurs blanches; feuilles ovales lancéolées, ciliées. Lieux ombragés, humides, Lindry! Toucy!
etc. Mai, septembre. Sables. ⊕. A. C.

XIV. Mœnchia, Ehrh. MENKIA.

(Dédié à Mœnch, botaniste allemand).

191. — 1. M. ERECTA, Ehr., M. dressée. *Mœnchia quaternella*,
Ehrh.; *Sagina erecta*, L. — Fleurs blanches; tige glauque simple à une à trois fleurs. Bruyères sèches, Perrigny! Charbuy! Appoigny! Avril, mai! Sables. ⊕. A. R.

XV. Cerastium, L. CÉRAISTE.

(*Kéras*, corne).

1 { Pétales beaucoup plus longs que le calice. 2
  { Pétales plus courts que le calice ou le dépassant à peine. . . 3

2 { Pétales profondément bipartits; feuilles cordiformes ovales . .
  { . . . . *C. aquaticum*. (6).
  { Pétales bifides; feuilles linéaires. . . . . *C. arvense*. (5).

3 { Pédicelles plus courts que les bractées. . *C. glomeratum*. (2).
  { Pédicelles plus longs que les bractées 4

4 { Etamines et pétales ciliés. . . . . *C. brachypetalum*. (3).
  { Etamines et pétales glabres. 5

5 { Sépales aigus. . . . . *C. obscurum*. (4).
  { Sépales obtus. . . . . *triviale*. (1).

192. — 1. C. TRIVIALE, Link., C commun. *Cerastium vulgatum*, L.; *C. viscosum*, Smith. — Pétales blancs un peu
plus longs que le calice. Champs, prés secs. Mai, octobre. Calcaires. ↗. C.

193. — 2. C. GLOMERATUM, Thuil., C. aggloméré. *C. vulgatum*

Smith.; *C. Viscosum*, L. — Pétales blancs poilus sur
l'onglet; étamines à filets glabres. Lieux cultivés. Appoigny ! Monéteau ! etc. Mai, septembre. Sables. ☉. A. C.

194. — 3. C. BRACHYPETALUM, Desp., C. à courts pétales. —
Pétales blancs, onglet glabre ; étamines à filets ciliés.
Côteaux, champs incultes. Mai, juillet. Calcaires. ☉. C.

195. — 4. C. OBSCURUM, Chaub., C. obscur *C. glutinosum*,
Fries.; *C. pallens*, Schultz. — Fleurs blanches; capsules
formant un angle obtus avec le pédicelle. Bords des chemins herbeux. Appoigny ! Gurgy ! etc. Avril, juin. Sables
et calcaires. ☉. A. C.

196. — 5. C. ARVENSE, L., C. des champs. *C. repens*, Mérat.—
Fleurs grandes, blanches, à lobes étalés recourbés.
Champs incultes, bords des chemins. Mai, juin. ♃..
C. C.

197. — 6. C. AQUATICUM, L., C. aquatique. *Myosanthus aquaticus*,
Desv.; *Malachium aquaticum*, Fries. — Fleurs blanches
à pétales divisés presque jusqu'à la base. Lieux humides,
bords des eaux. Avril, juin. ♃. C.

Fam. XIII. — **ELATINÉES**. (Elatineæ, Cambess).

1.. **Elatine**, L. Elatine.

(*Elatinos*, de sapin; allusion à la forme des feuilles).

198. — EL. HEXANDRA, D. C., E. à six étamines. *El. paludosa*,
a. Sm. — Pétales blancs plus longs que les sépales qui
offrent une raie rose. Etang de la Marcennerie à Saint-
Sauveur ! Avril, juin. ♃. C.

L'Elat. alsinastrum est indiquée par Mérat dans les fossés inondés de
l'Auxerrois. Nous n'avons pas rencontré cette espèce.

Fam. XIV. — **LINACÉES**. (Lineæ, D. C.).

1	Calice à 5 sépales entiers	*Linum* (i)
	Calice à 4 divisions bitrifides	*Radiola* (ii)

I. **Linum**, L. Lin.

(Linon désigne en grec toute espèce de fil).

1	Fleurs jaunes	*L. gallicum.* (1).
	Fleurs bleues, rosées, ou blanches	2
2	Fleurs blanches	*L. catharticum.* (5).
	Fleurs bleues ou rosées.	3
3	Fleurs rosées.	*L. tenuifolium.* (4).
	Fleurs bleues	4

4 {
Tige droite; sépales égalant la capsule; plante annuelle. *L. usitatissimum.* (2)
Tige couchée; sépales plus courts que la capsule; plante vivace . . . . *L. loreyi.* (3).
}

199. — 1. L. GALLICUM, L , L. de France. — Fleurs jaunes, moissons de la montagne du Pont-de-Pierre! versant nord. Flogny [Juliot]! la Puisaye! Charbuy [S. Moreau]! Juin, septembre. Terrains argileux. ④. R.

200. — 2. L. USITATISSIMUM, L., L. commun. — Fleurs bleues. Çà et là. Dans les champs. Mai, août. ①.

Vulg. *lin.*, plante industrielle à graines émollientes.

201. — 3. L. LOREYI, Jord., L. de Lorey. *Linum montanum*, Lor. et auct. — Fleurs bleues. Côteaux arides. Saint-Bris! Quennes! Chitry! Irancy! etc. Mai, juillet. Calcaires. ⚥. A. C.

202. — 4. L. TENUIFOLIUM, L., L. à feuilles menues. — Fleurs lilas pâle. Côteaux herbeux. Juin, septembre. Calcaires. ⚥. C.

203. — 5. L. CATHARTICUM, L., L. purgatif. — Fleurs blanches; feuilles opposées. Prés, bois, pelouses. Mai, septembre. Partout. ④. C. C.

Purgative.

II. Radiola, Gm. RADIOLE.

(*Radius*, rayon; allusion aux valves étalées de la capsule).

204. — 1. R. LINOIDES, Gm,, R. faux lin. *Linum radiola*, L. — Petite plante très rameuse, à pétales blancs. Lieux humides, dans les bois, les moissons. Charbuy! Perrigny! La Puisaie! Juin, octobre. Sables. ①. A. C.

FAM. XV. — MALVACÉES. (MALVACEÆ, Juss.).

1 {
Calicule à 3 folioles libres . . . . *Malva* (i).
Calicule à 6, 9 folioles soudées à la base . . . *Althœa* (ii).
}

I. Malva, L. MAUVE.

(*Malassó*, j'amollis).

1 {
Feuilles supérieures à divisions dépassant le milieu du limbe. 3
Feuilles à divisions n'atteignant pas le milieu du limbe. . . 2
}

2 {
Corolle petite, blanche rosée. . . . *M. rotundifolia.* (1).
Corolle grande, purpurine, devenant bleue par la dessication . . . . *M. sylvestris.* (2).
}

3 {
Folioles du calicule, linéaires étroites . . *M. moschata* (3).
Folioles du calicule, ovales 4
}

4 {
Feuilles caulinaires divisées jusqu'à la côte. . *M. italica.* (4).
Feuilles caulinaires à divisions n'atteignant pas la côte . . . . *M. alcea.* (5).
}

205. — 1. M. ROTUNDIFOLIA, L., M. à feuilles rondes. — Corolle
blanche veinée de rose, deux fois plus longue que le
calice. Jardins, pieds des murs, décombres. Mai, octobre.
Partout. ☉. C. C.

   Vulg. *petite mauve, fromage*; émolliente.

206. — 2. M. SYLVESTRIS, L., M. sauvage. — Corolle violette
trois fois plus longue que le calice. Dans les champs.
Mai, octobre. Partout. ☉. C. C.

   Vulg. *grande mauve*; médicinale, émolliente, pectorale.

207. — 3. M. ALCEA, L., M. alcée. — Fleurs grandes, d'un beau
rose; carpelles glabres ou un peu velus. Dans les prés,
les bois. Forêt de Pontigny! bois de Guilbaudon! Auxerre! le Sénonais [S. Moreau]! Juin, septembre. Sables
et calcaires. ♃. A. C.

208. — 4. M. ITALICA, Poll., M. d'Italie. — Fleurs grandes, roses;
carpelles glabres. Bords des prés à Thorigny! la forêt
d'Othe! Juin, septembre. Calcaires. ♃. R.

209. — 5. M. MOSCHATA, L., M. musquée. — Fleurs grandes,
roses; carpelles velus. Bords des routes, prés, taillis. Auxerre! Châtel-Censoir! Asnières! Chamoux! Avallon!
Mai, septembre. Calcaires et granite. ♁. A. C.

   Var. *intermedia*. Feuilles radicales entières crénelées. Perrigny!

II. Althæa, L. Guimauve.

(*Althein*, guérir).

1 { Feuilles mollement tomenteuses, blanchâtres; pédoncules plus
      courts que les feuilles . . . . *A. officinalis*. (1).
   { Feuilles vertes, parsemée de poils raides; pédoncules plus
      longs que les feuilles. . . . . *A. hirsuta*. (2).

210. — 1. A. OFFICINALIS, L., G. officinale. — Corolle blanche
deux fois plus longue que le calice. Lieux humides, prés.
Toucy! le Sénonais [Guichard]. Juin, septembre. ♃. peu C.

   Souvent cultivée dans les jardins de village. Vulg. *guimauve*; émolliente,
pectorale.

211. — 2. A. HIRSUTA, L., G. hérissée. — Corolle rose-pâle à peu
près de la longueur du calice. Dans les haies, sur les
bords des champs, côteaux. Auxerre! Venoy! Saint-Bris!
etc. Mai, septembre. Calcaires. ☉. — A. R.

Fam. XVI. — TILIACÉES. (Tiliaceæ, Juss.).

1. Tilia, L. Tilleul.

1 { Feuilles pubescentes dans toute l'étendue de leur surface infé-
      rieure 2
   { Feuilles velues en-dessous seulement, dans l'angle de ramifi-
      cation des nervures principales . . . *T. parvifolia*. (1).

2 { Bractées pubescentes n'atteignant pas la base du pédoncule.
. . . . *T. grandifolia.* (2).
{ Bractées glabres, décurrentes jusqu'à la base du pédoncule .
. . . . *T. corallina.* (3).

212.— 1. T. PARVIFOLIA, Ehrh., T. à petites feuilles. *T. sylvestris*,
Desf,; *T. microphilla*, Vent.; *T. europæa*, g. L. — Rameaux glabres ; fleurs d'un blanc sale. Bords du Cousin
(rive droite) entre Avallon et Pontaubert ! Juin, juillet.
Granite. R.

Planté çà et là dans les avenues.

213. — 2 T. GRANDIFOLIA, Ehrh., T. à grandes feuilles. *T. platyphyllos.* Scop., *T. mollis*, Spach. — Rameaux velus ;
fleurs d'un blanc jaune. Forêt de Frétoy ! Mailly-Château,
Merry, Saint-Moré [Sagot in Boreau]. Juin, juillet. Calcaires. A. C.

Les promenades publiques. les avenues sont spécialement plantées de
cette espèce. Le *tilia argentea*, Desf., se trouve dans la cour du presbytère
de l'église Saint-Pierre, à Auxerre, et à Mailly-la-Ville vers le pont.

214. — 3. T. CORALLINA, Sm., T. corallin. — Dans les bois,
Merry-sur-Yonne, Mailly-Château [Sagot in Boreau]. Juin,
juillet. Calcaires. R.

Fam. XVII. — **HYPERICINÉES.** (HYPERICINEÆ, D. C.).

Le genre ANDROSÆMUM qui figure le premier dans la famille des Hypéri-
cinées n'est point représenté dans notre catalogue.
L'A. OFFICINALE est signalé par Guichard comme abondant dans les bois
de Maillot et rare ailleurs. Mérat le cite aussi dans les bois de Charbuy.

1 { Fleurs présentant entre chaque faisceau d'étamines une écaille
hypogyne jaune pétaloïde, apprimée sur l'ovaire. *Elodes.* (ii).
{ Fleurs dépourvues d'écailles hypogynes pétaloïdes. . . . .
. . . . *Hypericum* (i).

1. **Hypericum**. L. MILLEPERTUIS.

(Allusion aux glandes transparentes des feuilles).

1 { Sépales à bords ciliés glanduleux ou glandes sessiles. 5
{ Sépales non ciliées glanduleuses 2

2 { Tiges faibles et étalées sur la terre. . . *H. humifosum.* (4).
{ Tiges dressées. 3

3 { Sépales obtuses; feuilles presque dépourvues de points translucides. . . . . *H. quadrangulum.* (2).
{ Sépales aiguës; feuilles parsemées de points translucides. . . 4

4 { Tige à deux lignes peu saillantes. . . . *H. perforatum.* (3).
{ Tige à quatre lignes très saillantes. . . *H. tetrapterum.* (1).

5 { Plante velue. . . . . *H. hirsutum.* (8).
{ Plante glabre 6

6 { Sépales ovales obtuses . . . . *H. pulchrum.* (6).
{ Sépales lancéolées linéaires. 7

7 { Tige presque nue au sommet ; feuilles ovales . . . . .
. . . . *H. montanum.* (7).
Tige feuillée jusqu'au sommet ; feuilles linéaires. . . . .
. . . . *H. linearifolium.* (5).

215. — 1. H. TETRAPTERUM, Fries., M. à quatre ailes. *H. qua-drangulare* Smith. — Pétales jaune-pâle, non maculés de noir, si ce n'est sur les bords. Bords des fossés, des ruisseaux, dans les bois, les prés. Juin, septembre. Partout. ♃. C.

216. — 2. H. QUADRANGULUM, L., M. à quatre angles. *H. dubium*, Leers. — Fleurs d'un jaune d'or, maculées de noir en-dessous. Lieux frais, couverts. Environs de Sens, Juliot ! Juillet, août. Calcaires. ♃. R.

217. — 3. H. PERFORATUM, L., M. perforé. — Fleurs d'un jaune d'or en corymbe. Dans les champs, les haies, les bois. Juin, août. Partout. ♃. C. C.

Vulg. *millepertuis*; médicinale, astringente, vulnéraire.

218. — 4. H. HUMIFUSUM, L., M. couché. — Pétales jaunes une fois plus longs que les étamines. Bruyères humides, bois clairs. Mai, septembre. Sables et granite. ♃. C.

219. — 5. H. LINEARIFOLIUM, Wahl., M. à feuilles linéaires. — Fleurs jaunes, sépales bordées de longs cils glanduleux. Bruyères sèches à Avallon ! Sud. Juin, août. Granite. ♃. R. R.

220. — 6. H. PULCHRUM, L., M. élégant. — Fleurs d'un beau jaune ; sépales bordées de glandes sessiles. Bois humides. Juin, juillet. Sables. ♃. C.

221. — 7. H. MONTANUM, L., M. des montagnes. — Fleur d'un jaune pâle ; sépales brièvement ciliées, glanduleuses. Bois montueux secs. Saint Bris ! Tanlay ! le Sénonais ! Juin, août Calcaires. ♃. A. R.

222. — 8. H. HIRSUTUM, L., M. velu. — Fleurs d'un jaune vif, en grappe pyramidale. Lieux secs ombragés. Juin, août. Calcaires. ♃. C.

II. **Elodes**, Spach., ELODE.

(*Elodis*, marécageux).

223. — 1. E. PALUSTRIS, Spach., E. des marais. *Hypericum elo-des*, L. — Plante velue, tomenteuse ; fleur jaune. Lieux tourbeux, prairies marécageuses. Charbuy ! Appoigny ! Branches ! Juin, septembre. Sables. ♃. R.

Fam. XVIII. — **ACERINÉES**. (Acerineæ, D. C.

1. Acer, L. Erable.

(*Acus*, pointe dure ; allusion au bois très résistant).

1 { Feuilles palmilobées 2
  { Feuilles penniséquées . . . . *A. negundo*. (4)

2 { Fleurs en corymbe dressé 3
  { Fleurs en grappes pendantes . . . *A. pseudo-platanus*. (1).

3 { Lobes des feuilles aigus. . . . . *A. platanoïdes*. (2).
  { Lobes des feuilles obtus. . . . . . . *A. campestre*. (3).

224. — 1. A. PSEUDOPLATANUS, L., E. faux platane. *A. montanum*, Dub. — Fleurs d'un jaune verdâtre naissant avec
les feuilles. Fréquemment planté sur les routes, dans les
bois. Mai.

Vulg. *Sycomore*, place Saint-Hilaire, à Sens (Guichard).

225. — 2 A. PLATANOIDES, L., E. Platanoïde. — Fleurs d'un
jaune verdâtre naissant avant les feuilles. Planté fréquemment sur les routes et dans les parcs. Avril,
Mai.

Vulg. *faux sycomore*. Les pédicelles des fruits persistent pendant
l'hiver.

226. — 3. A. CAMPESTRE, L., E. des champs. — Fleurs d'un jaune
verdâtre, en grappe corymbiforme, sessile. Dans les
haies, les bois. Avril, mai. C.

Vulg. *Erable*.

227. — 4. A NEGUNDO, L., E. à feuilles de frêne. — Arbre dioïque à étamines pendantes ; pétales nuls. Planté sur les
routes. Avril, mai.

Originaire d'Amérique.

Fam. XIX. — **HIPPOCASTANÉES**. (Hippocastaneæ, D. C.)

1. Æsculus, L. Marronnier.

(*Æsculus*, nom latin d'un chêne à glands doux).

228 — 1. Æ. HIPPOCASTANUM, L., M. d'Inde. — Fleurs odorantes
d'un blanc rosé, en thyrse pyramidal dressé. Fréquemment planté sur les routes, les promenades publiques.
Avril, Mai.

Vulg. *marronnier d'Inde*; originaire de l'Asie.

Fam. XX. — **AMPELIDÉES**. (Ampelideæ, Kunth).

1. Vitis, L. Vigne.

(de *Viere*, lier avec de l'osier).

229. — 1. V. VINIFERA, L., V. Porte-Vin. — Dans les haies. Juin.
Calcaires.

Fam. XXI. — **GÉRANIACÉES.** (Geraniaceæ, D. C.).

1 { 10 étamines fertiles. . . . . *Geranium.* (1).
{ 5 étamines fertiles et 5 stériles . . . . *Erodium.* (2).

1. **Geranium**, L. GÉRANIUM.

(Geranos, grue ; allusion au fruit allongé en bec).

1 { Pétales entiers arrondis au sommet 2
{ Pétales échancrés ou bifides. 3

2 { Feuilles palmatiséquées . . . . *G. robertianum.* (8).
{ Feuilles n'étant pas palmatiséquées. . *G. rotundifolium.* (7).

3 { Feuilles divisées presque jusqu'au pétiole. 4
{ Feuilles n'atteignant pas ou dépassant à peine la moitié du
{ limbe 6

4 { Pédoncules tous uniflores ou la plupart. *G. sanguineum.* (1).
{ Pédoncules tous biflores. 5

5 { Coques glabres ; pédoncules plus longs que les feuilles. . . .
{ . . . . *G. Columbinum.* (2).
{ Coques velues ; pédoncules plus courts que les feuilles . . .
{ . . . . *G. dissectum.* (3).

6 { Pétales deux fois plus grands que le calice. *G. pyrenaïcum.* (5).
{ Pétales dépassant peu le calice 7

7 { Coques glabres . . . . *G. molle.* (6).
{ Coques velues. . . . . *G. pusillum.* (4).

230. — 1. G. SANGUINEUM, L., G. sanguin. — Pétales grands,
purpurins ; souche allongée horizontale. Bois montueux.
Saint-Moré ! [Mérat]. Voutenay ! Mailly-Château ! Mai,
septembre. Calcaires. ⚥. R.

231. — 2. G. COLUMBINUM, L., G. colombin. — Fleurs moyen-
nes, purpurines ; pédoncules naissant à l'aisselle des
feuilles. Chemins herbeux, dans les haies. Mai, septembre. Partout. ☉. C. C.

232. — 3. G. DISSÉCTUM, L., G. découpé. — Fleurs petites, lilas ;
Pédoncules naissant dans les bifurcations. Prés, haies.
Mai, octobre. ☉. C. C.

233. — 4. G. PUSILLUM, L., G. fluet. — Fleurs petites, violet
pâle ; filets des étamines finement ciliés à la base. Lieux
secs, bords des chemins, pied des murs. Mai, octobre.
Partout. ☉. C.

234. — 5. G. PYRENAICUM, L., G. des Pyrénées. — Plante dressée, rameuse ; fleurs purpurines. Lieux ombragés, frais.
Serrigny [Guérin] ! Lindry ! Mai, septembre. ⚥. R. R.

235. — 6. G. MOLLE, L., G. mou. — Fleurs petites, purpurines ;
filets des étamines glabres. Chemins herbeux, les haies,
les prés. Mai, octobre. Partout. ☉. C. C.

236. — 7. G. ROTUNDIFOLIUM, L , G. à feuilles rondes. — Pétales rougeâtres plus longs que le calice, non ciliés au-dessus de l'onglet. Lieux herbeux secs, bords des chemins, des champs, des murs. Mai, octobre. Partout. ☉. C. C.

237. — 8. G. ROBERTIANUM. L., G. Robert. — Plante fétide souvent rougeâtre, glanduleuse; pétales purpurins veinés de blanc. Lieux frais, dans les haies, les bois, pied des murs. Avril, octobre. Partout. ②. C. C.

Vulg. *herbe à Robert, bec de grue.*

II. Erodium, L'Hér. ERODIUM.

(*Erodios*, héron; allusion à la forme du fruit).

1 { Un des pétales taché à la base . . . **E. prœtermissum**. (1).
{ Pétales non tachés. . . . . **E. triviale.** (2).

238. — 1. E. PRÆTERMISSUM, Jord. *Erodium cicutarium* (auct. part.) — Stipules ovales, lancéolées, aiguës; fleurs rouges ou lilas. Dans les champs, bords herbeux des chemins, murs. Mars, octobre. Partout ☉. C.

239. — 2. E. TRIVIALE. Jord. — Stipules ovales, lancéolées ; fleurs rouges. Lieux herbeux. Mars, octobre. Partout.

FAM. XXII. — OXALIDÉES. (OXALIDEÆ, D. C.).

1. Oxalis, L. OXALIDE.

(*Oxus*, aigre, *als*, sel ; les feuilles sont acides).

1 { Fleurs blanches rosées ; plante acaule . . **O. acetosella**. (1).
{ Fleurs jaunes; plante caulescente. . . . . **O. stricta**. (2).

240. — 1. O. ACETOSELLA, L , O. oseille. — Pédoncules radicaux uniflores; fleurs blanches ou rosées, veinées. Bois humides, vernées. Lindry! Toucy! Avallon! Forêt d'Othe [Larrivé]! Avril, mai. Sables, granite, calcaires. ♃. peu C.

Vulg. *alleluia, pain de coucou;* bois des Bries, de Looze (Mérat). Pied des murs de Saint-Pierre au nord, bois de Venizy (Guichard).

241. — 2. O. STRICTA, L. — Pédoncules caulinaires pluriflores; fleurs jaunes. Lieux cultivés humides. Saint-Georges! Avallon! Juin, octobre. Sables. ♃. A. R.

Bois des Bries, de Looze (Mérat).

FAM. XXIII. — BALSAMINÉES. (BALSAMINEÆ, Rich.).

1 Impatiens, L. IMPATIENTE.

(Allusion aux valves de la capsule qui se tordent dès qu'on les touche.

242. — 1. I. NOLI TANGERE, L., I. N'y touchez pas. — Fleurs

jaunes, éperon recourbé au sommet. Rochers ombragés
humides. Sur la rive gauche du Cousin, jusqu'à Pontaubert ! Juin, août. Granite. ☉. R.

Fam. XXIV. — **RUTACÉES.** (Rutaceæ, Juss.).

1. **Ruta**, L. Rue.

(*Réó*, je coule ; allusion à ses propriétés emménagogues).

243. — 1. R. GRAVEOLENS, L., R. fétide. — Fleurs jaunâtres ;
    plante glauque. Berges de l'Yonne à Monéteau ! Ouest.
    Juin, août. Calcaires. ♃. R.
    Vulg. *rue*. Fréquemment cultivée, vénéneuse, emménagogue.

Fam. XXV — **CELASTRINÉES.** (Celastrineæ, R. Br.)

I. **Evonymus**, L. Fusain.

(*Eu*, bien, *onoma*, nom ; son fruit, ressemblant à un bonnet carré,
est bien nommé).

244 — 1. E. EUROPÆUS, L., F. d'Europe.— Pétales blanchâtres ;
    fruit rouge. Dans les haies, les bois montueux. Mai,
    juin. Calcaires. C.
    Vulg. *bonnet carré*, bonnet de prêtre.

Fam. XXVI. — **RHAMNÉES.** (Rhamneæ, R. Br.).

1. **Rhamnus**, Nerprun.

(*Nigra*, noir, *prunus*, prunier.)

1	Feuilles dentées	*R. catharticus*. (2).
	Feuilles entières.	*R. frangula*. (1).

245. — 1. R. FRANGULA, L., N. Bourdaine. — Fleurs blanches
    verdâtres ; feuilles alternes. Lieux humides des bois.
    Mai, juillet. Partout, C. C.
    Vulg. *Bourdaine*. Bois noir.

246. — 2. R. CATHARTICUS, L., N purgatif. — Fleurs jaunes
    verdâtres ; feuilles opposées. Haies, bois, bords des
    eaux. Juin, juillet. Granite et calcaires. P. C.
    Vulg. *nerprun* ; médicinale, fruit mûr purgatif.

Fam. XXVII. — **LEGUMINEUSES.** (Papilionaceæ, L.).

1	Calice à deux divisions libres ; feuilles épineuses . *Ulex*. (1).	
	Calice non divisé en deux lèvres ; feuilles non terminées en épine.	2
2	Pétioles terminés par une vrille ou un filet.	22
	Pétioles non terminés par une vrille ou un filet	3
3	Légume monosperme, ou divisé en articles transversaux mo-nospermes.	4
	Légume non divisé en articles transversaux	7

4 { Légume monosperme; fleurs rouges . . . *Onobrychis*. (xx).
{ Légume polysperme; fleurs jaunes, rosées ou bleuâtres. . . .   5

5 { Légume sinué, échancré au bord interne . *Hippocrepis*. (xix).
{ Légume droit ou arqué, non échancré   6

6 { Légume cylindrique ; carène rostrée . . . *Coronilla*. (xvii).
{ Légume comprimé; carène non rostrée . *Ornithopus*. (xviii).

7 { Tige volubile ; carène en spirale . . . . . *Phascolus*. (xxvi).
{ Tige non volubile; carène non contournée en spirale. . . .   8

8 { Style filiforme roulé en spirale . . . . *Sarothamnus*. (ii).
{ Style non en spirale.   9

9 { Feuilles à une seule foliole.   10
{ Feuilles à plusieurs folioles.   11

10 { Calice à 2 lèvres . . . . *Genista*. (iv).
{ Calice à 5 dents. . . . . *Lathyrus*. (xxiv).

11 { Etamines monadelphes, c'est-à-dire toutes soudées.   12
{ Etamines diadelphes, 9 soudées et 1 libre   15

12 { Calice à 5 divisions linéaires ; folioles dentées. *Ononis*. (vi).
{ Calice à 2 lèvres ou à 5 dents ; folioles entières.   13

13 { Calice renflé, vésiculeux, enveloppant le fruit.
                                    Anthyllis. (vii).
{ Fruit plus long que le calice   14

14 { Calice fendu supérieurement jusqu'à la base. *Spartium*. (iii).
{ Calice à 2 lèvres. . . . . *Cytisus*. (v).

15 { Légume à 2 loges . . . . *Astragalus*. (xvi).
{ Légume à 1 loge   16

16 { Légume renflé vésiculeux. . . . . *Colutea*. (xv).
{ Légume non renflé   17

17 { Feuilles à folioles nombreuses . . . . 17 bis.
{ Feuilles trifoliolées; plante herbacée   18

17 { Fleurs blanches; arbres épineux . . . . . *Robinia*. (xiv).
bis. { Fleurs bleuâtres; plante herbacée . . . . *Galega*. (xiii).

18 { Légume en spirale ou falciforme . . . . . *Medicago*. (viii).
{ Légume droit   19

19 { Légume suborbiculaire ou oblong.   20
{ Légume allongé linéaire.   21

20 { Fleurs en têtes ou en épis serrés . . . . . *Trifolium*. (xi).
{ Fleurs en grappes effilées, allongées . . . *Melilotus*. (x).

21 { Légume arqué comprimé . . . . *Trigonella*. (ix).
{ Légume droit cylindrique. . . . . *Lotus*. (xii).

22 { Style comprimé canaliculé inférieurement . . *Pisum*. (xxiii).
{ Style non canaliculé.   23

23 { Style filiforme   24
{ Style aplani.   25

24 { Dents du calice de la longueur de la corolle. . *Ervum*. (xxi).
{ Dents du calice plus courtes que la corolle. . *Vicia*. (xxii).

25 { Pétiole terminé par une vrille . . . . . *Lathyrus*. (xxiv).
{ Pétiole terminé par un filet court. , . . . *Orobus*. (xxv).

I. Ulex, L. Ajonc.

(du celtique *Ac*, pointe ; allusion aux feuilles très épineuses).

1 { Calice velu ; bractées plus larges que le pédicelle. . . . . *U. europœus.* (1).
{ Calice pubescent ; bractées plus étroites que le pédicelle. . . . . *U. nanus.* (2).

247. — 1. U. EUROPÆUS, L., A. d'Europe. — Carène droite ; graine échancrée ; fleurs jaunes. Lieux secs, bords des bois. Perrigny ! Bleigny ! Venoy ! Avallon ! route de Paris [Guichard]. Janvier, juin. Sables et granite. ♃. A. C.

Vulg. *Ajonc marin.*

248. — 2. U. NANUS, Smith , A. nain. — Carène courbée ; Graine non échancrée ; fleurs jaunes. Bois et bruyères humides. Perrigny ! Charbuy ! Branches ! Appoigny ! Juillet, octobre. Sables. ♃. A. R.

Vulg. *Bruyère jaune.*

II. Sarothamnus, Wimmer. Sarothamne.

(de *saros*, balai ; *thamnos*, buisson).

249. — 1. S. SCOPARIUS, Koch., S. à balais. *Spartium scoparium*, L.; *Cytisus scoparius*, Linck. — Tige ligneuse verte, rameuse ; fleurs grandes, jaunes. Lieux incultes, bords des chemins. Avril, juin. Sables, granite. ♃. C. C.

Vulg. *Genét à balais.*

III, Spartium, L. Spartion.

(de *sparton*, corde, lien).

250. — 1. S. JUNCEUM, L., S. jonciforme. — Fleurs jaunes ; tige ligneuse à la base, verte, herbacée au sommet. Çà et là autour des jardins. Juin, juillet. ♃.

Vulg. *genét d'Espagne*, ornement.

IV. Genista, L. Genet.

(du celtique *gen*, petit buisson).

1 { Sous-arbrisseau épineux. . . . . *G. anglica.* (1).
{ Sous-arbrisseau non épineux 2

2 { Rameaux comprimés ailés . . . . *G. sagittalis.* (3).
{ Rameaux jamais comprimés ailés. 3

3 { Corolle pubescente soyeuse . . . . *G. pilosa.* (5).
{ Corolle glabre 4

4 { Tige dressée ; pédicelle de la longueur du calice. . . . . *G. tinctoria.* (2).
{ Tige couchée ; pédicelle trois fois plus long que le calice . . . . *G. prostrata.* (4).

251. — 1. G. ANGLICA, L., G. d'Angleterre. — Fleurs petites,
jaunes ; étendard glabre plus court que la carène. Bois
et bruyères humides. Avril, juin. Sables. ♃. C.

252. — 2. G. TINCTORIA, L.,G. des Teinturiers. —Fleurs jaunes ;
étendard égalant la carène. Dans les bois, les endroits
incultes des champs. Juin, septembre. Partout. ♃. C.

253. — 3. G. SAGITTALIS, L., G. à tige ailée. *Cytisus sagittalis*,
Koch. — Fleurs jaunes ; tiges pourvues de trois ailes.
Côteaux arides, bois montueux. Mai, juillet. Sables et
calcaires. ♃. C.
> Sur les côteaux calcaires cette plante est plus robuste dans toutes ses
> parties ; les rameaux de la tige sont nombreux.

254. — 4. G. PROSTRATA, Lam., G. rampant. *G. halleri*, Reyn ;
Spartium decumbens, Durand ; *Cytisus decumbens*,
Walp. — Fleurs jaunes en grappe uni-latérale. Côteaux
secs. Environs de Serrigny [Guérin]! L'Isle-sur-Serein
[Tetrel]! Mai, juillet. Calcaires. ♃. R.

255. — 5. G. PILOSA, L., G. velu. — Fleurs jaunes ; étendard
soyeux dépassant la carène. Taillis, côteaux secs, bois.
Appoigny! Saint-Bris! Tonnerre! Brion! etc. Avril, juin.
Sables et calcaires. ♃. A. C.

V. Cytisus, L., CYTISE.
(de l'ile de Cytnos, une des Cyclades).

1 { Fleurs en grappes multiflores pendantes . *C. laburnum*. (1).
{ Fleurs dressées réunies en tête au sommet des rameaux. . .   2

2 { Tige et rameaux dressés . . . . *C. capitatus*. (3).
{ Tige et rameaux couchés . . . . *C. supinus*. (2).

256. — 1. C. LABURNUM, L., C. aubour. — Arbre à fleurs jaunes. Çà et là, dans les haies ; cultivé dans les bois.
Mai.
> Vulg. *faux ébénier*.

257. — 2. C. SUPINUS, L., C. couché. — Fleurs jaunes réunies
2, 4 ; lèvre inférieure du calice non acuminée. Bois montueux, côteaux, bords herbeux des chemins, bois. Mai,
Juillet. Calcaires. ♃. A. C.

258. — 3. C. CAPITATUS, Jacq., C. en tête — Fleurs jaunes
nombreuses ; lèvre inférieure du calice acuminée. Côteaux secs ; bois clairs. Vireaux! Argentenay [Guinot]!
Ancy-le-Franc! Est. Juin, août. Calcaires. ♃. R. R.
> Cultivée comme plante d'ornement.

VI Ononis, L. BUGRANE.
(*Onos*, âne, herbe à l'âne).

1 { Fleurs roses   2
{ Fleurs jaunes   3

2 { Divisions du calice plus courtes que le fruit . . . . . .
. . . . *O. campestris.* (2).
Divisions du calice plus longues que le fruit. . *O. repens.* (1).

3 { Fleurs sessiles . . . . *O. columnæ.* (3).
Fleurs pédicellées . . . . *O. natrix.* (4).

259. — 1. O. REPENS, L., B. rampant. *O. arvensis*, Lam.; *O. pro-
currens*, Wallr. — Fleurs roses ; tiges couchées. Champs
incultes. Juin, septembre. Partout. ♃. C. C.
Vulg. *arrête-bœuf*; médicinale, apéritive.

260. — 2. O. CAMPESTRIS, Koch et Ziz., B. des champs. *O. spinosa*, L. — Fleurs roses ; tiges dressées. Lieux secs,
herbeux, incultes. Chemilly ! Auxerre ! Perrigny ! Juillet,
septembre. Calcaires (grève). ♃. A. R.

261. — 3. O. COLUMNÆ, All., B. de Columna. *O. parviflora*,
Lam. — Corolle jaune égalant le calice. Côteaux arides.
Auxerre ! Coulanges-la-Vineuse ! Châtel-Censoir ! le
Sénonais ! Juin, août. Calcaires. ♃. A. R.

262. — 4. O. NATRIX, L., O. natrix. — Corolle jaune dépassant
longuement le calice. Côteaux herbeux, bois, bords des
chemins. Juin, août. Calcaires. ♃. C.

VII. Anthyllis, L. ANTHYLLIDE.

(*Anthos*, fleur ; *ioulos*, poil, c'est-à-dire fleur velue).

263. — 1. A. VULNERARIA, L — Fleurs jaune-rougeâtre, serrées
en capitules terminaux. Lieux herbeux incultes, bois,
haies. Mai, juillet. Calcaires. ♃. C. C.

VIII. Médicago, L. LUZERNE.

(Originaire de Médie).

1 { Légume épineux. 6
Légume non épineux. 2

2 { Légume monosperme réniforme . . . . *M. lupulina.* (1).
Légume polysperme, falciforme, en anneau ou en spirale . . 3

3 { Légume formant un disque large et plein. *M. ambigua.* (5).
Légume non discoïde. 4

4 { Légume formant deux tours de spirale . . . *M. sativa.* (4).
Légume falciforme ou en anneau. 5

5 { Légume falciforme . . . . *M. falcata.* (3).
Légume formant un tour de spirale. . . . *M. media.* (2).

6 { Plante glabre ou ne présentant que quelques poils longs . .
. . . . *M. maculata.* (6).
Plantes velues à poils courts 7

7 { Stipules presque entières. . . . . . . *M. minima.* (7).
Stipules profondément découpées . . . *M. timeroyii.* (8).

264. — 1. M. SATIVA, L., L. cultivée. — Fleurs violettes ; tige

dressée; plante fourragère. Cultivée partout. Juin, septembre. ♃. C.

265. — 2. M. MEDIA, Pers., L. intermédiaire. — Fleurs jaunâtres, verdâtres et violettes; tige couchée. Lieux incultes, bords des chemins, haies, Juin, août. Calcaires. ♃. A. C.

266. — 3. M. FALCATA, L., L. à fruit en faucille. — Fleurs jaunes; tige ascendante. Lieux secs, vieux murs. Juin, octobre. Calcaires. ♃. C.

267. — 4. M. LUPULINA, L., L. lupuline. — Fleurs jaunes; légume indéhiscent. Dans les prés, les champs, sur les chemins. Mai, octobre. Partout. ① ou ②. C. C.

   Vulg. *minette*; fourragère.

268. — 5. M. AMBIGUA, Jord., L. ambiguë. *M. marginata* et *orbicularis*, auct. — Tiges couchées; fleurs petites, jaunes. Côteaux calcaires. Mailly-Château! Mai, juillet. ①. R. R.

269. — 6. M. MACULATA, Wild., L. tachée. *M. arabica*, All. — Fleurs jaunes; feuilles tachées. Dans les prés, pied des murs. Mai, juillet. Partout. ①. C.

270. — 7. M. MINIMA, Lam., L. naine. — Pédoncule aristé; fleurs jaunes. Côteaux arides. Saint-Bris! Mailly-Château! Mai, juillet. Calcaires. ①. A. C.

271. — 8. M. TIMEROYII, Jord., L. de Timeroy. *M. Gerardi*, *V. macrocarpa*. Lec. et Lam. — Pédoncule non aristé; fleurs jaunes. Bords des chemins. Tanlay [Guinot]! Mai, juillet. Calcaires. ①. R. R.

IX. Trigonella, L. TRIGONELLE.

(*Trigonós*, triangulaire; allusion à la forme des graines.)

272. — 1. T. FŒNUM GRÆCUM, L., T. fenu-grec. — Fleurs blanchâtres; légume en faulx à bec très long. Dans les champs. Juin, juillet. ①.

   Vulg. *fenu-grec;* sinagrain, fourragère.

X. Melilotus, MÉLILOT.

(*Méli*, miel, *lôtos*, lotier).

1	Fleurs blanches	*M. alba.* (3).
	Fleurs jaunes	2
2	Légume glabre	*M. arvensis.* (1).
	Légume pubescent.	*M. altissima.* (2).

273. — 1. M. ARVENSIS, Wal., M. des champs. *M. officinalis*, Lam., *M. kochiana*, D. C. — Plante de 4 à 6 décimètres;

fleur jaune pâle. Dans les prairies artificielles, bords des chemins. Juin, septembre. Partout. ②. C. C.

Vulg. *Mélilot*; médicinale. Fleurs anti-ophthalmiques.
Obs. — Dans les années sèches, les fleurs sont quelquefois blanches; la plante se distingue du M. ALBA par son aspect diffus.

274. — 2. M. ALTISSIMA, Thuil., M. élevé. *M. officinalis* (auct.); *M. macrorhiza*. Gr. et God. — Plante de 1 à 2 mètres; fleur jaune vif. Lieux frais, dans les haies, les bois, les prés. Juillet, septembre. Alluvions. ②. C. C.

275. — 3. M. ALBA, Desr. *Melilotus vulgaris*, W.; *M. leucantha*, Koch. — Fleurs blanches. Lieux herbeux, incultes. Sens, [Juliot]! Villiers-Bonneux, Saint-Martin-sur-Oreuse [S. Moreau]! Juillet, août. Calcaires. ②. R. R.

XI. Trifolium. T. TRÈFLE.

(Parce que la feuille a trois folioles).

1	Fleurs jaunes	15
	Fleurs purpurines, roses blanches ou d'un blanc jaunâtre . .	2
2	Calice fructifère vésiculeux réticulé. . *T. fragiferum.* (11).	
	Calice jamais vésiculeux à la maturité du fruit.	3
3	Calice glabre	14
	Calice velu au moins sur les dents	4
4	Fleurs d'un blanc jaunâtre. . . . . *T. ochroleucum.* (8).	
	Fleurs rouges, roses ou blanches.	5
5	Fleurs en épis cylindriques	6
	Fleurs en tête arrondie ou ovoïde	10
6	Folioles linéaires ou oblongues	8
	Folioles arrondies et en cœur	7
7	Fleurs d'un rouge vif . . . . *T. incarnatum.* (2).	
	Fleurs d'un rose pâle. . . . . *T. molinerii.* (3).	
8	Tiges et feuilles glabres; calice à divisions inférieures deux fois plus longues que les supérieures . . . . *T. rubens.* (1).	
	Plantes pubescentes ou velues; divisions du calice à peu près égales	9
9	Dents du calice de la longueur de la corolle. . . . . *T. arenivagum.* (5).	
	Dents du calice beaucoup plus longues que la corolle . . . . *T. arvense.* (4).	
10	Fleurs en tête portée par des pédoncules distincts . . . . *T. montanum.* (14).	
	Fleurs en tête sessile à l'aisselle des feuilles.	11
11	Têtes de fleurs placées le long de la tige	12
	Têtes de fleurs placées au sommet de la tige ou des rameaux.	13
12	Dents du calice dressées; stipules supérieures dilatées . . . . *T. striatum.* (6).	
	Dents du calice courbées en dehors; stipules supérieures non dilatées . . . . *T. scabrum.* (7).	
13	Calice pubescent. . . . . *T. pratense* (10).	
	Calice glabre. . . . . *T. medium.* (9).	

14 { Tige rampante radicante . . . . *T. repens.* (12).
{ Tige dressée non radicante . . . . . . *T. elegans.* (13).

15 { Stipules supérieures courtes et ovales. 16
{ Stipules allongées lancéolées, aiguës. . . *T. aureum.* (15).

16 { Fleurs d'un beau jaune d'or . . . . . . *T. patens.* (19).
{ Fleurs d'un jaune pâle 17

17 { Capitules composés de plus de 20 fleurs 18
{ Capitules composés au plus de 15 fleurs. *T. procumbens.* (18)

18 { Pédoncules égalant les feuilles ou les dépassant très-peu. . .
{ . . . . *T. campestre.* (16).
{ Pédoncules dépassant les feuilles. *T. pseudo procumbens.* (18).

276. — 1. T. RUBENS, L., T. rouge. — Fleurs purpurines; feuilles supérieures opposées. Lieux secs, bois montueux, côteaux. Saint-Bris! Saint-Cyr! Irancy! Tonnerre! Ancy-le-Franc! Cruzy! etc. Juin, juillet. Calcaires. ♃. A. C.

277. — 2. T. INCARNATUM, L., T. incarnat. — Fleur rouge-foncé; stipules rougeâtres au sommet. Bords des chemins, dans les champs, çà et là. Mai, juillet. Sables. ①. A. C.

Vulg. *farouche*; cultivé en grand, fourragère.

278. — 3. T. MOLINERII, Balbis. T. de Molineri. *T. incarnatum*, Var. (auct.). — Stipules brun foncé au sommet; fleurs rose-pâle. Prairies artificielles, prés. Charbuy! Mai, juillet. Sables. ①. R.

279. — 4. T., ARVENSE, L., T. des champs. — Fleurs blanches rosées; capitules cylindriques. Dans les champs, les bois clairs, les bruyères sèches. Juin, septembre. Sables. ①. C. C.

280. — 5. T. ARENIVAGUM, Jord., T. des sables. — Fleurs blanches rosées; capitules ovoïdes, oblongs. Lieux secs, bords des bois, des chemins. Juin, septembre. Sables et calcaires (grèves). ②. C.

281. — 6. T. STRIATUM, L., T. strié. — Fleurs rosées; calice à gorge ouverte. Bords des bois sablonneux secs. Saint-Georges! Juin, juillet. ①. R.

282. — 7. T. SCABRUM, L., T. rude. — Fleurs blanches; calice à gorge fermée. Pelouses arides des côteaux. Saint-Moré! Mai. Calcaires. ①. R.

283. — 8. T. OCHROLEUCUM, L., T. jaunâtre. — Fleurs d'un blanc jaunâtre dépourvues de Bractéoles. Lieux frais, taillis, prés, pâturages, bords des bois. Juin, juillet. Partout. ♃. C. C.

284. — 9. T. MEDIUM, L., T. intermédiaire. *T. flexuosum*, Jacq.; *T. alpestre*, Dub. — Fleurs purpurines; stipules à partie libre lancéolée, acuminée, écartée du pétiole. Lieux secs herbeux, prés, bois. Juin, août. Calcaires et sables. ⚥. C.

285. — 10. T. PRATENSE, L., T. des Prés. Fleurs rouges; stipules à partie libre triangulaire, terminée par une pointe appliquée sur le pétiole. Prés, bois, bords des chemins, des eaux. Mai, septembre. Partout. ⚥. C. C.

286 — 11. T. FRAGIFERUM, L., T. Fraisier. — Fleurs blanches ou rosées; calice bilabié vésiculeux. Bois, pelouses, chemins herbeux. Juin, septembre. Partout. ⚥. C. C.

287. — 12. T. REPENS, L., T. rampant. — Fleurs blanches ou rosées; calice non bilabié, non vésiculeux. Dans les prés, bords herbeux des chemins, des routes. Mai, septembre. Partout. ⚥. C. C.

288. — 13. T. ELEGANS, Savi, T. élégant. — Fleurs roses; dents supérieures du calice une fois plus longues que le tube. Lieux frais, bois, talus des fossés. Saint-Georges! Perrigny! Auxerre! l'Isle-sur-Serein! Juin, septembre. Sables argileux. ⚥. A. C.

289. — 14. T. MONTANUM, L., T. des Montagnes. — Fleurs blanches en capitule sphérique. Prés humides. Baon! Quincy! Mai, juillet. Calcaires. ⚥. R.

290 — 15. T. AUREUM, Poll, T. doré. *T. agrarium*, W. Schreb., D. C.; *Duby*, Koch. — Fleurs jaunes; pétioles dressés; stipules de la longueur du pétiole. Prés et bois secs. Appoigny! Perrigny! Serrigny [Guérin]! Avallon, Saint-Sauveur [Boreau] Saint-Bris! Exposition. Sud. Juin, juillet. Calcaires. Sables. ⚥. R.

291. — 16. T. CAMPESTRE, Schreb., T. des champs. *T. agrarium*, Poll. Wild.; *T. procumbens, a. majus*, Koch. — Fleurs jaunes; stipules plus courtes que le pétiole. Moissons, bois clairs. Juin, octobre. Sables. ☉. C.

292. — 17. T. PSEUDO-PROCUMBENS, Gmel., T. couché. *T. procumbens, b. minus*, Koch. — Fleurs jaunes très pâles; tige étalée. Lieux secs, herbeux. Mai, juin sables et calcaires. ☉. C.

293. — 18. T. PROCUMBENS, L., T. tombant. *T. minus*, Smith.; *T. dubium*, Abbot.; *T. filiforme*, Schreb. — Fleurs jaunes; tige tombante. Dans les prés, sur les pelouses, champs en friches. Mai, juillet. Partout. ☉. C.

294. — 19. T. PATENS, Schreb., T. étalé. *T. aureum*, Thuil.; *T. parisiense*, D. C.; *T. spadiceum*, Dub. — Fleurs d'un jaune vif; plante élevée et d'un vert gai. Prés humides. Mai, août. Partout. ☉. C. C.

8

XII. Lotus, L. LOTIER.

(*Lôtos*, nom donné par les Grecs à plusieurs légumineuses
fourragères.)

1 { Pédoncules portant de 8 à 12 fleurs ; calice à divisions étalées
  avant la floraison. . . . . *L. uliginosus*. (3).
  { Pédoncules de 1 à 6 fleurs ; divisions du calice dressées . . .   2

2 { Pédoncule portant 1 à 3 fleurs . . . . . . *L. diffusus*. (4).
  { Pédoncule portant 4 à 6 fleurs.   3

3 { Folioles et stipules obovales . . . . . *L. corniculatus*. (1).
  { Folioles et stipules linéaires . . . . . . *L. tenuifolius*. (2).

295. — 1. L. CORNICULATUS, L., L. corniculé. — Fleurs jaunes ;
3 à 6 pédoncules épais. Champs en friches, lieux herbeux. Mai, octobre. Partout. ⚥. C. C.

296. — 2. L. TENUIFOLIUS, Reich.. L. à feuilles menues. *Lotus
corniculatus tenuifolius*, L.; *L. tenuis*, Kit. — Fleurs
jaunes ; 2 à 4 pédoncules filiformes. Champs argileux. Ste-
Nitace à Auxerre! Bleigny! etc. Mai, septembre. ⚥. A. R.

297. — 3. L. ULIGINOSUS, Schk., L. majeur. *Lotus major*, Smith.
— Fleurs jaunes, 8 à 12 ; dents du calice très-ciliées.
Lieux tourbeux et marécageux. Juillet, septembre.
Sables. ⚥. C.

298. — 4. L. DIFFUSUS, Solander., L. diffus. — Fleurs jaunes ;
1 à 2 sur un pédoncule filiforme. Lieux humides. Flogny! Auxerre! Mai, septembre. Alluvions. ①. R.

XIII. Galega, L. GALÉGA.

(*Gala*, lait ; qui augmente la sécrétion du lait).

299. — 1. G. OFFICINALIS, L. G. officinal. — Fleurs bleuâtres
ou blanches en grappe plus longue que la feuille. Naturalisé dans les fossés humides autour d'Avallon. Juillet,
septembre. ⚥. R.

XIV. Robinia, L. ROBINIER.

(Dédié à Jean Robin, botaniste).

300. — 1. R. PSEUDO-ACACIA, L., R. faux Acacia. — Arbre
élevé ; fleurs blanches en grappes très-odorantes. Cultivé partout, naturalisé dans les bois. Mai, juin.
Les fleurs distillées donnent une eau qui se rapproche de celle des
fleurs d'oranger.
Vulg. *acacia, agacia*.

XV. Colutea, L. BAGUENAUDIER.

(*Coluaiô*, faire du bruit ; allusion au fruit qui éclate
quand on le presse).

301. — 1. C. ARBORESCENS. L., B. Arbuste. — Fleurs jaunes ;

calice couvert de poils noirs. Dans les bois, les haies.
Auxerre! Avallon [Boreau]! Bois du Bouchat à Saint-
Bris [Mérat]! Juin, juillet.
  Vulg. *baguenaudier*; ornement.

XVI. Astragalus, L. ASTRAGALE.

(*Astragalos*, vertèbre; allusion à la forme des graines).

1 {Fruit hérissé ovoïde renflé, noir à la maturité. **A. cicer**. (2).
  {Fruit glabre, allongé et arqué. . . . **A. glycyphyllos**. (1).

302. — 1. A. GLYCYPHYLLOS, L., A. Réglisse — Fleurs jaunes
    ou jaunâtres; pédoncule commun, de moitié plus court
    que la feuille. Prés, bois, haies. Chemins herbeux. Juin,
    septembre. Calcaires et sables. ♃. C.

303. — 2. A. CICER, L., A ciche. — Fleurs jaunâtres; pédoncule
    commun presque aussi long que la feuille. Dans les mois-
    sons. Courson! Serrigny [Guérin]! Juin, août. Calcaires.
    ♃. R. R.

XVII. Coronilla, L. CORONILLE.

(*Corona*, couronne; allusion à la disposition des fleurs).

1 {Fleurs jaunes 2
  {Fleurs blanches rosées. . . . . **C. varia**. (1).

2 {Tige dressée, herbacée dès la base. . . . . **C. montana**. (2).
  {Tige couchée, ligneuse à la base. . . . . **C. minima**. (3).

304. — 1. C. VARIA, L., C. bigarrée. — Fleurs panachées de
    blanc et de lilas. Dans les champs, les haies, les lieux
    stériles. Juin, août. Calcaires. ♃. C.

305. — 2. C. MONTANA, Scop., C. des Montagnes. *C. coronata*,
    L ; *C. Valentina*, Durande. — Fleurs jaunes, 15-20 sur
    le pédoncule; tige fistuleuse de 4 à 7 décimètres.
    Collines calcaires peu boisées. Lari blanc à Cry! Juin.
    ♃. R. R.

306. — 3. C. MINIMA, L., C. petite. — Fleurs jaunes, 6-12 sur le
    pédoncule; tige de 1 à 2 décimètres. Côteaux herbeux,
    clairières des bois Auxerre! Saint-Bris! Coulanges! le
    Sénonais! Mai, juillet. Calcaires. ♃. A. C.

XVIII. Ornithopus, L. ORNITHOPE.

(*Ornis*, oiseau, *pous*, pied; allusion à la disposition des fruits
simulant un pied d'oiseau).

307. — 1. O. PERPUSILLUS, L., O. délicat. — Fleurs blanchâtres
    à étendard veiné de rouge. Légume arqué, tiges diffu-
    ses. Dans les champs, les clairières des bois. Mai, sep-
    tembre. Sables et granite. ☉. C.

XIX Hippocrepis, L. HIPPOCRÉPIDE.

(*Ippos*, cheval, *crepis*, chaussure ; allusion au fruit qui offre des
échancrures en fer à cheval.)

308. — 1. H. COMOSA, L , H. en ombelle. — Fleurs jaunes ;
filets des étamines alternativement dilatés au sommet.
Bords des chemins , des bois. Mai, juillet. Calcaires. ⚥. C.

XX. Onobrychis, T. SAINFOIN.

(*Onos*, âne, *brukeïn*, braire ; allusion à ses qualités
comme fourrage).

4 { Divisions du calice des jeunes fleurs dépassant la corolle . .
. . . . *O. collina*. (2).
Divisions du calice des jeunes fleurs ne dépassant pas la co-
rolle. . . . . *O. sativa*. (1).

309. — 1. O. SATIVA, Lam., S. cultivé. *Hedysarum onobrychis*,
L. — Fleurs purpurines, striées ; bractées atteignant
la moitié du tube du calice. Clairières des bois, côteaux
calcaires. Mai, juillet. ⚥. C.
Cultivée partout en prairies artificielles. Vulg. *sainfoin, esparcette*.

310. — 2. O. COLLINA, Jord., S. des collines. — Fleurs purpu-
rines ; bractées dépassant la moitié du tube du calice.
Dans les bois, sur les côteaux. Andryes [Sagot in Boreau].
Juin, juillet. Calcaires. ⚥. R.

XXI. Ervum, L. ERS.

(*Arva*, guérets).

1 { Légume hérissé. . . . . *E. hirsutum*. (2).
Légume glabre. 2

2 { Feuilles pubescentes : fruit court . . . . . *E. lens*. (1).
Feuilles glabres ; fruit allongé . . . . . . *E. ervilia*. (3).

311. — 1. E. LENS, L., E. Lentille. — Fleurs bleuâtres ; feuilles
terminées par une vrille ; pédoncule égalant presque la
feuille. Subspontanée dans les moissons. Juin, juillet.
Sables. ⚀
Vulg. *lentille* ; cultivée en grand pour ses graines alimentaires.

312. — 2. E. HIRSUTUM, L., E. velu. — Fleurs bleuâtres ; feuilles terminées par une vrille rameuse ; pédoncule plus
court que la feuille. Lieux cultivés, haies. Mai, septembre. Partout. ⚀. C.
Principalement dans les sables.

313. — 3. E. ERVILIA, L., E. Ervilier. *Vicia ervilia*, Wild. —
Fleurs blanches rosées, veinées ; feuilles terminées par
une pointe ; pédoncule bien plus court que la feuille.
Dans les moissons, çà et là. Auxerre ! Val-de-Mercy !
Juin, juillet. Calcaires. ⚀. peu C.

XXII. Vicia. VESCE.

(de *vincire*, entrelacer ; allusion à la tige volubile de la plupart des espèces).

1 { Fleurs portées sur un long pédoncule 2
{ Fleurs axillaires, sessiles, ou portées sur un pédoncule plus court que les fleurs. 5

2 { I à 4 fleurs au sommet du pédoncule . . *V. tetrasperma.* (1).
{ Plus de 4 fleurs au sommet du pédoncule. 3

3 { Etendard rétréci au-dessus du milieu. . . . *V. varia.* (4).
{ Etendard rétréci au milieu ou au dessous 4

4 { Etendard rétréci au milieu . . . . *V. cracca.* (2).
{ Etendard rétréci au-dessous du milieu . . *V. tenuifolia.* (3).

5 { Fleurs jaunâtres. 6
{ Fleurs purpurines ou bleuâtres, ou blanches 7

6 { Fleurs solitaires ou géminées ; légumes hérissés. *V. lutea.* (10).
{ Fleurs en petites grappes ; légumes glabres. *V. sœpium.* (11).

7 { Folioles larges ; fleurs blanches tachetées de noir. *V. faba.* (12).
{ Folioles petites, ovales ou linéaires. 8

8 { Fleurs en petites grappes . . . . . *V. sœpium.* (11).
{ Fleurs solitaires ou géminées 9

9 { Légumes glabres ; graines cubiques. . . *V. lathyroïdes.* (9).
{ Légumes pubescents dans leur jeunesse ; graines arrondies . . 10

10 { Toutes les folioles obovales, échancrées, mucronées. . . . .
{ . . . . *V. sativa.* (5).
{ Folioles supérieures oblongues ou linéaires, non échancrées au sommet. 11

11 { Folioles des feuilles supérieures, aigues au sommet. . . .
{ . . . . *V. bobartii.* (7).
{ Folioles des feuilles supérieures, tronquées au sommet . . . 12

12 { Folioles supérieures linéaires très-étroites . *V. uncinata.* (8).
{ Folioles supérieures oblongues . . . . . *V. segetalis.* (6).

314. — 1. V. TETRASPERMA. Mœnch., V. à 4 Graines. *Ervum tetraspermum,* L. — Fleurs petites, lilas, veinées de violet ; pédoncule capillaire égalant la feuille. Lieux cultivés. Juin, septembre. Partout. ☉. C.

315. — 2. V. CRACCA, L., V. cracca. *Cracca major*, Grenier et God. — Fleurs bleues ; pédicelle du fruit plus court que le tube du calice. Prés, bois, prairies artificielles. Juin, septembre. Calcaires ♃. C.

316. —3. V. TENUIFOLIA, Roth., V. à feuilles menues. — Fleurs bleues ; pédicelle du fruit aussi long que le tube du calice. Dans les haies, les prés, lieux herbeux des côteaux. Auxerre ! Vaux ! Mailly-la-Ville ! le Tonnerrois ! Juin, septembre. Calcaires. ♃. A. R.

317. — 4. V. VARIA, Host., V. variable. *V. villosa glabrescens*

(auct.) — Fleurs bleues; pédicelle du fruit plus long que le tube du calice. Moissons. Saint-Georges! Perrigny! Appoigny! l'Avallonnais! etc. Mai, septembre. Sables, granite. ☉. ou ☉. A. R.

318. — 5. V. SATIVA, L., V. cultivée. — Fleurs purpurines; stipules maculées; légumes murs jaunâtres. Dans les prés, les champs en friches. Mai, septembre. Partout. ☉, C.

Vulg. *vosce*; cultivée, alimentaire.

319. — 6. V. SEGETALIS, Thuil. V. des moissons. *V. angustifolia*, a. Koch. — Fleurs purpurines; légumes noircissant à la maturité, longs de 45 millim. Dans les moissons. Juin, juillet. ☉. C.

320. — 7. V. BOBARTII, Forster, V. de Bobart. *V. nigra*, Duby.; *V. angustifolia*, Roth. — Fleurs rouge-carmin; légumes noircissant, longs de 30 millimètres; stipules semi-sagittées. Lieux secs, dans les taillis, bords des bois. Mai, juillet. Sables et calcaires. ☉. A. C.

321. — 8. V. UNCINATA, Desv., V. crochue. — Fleurs rouges; légumes noircissant; stipules en trapèze dentées. Lieux secs, taillis, bords des bois. Seignelay! Chemilly! Monéteau! Mai! juin. Sables. ☉. R.

322. — 9. V. LATHYROIDES. L., V. fausse Gesse. *Ervum soloniense*, L. Duby. — Fleurs violettes; pétioles terminés en pointe dans les feuilles inférieures, en vrille dans les supérieures. Lieux herbeux, incultes. Appoigny! Charbuy! Avril, mai. Sables. ☉. A. R.

323. — 10. V. LUTEA, L., V. jaune. — Fleurs d'un jaune soufre pâle; légumes hérissés de poils renflés à la base. Moissons. Auxerre! Saint-Georges! Appoigny! etc. Mai, septembre. Sables. ☉. A. C.

324. — 11. V. SÆPIUM, L. — Fleurs bleuâtres striées en grappe plus courte que la feuille. Dans les haies, les bois, les buissons des côteaux. Mai, juillet. Calcaires. ☉. C.

Dans les endroits ombragés, humides, les fleurs sont blanches : iles La Rupelle; Sainte-Nitace, à Auxerre.

325. — 12. V. FABA, L. *Faba vulgaris*, Mœnch. — Fleurs blanches, tachées de noir; feuilles terminées par une pointe sétacée. Naturalisée çà et là, autour des habitations. Juin, août. ☉.

Vulg. *fève*; cultivée, alimentaire.

XXIII. Pisum, L. Pois.
(du grec *Pisos*, pois).

1 { Fleurs blanches. . . . . *P. sativum*. (2).
  { Fleurs rouges ou violettes 2

2 { Etendard bleuâtre ou violet. . . . . *P. arvense.* (1).
  { Etendard rose . . . . *P. Elatius.* (3).

326. — 1. P. ARVENSE, L., P. des Champs. — Fleurs bleuâtres avec les ailes d'un pourpre foncé; graines comprimées lisses. Çà et là dans les champs. Juin. août. ④.

> Vulg. *pois de pigeon*; cultivée rarement. Dans les haies, à Villeroy (in Guichard).

327. — 2. P. SATIVUM, L., P. cultivé. — Fleurs blanches; graine arrondie, sucrée. Çà et là dans les champs, bords des chemins. Mai, juin. ④.

> Vulg. *petit pois*; cultivée en grand à Appoigny, Gurgy; alimentaire.

328. — 3. P. ELATIUS, M. B., P. élevé. *P. elatum.* D. C. — Fleurs rosées avec les ailes d'un rouge noirâtre; graines globuleuses granuleuses. Prairies artificielles. Mai et juillet. Partout. ④. C.

XXIV. Lathyrus, L. GESSE.

(*Lathuros*, espèce de pois chiche).

1 { Pétioles dépourvus de folioles. 2
  { Pétioles munis de 1 à 4 paires de folioles. 3

2 { Fleurs jaunes; stipules très-amples foliacées, sagittées, opposées. . . . . *L. aphaca.* (1).
  { Fleurs roses; stipules très-petites ou nulles; pétiole allongé élargi, simulant une feuille de graminée. . *L. nissolia* (2).

3 { Pédoncules portant 1 à 3 fleurs 4
  { Pédoncules portant plus de 3 fleurs. 8

4 { Pédoncule muni d'un filet grêle qui fait paraître la fleur comme latérale. 5
  { Fleur terminale 6

5 { Pédoncule court . . . . *L. sphæricus.* (3).
  { Pédoncule allongé égalant ou dépassant la feuille. . . . . *L. angulatus.* (4).

6 { Légume hérissé; pédoncule portant 1 à 3 fleurs. *L. hirsutus* (7).
  { Légume glabre; pédoncule uniflore. 7

7 { Légume à bord supérieur offrant 2 ailes membraneuses; fleurs souvent blanches. . . . . *L. sativus.* (5).
  { Légume à bord supérieur étroitement brodé; fleurs rouges. . . . . *L. cicera.* (6).

8 { Fleurs jaunes. . . . . *L. pratensis.* (9).
  { Fleurs roses ou bleuâtres. 9

9 { Tige anguleuse non ailée. . . . . . . *L. tuberosus.* (8).
  { Tige ailée membraneuse. 10

10 { Ailes des pétioles plus étroites que celles de la tige; pédoncule dépassant à peine la feuille; fleurs roses bleuâtres. . . . . *L. sylvestris.* (10).
   { Ailes des pétioles égalant celles de la tige; pédoncules dépassant beaucoup la feuille; fleurs grandes d'un beau rose. . . . . *L. latifolius.* (11).

329. — 1. L. APHACA, L., G. sans feuilles. — Fleurs jaunes, solitaires ou géminées, à étendard veiné de noir. Champs en friches, moissons, prés. Mai, juillet. Partout. ⊕. C.
Vulg. *pois de serpent.*

330. — 2. L. NISSOLIA, L., G. de Nissole. — Fleurs d'un beau rose ordinairement solitaires. Lieux humides, moissons, taillis, bords des bois. Perrigny! Saint-Georges! Villeneuve-Saint-Salves! Héry! Mai, juillet. Sables. ⊕. peu C.

331. — 3. L. SPHÆRICUS, Retz., G. sphérique. *L. angulatus*, Chaub. — Fleurs rougeâtres veinées; pédoncule plus court que le pétiole. Moissons à Toucy! Mai, juillet. Sables. ⊕. R. R.

332. — 4. L. ANGULATUS, L., G. anguleuse. *L. hexaedrus*, Chaub. — Fleurs purpurines veinées; pédoncule beaucoup plus long que le pétiole. Bords des champs à Saint-Georges! Cuy et Evry [Guichard]. Mai, juillet. Sables. ⊕. A. R.

333. — 5. — L. SATIVUS, L., G. cultivée. — Fleurs blanches ou rougeâtres. Çà et là, dans les champs. Mai, juillet. ⊕.
Vulg. *pois gras, pois carré*; cultivée.

334. — 6. L. CICERA, L., G. chiche. — Fleurs purpurines; pédoncule plus court que le pétiole. Çà et là, dans les moissons, les champs en friches. Mai, juillet. ⊕.

335. — 7. L. HIRSUTUS, L., G. velue. — Fleurs violettes, puis bleues; pédoncule deux à trois fois plus long que la feuille; tige ailée. Dans les moissons. Juin, septembre. Sables. ⊕. C.

336. — 8. L. TUBEROSUS, L., G. tubéreuse. — Fleurs d'un beau rose, odorantes; tige diffuse, carrée et non ailée. Lieux cultivés, vignes, prés. Juin, août. Sables et calcaires argileux. ♃. C.

337. — 9. L. PRATENSIS, L., G des prés. — Fleurs jaunes; plante diffuse d'un vert blanchâtre. Lieux humides, prés, haies. Juin, août. Partout. ♃. C. C.

338. — 10. L. SYLVESTRIS, L., G. des bois. — Fleurs roses intérieurement, verdâtres extérieurement; pédoncule de la longueur de la feuille. Lieux secs, buissons, bois. Auxerre! Saint-Bris! Venoy! Joigny! etc. Juin, septembre. Calcaires. ♃. peu C.
Bois de Saint-Pierre, de Maillot (Guichard).

339. — 11. L. LATIFOLIUS, L., G. à larges feuilles. — Fleurs

d'un beau rose; pédoncule plus long que la feuille. Haies des vignes. Auxerre, à gauche de la route d'Egriselles. Juin, septembre. Calcaires. ♃. R. R

Le Lat. palustris, L. est cité par Mérat dans les bois humides.

XXV. Orobus, L. Orobe.

(*Orobus,* nom grec d'une légumineuse fourragère).

340. — 1. O. TUBEROSUS, L., O. tubéreux. — *Lathyrus macrorhyzus,* Wim. — Fleurs rouges d'abord, puis bleues et vertes; feuilles à 2-4 paires de folioles. Dans les bois. Avril, juin. Partout. ♃. C.

Mérat, dans son histoire des plantes des environs d'Auxerre, indique les *Orobus niger, sylvaticus et vernus* de L.

XXVI. Phaseolus, L. Haricot.

(de *phacelos,* nacelle; allusion à la forme du fruit).

341. — 1. P. VULGARIS, L., H. vulgaire. — Fleurs blanches; bractées plus courtes que le calice. Juin, août. Partout. ☉.

Vulg. *haricot*; cultivée en grand, alimentaire.

Fam. XXVIII. — ROSACÉES. (Rosaceæ, Jus.).

1	{ Enveloppe florale non pétaloïde	2
	{ Fleurs munies d'un calice et d'une corolle colorée pétaloïde.	4
2	{ Feuilles simples palmées. . . . . *Alchemilla.* (xi).	
	{ Feuilles composées imparipinnées	3
3	{ 4 étamines; fleurs hermaphrodites. . . *Sanguisorba.* (xii).	
	{ Etamines nombreuses; fleurs monoïques ou polygames. *Poterium.* (xiii).	
4	{ Stipules libres; arbrisseaux ou arbres quelquefois pourvus d'épines, mais jamais d'aiguillons.	5
	{ Stipules plus ou moins adhérentes au pétiole; plantes herbacées ou arbrisseaux munis d'aiguillons. (Rosées). . . .	15
5	{ Ovaire libre. (Amygdalées).	6
	{ Ovaire soudé avec le calice (Pomacées).	9
6	{ Fleurs en fascicules corymbiformes . . . . . *Prunus.* (iii).	
	{ Fleurs solitaires ou géminées	7
7	{ Fleurs roses. . . . . *Persica.* (ii).	
	{ Fleurs blanches	8
8	{ Noyau marqué de fissures étroites. . . . *Amygdalus.* (1).	
	{ Noyau lisse . . . . *Prunus.* (iii).	
9	{ Fruits à noyaux.	10
	{ Fruits à pépins.	11
10	{ Fleurs en corymbes; 2 à 3 noyaux . . . . *Cratægus.* (xv).	
	{ Fleurs ordinairement solitaires; 5 noyaux . *Mespilus.* (xvii).	
11	{ Pétales lancéolés; petit arbrisseau . . *Amelanchier.* (xvi).	
	{ Pétales suborbiculaires; arbres souvent élevés	12

I. Amygdalus, L. AMANDIER.

(de *amugdalé*, amande).

342. — 1. A. COMMUNIS, L., A. commun. — Fleurs blanches ou rosées naissant avant les feuilles.

Cultivé çà et là; vulg. *amandier*; comestible, médicinale.

II. Persica, M. Miller, PÊCHER.

(de *Persiké*, pêcher; originaire de Perse).

343. — 1. PERSICA VULGARIS, Mill., P. vulgaire. *Pr. vulgaris*, L. — Fleurs d'un rose vif. Dans les vignes. Mars, avril.

Vulg. *pêcher*; cultivé, fruit alimentaire, fleurs purgatives.
L'abricotier *Armeniaca vulgaris*, Lam., *Prunus armeniaca*, L., est partout cultivé dans les jardins.

III. Prunus, L. PRUNIER.

(de *Proumnon*, prunier).

1 { Fleurs disposées en fascicules corymbiformes ou ombellifor-
  {   mes 5
  { Fleurs solitaires ou géminées. 2

2 { Arbrisseau très-épineux. . . . . *P. spinosa.* (1).
  { Arbrisseau peu épineux. 3

3 { Fruit dressé de grosseur médiocre . . . *P. fruticans.* (2).
  { Fruit gros ordinairement penché 4

4 { Jeunes rameaux pubescents . . . . *P. insititia.* (3).
  { Jeunes rameaux glabres . . . . *P. pruna.* (4).

$$\begin{matrix}5 \end{matrix}$$ { Fleurs en fascicules corymbiformes . . . ***P. mahaleb.*** (9).
{ Fleurs en fascicules ombelliformes   6

6 { Fruit à saveur acide . . . . ***P. cerasus.*** (8).
{ Fruit à saveur douce   7

7 { Fruit petit à saveur un peu amère . . . . ***P. avium.*** (5).
{ Fruit assez gros ; saveur non amère   8

8 { Fruit marqué d'un sillon profond ; chair ferme . . . . .
{ . . . . ***P. duricina.*** (7).
{ Fruit non profondément sillonné: chair molle. ***P. Juliana.***(6).

344. — 1. P. SPINOSA, L., P. épineux. — Fleurs blanches ; pédoncules glabres, solitaires ; rameaux divariqués. Haies, champs en friches. fl. mars, mai ; fr. automne. Partout. C. C.

Vul. *épine noire* ; arbrisseau dont les fruits sont appelés prunelles.

345. — 2. P. FRUTICANS, Weihe., P. frutescent. *P. spinosa macrocarpa* (auct.). — Fleurs blanches ; différant du spinosa par ses rameaux élancés, ses fruits une fois plus gros, ovales. Dans les haies ; fl. mars, mai ; fr. automne. peu C.

346. — 3. P. INSITITIA, L., P. sauvage. — Fleurs blanches ; pédoncules géminés tomenteux. Dans les buissons. fl. avril, mai ; fr. automne. Calcaires. peu C.

347. — 4. P. PRUNA, Crantz., P. domestique. *P. domestica sylvestris* (auct.). — Fleurs blanches verdâtres ; jeunes rameaux glabres. Dans les haies. fl. avril ; fr. août, septembre.

Vulg. *prunier* ; cultivé.

348. — 5. P. AVIUM, L., P. des Oiseaux. *Cerasus avium,* Mœnch. Fleurs blanches ; rameaux dressés ; pétioles munis de deux glandes. Dans les bois, les haies. fl. avril, mai ; fr. juillet, août. C.

Vulg. *merisier* ; obs. cultivé à fleurs doubles.

349. — 6. P. JULIANA, Reich., P. Guignier. *Cerasus juliana,* D. C. — Fleurs blanches ; fruit mou longuement pédonculé. Dans les villages, autour des habitations. fl. avril, mai ; fr. juin, juillet. C.

Vulg. *guignier* ; cultivé.

350. — 7. P. DURACINA, Reich., P. Bigarreautier. *Cerasus duracina,* D. C. — Fleurs blanches ; fruit gros et ferme, noir ou jaune. Dans les vergers. fl. avril, mai ; fr. juin et juillet.

Vulg. *bigarreau, cœur* ; cultivé.

351. — 8. P. CERASUS, L., P. Cerisier. *Cerasus caproniana,* D.C. — Fleurs blanches ; rameaux étalés ; pétioles dépourvus

de glandes. Subspontané dans les bois. fl. avril, mai:
fr. juin, juillet.

Vulg. *cerisier*; cultivé en grand à Saint-Bris! Champs!

352. — 9. P. MAHALEB, L., P. Mahaleb. *Cerasus mahaleb*, Mill.
— Fleurs blanches en corymbe; fruit petit, noir. Bois.
haies, côteaux, fl. avril, mai; fr. juillet. Calcaires.

Vulg. *cerisier de sainte Lucie*. Knou. Cette espèce sert de sujet sur lequel on greffe tous nos cerisiers.

IV. Spirea, L. SPIRÉE.

(*Spireon*, arbuste avec lequel les Grecs tressaient des couronnes).

353. — 1. SPIRÆA ULMARIA, L., S. ulmaire. — Pétales blancs
longuement onguiculées; étamines plus longues que les
pétales. Prairies marécageuses, bords des eaux. fl. Juin,
août; fr. septembre. Partout. ♃. C. C. C.

Vulg. *Reine des prés*; médicinale, astringente, sudorifique.

V. Geum, L. BENOITE.

(de *Geuô*, j'assaisonne; allusion à l'odeur de giroflée
exhalée par les racines).

354. — 1. GEUM URBANUM, L., B. commune. — Fleurs jaunes;
calice réfléchi; style genouillé au sommet. Bords des
ruisseaux, les haies, les bois. fl. juin, août; fr. septembre.
Partout. ♃. C. C.

Vulg. *benoite, caryophyllata*; racine aromatique, amère, tonique.

VI. Rubus, L. RONCE.

(de *ruber*, rouge; allusion à la couleur de la framboise).

1	Feuilles pinnées; fruit rouge . . . . *R. idæus*. (1).	
	Feuilles digitées; fruit noir.	2
2	Tige arrondie ou obtusément anguleuse	3
	Tige anguleuse à face plane ou canaliculée	8
3	Folioles inférieures des feuilles. subsessiles.	4
	Folioles inférieures des feuilles évidemment petiolulées. . .	7
4	Rameaux fleuris munis de feuilles quinées. *R. nemorosus*. (4).	
	Rameaux fleuris munis de feuilles ternées	5
5	Plantes chargées de soies glanduleuses. . . *R. serpens*. (3).	
	Plante peu ou point glanduleuse.	6
6	Tige foliifère glauque. . . . . *R. cæsius*. (2).	
	Tige foliifère non glauque. . . . . . *R. Walhbergii*. (5).	
7	Tiges couvertes de glandes pédicellées. *R. glandulosus*. (7).	
	Tiges dépourvues de glandes . . . . . . *R. vestitus*. (6).	
8	Tiges arquées décombantes	9
	Tiges dressées, arquées au sommet seulement	11
9	Tiges foliifères non glanduleuses.	10
	Tiges foliifères munies de quelques glandes.	12

10 { Feuilles vertes ou grisâtres en dessous. . *R. macrophyllus.*
   { Feuilles blanches tomenteuses en dessous. 11

11 ⎧ Aiguillons des rameaux fleuris, droits et arqués; fleurs roses.
   ⎪   . . . . *R. discolor.* (10).
   ⎨ Aiguillons des rameaux fleuris, crochus; fleurs blanches. . .
   ⎪   . . . . *R. collinus.* (11).

12 ⎧ Aiguillons des rameaux fleuris, crochus; feuilles blanches to-
   ⎪   menteuses. . . . . *R. tomentosus.* (12).
   ⎨ Aiguillons des rameaux fleuris, droits ou arqués ; feuilles
   ⎪   vertes 13

13 { Feuilles caulinaires souvent quinées ; fleurs roses; *R. rudis.* (9).
   { Feuilles caulinaires souvent ternées ; fleurs blanches *R. hirtus.* (8).

14 { Calice blanc tomenteux. 15
   { Calice vert bordé de blanc. 16

15 ⎧ Rameaux fleuris munis d'aiguillons crochus ; feuilles blanches
   ⎪   en dessous. . . . . *R. thrysoïdeas.* (13).
   ⎨ Rameaux fleuris munis d'aiguillons droits ou arqués ; feuilles
   ⎪   vertes dessous . . . . *R. sylvaticus.* (14).

16 { Folioles plissées, cuspidées . . . . . *R. fruticosus.* (16).
   { Folioles acuminées, planes . . . . . *R. suberectus.* (15).

355. — 1. RUBUS IDÆUS, L., R. Framboisier. — Fleurs blanches.
Lieux frais des bois. Rives du Cousin à Avallon ! Bords
du Trinquelin, au pied du monastère de la Pierre-qui-Vire !
Forêt d'Othe, autour des étangs Saint-Ange [Perdigeon] !
Sables et Granite. Juin. ♃. R.

Vulg. *framboisier* : comestible; médicinale; cultivée partout, variant à
fruits blancs jaunâtres.

356. — 2. R. CÆSIUS, L., R. bleue. — Fleurs blanches ; tige
foliifère glauque ; calice appliqué sur le fruit mur. Bords
des eaux, champs incultes. Juin ♃. C. C.

La forme aquatique est presque inerme ; le fruit est acidulé, agréable ;
médicinale, astringente.

357. — 3. R. SERPENS, Gr. et God. R. serpentante, R. *cœsius his-*
pidus, W. et N. — Fleurs blanches; tige foliifère très-
glanduleuse ; calice étalé à la maturité. Bois, champs incultes. Juin, juillet. ♃, A. C.

358. — 4. R. NEMOROSUS, Hayne., R. des bois. R. *dumetorum,*
W. et N. (pro parte); R. *corylifolius,* D. C. — Fleurs
blanches ; pétales obovales ; calice réfléchi à la maturité.
Dans les haies sur la route d'Egriselles ! Juin. ♃. R.

359. — 5. R. WAHLBERGII, Arrh. R. de Wahlberg. — Fleurs
blanches; pétales orbiculaires ; calice étalé à la maturité.
Haies. Juin, juillet. ♃. C. C.

360. — 6. R. VESTITUS, W. et N., R. vêtue. — Fleurs blanches;
tige foliifère obtusément anguleuse ; pétales arrondis.
Haies des côteaux arides. Juin, juillet. ♃. P. C.

361.—7. R. GLANDULOSUS, Bell. *R. hybridus*, Wil.; *R. Bellardii*, Weih. et N.; *R. hirtus*, Reich — Fleurs blanches; pétales atténués à la base ; plante très glanduleuse. Lieux humides des bois. Avallon ! forêt de Frétoy ! Thorigny ! Forêt d'Othe ! Granit et calcaires. ♃. A. R.

362. — 8. R. HIRTUS, W. et N., R. velue. *R. glandulosus*, Reich. — Fleurs blanches; aiguillons des pétioles arqués. Lieux ombragés humides. Juin, juillet. ♃. A. C.

363. — 9. R. RUDIS, W. et N., R. rude. — Fleurs roses; aiguillons des pétioles, droits ; inclinés Bois couverts, forêt d'Othe ! Juin, juillet. ♃. R.

364. — 10. R. DISCOLOR, Weih. et N., R. bicolore., *R. fruticosus*, Sm. — Fleurs roses; tige foliifère bleuâtre velue; tous les aiguillons droits ou arqués. Dans les haies, les buissons. Partout. ♃. C. C.

365. — 11. R. COLLINUS, D. C., R. des Collines.— Pétales blancs obovales orbiculaires, arrondis à la base; feuilles velues sur les deux faces. Côteaux calcaires. Auxerre ! Vermenton ! Juin, juillet ♃. R.

    Obs. *Var. glabratus*, God. Folioles glabres dessus. Irancy [Boreau]!

366. — 12. R. TOMENTOSUS, Borkh., R. tomenteuse. *R. canescens*, D. C. — Pétales blancs étroits, longuement atténués à la base ; feuilles blanches tomenteuses. Côteaux arides, dans les haies, les buissons. Auxerre à Sainte-Nitace ! Coulanges-la-Vineuse ! Bailly ! Vaux ! Chastellux [Boreau]. Granite et calcaires. ♃. R.

367. — 13. R. THYRSOIDEUS, Wimmer, R. en Thyrse. *R. fruticosus*, Weih et N.; *R. candicans*, Reich. — Fleurs blanches ; tige foliifère glabre, munie d'aiguillons droits, ceux des rameaux, crochus. Dans les haies, les buissons. ♃. P. C.

368. — 14. R. SYLVATICUS, W. et N., R. des Forêts. — Fleurs blanches ; tige foliifère à face plane, canaliculée au sommet, munie de poils et d'aiguillons droits et courbés. Bois sablonneux humides. Branches ! Juin, juillet. ♃. R.

369. — 15. R. SUBERECTUS, Anders , R. dressée. *R fastigiatus*, Weih. et N. — Fleurs blanches; tige glabre ; feuilles planes. Dans les haies, bords des bois. ♃. C.

370. — 16. R. FRUTICOSUS, L., R. frutescente (non auct.). *R. plicatus*, Weih. et N.; *R. nitidus*, Sm. — Fleurs blanches ; tige glabre ; feuilles plissées. Dans les haies, les bois. ♃. P. C.

    Les fruits de toutes les ronces portent le nom vulgaire de mûres mûrons.

VII. **Fragaria**, L. FRAISIER.

(*Fragrans*, odorant; allusion au parfum du fruit).

1 { Calice renversé à la maturité. 2
{ Calice appliqué sur le fruit à la maturité. . *F. collina*. (3).

2 { Folioles latérales sessiles . . . . *F. vesca*. (1).
{ Folioles latérales petiolulées. . . . . . . *F. elatior*.(2).

371. — 1. F. VESCA, L., F. comestible. — Fleurs blanches; réceptacle garni de carpelles jusqu'à la base. Haies, buissons, taillis. fl. mai, juin; fr. juin. Partout. ♃. C. C.
Vulg. *fraisier des bois*.

372. — 2. F. ELATIOR, Ehrh., F. Capronnier. — Fleurs blanches; fruits gros comme une noisette; pédicelles à poils étalés. Bois, forêt d'Othe [Larrivé]! Mai, juin. ♃. R. R.

373. — 3. F. COLLINA, Ehrh., F. des Collines. *F. hispida*, Dub. Fleurs blanches; réceptacle dépourvu de carpelles à la base. Bords des bois secs. Saint-Bris! Mailly la Ville! fl. mai, juin ; fr. juin. Calcaires. ♃. R.

VIII. **Comarum**, L. COMARET.

(*Komaros*, arbousier; allusion à la ressemblance du fruit).

374. — 1. C. PALUSTRE, L., C des Marais. *Potentilla comarum*, Kest. — Cinq sépales pourpres; calicule et calice à cinq divisions. Lieux tourbeux et marécageux. Avallon ! Saint-Sauveur ! Quarré-les-Tombes ! Saint-Léger [Boreau]. Mai, juillet. Sables et granite. ♃. R.

IX. **Potentilla**, L. POTENTILLE.

(*Potens*, puissant; allusion à ses propriétés).

1 { Fleurs blanches. . . . . *P. fragariastrum*. (1).
{ Fleurs jaunes 2

2 { Feuilles pinnées 6
{ Feuilles palmées 3

3 { Calice à 4 divisions . . . . *P. tormentilla*. (4).
{ Calice à 5 divisions 4

4 { Tiges couchées radicantes; fleurs solitaires. *P. reptans*. (3).
{ Tiges non radicantes ; fleurs réunies en cyme ou en corymbe. 5

5 { Feuilles blanches en dessous . . . . . *P. argentea*. (5).
{ Feuilles vertes sur les deux faces . . . . . *P. verna*. (2).

6 { Pétales plus longs que le calice . . . . *P. anserina*. (6).
{ Pétales égalant à peine le calice. . . . . *P. supina*. (7).

375. — 1. POTENTILLA FRAGARIASTRUM, Erhr. P. fraisier. *P. fragaria*, Poir.; *Fragaria sterilis*, L. — Pétales blancs échancrés en cœur ; feuilles trifoliolées, velues, soyeuses. Dans les bois découverts, les haies. fl. mars, mai ; fr. juin. Partout. ♃.

376. — 2. P. VERNA, L., P. printanière. — Fleurs jaunes; stipules des feuilles radicales linéaires; plante velue en gazon vert. Bords des champs, des chemins herbeux. Mars, mai. Partout. ♃. C.

    Refleurit en automne.

377. — 3. P. REPTANS, L., P. rampante. — Fleurs grandes, jaunes; feuilles pétiolées; tiges couchées. Bords des chemins, haies, lieux cultivés. Juin, octobre. Partout. ♃. C. C.

    Vulg. *quintefeuille*; médicinale, astringente.

378. — 4. P. TORMENTILLA. Nestl., P. tormentille. *Tormentilla erecta*, L. — Fleurs petites, jaunes; feuilles caulinaires sessiles; tiges ascendantes. Bois humides, bruyères. Villeneuve! Perrigny! Villefargeau! etc. Juin. août. Sables. ♃. C.

    Vulg. *tormentille*; médicinale, astringente.

379. — 5. P. ARGENTEA, L., P. argentée. — Fleurs jaunes en corymbe; feuilles vertes dessus, argentées dessous. Buissons, bords des bois. Perrigny! Appoigny! etc. Juin, juillet. Sables et granite. ♃. peu C.

380. — 6. P. ANSERINA, L., P. des Oies.— Fleurs jaunes; feuilles pennatiséquées-interrompues; stipules incisées. Lieux humides, bords des eaux. Mai, octobre. Partout. ♃. C.

    Vulg. *argentine*; souvent les feuilles sont blanches sur les deux faces.

381. — 7. P. SUPINA, L. — Fleurs jaunes pâles; tiges peu velues, allongées, couchées, rameuses. Lieux humides, bords des étangs, à Bléneau [Déy]! Entre Chéroy et Courtenay [Juliot]! Juin, septembre. ①. R.

X. **Agrimonia**, L. AIGREMOINE.

382. — 1. A. EUPATORIA, L., A. eupatoire. — Fleurs jaunes en longues grappes terminales; fruit hérissé d'épines crochues. Lieux herbeux. Mai, octobre. Partout. ♃. C.

    Vulg. *aigremoine*; médicinale, astringente.

XI. **Alchemilla**, T. ALCHÉMILLE.

(Nom donné par les Alchimistes).

1	Fleurs en corymbe terminal . . . . *A vulgaris.* (1).
	Fleurs axillaires . . . . *A. arvensis.* (2).

383. — 1. A. VULGARIS, L., A. vulgaire. — Fleurs d'un vert jaune en corymbe; feuilles réniformes plissées à 5-9 divisions dentées. Bois montueux. Garenne de Gy-l'Evêque [Mariotte Benoit]! Mai, juillet. Calcaires. ♃. R. R.

    Vulg. *pied de lion*; médicinale, astringente, vulnéraire.

384. — 2. A. ARVENSIS, Scop. A. des Champs. *Aphanes arvensis*, L. — Fleurs vertes en glomérules opposées aux feuilles ; feuilles planes en coin à la base. Dans les champs, les prairies artificielles. Mai, septembre. ⊛. C.

XII. Sanguisorba, L. SANGUISORBE.

(*Sanguis*, sang, *sorbere*, absorber ; qui arrête le sang).

385. — 1. S. OFFICINALIS, L., S. officinale. — Fleurs en épis noir-pourpre, ovoïde ; étamines opposées aux divisions du calice. Prés marécageux, de Quincy à Tanlay ! Calcaires. ♃. R.

XIII. Poterium, L. PIMPRENELLE.

(*Potérion*, coupe ; allusion à la forme du calice).

1 { Fruit marqué de fossettes profondes. . *P. muricatum*. (1).
{ Fruit dépourvu de fossettes profondes *P. dictyocarpum*. (2).

386. — 1. P. MURICATUM, Spach., P. marquée. *P. sanguisorba*, L. (pro parte). — Akènes tétragones à angles munis de crêtes aiguës. Pelouses sèches. Mai, juillet. Calcaires. ♃. C.

387. — 2. P. DICTYOCARPUM, Spach., P. réticulée. *P. sanguisorba*, L. (pro parte). — Akènes ovoïdes tétragones à angles obtus. Lieux herbeux, prés. Mai, juillet. Partout. ♃. C.

XIV. Rosa, L. ROSIER.

(*Rôdon*, rose).

1 { Styles soudés en colonne saillante au centre des étamines . . .
{ . . . . *Synstilées*. (1).
{ Styles libres inclus, très-rarement saillants 2

2 { Fleurs jaunes . . . . *Eglantériées*. (iii).
{ Fleurs jamais jaunes. 3

3 { Feuilles petites, coriaces, orbiculaires ou ovales obtuses,
{ semblables aux feuilles des poterium. *Pimpinellifoliées* (iv).
{ Non 4

4 { Feuilles mollement velues, blanches sur les deux faces. . . .
{ . . . . *Villosées*. (vii).
{ Feuilles glabres ou velues, à poils épars, vertes 5

5 { Feuilles glanduleuses en dessous . . . *Rubiginosées*. (vi).
{ Feuilles non glanduleuses, rarement quelques glandes sur la
{ nervure médiane. 6

6 { Rameaux sans aiguillons ou munis d'aiguillons grêles. . . .
{ . . . . *Gallicanées*. (ii).
{ Rameaux chargés d'aiguillons robustes. . . *Caninées*. (v).

Section I. — SYNSTILÉES.

1 { Divisions du calice non saillantes sur le bouton 2
{ Divisions du calice saillantes. 3

2 { Feuilles glabres, luisantes en dessus . . *R bibracteata.* (1).
  { Feuilles velues sur les nervures, d'un vert mat dessus . . .
  . . . . *R. arvensis.* (2).

3 { Sous-arbrisseau grêle et bas . . . . . *Gallicanées.* (ii).
  { Arbrisseau robuste 4

4 { Fleurs roses . . . . *R. systila.* (3).
  { Fleurs blanches. . . . . *R. leucochroa.* (4).

388. — 1. R. BIBRACTEATA, Bast., R. à deux bractées. — Fleurs blanches ou d'un blanc rosé; rameaux dressés; feuilles luisantes. Dans les haies, bords des bois. Mai, juillet. P. C.

389. — 2. R. ARVENSIS, L., R. des Champs. — Fleurs blanches; rameaux rampants; feuilles non luisantes. Les haies, les bois. Juin, juillet. C.

390. — 3. R. SYSTILA. Bast. R. à styles soudés. *R. fastigiata,* Bast.; *R. rustica,* Lem. — Fleurs roses; feuilles toujours vertes; pédoncules très-hérissés. Dans les haies. Auxerre! Flogny! Mai, juin. R.

391. — 4. R. LEUCOCHROA, Desv., R. blanc jaunâtre. *R. brevistyla,* a. D. C. — Pétales blancs à onglet jaunâtre; feuilles prenant une teinte jaune en été; pédoncules peu hérissés, quelquefois lisses. Dans les haies. Auxerre! Venoy! Appoigny! Mai, juin. P. C.

Section II. — GALLICANÉES.

392. — 5. R. ARVINA, Krock., R. des Friches. — Fleurs roses; nervure médiane des folioles couverte de glandes. Bois de la Chapelle à Venoy! Juin. Sables argileux. R. R. R.

Section III. — ÉGLANTÉRIÉES.

393. — 6. R. LUTEA Miller, R. jaune. *R. eglanteria,* L. — Fleurs jaunes à odeur fétide; aiguillons inégaux, droits; naturalisé dans les haies à Monéteau [S. Moreau]! Mai, juin.

Section IV. — PIMPINELLIFOLIÉES.

394. — 7. R. PIMPINELLIFOLIA, D. C., R. à feuilles de pimprenelle. *R. spinosissima,* L. — Pétales blancs à onglet jaunâtre; aiguillons droits; fruit globuleux. Colline des Alouettes à Sougères entre Sermizelles et Vézelay [Boreau]. Bois de Moutard près Sens, exp. sud [Guichard] Mai, juillet. Calcaires. R. R.

Section V. — CANINÉES.

395. — 8. R. CANINA, L., R. des Chiens. *R. Lutetiana.* Lem.
— Fleurs roses; tube du calice oblong. Dans les haies.
Partout. Mai, juin, C. C.
Obs. Varie à folioles glauques ou luisantes.

396. — 9. R. SPHÆRICA, Gren., R. à fruit sphérique. *R. canina
globosa*, Desv. — Fleurs roses; tube du calice arrondi.
Dans les haies, Auxerre! Joigny! etc. Calcaires. Mai,
Juin. A. R.

397. — 10. — R. MALMUNDARIENSIS, Lej., R. de Malmédy. — Fleurs d'un beau rose ; pédoncules rougeâtres en corymbe fourni. Dans les haies. Auxerre! Mai, juin. P. C.

398. — 11. R. SQUARROSA, Rau. R. rude. — Fleurs roses; folioles souvent pliées, à nervure médiane glanduleuse. Dans les haies des côteaux calcaires. Mai, juin A. C.

399. — 12. R. DUMALIS, Bechst., R. des Halliers. *R. canina*, Lem.; *R. canina glandulosa*, Rau.; *R. stipularis*, Mérat; *R. biserrata*, (plur.) — Fleurs roses; folioles à dents ouvertes aiguës. Dans les haies. Juin Partout. C.

400. — 13 R. ANDEGAVENSIS, Bast., R. d'Anjou. — Fleurs rose-clair; pédoncules hérissés; folioles à dents simples. Haies, bois. Mai, juin. A. C.

401. — 14. R. PSILOPHYLLA, Rau., R. glabre. — Fleurs roses; pédoncules hérissés; folioles doublement dentées; pétioles velus glanduleux. Dans les haies. Auxerre! Mai, juin. R.

402. — 15. R. ACHARII, Bilberg., R. d'Acharius. — Fleurs roses; pédoncules lisses ou hispides; pétioles velus non glanduleux. Dans les haies. Auxerre! Courson! Mai, juin. Calcaires. P. C.

403. — 16. R. ERYTHRANTHA, Bor., R. à fleurs rouges. *R. sylvestris*, Schultz. — Fleurs d'un rose vif; folioles glabres dessus. Dans les haies. Appoigny! Venoy! Mai, juin. Sables. R.

404. — 17. R. OBTUSIFOLIA, Desv., R. à feuilles obtuses. *R. Leucantha*, Bast. — Fleurs blanches; folioles ovales arrondies, pubescentes sur les deux faces. Dans les haies. Venoy! Mai, juin. P. C.

405. — 18. R. DUMETORUM, Thuil., R. des Buissons. — Fleurs d'un rose clair; folioles pubescentes en dessous, à dents ciliées. Dans les haies. Çà et là. Mai, juin. P. C.

406. — 19. R. URBICA, Leman., R. de ville. — Fleurs d'un rose clair; pétioles aiguillonnés pubescents. Haies, bords des bois. Mai, juin. A. C.

407. — 20. R. PLATYPHYLLA, Rau., R. à larges feuilles. — Fleurs d'un rose clair; pétioles velus un peu glanduleux, non aiguillonnés. Haies à Jonches, près Auxerre! Mai, juin. R.

408. — 21. R. CORYMBIFERA, Borkh., R. à Corymbes. *R. sylvestris*, Tabern; *R. sæpium*, Rau. — Fleurs roses; folioles aiguës aux deux extrémités. Haies, buissons. Auxerre! Saint-Bris! Toucy! Mai, juin, A. R.

Obs. Varie à tube du calice oblong.

409. — 22. R. DESEGLISEI, Bor., *R. de Déséglise.* — Fleurs d'un
rose clair; folioles ovales aiguës ou elliptiques. Dans les
haies. Mai, juin. C.

110. — 23. R. COLLINA, Jacq., non D. C., *R. des collines.* —
Fleurs grandes d'un beau rose; folioles ovales arrondies.
Dans les haies. Auxerre! Venoy! Mai, juin. R. R.

Section VI. RUBIGINOSÉES.

1	Folioles couvertes en dessous de glandes nombreuses, résineuses, odorantes	1
	Folioles parsemées en dessous, principalement sur les nervures, de glandes éparses peu odorantes.	2
2	Folioles glabres sur les deux faces, seulement glanduleuses. . . . . *R. trachyphylla.* (25).	
	Folioles velues au moins en dessous sur les nervures	3
3	Folioles glabres en dessus, un peu velues dessous. *R. Klukii* (26) Folioles velues dessus, pubescentes dessous. *R. tomentella.* (24).	
4	Pédoncules lisses.	5
	Pédoncules hérissés de soies glanduleuses.	7
5	Tube du calice globuleux. . *R. rubiginosa, var. glabra.* (30). Tube du calice oblong	6
6	Pédoncules souvent en corymbe; styles velus; arbrisseau robuste. . . . . *R. sæpium.* (27). Pédoncules souvent solitaires; styles glabres; arbrisseau faible. . . . . *R. agrestis.* (28).	
7	Pédoncules et tube du calice chargés d'aiguillons entremêlés aux soies glandul. et plus longs qu'elles. *R. echinocarpa* (31). Pédoncules hérissés de soies glanduleuses seulement. . . .	8
8	Tube du calice oblong	9
	Tube du calice arrondi ou ovoïde	11
9	Tube du calice hérissé; fleurs d'un rose clair. *R. nemorosa.* (32). Tube du calice non hérissé; fleurs roses	10
10	Feuilles à 5 folioles velues sur la nervure médiane seule; fleurs . . . . *R. Lemanii.* (33). Feuilles à 7 folioles velues en dessous; fleurs grandes, d'un beau rose . . . . *R. d'Auxerre.* (29).	
11	Arbrisseau bas à folioles petites	12
	Arbrisseau robuste à folioles assez larges	13
12	Aiguillons droits ou presque droits; folioles terminales arrondies à la base; tube du calice glabre; styles velus. . . . . *R. rotundifolia.* (35). Aiguillons crochus; folioles terminales aiguës à la base; tube du calice hispide; styles glabres . . *R. micrantha.* (34).	
13	Folioles mollement pubescentes et grisâtres en dessous. . . . . *R. terebinthinacea.* (36). Folioles jamais mollement pubescentes, grisâtres en dessous). . . . . *R. rubiginosa.* (30).	

411. — 24. R. TOMENTELLA, Leman., *R. pubescent.* — Fleurs

d'un rose pâle; pédoncules glabres ou glanduleux :
feuilles pubescentes. Dans les haies. Toucy! Auxerre!
Juin. A. R.

412. — 25. R. TRACHYPHYLLA, Rau., R. à feuilles rudes. —
Fleurs d'un rose pâle; pédoncules hispides; feuilles
glabres. Dans les haies. Auxerre! Appoigny! Charbuy!
Juin. A. R.

413. — 26. R. KLUKII, Bess., R. de Kluk, *R. stylosa glandulosa*,
Ser — Fleurs blanches ou rosées ; pédoncules glabres
ou hispides; feuilles un peu velues en dessus sur les
nervures. Haies. Auxerre! Saint-Georges ! Juin. R.

414. — 27. R. SÆPIUM, Thuil., R. des Haies. — Fleurs blanches
ou roses; pédoncules en corymbe ; feuilles aiguës des
deux bouts. Haies. Juin. C.

415. — 28. R. AGRESTIS, Savi. R, agreste. *R. myrtifolia*, Hall.
— Fleurs toujours blanches; pédoncules solitaires ; ar-
brisseau à rameaux tortueux et à feuilles très-petites.
Côteaux calcaires. Sainte-Nitace à Auxerre! Juin. R.

416. — 29. R. D'AUXERRE. — Arbrisseau élevé, à rameaux
courts divariqués, souvent lavés d'une couleur lie de
vin, épineux, à aiguillons épars, arqués, inégaux ; feuilles à 5-7 folioles pétiolées, rétrécies aux deux extrémités,
quelques-unes arrondies à la base, fermes, d'un vert
foncé, glabres dessus, velues, glanduleuses dessous, doublement dentées glanduleuses. *Pédoncules hispides glanduleux*, solitaires ou en corymbe ; sépales réfléchis après
la floraison, persistants; tube du calice oblong ; fruit
gros, ovoïde; styles velus; fleurs grandes *d'un beau
rose*. Haies à Auxerre! Mai, juin. R. R.

417. — 30. R. RUBIGINOSA, L., R. rouillé. — Fleurs petites,
roses; folioles ovales arrondies, plus ou moins velues ;
pédoncules solitaires ou en corymbe. Haies, côteaux.
Juin. C. C

Obs. Varie à pédicelle glabre.

Cette espèce variable a été divisée par les auteurs en plusieurs espèces
qu'on reconnaîtra à l'aide des caractères qui suivent:

1 { Styles glabres 2
  { Styles velus ou hérissés 3

2 { Bractées pubescentes, glanduleuses dessous; tube du calice
  {   globuleux . . . . *R. septicola*. Deseg.
  { Bractées velues glanduleuses sur les bords; tube du calice
  {   ovale . . . . *R. permixta*. Desegl.

3 { Styles hérissés; sépales persistant sur le fruit. *R. comosa*. Rip.
  { Styles velus ; sépales non persistants . *R. umbellata*. Leers.

418. — 31. R. ECHINOCARPA, Rip. R. à fruits épineux. — Fleurs petites, roses; folioles ovales obtuses; arbrisseau peu élevé. Bords du chemin qui conduit au ravin d'Egriselles. Auxerre! Juin. Calcaires R.

119. — 32. R. NEMOROSA, Lib.. R. des bois. *R. rubiginosa nemoralis*, Sering. — Fleurs roses, pâles; folioles petites, pubescentes en dessous. Haies. Bords des bois. Perrigny! Charbuy! Auxerre! ♃. Juin. A. C.

120. — 33. R. LEMANII, Bor., R. de Léman. *R. hystrix*, Lem. — Fleurs roses; folioles ovales, aiguës à la base, velues en dessous sur la nervure médiane. Haies, bords des bois. Venoy! Forêt d'Othe! Juin. A. R.

121. — 34. R. MICRANTHA, Smith. R. à petites fleurs. — Fleurs roses; foliole terminale aiguë à la base; styles glabres. Bords des chemins à Milly! Juin. Calcaires R. R.

122. — 35. R. ROTUNDIFOLIA, Rchb., R. à feuilles rondes. — Fleurs d'un rose vif; folioles arrondies; styles velus. Dans les haies. Venoy! Juin. Calcaire argileux. R. R.

123. — 36. R TEREBINTHINACEA, Bes., R. à odeur de térébenthine. — Fleurs grandes, roses; folioles ovales elliptiques. Bois du Bouchat à Saint-Bris [Boreau]! Juin. Calcaire. R. R.

Section VII. — VILLOSÉES.

1	Folioles glanduleuses en dessous. . . . . *R. cuspidata*. (37).	
	Folioles non glanduleuses	2
2	Tube du calice ovale, non contracté au sommet. . . . . *R. tomentosa*. (38).	
	Tube du calice subglobuleux, contracté au sommet . . . . *R. subglobosa*. (39).	

124. — 37. R. CUSPIDATA, M. B., R. cuspidé. — Fleurs d'abord roses, puis blanches; folioles ovales lancéolées; tube du calice ovoïde. Haies à Toucy! Juin. R.

125. — 38. R. TOMENTOSA, Smith., R. tomenteux. *R. villosa*, Duby. — Fleurs d'un rose clair; folioles ovales elliptiques; tube du calice ovale. Haies. Auxerre! Appoigny! Brion! Mai, juin. A. R.

126. — 39. R. SUBGLOBOSA, Smith., R. à fruits subglobuleux. *R. villosa sylvestris*, Desv.; *R. tomentosa*, Bess. — Fleurs roses pâlissant ensuite; folioles ovales, aiguës ou arrondies; tube du calice presque globuleux. Haies. Châtel-Censoir! Cheny! Juin. R.

XV. Cratægus, L. AUBÉPINE.

(*Kratos aïgón*, force des chèvres; allusion aux jeunes pousses
que les chèvres broutent avec avidité).

1 { Feuilles crénelées . . . . **C. pyracantha**. (3).
  { Feuilles incisées profondément 2

2 { Fruit à 2 noyaux ; calice glabre . . **C. oxyacanthoïdes**. (1).
  { Fruit à 1 noyau ; calice pubescent. . . **C. monogyna**. (2).

427. — 1. C. OXYACANTHOIDES, Thuill., A. commune. *C. oxyacantha*, Jacq. non L. — Fleurs blanches ou roses ; pédoncules glabres. Dans les haies, les bois. Mai. Partout.
C. C.

> Vulg. *aubépine, épine blanche*. La plupart des haies sont plantées avec
> cette espèce et la suivante ; leur fruit porte le nom de cinelle.

428. — 2. C. MONOGYNA, Jacq. *Cratægus oxyacantha*, L. —
Fleurs blanches ; pédoncules velus. Dans les haies, les
bois. Mai. Partout. C. C.

429. — 3. C. PYRACANTHA, Pers. *Mespilus pyracantha*, L. —
Fleurs blanches ; styles 5. Haies à Auxerre ! vernées à
Michery [S. Moreau]! Mai, juin. Calcaires. Arbris-
seau. R.

> Vulg. *buisson ardent*.

XVI. Amelanchier, Medik., AMÉLANCHIER.

(*Mélea*, pommier, *ankein*, étrangler ; allusion à l'àpreté du fruit).

430. — 1. A. VULGARIS, Mœnch., A. vulgaire. *Aronia rotundifolia*, Pers.; *Mespilus amelanchier*, L. — Fleurs blanches ;
pétales écartés, étroits. Rochers, côteaux peu boisés.
Coulanges-la-Vineuse ! Mailly-Château ! Saint-Moré !
Avallon [Boreau]! Cry! Avril, mai. Calcaires. Sous arbrisseau. R.

XVII. Mespilus, L. NÉFLIER.

(*Mesos pilos*, demi balle ; allusion à la forme du fruit).

431. — 1. M. GERMANICA, L., M. d'Allemagne. — Fleurs blanches. Haies, bois. Forêt d'Othe [Pajot]! fl. Mai; fr. automne. A. R.

> Vulg. *néflier* ; arbre très-souvent cultivé pour ses fruits astringents appe-
> lés nèfles.

XVIII. Cydonia, T. COGNASSIER.

(de *Kudón*, ville de Crète d'où il est originaire).

432. — 1. C. VULGARIS, Pers., C. commun. *Pyrus Cydonia*, L.

— Fleurs blanches rosées. Naturalisé dans les haies ;
fl. Avril, mai ; fr. octobre.

Vulg. *cognassier* ; cultivé fréquemment dans les vergers pour ses fruits astringents ; médicinale.

XIX. Pyrus, L. POIRIER.

(*Pur*, flamme ; allusion à la forme du fruit).

133. — 1. P. PYRASTER, L. P. commun. *P. communis pyraster*,
L. — Fleurs blanches. Dans les bois, les haies ; fl. avril,
mai ; fr. octobre. Partout. C. C.

Vulg. *poirier sauvage*. Dans les bois du Tonnerrois, cet arbre pousse une haute tige et fournit un bois très-estimé. Varie dans la forme des feuilles, la grosseur et la saveur des fruits.

XX. Malus, T. POMMIER.

(de *mèlon*, nom grec de la pomme).

434. — 1. M. COMMUNIS, Poir., P. commun. *Pyrus malus*, L. —
Pétales blancs dessus, rosés dessous. Dans les bois, les
haies ; fl. avril, mai ; fr. septembre, octobre. Partout.
C. C.

Vul. *pommier sauvage.*

XXI. Sorbus, L. SORBIER.

(du celtique *sor*, âpre, *mel*, pomme).

1 { Feuilles pinnatiséquées 2
{ Feuilles lobées ou dentées 3

2 } Fruit verdâtre pyriforme. . . . . *S. domestica.* (1)
} Fruit d'un rouge vif, arrondi. . . . . . *S. aucuparia.* (2).

3 { Feuilles blanches tomenteuses en dessous. . . *S. aria.* (4).
{ Feuilles vertes non tomenteuses. . . . *S. torminalis.* (3).

435. — 1. S. DOMESTICA, L., S. domestique. *Pyrus sorbus,*
Gœrtn. — Fleurs blanches ; styles 5. Dans les champs,
les bois ; fl. mai ; fr. octobre. Partout. C.

Vulg. *sorbier, corbier, cormier* ; cultivé pour ses fruits.

436. — 2. S. AUCUPARIA, L., S. des Oiseleurs. — Fleurs blanches ; styles 2-4 ; calice à 5 dents dressées, puis recourbées en dedans. Bois montueux. Quarré, Saint-Léger,
[Boreau]. Mai, juin. Granite. R.

Vulg. *sorbier des oiseaux* ; fréquemment cultivé dans les parcs.
Obs. Le *sorbier hybride*, S. hybrida L., se rencontre çà et là dans les bois de Guilbaudon. On le reconnaîtra à ses feuilles velues, doublement dentées au sommet, pennifides ou penniséquées à la base.

437. — 3. S. TORMINALIS, Crantz., S. Alisier. *Pyrus torminalis,*
Ehrh.; *Cratægus torminalis*, L. — Fleurs blanches ;
styles glabres ; feuilles glabres sur les deux faces. Bois ;
fl. mai ; fr. septembre, octobre. Calcaires et sables.
Peu C.

Vulg. *alisier.*

438. — 4. S. ARIA, Crantz, S. Allouchier. *Pyrus aria*, Ehrh.;
Cratægus aria, L. — Fleurs blanches; styles velus à la
base; feuilles blanches, tomenteuses en dessous. Bois,
côteaux; fl. mai; fr. septembre, octobre. Calcaires.

> Vulg. *allouchier*; arbre peu élevé et très-abondant dans tous les bois du
> calcaire compacte.

FAM. XXIX. — ONAGRAIRES. (ONAGRARIEÆ, JUSS.).

1 { Etamines 2. . . . . *Circœa*. (iv).
   { Etamines 4, 8 2

2 { Etamines 4 3
   { Etamines 8 4

3 { Feuilles triangulaires dentées . . . . *Trapa*. (v).
   { Feuilles ovales entières . . . . *Isnardia*.(iii).

4 { Fleurs roses ou purpurines . . . . . . *Epilobium*. (i).
   { Fleurs jaunes. . . . . *Œnothera*. (ii).

1. Epilobium, L. EPILOBE.

(Epi, sur, *lobos,* silique; allusion à l'insertion de la corolle
au sommet de l'ovaire).

1 { Etamines et style arqués. . . . . *E. angustifolium*. (1).
   { Etamines et style droits. 2

2 { Tige cylindrique 4
   { Tige présentant 2 à 4 lignes saillantes. 3

3 { Feuilles longuement pétiolées. . . . . . *E. roseum*. (7).
   { Feuilles sessiles ou presque sessiles . . *E. tetragonum*. (8).

4 { Fleurs grandes; boutons mucronés; feuilles décurrentes . .
    . . . . *E. hirsutum*. (2).
   { Boutons non mucronés; feuilles non décurrentes 5

5 { Feuilles entières; stigmates en massue . . *E. palustre*. (6).
   { Feuilles dentées; stigmates étalés en croix. 6

6 { Feuilles pubescentes grisâtres. . . . *E. parviflorum*. (3).
   { Feuilles glabres ou à peu près 7

7 { Feuilles arrondies à la base . . . . . *E. montanum*. (4).
   { Feuilles atténuées à la base. . . . . *E. lanceolatum*. (5).

439. — 1. E. ANGUSTIFOLIUM, L., E. à feuilles étroites. *Ep. spicatum,* Lam. — Fleurs purpurines, irrégulières, en
grappe. Lieux frais des bois, les prés. Rive gauche du
Cousin au-dessus d'Avallon! Ancy-le-Franc! Forêt d'Othe
à Bussy [Leseur]! Juin, septembre. Calcaires et granit.
♃. R. R.

> Vulg. *Laurier de Saint-Antoine*; cultivé, ornement.

440. — 2. E. HIRSUTUM, L., E. hérissé. — Fleurs purpurines;
feuilles amplexicaules; tige munie de stolons. Bords des
eaux. Juillet, septembre. Partout. ♃. C. C.

441. — 3. E. PARVIFLORUM, Schreb., E. à petites fleurs. — Fleurs petites d'un violet pâle; feuilles sessiles. Bois humides, bords des ruisseaux. Juin, août. ⚥. C.

442. — 4. E. MONTANUM, L., E. des Montagnes. — Fleurs roses; feuilles arrondies à la base, pétiolées. Lieux frais des bois montueux. Juin, septembre. Calcaires argileux. ⚥. peu C.

443. — 5. E. LANCEOLATUM, Seb. et Maur., E. lancéolé.— Fleurs pâles d'abord, puis roses; feuilles en coin à la base, pétiolées. Dans l'Avallonnais. Juin, septembre. ⚥. A. C.

444. — 6. E. PALUSTRE, L., E. des Marais. — Fleurs roses penchées avant la floraison; tige couchée à la base; stigmates en massue. Lieux tourbeux et marécageux. Saint-Sauveur, Châtel-Censoir, Avallon [Boreau]. Pontaubert ! Quarré ! Saint-Léger ! Laroche ! Les Courlis à Branches [Prot]! Juin, septembre. Granite et Sables. ⚥. R.

445. — 7. E. ROSEUM, Schreb. — Fleurs roses, pâles; feuilles pétiolées. Lieux fangeux, fossés autour des habitations à Guerchy ! Juillet, septembre. Calcaires. ⚥. R. R.

446 — 8. E. TETRAGONUM. L., E. à 4 angles. *E. ramosissimum*, Mœnch. — Fleurs roses dressées avant l'anthèse; feuilles décurrentes. Lieux humides. Auxerre! Juin, septembre. ⚥. A.R.

II. **Œnothera**, L. ONAGRE.

(*Onos*, âne, *théra*, proie).

447. — 1. Œ. BIENNIS, L. — Pétales en cœur, jaunes, dépassant les étamines. Lieux secs, herbeux. Bords de l'Yonne, à la Maladière ! Talus du chemin de fer, Auxerre ! Monéteau, Arcy [S. Moreau]! Juin, septembre. ②. R.

Vulg. *onagre*; cette plante n'a pas de station fixe; cultivée, ornement.

III. **Isnardia**, L. ISNARDIE.

(Dédié à d'Isnard, professeur de botanique).

448. — I. PALUSTRIS, L., I. des Marais. Corolle nulle ; calice vert à 4 divisions; Feuilles opposées. — Fossés marécageux de l'ancien étang de la Biche à Appoigny [Mérat]! Juillet, août. ⚥. R.

IV. **Circæa**, L. CIRCÉE.

(nom tiré de celui de la magicienne Circé).

{ Pédicelles dépourvus de bractées. . . . . *C. Lutetiana*. (1).
{ Pédicelles munis de petites bractées. . *C. intermedia*. (2).

449. — 1. C. LUTETIANA, L., C. parisienne. — Fleurs blanches

ou roses; pétales arrondis à la base ; feuilles ovales. Lieux couverts humides ou marécageux. Vernées à Toucy ! Seignelay ! îles de Beaumont! l'Avallonnais! Calcaires, sables, granite. ♃. A. R.

> Bois de Saint-Valérien (Guichard).
> Bois des Bries (Mérat).
> Vulg. *herbe aux sorcières.*

450. — 2. C. INTERMEDIA, Ehrh., C. intermédiaire. — Fleurs blanches ou roses ; pétales en coin; feuilles souvent échancrées à la base. Bois humides et couverts. Chastellux [Boreau]! rive gauche de la Cure, près le château de Railly ! Juillet, septembre. Granite. ♃. R.

V. **Trapa**, L. MACRE.

(de *calcitrapa* ; le fruit est armé comme l'anthode de la chausse-trappe).

451. — 1. T. NATANS, L. — Fleurs blanches ; feuilles flottantes entières, feuilles submergées en lanières capillaires. Bords des étangs de la Puisaye, de l'Avallonnais. Juin, août. Sables et granite. ①. A. R.

> Vulg. *châtaigne d'eau, cornuelle* : étangs d'Entrains, de Saint-Sauveur (Mérat).
> Graine farineuse, comestible.

FAM. XXX. — **HALORAGÉES**, (HALORAGEÆ, R. Br.).

(Du genre exotique *Haloragis*).

1	Feuilles toutes pinnatiséquées à segments capillaires. . . . . *Myriophyllum*. (I).	
	Feuilles entières	2
2	Feuilles verticillées . . . . *Hippuris*. (ii).	
	Feuilles de la tige jamais verticillées, les supérieures souvent rapprochées en rosette flottante. . . . *Callitriche*. (iii).	

I. **Myriophyllum**, Vaill., MYRIOPHYLLE.

(*Murios*, très nombreux, *phullon*, feuille).

1	Fleurs en verticille dépourvu de feuilles . *M. spicatum*. (1).	
	Fleurs en verticille muni de feuilles. . *M. verticillatum*. (2).	

452. — 1. M. SPICATUM, L., M. en épis. — Fleurs verdâtres ; bractées supérieures plus courtes que les fleurs. Eaux tranquilles, étangs, canaux. Mai, août. Partout. ♃. P. C.

453. — 2. M. VERTICILLATUM, L., M. verticillé. — Fleurs verdâtres ; feuilles florales plus longues que les fleurs. Eaux tranquilles, profondes. Juin, septembre. Partout. ♃. P. C.

II. **Hippuris**, L. PESSE.

(*Ippos*, cheval, *oura*, queue; allusion à la forme de la plante).

454. — 1. H. VULGARIS, L., P. vulgaire. — Corolle nulle ; fruit

vert ; tige droite, fistuleuse. Lieux tourbeux et marécageux. Laroche ! Saint-Florentin ! etc. Juin, août. ⚥. peu C.

III **Callitriche**, L., CALLITRIQUE.

(*Callos*, beauté, *thrix*, chevelure ; allusion aux rosettes flottantes).

1 { Feuilles supérieures élargies, disposées en rosette flottante. . 2
  { Feuilles linéaires, étroites, submergées . . . . , . . 5

2 { Fruits inférieurs pédicellés. . . . . . *C. pedunculata.* (3).
  { Fruits sessiles 3

3 { Feuilles de la tige linéaires. 4
  { Feuilles de la tige ovales. . . . . *C. stagnalis.* (1).

4 { Styles dressés . . . . *C. vernalis.* (2).
  { Styles divergents . . . . *C. hamulata.* (4).

5 { Fruits sessiles . . . . *C. hamulata.* (4).
  { Fruits pédicellés. . . . . *C. truncata.* (5).

455. — 1. C. STAGNALIS, Scop., C. des Étangs. — Toutes les
    feuilles obovales, bractées conniventes ; fruits anguleux,
    ailés. Eaux tranquilles. Avril, septembre. ⚥. C.

456. — 2. C. VERNALIS, Kutzing., C. printanière. — Fruits à
    angles obtus ; bractées non conniventes. Eaux tranquil-
    les. Avril, septembre. ⚥. A. C.

457. — 3. C. PEDUNCULATA, D. C., C. pédonculée. — Fruits in-
    férieurs pédonculés, les supérieurs presque sessiles.
    Eaux paisibles, fossés. Auxerre ! Avril, septembre. ⚥. R.

458. — 4. C. HAMULATA, Kutz., C. en Hameçon. *C. autumnalis*,
    (auct.). — Bractées courbées à pointe en hameçon ; feuil-
    les atténuées à la base. Eaux profondes et paisibles. Avril,
    septembre. ⚥. C.

459. — 5. C. TRUNCATA, Gusson, C. tronquée. — Bractées cadu-
    ques ; feuilles d'un vert clair, transparentes, non atté-
    nuées, uninerviées. Eaux peu courantes. Canal du parc
    de Tanlay ! Septembre. ⚥. R..

FAM. XXXI. — **CÉRATOPHYLLÉES**, (CERATOPHYLLEÆ,
Gray).

I. **Ceratophyllum**, L. CÉRATOPHYLLE.

(*Kéras*, corne, *phullon*, feuille ; allusion à la consistance et à la forme
des feuilles).

460. — 1. C. DEMERSUM, L. — Plante d'un vert sombre ; feuilles
    verticillées à segments linéaires, fortement dentées.
    Canaux, étangs, rivières. Juillet, septembre. Partout.
    ⚥. C. C.
        Ne fleurit pas dans les eaux où elle est submergée.

FꜰM. XXXII. — **LYTHRARIÉES**. (Lʏᴛʜʀᴀʀɪᴇᴀ, Juss.).

1 { Pétales dépassant longuement le calice . . . *Lythrum*. (1).
{ Pétales très-petits, souvent nuls . . . . *Peplis*. (2).

I. **Lythrum**, L. Sᴀʟɪᴄᴀɪʀᴇ.

(*Lithron*, sang des blessures ; allusion à la couleur des fleurs).

1 { Fleurs verticillées ; calice pubescent . . . *L. salicaria*. (1).
{ Fleurs solitaires ; calice glabre. . . . *L. hyssopifolia*. (2).

461. — 1. L. SALICARIA, L., S. commune. — Fleurs purpurines ;
feuilles sessiles en cœur à la base ; plante de 6 à 10
décimètres. Bords des eaux, lieux humides. Juillet, septembre. Partout. ♃. C. C.

462. — 2. L HYSSOPIFOLIA, L., S. à feuilles d'Hyssope. — Fleurs
purpurines ; feuilles sessiles atténuées à la base ; plante
de 1 à 3 décimètres. Bords des eaux, champs argileux
humides, çà et là. Juin, septembre. Partout. ☉. peu C.

II. **Peplis**, L. Pᴇᴘʟɪᴅᴇ.

(*Péplion*, pourpier).

463. — 1. P. PORTULA, L., P. Pourpier. — Fleurs roses ;
feuilles opposées atténuées à la base ; plante de 5 à 20
centimètres, couchée, radicante, souvent rougeâtre.
Lieux humides, fossés, bois. Juin, septembre. ☉. C.

Fᴀᴍ. XXXIII. — **CUCURBITACÉES**. (Cᴜᴄᴜʀʙɪᴛᴀᴄᴇᴀ, Juss.).

1 { Fruit bacciforme ; fleurs d'un blanc jaunâtre . *Bryonia*. (1).
{ Fruit très-gros ; fleurs jaunes 2

2 { Graines entourées d'un rebord épais ; corolle à divisions n'atteignant pas son milieu. . . . . *Cucurbita*. (ii).
{ Graines entourées d'un rebord mince ; corolle à divisions profondes . . . . *Cucumis*. (iii).

I. **Bryonia**, L. Bʀʏᴏɴᴇ.

(de *bruein*, pousser ; allusion à sa végétation rapide).

464. — 1. B. DIOICA, Jacq., B. dioïque. — Fleurs blanchâtres ;
tige grimpante ; fruit rouge ; racine charnue très-grosse ;
plante dioïque. Dans les haies. Juin, juillet. Partout.
♃. C. C.

Vulg. *rave de serpent ;* médicinale, vénéneuse, purgative.

II. **Cucurbita**, L. Cᴏᴜʀɢᴇ.

(dérivé du celte *cucc*, vase).

465. — 1. C. MAXIMA, Duchêne., C. Potiron. — Fleurs jaunes.
Dans les champs. Août. ☉.

Vulg. *citrouille, gourde*, plante potagère cultivée en grand à Appoigny.

III. **Cucumis**, L. CONCOMBRE.

(Nom donné par les Latins à tous les vases faits de fruits vidés).

1 { Fruit ovoïde; angles des feuilles obtus. . . . *C. melo.* (2).
{ Fruit cylindrique; angles des feuilles aigus. *C. sativus.* (1).

466. — 1. C. SATIVUS, L. C. cultivé. — Fleurs jaunes; fruit oblong, lisse. Juin, août. ①.

> Les fruits jeunes vulg. *cornichons*, et les fruits mûrs, *concombres*, sont cultivés en grand à Appoigny.

467. — 2. C. MELO, L. C. Melon. — Fleurs jaunes; fruit ovale ou arrondi, marqués de côtes. Dans les champs. Juillet, septembre. ①.

> Vulg. *melon*, cultivé en grand à Appoigny.
> Les espèces des deux genres précédents étaient déjà cultivés en grand à Appoigny du temps de Mérat.

FAM. XXXIV. — **PORTULACÉES**. (PORTULACEÆ, JUSS.).

1 { Fleurs blanches . . . . *Montia.* (ii).
{ Fleurs jaunes. . . . . *Portulaca.* (i).

I. **Portulaca**, L. POURPIER.

(*Portulaca*, petite porte; allusion à la déhiscence de la capsule.

468. — 1. P. OLERACEA, L., P. cultivé. — Fleurs jaunes; tige rameuse étalée. Lieux cultivés. Juin, octobre. Partout. ①. C.

> Vulg. *pourpier, pousselaine.*

II. **Montia**, L. MONTIE.

(Dédié au botaniste Monti).

469. — 1. M. MINOR, Gmel., M. naine. *Montia fontana*, L. — Fleurs blanches; tige dressée. Dans les champs, les moissons. Avril, septembre. Sables. ①. C.

FAM. XXXV. — **PARONYCHIÉES**. (PARONYCHIEÆ, Saint-Hil.).

(du genre *paronychia*, *parônukia*, panaris; allusion à ses propriétés).

1 { 3 stigmates. . . . . *Corrigiola.* (iv).
{ 2 stigmates 2

2 { Calice à sépales soudées dans la moitié de leur longueur; stipules soudées. . . . . *Scleranthus.* (i).
{ Calice à sépales à peu près libres; stipules libres. 3

3 { Calice blanc à divisions aristées. . . . . *Illecebrum.* (ii).
{ Calice vert non aristé . . . . *Herniaria.* (iii).

I. Scleranthus, L. GNAVELLE.

(*Scléros* dur, *anthos* fleur ; allusion au calice endurci).

1 { Divisions du calice aiguës, à peine scarieuses aux bords. . . . . ***S. annuus.*** (1).
Divisions du calice obtuses, très-largement scarieuses, blanches . . . . ***S. perennis.*** (2).

470. — 1. S. ANNUUS, L , G. annuelle. — Fleurs verdâtres en fascicules terminaux et axillaires. Dans les champs, les prairies artificielles. Mai, octobre. Partout. ① ou ②. C.

471. — 2. S. PERENNIS, L., G. vivace. — Fleurs blanches en fascicules terminaux. Lieux secs, arides. Appoigny! Perrigny! Seignelay! etc. Mai, octobre. Sables. ♃. A. C.

II. Illecebrum, L ILLÉCÈBRE.

(*Illecebra*, attrait ; allusion à l'élégance de la plante).

472. — 1. I. VERTICILLATUM, L , I. verticillé. — Fleurs blanches paraissant verticillées; tiges nombreuses. Lieux humides, moissons, bois. Appoigny! Perrigny! Rebourceaux! Avallon! Juillet, septembre. Sables et granite. ①. R.

III. Herniaria, L. HERNIAIRE.

1 { Plante glabre. . . . . ***H. glabra.*** (1).
Plante velue. . . . . ***H. hirsuta.*** (2).

473. — 1. H. GLABRA, L. H. glabre. — Fleurs vertes; calice à divisions obtuses. Dans les champs. Auxerre! Saint-Georges. Mai, septembre ♃. Peu C.

474. — 2. H. HIRSUTA, L., H. velue. — Fleurs vertes ; calice à divisions terminées par une soie. Moissons. Mai, septembre. Sables. ♃. C.

IV. Corrigiola, L. CORRIGIOLE.

(*Corrigia*, courroie ; allusion à la forme des feuilles).

475. — 1. C. LITTORALIS, L., C. des Rivages. — Fleurs petites, blanches ou roses en glomérule ; plante diffuse glauque. Lieux humides. Charbuy! Avallon! Quarré! etc. Juin, octobre. Sables et granite. ①. R.
R. dans les sables ; C. dans le g anite.

FAM. XXXVI. — CRASSULACÉES. (CRASSULACEÆ, D. C.).

(du genre crassula, de *crassus*, gras ; allusion à la consistance des feuilles).

1 { 3 étamines : 3 pétales . . . . ***Tillœa.*** (i).
Plus de 3 étamines. 2

$$2 \begin{cases} \text{4 à 5 pétales.} & \dots \dots \dots \dots \dots \dots \textbf{\textit{Sedum}}. \text{ (ii).} \\ \text{Plus de 5 pétales} & \dots \dots \dots \dots \textit{Sempervivum}. \text{ (iii).} \end{cases}$$

I. Tillæa, L. TILLÉE.

(Dédié au botaniste Tilli).

476. — 1. T. MUSCOSA, L., T. moussue. — Petite plante étalée, rougeâtre; fleurs d'un blanc jaunâtre. Lieux herbeux humides des chemins. Appoigny! Branches! Mai, juillet. Sables. ①. R. R.

II. Sedum, L. SEDUM.

(*Sedere*, s'asseoir ; allusion au port de plusieurs espèces).

$$1 \begin{cases} \text{Fleurs jaunes} & \dots \dots \dots \dots \dots \dots \dots & 7 \\ \text{Fleurs jamais jaunes.} & \dots \dots \dots \dots \dots & 2 \end{cases}$$

$$2 \begin{cases} \text{Feuilles planes.} & \dots \dots \dots \dots \dots \dots & 3 \\ \text{Feuilles ovoïdes ou cylindriques.} & \dots \dots & 5 \end{cases}$$

$$3 \begin{cases} \text{Feuilles entières.} & \dots \dots \dots \dots & \textbf{\textit{S. cepaea}} \text{ (3).} \\ \text{Feuilles dentées.} & \dots \dots \dots \dots \dots & 4 \end{cases}$$

$$4 \begin{cases} \text{Feuilles pétiolées, au moins les inférieures.} & \textit{S. purpurascens.} \text{ (2).} \\ \text{Feuilles sessiles.} & \dots \dots \dots & \textit{S. telephium.} \text{ (1).} \end{cases}$$

$$5 \begin{cases} \text{Plante glabre.} & \dots \dots \dots \dots & \textit{S. album.} \text{ (4).} \\ \text{Plante pubescente, glanduleuse au sommet} & \dots \dots & 6 \end{cases}$$

$$6 \begin{cases} \text{Fleurs sessiles} & \dots \dots \dots \dots & \textbf{\textit{S. rubens.}} \text{ (5).} \\ \text{Fleurs pédicellées.} & \dots \dots \dots & \textbf{\textit{S. villosum.}} \text{ (6).} \end{cases}$$

$$7 \begin{cases} \text{Feuilles ovoïdes, dépourvues de prolongement au-dessous de} \\ \quad \text{leur insertion.} \dots \dots \dots \dots \textbf{\textit{S. acre.}} \text{(7).} \\ \text{Feuilles cylindriques, présentant un prolongement au-dessous} \\ \quad \text{de leur insertion.} \dots \dots \dots \dots \dots 8 \end{cases}$$

$$8 \begin{cases} \text{Feuilles obtuses.} & \dots \dots \dots & \textbf{\textit{S. sexangulare.}} \text{ (8).} \\ \text{Feuilles terminées en pointe} & \dots \dots \dots & 9 \end{cases}$$

$$9 \begin{cases} \text{Tige fistuleuse} & \dots \dots \dots \dots & \textbf{\textit{S. elegans.}} \text{ (9).} \\ \text{Tige solide} & \dots \dots \dots \dots \dots & 10 \end{cases}$$

$$10 \begin{cases} \text{Carpelles atténués en becs plus courts que les étamines.} \\ \quad \dots \dots \dots \dots \dots \dots \textbf{\textit{S. albescens.}} \text{ (10).} \\ \text{Carpelles atténués en becs de la longueur des étamines} \dots 11 \end{cases}$$

$$11 \begin{cases} \text{Feuilles menues, sans ordre sur les rejets.} & \textbf{\textit{S. reflexum.}} \text{ (11).} \\ \text{Feuilles grosses sur cinq rangs irréguliers..} & \textbf{\textit{S. rupestre.}} \text{ (12).} \end{cases}$$

477. — 1. SEDUM TELEPHIUM, L., S. reprise. — Fleurs blanches ou roses; pétales recourbés ; feuilles arrondies à la base. Lieux humides des bois peu couverts, à Perrigny! bords des chemins. Pimelles! etc. Août, septembre. Calcaires argileux. ♃. peu C.

478. — 2 S. PURPURASCENS, Koch., S. purpurin. *S. fabaria* (auct). Fleurs purpurines ; pétales étalés non recourbés ; Feuilles atténuées en pétiole. Bords de la Cure à Chastellux [Boreau]! Avallon! Juillet, août. Granite. ♃. R.

479. — 3. S. CEPÆA, S. faux Oignon. — Pétales blancs, rosés,

longuement acuminés; feuilles planes. Bords des chemins des bois. Venoy! Charbuy! Saint-Fargeau! etc. Juillet, septembre. Sables et calcaires. ④. A. C.

480. — 4. S. ALBUM, L., S. blanc. — Pétales blancs obtus; feuilles cylindriques. Lieux secs, sur les murs, les toits, les mergers. Juin, juillet. Partout. ♃. C.
Vulg. *trique-madame.*

481. — 5. S. RUBENS, L., S. rougeâtre. *Crassula rubens,* L.. — Fleurs blanches rosées; 5 étamines. Lieux humides, dans les vignes, sur les murs. Auxerre! Saint-Georges! Seignelay! etc. Mai, juillet. Partout. ①. peu C.

482. — 6. S. VILLOSUM, L., S. velu. — Fleurs blanches, roses; 10 étamines. Dans les marais, les tourbières. Quarré-les-Tombes, Saint Germain des-Champs [Boreau]! Juillet, septembre. Granite. ②. ou ♃. R. R.

483. — 7. S. ACRE, L., S. acre. — Fleurs jaunes; pétales deux fois plus longs que le calice; carpelles bossus à la base. Lieux secs, sur les murs, les toits, bords des chemins, des champs. Juin, juillet. Partout. ♃. C. C.
Vulg. *vermiculaire.*

484. — 8. S. SEXANGULARE, L., S. à 6 angles. *S. Boloniense,* Lois. — Fleurs jaunes; pétales une fois plus longs que le calice; carpelles non bossus. Lieux secs, bords des chemins. Voutenay, Arcy, Tonnerre, Merry, Mailly-Château [Boreau], Mailly-la-Ville! Avallon! Andryes! Juin, juillet. Calcaires et granite. ♃. A. R.
Guichard cite cette espèce comme fréquente dans les vignes, autour de Sens.

485. — 9. S. ELEGANS Lej., S. élégant. *S. rupestre,* Sm.—Fleurs jaunes; feuilles de la tige comprimées, presque planes, ponctuées, celles des rejets étroitement imbriquées au sommet. Lieux secs, dans les haies, les taillis, les bois clairs. Saint-Georges! Appoigny! Monéteau! Juin, juillet. Sables.. ♃. R.

486. — 10. S. ALBESCENS, Haw. D. C., S. blanchâtre. *S. rupestre,* Desv.; *Aizon minus,* Dalech. — Fleurs jaunes; rameaux des corymbes étalés ascendants, peu ou point recourbés. Clairières des bois montueux. Courson! Coulanges-sur-Yonne! etc. Juillet, août. Calcaires. ♃. A. C.

487. — 11. S. REFLEXUM, L., S. réfléchi. — Fleurs jaunes; feuilles de la tige cylindriques, celles des rejets éparses. Lieux secs, rochers, murs, bords des chemins et des champs. Juillet, août. Partout. ♃. C.

488. — 12. S. RUPESTRE, L. S. des Rochers. — Fleurs jaunes;
feuilles des rejets en faisceaux oblongs. Côteaux, lieux
pierreux, murs. Juillet, août. Calcaires. ♃. C.

III. Sempervivum, L. Joubarbe.

(*Semper*, toujours, *vivum*, vivant; la plante se perpétue
par ses rejets).

489. — 1. S. TECTORUM, L., J. des Toits. — Fleurs roses; plante
de 3-6 décimètres, rameuse au sommet, munie à la base
de rosettes stériles. Vieux murs, toits, rochers à Avallon !
Juillet, septembre. Partout. ♃. peu C.

> Vulg. *joubarbe, artichaut sauvage, Petit-Louis.* Les feuilles sont
> employées contre la brûlure.

Fam. XXXVII. — GROSSULARIÉES. (Grossularieæ, D. C.)

I. Ribes, L. Groseiller.

(Le fruit est acide comme la rhubarbe, appelée par les Arabes *ribes*).

```
1 ┤ Tiges épineuses; fleurs axillaires.  .  .  .  .  R. uva crispa. (1).
  │ Tiges non épineuses; fleurs en grappe .  .  .  .  .  .  .  .  (2).

  ┌ Fruit noir; feuilles très-odorantes; calice pubescent  .  .  .
2 ┤  .  .  .  .  .  .  .  .  .  .  .  .  .  .  R. nigrum. (2).
  │ Fruit rouge ou blanc; feuilles peu odorantes; calice glabre.  .
  └  .  .  .  .  .  .  .  .  .  .  .  .  .  R. rubrum. (3).
```

490. — 1. R. UVA CRISPA, L., G. épineux. — Fleurs verdâtres
ou rougeâtres, solitaires ou géminées. Dans les haies, les
buissons. Mars, mai. Partout. Arbrisseau. C.

> On cultive partout le *ribes grossularia,* L., sous le nom de groseiller à
> maquereau.

491. — 2. R. NIGRUM, L., G. noir. — Fleurs verdâtres ; calice
tomenteux. Dans les vignes. Avril, mai.

> Vulg. *cassis ·* cultivé çà et là. Guichard cite cette espèce dans les haies,
> autour de Saint-Paul.

492. — 3. R. RUBRUM, L., G. rouge. — Fleurs d'un jaune ver-
dâtre ; calice glabre. Bords des ruisseaux, des prés.
Venoy! Gurgy! Iles de Beaumont! Sens ! de Courtois à
Nailly [Prot]! Avril, mai. R.

> Vulg. *groseiller à grappes.* Les variétés à fruits rouges et blancs sont
> fréquemment cultivées dans les vignes. Spontanée dans les aulnes vers, le
> moulin de Nailly [Guichard]!

Fam. XXXVIII. — SAXIFRAGÉES. (Saxifrageæ, Juss. .

```
1 ┤ Une corolle .  .  .  .  .  .  .  .  .  .  .  .  .  Saxifraga. (1).
  │ Corolle nulle.  .  .  .  .  .  .  .  .  Chrysosplenium. (ii)
```

I. Saxifraga, L. SAXIFRAGE.

(*Saxum*, pierre, *frangere*, briser ; allusion à l'habitation de la
plupart des espèces).

Feuilles découpées en 2 ou 3 lobes ; racine fibreuse. . . .
. . . . *S. tridactylites*. (1).
1 Feuilles crénelées ; racine munie de tubercules . . . . .
. . . . *S. granulata*. (2).

493. — 1. S. TRIDACTYLITES, L., S. trilobée. — Fleurs blanches
en cyme irrégulièrement dichotome. Pédicelles fructifères
5-6 fois plus longs que le calice. Lieux secs ou humides, toits, murs, champs. Mars, mai. Partout. ⊕. C. C.

494. — 2. S. GRANULATA, L., S. granulée. — Fleurs blanches en
corymbe ; pédicelles de la longueur du calice. Lieux incultes, bords des bois. Mai, juin. Sables et granite. ⚥ C.

> Obs. Dans les haies, à Jonches, près Auxerre, on trouve *saxifraga
> hypnoïdes*, L. ; on reconnaîtra cette plante aux caractères suivants : Pétales
> blancs marqués sur le dos de trois nervures verdâtres ; étamines de la lon-
> gueur du calice et des styles ; feuilles à 3-5 divisions ; plante vivace ga-
> zonnante. Mai, juin.

II. Chrysosplenium, L. DORINE.

(*Chrusos*, or, *splén*, rate ; allusion à la couleur et à la forme
des feuilles florales).

Feuilles opposées . . . . *C. oppositifolium*. (1).
1 Feuilles alternes. . . . . *C. alternifolium*. (2).

495. — 1. C. OPPOSITIFOLIUM, L , D. à feuilles opposées. —
Fleurs jaunes ; tige quadrangulaire. Lieux humides om-
bragés, fontaines. Rives du Cousin à Avallon ! Avril, mai.
Granite. ⚥. C. dans le granite, nulle ailleurs.
Environs de Crisenon (Mérat).

496. — 2. C. ALTERNIFOLIUM, L., D. à feuilles alternes. — Fleurs
jaunes ; tige triangulaire. Lieux humides ombragés.
Forêt d'Othe [Larrivé] ! Avril. R. R.

FAM. XXXIX. — OMBELLIFÈRES. (ULBELLIFERÆ, Juss.).

Plante épineuse ; fleurs disposées en capitule arrondi. . .
. . . . *Eryngium*. (iii).
1 Plante non épineuse ; fleurs jamais en capitule. 2

2 Feuilles pinnatiséquées, ou plusieurs fois ailées. 5
Feuilles simples ou palmatipartites. 3

3 Feuilles entières ou dentées 4
Feuilles palmatipartites . . . . *Sanicula*. (ii).

4 Feuilles crénelées, arrondies, peltées . . . *Hydrocotyle*. (i).
Feuilles entières, jamais peltées. . . . . *Buplevrum*. (xiv).

5 Plante dioïque. . . . . *Trinia*. (vi).
Plante à fleurs hermaphrodites ou polygames 6

6 { Fruit hérissé d'épines ou de soies épineuses   33
  { Fruit glabre ou velu, jamais épineux.   7

7 { Fruit terminé par un bec très-allongé. . *Scandix*. (xxxiii).
  { Fruit terminé par un bec court ou nul.   8

8 { Fruit mûr fortement comprimé et entouré d'un rebord . . .   9
  { Fruit peu comprimé, cylindrique, oblong, globuleux ou ailé.   12

9 { Fruit entouré d'un rebord épais couvert de poils raides . . .
  {   . . . . *Tordylium*. (xxvi).
  { Fruit entouré d'un rebord mince, glabre ou pubescent . . .   10

10 { Fleurs jaunes ; pétales entiers. . . . . *Pastinaca*. (xxiii).
   { Fleurs blanches ou d'un blanc jaunâtre ; pétales émarginés
   {   ou bifides   11

11 { Pétales extérieurs bifides plus grands que les intérieurs. . .
   {   . . . . *Heracleum* (xxv).
   { Pétales émarginés ou entiers. · . . *Peucedanum*. (xxiii).

12 { Fruit à 8 ailes larges, membraneuses, égales . . . . .
   {   . . . , ... *Laserpitium*. (xxvii).
   { Fruit non ailé, ou à 10 ailes égales plus étroites que le fruit ou
   {   présentant à la marge 4 ailes plus grandes que les dorsales. 13

13 { Ailes marginales plus grandes que les dorsales   14
   { Ailes nulles ou égales entre elles.   15

14 { Lobes des feuilles linéaires ; côtes dorsales ailées. . . .
   {   . . . . *Selinum*. (xxi).
   { Lobes des feuilles larges ; côtes dorsales filiformes. . . . .
   {   . . . . *Angelica*. (xxii).

15 { Fruit cylindrique ou globuleux   16
   { Fruit un peu comprimé, très-souvent didyme   22

16 { Fleurs jaunes ; feuilles à segments linéaires. *Fœniculum*. (xvii).
   { Fleurs blanches ou rosées, ou jaunâtres ; segments jamais li-
   {   néaires   17

17 { Fruit globuleux ou subglobuleux ; folioles de l'involucelle re-
   {   jetées en dehors. . . . . *Æthusa*. (xvi).
   { Fruit oblong ou presque cylindrique   18

18 { Calice à limbe presque nul ; fleurs d'un jaune pâle . . . .
   {   . . . . *Silaus*. (xx).
   { Calice à 5 dents ; fleurs blanches.   19

19 { Calice à 5 dents allongées   20
   { Calice à 5 dents courtes.   21

20 { Fruit velu ; plante des lieux secs. . . . *Libanotis*. (xix).
   { Fruit glabre ; plante des lieux humides . . *Œnanthe*. (xv).

21 { Feuilles inférieures une fois ailées, à segments arrondis ; feuilles
   {   de la tige à segments linéaires, divariqués. *Ptychotis*. (viii).
   { Feuilles toutes plusieurs fois ailées, à segments non divariqués
   {   . . . . *Seseli*. (xviii).

22 { Pas d'involucre ni d'involucelle.   23
   { Un involucre, un involucelle   25

23 { Fleurs blanches ; pétales échancrés.   24
   { Fleurs blanches verdâtres ; pétales entiers. . . *Apium*. (iv).

24 { Feuilles pinnées. . . . . *Pimpinella*. (xii).
   { Feuilles bipinnées . . . . *Carum*. (xi).

I. Hydrocotyle, L. HYDROCOTYLE.

(*Udôr*, eau, *cotulé*, écuelle; allusion à la forme des feuilles).

197. — 1. H. VULGARIS, L., H. vulgaire. — Fleurs blanches ou roses sur un pédoncule moitié plus court que les feuilles ; tige rampante. Bords des étangs, des mares. Charbuy ! Branches ! etc. Juin, septembre. Sables. ♃. P. C.

Vulg. *écuelle d'eau;* dans les vernées de Grenon (Mérat).

II. Sanicula, L. SANICLE.

(*Sanare*, guérir ; allusion à ses propriétés).

498. — 1. S. EUROPÆA, L., S. d'Europe. — Fleurs blanches ou rosées ; feuilles presque toutes radicales, palmilobées. Bois humides. Mai, juin. Partout. ♃. A. C.

Vulg. *sanicle;* médicinale, vulnéraire.

III. **Eryngium**, L. PANICAUT.

(*Eruyma*, éructation ; allusion à de prétendues propriétés).

499. — 1. E. CAMPESTRE, L., P. des champs. — Fleurs blanches ; folioles de l'involucre plus longues que le capitule. Dans les champs, sur les bords des chemins. Août, septembre. Partout. ⚥ C.

>Vulg. *chardon-Roland*; racine diurétique.

IV. **Apium**, L. ACHE.

(Nom latin d'origine).

500. — 1. A. GRAVEOLENS, L., A. odorante. — Fleurs blanches verdâtres ; tiges fistuleuses ; ombelles sessiles. Juillet, septembre.

>Vulg. *céléri*; cultivé en grand.

V. **Petroselinum**, Hoffm. PERSIL.

(*Petra*, pierre, *selinon*, persil).

501. — 1. P. SATIVUM, Hoffm, Persil cultivé. *Apium petroselinum*, L.— Fleurs d'un jaune verdâtre. Naturalisée dans les haies, autour des habitations. Juin, août. ②. C.

>Vulg *persil*; cultivée, aromatique.

VI. **Trinia**, Hoffm, TRINIE.

(Dédié à *Trinius*, botaniste russe).

502. — 1. T. VULGARIS, D C., T. Vulgaire. *T. glaberrima*, Dub.; *T. pumila*, Reich.; *Pimpinella dioïca*, L. — Fleurs blanches ; tige très-rameuse rameaux supérieurs souvent opposés. Côteaux arides. Mailly-Château ! Exp. Ouest. Mai, juin. Calcaires. ②. R. R.

VII. **Helosciadium**, Koch., HELOSCIADIUM.

(*Elos*, marais, *skiadion*, parasol).

503. — 1. H. NODIFLORUM, Koch. H. à fl. sessiles, *Sium*, L. — Fleurs d'un blanc verdâtre ; pédoncule nul ou plus court que les rayons. Dans les fossés, les ruisseaux. Juillet, septembre. Partout. ②. C.

VIII. **Ptychotis**, Koch, PTYCHOTIS.

(*Ptukè*, pli, *ôtion*, oreillette; allusion aux pétales infléchis).

504. — 1. P. HETEROPHYLLUM, Koch., P. hétérophylle. *Seseli saxifragum*, L.; *Æthusa bunius*, fl. fr. — Fleurs blanches ; feuilles radicales à segments ovales orbiculai-

res, détruits à la floraison ; celles de la tige divisées en lanières linéaires. Lieux secs incultes, côteaux. Juillet, août. Calcaires. ②. C.

IX. Falcaria, Host., FALCAIRE.

Falx, faucille ; allusion à la forme des segments de la feuille).

505. — F. RIVINI, Host., F. de Rivin. *Sium falcaria*, L. — Fleurs blanches ; feuilles glauques fermes ; tiges très-rameuses à rameaux étalés. Chambre d'emprunt près la gare de Brienon. Calcaires. Juillet, septembre. ②. R. R.

X. Sison, Koch., SISON.

(du celte *Sisun*, ruisseau ; allusion à l'habitat de la plante),

506. — S. AMOMUM, L., S. Amome. — Fleurs blanches ; plante glabre de 5-10 décimètres ; feuilles à 5-9 segments. Lieux ombragés humides. Saint-Georges ! Pontigny ! Serrigny Guérin]! Juillet, septembre. ②. R.

XI. Carum, Koch., CARVI.

(Originaire de Carie).

1 { Ombelles dépourvues d'involucre . . . . . *C. carvi.* (2).
{ Ombelles munies d'un involucre. 2

2 { Racine renflée, bulbeuse. . . . . *C. bulbocastanum.* (3).
{ Racine non bulbeuse ; divisions des feuilles disposées en verticilles. . . . . *C. verticillatum.* (1).

507. — 1. C. VERTICILLATUM, Koch., C. verticillé. *Sium—*, Lam.; *Sison —*, L.; *Bunium verticillatum*, G. et G. — Fleurs blanches ; feuilles presque linéaires dans leur pourtour ; fruit linéaire oblong Prairies marécageuses, bois humides, bords des étangs. Perrigny ! Charbuy ! la Puisaye! l'Avallonnais! Juillet, août. Sables et Granite. ♃. peu C.

508. — 2. C. CARVI, L., C. Carvi. *Bunium carvi*, Bieb. — Fleurs blanches ; feuilles oblongues dans leur pourtour ; fruit ovoïde. Dans les prés. Environs de Serrigny [Guérin] ! Mai, septembre. Calcaires. ♃. R.

Vulg. *carvi* ; médicinale, stimulante.

509. — 3. C. BULBOCASTANUM, Koch., C. Noix de terre. *Bunium bulbocastanum*, L. — Fleurs blanches; feuilles triangulaires dans leur pourtour ; fruit oblong. Dans les moissons. Juin, juillet. Calcaires. ♃. C.

Vulg. *boulue, terre noix.*

XII. Pimpinella, L. Boucage.

(de *bipennula*; allusion aux feuilles bipennées).

1 { Tige anguleuse ; feuilles radicales à folioles pétiolulées. . . . . *P. magna.* (1).
{ Tige arrondie; feuilles radicales à folioles sessiles . . . . *P. saxifraga.* (2).

510. — 1. P. MAGNA, L., B. à grandes feuilles. — Fleurs blanches ou rosées ; styles réfléchis, plus longs que l'ovaire ; feuilles à segments aigus. Lieux frais, dans les prés, les haies. Bords de l'Yonne! Juillet, septembre. Calcaires. ♃. peu C.

511. — 2. P. SAXIFRAGA, L., B. saxifrage. — Fleurs blanches ; styles moins longs que l'ovaire ; feuilles à segments obtus. Côteaux arides, bois, prés. Juillet, septembre. Calcaires. ♃. C. C.
  Vulg. *boucage.*

XIII. Sium, L. Berle.

(du celtique *siw*, eau ; allusion à l'habitat de la plante).

512. — 1. S. ANGUSTIFOLIUM, L. *Sium incisum*, Pers.; *Berula angustifolia*, Koch. — Fleurs blanches; tige dressée fistuleuse ; feuilles à segments dentées aigus. Ruisseaux. Juillet, septembre. Partout. ♃. C.
  Vulg. *berle, beurle.*

XIV. Buplevrum, L. Buplèvre.

(*Pleura bous*, côte de bœuf; allusion à la forme des feuilles).

1 { Feuilles supérieures perfoliées . . . *B. rotundifolium.* (3).
{ Feuilles non perfoliées 2

2 { Involucelle à folioles plus longues que les fleurs. . . . . *B. tenuissimum.* (1).
{ Involucelle à folioles plus courtes que les fleurs. . . . . *B. falcatum.* (2).

513. — 1. B. TENUISSIMUM, L., B. grêle. — Fleurs jaunes, ombelles à 2-4 rayons inégaux ; feuilles linéaires sans nervure marginale. Lieux herbeux des chemins, bords des champs. Saint-Georges ! Perrigny ! Champs ! Juillet, septembre. Sables argilo-ferrugineux. ☉. R.

514. — 2. B. FALCATUM, L., B. en faux. — Fleurs jaunes ; ombelles à 3-9 rayons ; feuilles lancéolées arquées à nervure marginale. Côteaux herbeux, les haies. Août, octobre. Calcaires. ♃. C. C.

515. — 3. B. ROTUNDIFOLIUM, L., B. à feuilles rondes. — Fleurs jaunes; involucre nul; feuilles supérieures ovales. Dans

les moissons, les prairies artificielles. Juin, juillet. Calcaires. ☉. C. C.

XV. Œnanthe, L. ŒNANTHE.

(*Oïné*, vigne, *anthos*, fleur ; allusion à la forme des fleurs).

1 { Ombelles latérales opposées aux feuilles. *Œ. phellandrium*.(1).
 { Ombelles terminales 2

2 { Ombelles à 3 ou 4 rayons. . . . . *Œ. fistulosa*. (2).
 { Ombelles à rayons nombreux 3

3 { Ombelles dépourvues d'involucre. . *Œ. peucedanifolia*. (3).
 { Ombelles munies d'un involucre . , . *Œ. lachenalii*. (4).

516. — 1. Œ. PHELLANDRIUM, Lam , Œ. Phellandrie. *Phellandrium aquaticum*, L. — Fleurs blanches; fruits plus
longs que les styles; ombellules non globuleuses. Eaux
tranquilles. Auxerre! Saint-Sauveur! Saint-Florentin !
Juillet, août. ♃ ou ②. peu C.

  Vulg. *phellandrie, ciguë aquatique*; médicinale, vénéneuse.

517. — 2. Œ. FISTULOSA. L., Œ. fistuleuse. — Fleurs blanches ;
fruit égalant les styles; ombellules fructifères globuleuses. Lieux marécageux, fossés. Auxerre! Laroche!
Saint-Florentin ! etc. Juin, juillet. ♃. A. C.

518. — 3. Œ. PEUCEDANIFOLIA, Pol., Œ. peucedane. — Fleurs
blanches; pétales extérieurs en coin et fendus jusqu'au
tiers. Dans les prés humides. Mai, juin. Partout. ♃. C.

519. — 4. Œ. LACHENALII, Gmel., Œ. de Lachenal. *Œ. rhenana*,
D. C.; *Œ. approximata*, Mérat. — Fleurs blanches; pétales extérieurs arrondis à la base et fendus jusqu'au
milieu. Prairies marécageuses. Sainte-Nitace, à Auxerre !
Juillet, septembre. Calcaires. ♃. R.

XVI. Æthusa, L. ÉTHUSE.

(*Aïthussó*, j'enflamme ; allusion à ses propriétés vénéneuses.

520. — 1. Æ. CYNAPIUM, L., E. Ache-de-chien. — Fleurs blanches ; tiges striées de lignes rougeâtres; feuilles d'un
vert sombre. Lieux cultivés, décombres. Juillet, octobre.
☉. C.

  Vulg. *petite ciguë*, très-vénéneuse.

  Obs. Souvent confondue avec le persil, qui en diffère par sa tige non
striée, de lignes rouges à la base, ses feuilles d'un vert gai à dents, terminées par une petite tache blanche, et par son odeur franchement aromatique.

XVII. Fœniculum, Adans, FENOUIL.

(Dim. de *fœnum*, foin).

521.— 1. F. OFFICINALE, All., F. officinal. *Anethum fœniculum*,
L. — Fleurs jaunes; feuilles décomposées en lanières

filiformes ; tige dressée, glauque. Côteaux arides, lieux
incultes. Auxerre! Vermenton ! Laroche ! Pont ! Juillet,
août. Calcaires. ♃. peu C.

Vulg. *fenouil*; médicinale, stimulante, stomachique.

XVIII. Seseli, L. SÉSÉLI.

(*Séséli*, nom donné par Dioscoride à diverses Ombellifères).

⎧ Ombellules dépassées par l'involucelle. . *S. coloratum*. (2).
⎩ Ombellules non dépassées par l'involucelle. *S. montanum*. (1).

522 — 1. S. MONTANUM, L., S. des Montagnes. — Fleurs blanches ou rosées; ombelles à 6-12 rayons; souche rameuse. Côteaux herbeux, bois secs. Bords des chemins.
Août, octobre. Calcaires. ♃. C.

523. — 2. S. COLORATUM, Ehrh., S. coloré. *Seseli bienne*, Crantz. ;
Seseli annuum, L. — Fleurs blanches ; ombelles à 15-30
rayons ; tige solitaire. Bois montueux. Tanlay [Déy] !
Août, octobre. Calcaires. ♃. R.

XIX. Libanotis, Crantz, LIBANOTIDE.

(de *Libanos*, encens).

524. — 1. L. MONTANA, All., L. des Montagnes. *L. vulgaris*,
D. C.; *Seseli libanotis*, Koch.; *Athamantha libanotis*, L.
Fleurs blanches; plante élevée, rameuse; fruit velu.
Côteaux secs, bois clairs, mergers, bords des chemins.
Juillet, octobre. Calcaires. ♃. C.

XX. Silaus, Besser, SILAUS.

(Nom donné pas Pline à diverses Ombellifères).

525. — 1. S. PRATENSIS, Besser, S. des Prés. *Ligusticum silaus*,
Duby.; *Peucedanum silaus*, L. — Fleurs jaunâtres ; ombelles à rayons glabres ; segments divisés en lanières
linéaires. Dans les prés humides, les bois. Juin, septembre. Partout. ♃. C.

Vulg. *persil bâtard*.

XXI. Selinum, L. SÉLIN.

(*Sélinon*, nom grec du persil).

526. — 1. S. CARVIFOLIA, L., S. à feuilles de Persil. — Fleurs
blanches ; tige de 6-10 décimètres, anguleuse, presque
ailée. Allées des bois humides. Perrigny ! Juin, septembre. Sables. ♃. R.

XXII. Angelica, L. ANGÉLIQUE.

(*Angelos*, ange).

527. — 1. A. SYLVESTRIS, L., A. sauvage. — Fleurs blanches ;

tige élevée fistuleuse; ombelles à rayons nombreux pubescents. Bords des eaux, bois humides. Juillet, septembre. Partout. ♃. C.

Vulg. *angélique sauvage*.

XXIII. **Peucedanum**, L. PEUCÉDANE.

(*Peuxé*, pin, *danos*, sec).

1 (Fleurs d'un blanc verdâtre; involucre nul; involucelle à 3 ou
     4 folioles inégales . . . . *P. carvifolium*. (2).
   (Fleurs blanches ou rosées; un involucre, un involucelle. . .   2

2) Feuilles à segments linéaires entiers . . . *P. gallicum*. (1).
  (Feuilles à segments ovales, incisés ou dentés   3

  (Segments glauques, fermes, dentés; pétioles droits . . . .
3)   . . . . *P. cervaria*. (3).
  (Segments incisés, trilobés; pétioles contournés. . . . . .
    . . . . *P. oreoselinum* (4).

528. — 1. P. GALLICUM, Latour, P. de France. *P. Parisiense*. D. C.; *P. officinale*, Dub. — Fleurs blanches ou rosées; tige d'un vert glauque; fruit égalant presque le pédicelle. Dans les bois, les prés. Juillet, septembre. Sables. ♃. A.C.

529. — 2. P. CARVIFOLIUM, W, P. à feuilles de Carvi, *P. Chabræi*, Gaud.; *Selinum Chabræi*, Jacq.; *Selinum carvifolia*, Dub. non L.; *Palimbæia Chabræi*, D. C. — Fleurs d'un blanc verdâtre; feuilles inférieures à segments disposés en croix. Prés humides. L'Isle-sur-le-Serein [Tetrel]. Auxerre! Vincelles! Juillet, septembre. ♃. R.

530. — 3. P. CERVARIA, Lapeyr., P. des Cerfs. *Selinum cervaria*, Crantz.; *Athamantha cervaria*, L. — Fleurs blanches ou rosées; ombelles à 20-30 rayons; fruits ovales. Côteaux herbeux, bois montueux. Juillet, octobre. Calcaires. ♃. C.

531. — 4. P. OREOSELINUM. Mœnch., P. Selin de montagne. *Athamantha oreoselinum*, L.; *Selinum oreoselinum*, fl. fr. — Fleurs blanches; ombelles à 10-20 rayons; fruits orbiculaires. Bois, bruyères. Perrigny! Charbuy! Appoigny! l'Avallonnais! etc. Juillet, août. Sables. ♃. peu C.

XXIV. **Pastinaca**, T. PANAIS.

(*Pastus*, nourriture).

532. — 1. P. SATIVA, L., P. cultivé. — Fleurs jaunes; fruit ovale ou orbiculaire, comprimé. Côteaux arides, lieux herbeux. Juillet, septembre. Calcaires. ②. C.

Vulg. *panais; cultivé, alimentaire*.

XXV. **Heracleum**, L. BERCE.

(*Eraklés*, hercule ; consacrée à Hercule).

Fruit suborbiculaire	*H. pratense.* (1).
Fruit atténué à la base.	*H. œstivum.* (2).

533. — 1. H. PRATENSE, Jord., B. des Prés. — Fleurs blanches ; bandelettes n'atteignant pas le milieu du méricarpe. Dans les prés, lieux ombragés humides. Mai, juin. Partout. ⚥. C. C.

Vulg. *berce.*

534. — 2. ÆSTIVUM, Jord., B. d'été. — Fleurs blanches ; bandelettes atteignant le milieu du péricarpe. Bois humides, prés. Juillet, septembre. Partout. ⚥. C.

XXVI. **Tordylium,** L. TORDYLE.

(*Tordulon*, nom grec donné à plusieurs Ombellifères).

535. — 1. T. MAXIMUM, L.. T. élevé. — Fleurs blanches ou rosées ; tige hispide ; plante d'un vert cendré. Bords des chemins, pied des murs à Laroche ! Avallon ! Andryes ! Escolives [S. Moreau] ! Juillet, août. Calcaires ②. R.

XXVII. **Laserpitium**. L. LASER.

(*Laser*, gomme, *pix*, résine ; le suc est gommo-résineux).

536. — 1. L. LATIFOLIUM ; L., L. à larges feuilles. — Fleurs blanches ; feuilles un peu glauques ; pétioles comprimés latéralement. Dans les bois montueux. Saint-Bris, bois du Bouchat [Mérat] ! Perrigny ! Juillet, août. Calcaires. ⚥. R.

XXVIII. **Daucus**, T. CAROTTE.

(*Daucus*, nom grec donné à plusieurs Ombellifères).

537. — 1. D. CAROTTA, L., C. commune. — Fleurs blanches ; tige hispide scabre ; ombelle pourvue au centre d'une fleur stérile pourpre. Dans les prés, les champs, bords des chemins. Juin, octobre. Partout. ②. C. C.

Vulg. *carotte sauvage.*

XXIX. **Orlaya**, Hoffm. ORLAYA.

(Dédié à Orlay, médecin russe).

538. — 1. O. GRANDIFLORA, Hoff., O. à grandes fleurs. *Caucalis grandiflora*, L. — Fleurs blanches ; pétales extérieurs plus grands, rayonnants ; plante glabre. Champs après la moisson. Pimelles ! Lézinnes ! Auxerre ! Vaux ! Vallan ! Sens [Juliot] ! Plessis-Saint-Jean [S. Moreau] ! Juin, août. Calcaires. ④. A. R.

XXX. Caucalis, L. CAUCALIDE.

(*Kaukalis*, nom grec de diverses Ombellifères).

539. — 1. C. DAUCOIDES, L., C. à feuilles de Carotte. — Fleurs
blanches; tige rameuse hérissée; involucre hérissé. Dans
les champs, les moissons. Mai, juillet. ⊙. C.

XXXI. Turgenia, Hoffm., TURGÉNIE.

(Dédiée à Turgeneff, conseiller d'Etat à Moscou).

540. — 1. T. LATIFOLIA, Hoffm., T. à larges feuilles. *Caucalis
latifolia*, L.. — Fleurs blanches ou roses ; tige simple ou
peu rameuse. Dans les moissons. Juin, août. Calcaires.
⊙. C.

XXXII. Torilis, Hoffm., TORILIS.

1	Ombelles sessiles opposées aux feuilles . . . *Nodosa*. (3).	
	Ombelles longuement pédonculées	2

2	Jeunes ombelles munies d'un involucre, à 4 ou 5 folioles . .	
	. . . . *T. anthriscus*. (1).	
	Involucre nul ou à un foliole . . . . . . *T. Helvetica*. (2).	

541. — 1. T. ANTHRISCUS, Gmel., T. anthrisque. *Tordylium
anthriscus*, L.; *Caucalis anthriscus*, Scop. — Fleurs
rougeâtres ; fruits à épines non crochues au sommet.
Dans les haies, les buissons, les lieux ombragés humides.
Juin, août. Partout. ⊙. C.

542. — 2. T. HELVETICA, Gmel., T. de Suisse. *Caucalis arvensis*,
Huds ; *Torilis infesta*, Duby. — Fleurs blanches; fruits
à épines crochues au sommet. Champs après la moisson,
lieux stériles. Juillet, septembre. Partout. ⊙. C. C.

543. — 3. T. NODOSA, Gœrtn., T. noueux. *Tordylium nodosum*,
R. — Fleurs blanches ou roses; fruits à épines jaunes
verdâtres, droites et crochues au sommet. Décombres.
Auxerre [S. Moreau]1 Avril, mai. ⊙. R.

XXXIII. Scandix, Gœrtn, SCANDIX.

(Nom grec d'un cerfeuil).

544. — 1. S. PECTEN VENERIS, L., S. peigne de Vénus. —Fleurs
blanches ; ombelle simple ou à deux rayons ; fruit à bec
4 fois plus long que les carpelles Dans les champs, les
moissons. Mai, septembre. Calcaires. ⊙. C. C.
Vulg. *aiguille de berger*..

XXXIV. Anthriscus, Hoffm. ANTHRISQUE.

(Nom grec d'un cerfeuil sauvage).

1	Fruit épineux. . . . . *A. vulgaris*. (1).	
	Fruit non épineux	2

2 { Ombelles sessiles et latérales à 3-5 rayons. *A. cerefolium.* (2).
{ Ombelles terminales pédonculées à plus de 5 rayons . . . .
. . . . *A. sylvestris.* (3).

545. — 1. A. VULGARIS, Pers., A. vulgaire *Caucalis scandicina*, Roth.; *Scandix anthriscus.* L. — Fleurs blanches; ombelles brièvement pédonculées; feuilles molles velues. Vieux murs. Auxerre! Avril, juin. Calcaires. R.

546. — 2. A. CEREFOLIUM, Hoffm., A. cerfeuil. *Chærophyllum sativum.* Lam.; *Scandix cerefolium.* L. — Fleurs blanches; ombelles presque sessiles; feuilles presque glabres. Dans les haies des jardins. Mai. juin. Partout. ④.

Vulg. *cerfeuil*; cultivée partout.

547. — 3. A. SYLVESTRIS, Hoffm., A. sauvage. *Chærophyllum sylvestre*, L. — Fleurs blanches; ombelles longuement pédonculées; feuilles ciliées. Allées des bois humides. Serrigny [Guérin]! Arthonnay [Guinot]! Mai, juin. Calcaires. ♃. R.

XXXV. Chærophyllum, L. CERFEUIL.

(*Kaïrôn*, joyeux, *phullon*, feuille; feuille d'un vert gai).

548. — 1. C. TEMULUM, L., C. penché. — Fleurs blanches ; tige hérissée à la base, ponctuée de rouge, renflée sous les nœuds. Lieux frais, dans les haies, les bois, le pied des murs. Juin, juillet. Partout. ②. C.

XXXVI. Conium, L. CIGUE.

(*Koneion*, ciguë.)

549. — 1. C. MACULATUM, L., C. tachetée. — Fleurs blanches ; plante fétide d'un vert sombre, tachetée à la base. Lieux frais, bords des ruisseaux, décombres, près des habitations, rues peu fréquentées. Juin, août. ②. C.

Vulg. *ciguë*; médicinale, vénéneuse, fondante.

FAM. XL. — ARALIACÉES. (ARALIACEÆ, Juss.).

1 { Corolle à 5 pétales; feuilles alternes. . . . . *Hedera.* (i).
{ Corolle à 4 pétales; feuilles opposées. . . . *Cornus.* (ii).

I. Hedera, T. LIERRE.

(*Hærere*, s'attacher).

550. — 1. H. HELIX, L., L. grimpant. — Fleurs d'un jaune verdâtre ; tige grimpante ou rampante. Sur les murs, au pied des arbres dans les bois. Octobre. Partout. C.

Vulg. *lierre*.

11. **Cornus**, L. CORNOUILLER.

(*Cornu*, corne ; allusion à la dureté du bois).

1 { Fleurs blanches ; fruit noir. . . . . . *C. sanguinea*. (1).
{ Fleurs jaunes paraissant avant les feuilles ; fruit rouge . . .
. . . . *C. mas*. (2).

551. — 1. C. SANGUINEA, L., C. sanguin. — Fleurs blanches ; arbrisseau à rameaux pubescents. Dans les bois, les haies. Mai, juin. Partout. C. C.
Vulg. *bois sanguin*.

552. — 2. C. MAS, L., C. mâle. — Fleurs jaunes naissant avant les feuilles ; arbrisseau à rameaux presque glabres. Dans les bois, les haies. Mars, avril. Calcaires. C.
Vulg. *courgelier* ; fruit sucré fermentescible.

—

SOUS CLASSE IIe. — PLANTES A COROLLE GAMOPÉTALE.

FAM. XLI. — **LORANTHACÉES**. (LORANTHACEÆ, Juss. et Rich.).

(du genre LORANTHUS ; (*Loros*, courroie, *anthos*, fleur ; allusion aux découpures de la corolle).

1. **Viscum**, T. GUI.

(De *viscus*, glu).

553. — 1. V. ALBUM, L., G. blanc. — Fleurs jaunâtres ; feuilles épaisses, charnues. Parasite sur les pommiers, poiriers, peupliers, aubépine, rarement sur le chêne. Mars, avril. Partout. C.
Vulg. *gui* ; sert à faire la glu ; médicinale, antinerveuse.

FAM. XLII. — **CAPRIFOLIACÉES**. (CAPRIFOLIACEÆ, A. Rich).

(De *Caprifolium*, chèvrefeuille).

1 { Corolle irrégulière, tubuleuse ; 1 style. . . *Lonicera*. (iv).
{ Corolle presque régulière ; 4 à 5 styles. 2

2 { Plante herbacée, grêle ; étamines à filets bipartits. . . .
{ . . . . *Adoxa*. (i).
{ Plante robuste ; étamines à filets entiers. 3

3 { Feuilles pinnatiséquées. . . . . *Sambucus*. (ii).
{ Feuilles entières ou lobées. . . . . *Viburnum*. (iii).

1. **Adoxa**, L. ADOXE.

(A. privatif, *doxa*, gloire ; plante peu remarquable).

554. — 1. A. MOSCHATELLINA, L., A. Moscatelle. — Fleurs ver-

dâtres réunies par 5 au sommet de la tige. Dans les haies, les bois. Pontaubert! Avallon [Moreau]! Saint-Sauveur [Rob. Desvoidy]. Mars, avril. Sables et granite. ♃. R.

II. **Sambucus**, L. SUREAU.

(*Sambuca*, instrument de musique fabriqué avec le bois).

1 { Plante herbacée. . . . . *S. ebulus*. (1).
{ Plante ligneuse. 2

2 { Fleurs en corymbe; fruits noirs à la maturité . *S. nigra*. (2).
{ Fleurs en panicule ; fruits rouges à la maturité. . . .
{ . . . . *S. racemosa*. (3).

555. — 1. S. EBULUS, L., S. Yèble. — Fleurs blanches en corymbe; plante fétide. Dans les champs, bords des chemins. Juin, août. Calcaires argileux. ♃. C.
Vulg. *Hièble*; fruit noir purgatif.

556. — 2. S. NIGRA, L., S. noir. — Fleurs blanches jaunâtres, odorantes en corymbe. Dans les haies. Juin. Partout. C.
Vulg. *Sureau*; médicinale, sudorifique. Var. *C. S. Laciniata*, Koch. — Folioles laciniées. Haies. Auxerre [Boreau].

557. — 3. S. RACEMOSA, L., S. à grappes. — Fleurs blanches en panicule. Bois montueux humides. Rive gauche du Cousin, à Avallon! Quarré! Avril, mai. Granite. R.

III. **Viburnum**, L. VIORNE.

(*Viere*, lier ; allusion à la flexibilité des rameaux).

1 { Feuilles seulement dentées. . . . . *V. lantana*. (1).
{ Feuilles lobées. . . . . *V. opulus*. (2).

558. — 1. V. LANTANA, L., V. cotonneuse. — Fleurs blanches en corymbe ; stipules nulles. Dans les bois, les haies. Avril, mai. Calcaires. ♃. C.
Vulg. *Viorne, mancienne*.

559 — 2. V. OPULUS, L., V. Obier. — Fleurs en corymbe, les centrales jaunâtres fertiles, les extérieures plus grandes, rayonnantes, stériles; stipules sétacées. Bois frais, taillis marécageux. Mai, juin. Partout. A. C.

IV. **Lonicera**, L. CHÈVREFEUILLE.

(Dédié à Lonicer, botaniste de Nüremberg).

1 { Fleurs géminées à l'aisselle des feuilles . *L. xylosteum*. (3).
{ Fleurs en têtes terminales. 2

2 { Peuilles florales soudées, perfoliées . . *L. caprifolium*. (2).
{ Feuilles florales libres. . . . . *L. periclymenum*(1).

11

560. — 1. L. PERICLYMENUM, L., C. Périclymène. — Fleurs jaunes rougeâtres odorantes, en tête pédonculée ; feuilles aiguës. Dans les bois, les haies. Juin, septembre. Partout. C.

Vulg. *chèvrefeuille sauvage* ; pectorale.

561. — 2. L. CAPRIFOLIUM, L., C. des Jardins. — Fleurs purpurines ou jaunâtres, en tête sessile ; feuilles suborbiculaires. Haies. Juin, juillet.

Vulg. *chèvrefeuille* ; naturalisé çà et là dans les haies, ornement.

562. — 3. L. XYLOSTEUM, L., C. Xylostéon. — Fleurs jaunes très-velues ; tige dressée, rameuse, non volubile. Dans les haies, les bois. Mai, juin. Partout. C.

Le *symphoricarpus racemosus*, Mich., Symphorine à grappes, cultivé comme plante d'ornement, est naturalisé dans les haies, à Auxerre. On le reconnaîtra à ses fleurs rosées, ses fruits d'un blanc de lait, persistants jusqu'à l'hiver.

FAM. XLIII. — **RUBIACÉES**. (RUBIACEÆ, Juss.).

1	Calice à 6 divisions . . . . *Sherardia.* (iv).	
	Calice à 4 divisions.	2
2	Corolle tubuleuse . . . . *Asperula.* (iii).	
	Corolle rotacée..	3
3	Corolle à 4 divisions ; fruit sec. . . . . . *Galium.* (ii).	
	Corolle à 5 divisions, rarement 4 ; fruit bacciforme . . . . *Rubia.* (i).	

I. **Rubia**, T. GARANCE.

(De *ruber*, rouge ; allusion aux propriétés tinctoriales des racines).

563. — 1. R. PEREGRINA, L., G. voyageuse. — Fleurs jaunâtres ; tige persistante à la base ; feuilles à unenervure. Dans les bois montueux de l'Auxerrois et du Tonnerrois ! Mai, août. Calcaires. ♃. A. C.

Vulg. *garance sauvage* ; Guichard la cite entre la porte Saint-Rémi et la porte commune à Sens, dans les haies.

Le *rubium tinctorum*, L. croît dans les haies près le pré de Bellenave et en Champbertrand (Guichard). Il diffère du *peregrina* par ses tiges non persistantes et par ses feuilles à plusieurs nervures.

II. **Galium**, L. GAILLET.

(De *Gala*, lait ; donné jadis pour favoriser la sécrétion du lait).

1	Fleurs jaunes	2
	Fleurs blanchâtres ou blanches	3
2	Feuilles ovales, verticillées par quatre. . *G. cruciatum.* (1).	
	Feuilles linéaires, verticillées par six à douze. *G. verum.* (2).	
3	Feuilles non mucronées.	4
	Feuilles mucronées	6

4 { Feuilles marquées de 3 nervures . . . . . G. *boréale* (10).
  { Feuilles marquées de 1 nervure   5

5 { Pédoncules non divergents ; feuilles de la tige verticillées par 6
  { . . . . G. *constrictum*. (9).
  { Pédoncules très-divergents ; feuilles verticillées par 4-5 . . .
  { . . . . G. *palustre*. (8).

6 { Tige denticulée rude 11
  { Tige lisse. 7

7 { Lobes de la corolle cuspidés 8
  { Lobes de la corolle aigus non cuspidés. 9

8 { Feuilles minces et veinées . . . . G. *elatum*. (6).
  { Feuilles épaisses ne présentant pas de nervures secondaires. .
  { . . . . G. *album* (7).

9 { Fruits très-tuberculeux . . . . G. *saxatile*. (5).
  { Fruits lisses ou un peu chagrinés 10

10 { Feuillés rudes sur les bords . . . . . G. *sylvestre*. (3).
   { Feuilles lisses sur les bords . . . . G. *commutatum*. (4).

11 { Pédicelles recourbés en crochet. . . . . G. *tricorne*.(14).
   { Pédicelles non recourbés 12

12 { Fleurs d'un beau blanc . . . . . . G. *uliginosum*. (11).
   { Fleurs d'un blanc sale ou verdâtre 13

13 { Fruits un peu chagrinés. . . . . G. *anglicum*. (12).
   { Fruits fortement tuberculeux. . . . . G. *aparine*. (13).

564. — 1. G. CRUCIATUM, Scop., G. Croisette. *Valantia cruciata*, L.— Fleurs jaunes en cymes axillaires ; feuilles à 3 nervures. Bois, haies, bords des chemins herbeux. Avril, juin. Partout. ♃. C.

565. — 2. G. VERUM, L., G. jaune. — Fleurs jaunes en panicule terminale ; feuilles à une nervure. Dans les prés, sur les bords des chemins herbeux. Juin, juillet. Partout. ♃. C.

    Vulg. *caille-lait jaune* : médicinale.

566. — 3. G. SYLVESTRE, Poll., G. sauvage. — Fleurs blanches ; tiges plus ou moins nombreuses, mais distinctes. Clairières des bois, buissons des côteaux. Juin, juillet. Partout. ♃. A. C.

567. — 4. G. COMMUTATUM, Jord., G. embrouillé. — Fleurs blanches ; tiges nombreuses entrelacées en gazons touffus. Côteaux calcaires, bois clairs. Cry ! Juin, juillet. ♃ R.

568.— 5. G. SAXATILE, L., G. des Rochers. *Galium harcynicum*, Weig. — Fleurs blanches ; tiges étalées gazonnantes. Chemins des bois. Avallon ! Quarré ! Juin, juillet. Granite. ♃. A. R.

569. — 6. G. ELATUM, Thuil., G. élevé. G. *mollugo*, L. (pro parte) ; *Mollugo belgarum*, Lob. ; *Galium sylvaticum*,

Will. — Fleurs blanches; plante molle; feuilles veinées transparentes, surtout après dessication. Dans les haies. Juillet, août. Partout. ♃. C.

570. — 7. G. ALBUM, Lamk., G. blanc. *Galium mollugo*, a. D. C.; *G. aristatum*, Chaub.; *G. erectum* (auct. pro parte); *Mollugo vulgatior*, Lob. — Fleurs blanches; plante ferme; feuilles épaisses à une nervure saillante. Dans les haies, les bois. Mai, octobre. Partout. ♃. C.

571. — 8. G. PALUSTRE, L., G des Marais. *Galium uliginosum*, Thuil. — Fleurs blanches; feuilles elliptiques, oblongues, verticillées par 4 5. Dans les fossés, les marécages. Mai, août. Partout. ♃. C. C.

    Var. *elongatum*, Presl.; plante plus robuste dans toutes ses parties et à rameaux jamais déjetés.

572. — 9. G. CONSTRICTUM, Chaub., G. resserré. *Galium debile*, Desv. — Fleurs blanches; feuilles linéaires, verticillées par 6 sur la tige, par 4 sur les rameaux. Lieux marécageux. Auxerre! Juin, août. ♃. R.

573. — 10. G. BOREALE, L., G. boréal. — Fleurs blanches; tige dressée; feuilles verticillées par 4. Marécages de Quincy à Tanlay [Guinot]! Juillet, août. ♃. R.

574. — 11. G. ULIGINOSUM, L., G. des Fanges. *Galium spinulosum*, Mérat. — Fleurs blanches; feuilles linéaires lancéolées, bordées de petits aiguillons. Lieux tourbeux des bruyères. Mai, septembre. Sables. ♃. C.

575. — 12. G. ANGLICUM, Huds., G. d'Angleterre. *Galium parisiense*, Thuil. — Fleurs verdâtres dedans, rougeâtres sur les bords. Moissons sèches. Juin, août. Sables et calcaires. ① ou ②. A. C.

576. — 13. G. APARINE, L., G. Gratteron. — Fleurs blanches ou verdâtres; feuilles lancéolées. Dans les haies, les cultures. Juin, septembre. Partout. ①. C. C.

577. — 14. G. TRICORNE., G. tricorne. Wither. — Fleurs blanchâtres; pédoncules axillaires triflores. Moissons sèches. Juin, septembre. Calcaires. ①. C.

III. Asperula, L. ASPÉRULE.

(de *asper*, âpre; allusion à la tige rugueuse de l'espèce principale).

<pre>
1 { Fleurs bleues . . . . A. arvensis. (3).
   { Fleurs blanches ou rosées   2

2 { Tige simple dressée; feuilles oblongues . . A. odorata. (1).
   { Tige rameuse diffuse ; feuilles linéaires. A. cynanchica. (2).
</pre>

578. — 1. A. ODORATA, L., A. odorante. — Fleurs blanches; feuil·
les luisantes verticillées, avec une couronne de poils sous
chaque verticille. Bois couverts. Forêt de Maulnes! forêt
d'Othe! Bois entre Vézelay et Chamoux! Saint-Martin-sur-
Oreuse [S. Moreau]! Mai, juin. Calcaires. ⚥. A. R.
Bois de Moutard (Guichard).

579. — 2. A. CYNANCHICA, L., A à l'Esquinancie. — Fleurs
rosées extérieurement; feuilles verticillées par 4-6, les
supérieures souvent opposées. Pelouses sèches, bords
des chemins. Juin, septembre. Calcaires. ⚥. C.
Vulg. *herb. à l'esquinancie*; médicinale, astringente.

580. — 3. A. ARVENSIS, L., A. des Champs. — Fleurs bleues en
capitule; folioles de l'involucre ciliées et plus longues
que les fleurs. Moissons des côteaux. Mai, juillet. Calcaires. ①. A. C.
Guichard l'a rencontrée dans les moissons, à Saligny.

IV. Sherardia, L. SHÉRARDE.

(Dédié à Shérard, botaniste anglais).

581. — 1. S. ARVENSIS, L., S. des Champs. — Fleurs rosées ou
bleuâtres, rarement blanches en capitule dépassé par
l'involucre; feuilles inférieures opposées, les caulinaires
verticillées par 4, les supérieures par 6. Dans les champs,
les cultures un peu humides. Mai, octobre. Calcaires.
①. A. C.

FAM. XLIV. — **VALÉRIANÉES**. (VALÉRIANEÆ, D, C.).

1	1 étamine . . . . *Centhranthus*. (ii).	
	2 à 3 étamines	2
2	Plante vivace; fruit muni d'une aigrette plumeuse . . . . *Valeriana*. (i).	
	Plante annuelle; fruit sans aigrette . . *Valerianella*. (iii).	

I. Valeriana, VALÉRIANE.

(de *valere*, être en santé; allusion aux propriétés de l'espèce
principale).

1	Feuilles radicales pinnatiséquées . . . . . *V. officinalis*. (i).	
	Feuilles radicales entières . . . . *V. dioïca*. (2).	

582. — 1. V. OFFICINALIS, L., V. officinale. — Fleurs rougeâtres
ou blanches; tige velue à la base. Lieux humides des
bois. Juin, août. Partout. ⚥. A. C.
Vulg. *valériane*; médicinale, antispasmodique.

583. — 2. V. DIOICA, L., V. dioïque. — Fleurs rougeâtres dioïques; tige velue seulement aux nœuds. Lieux marécageux des prés. Avril, juin. Partout. ⚥. A. C.

II **Centhranthus**, D. C. CENTHRANTE.

Kentron, éperon, *anthos*, fleur ; la corolle est munie d'un éperon.

584. — 1. C. LATIFOLIUS, Dufres., C. à larges feuilles. *Centhran-thus ruber*, D. C ; *Valeriana rubra*, a. L. — Fleurs roses ou blanches ; éperon deux fois aussi longs que l'ovaire. Vieux murs. Auxerre ! Avallon ! etc. Juin, septembre. ꝝ. A. R.

Vulg. *valériane rouge*; ornement.

III. **Valerianella**, T. VALÉRIANELLE.

(Diminutif de *valeriana*).

1	Limbe du calice presque nul	2
	Limbe du calice présentant au moins 1 dent saillante . . .	3
2	Fruit plus large que long, comprimé. . . **V. olitoria**. (1).	
	Fruit oblong présentant un sillon profond sur l'une des faces. . . . . **V. carinata**. (2).	
3	Limbe évasé et aussi large que le fruit. . **V. eriocarpa**. (5).	
	Limbe oblique, moins large que le fruit	4
4	Fruit ovoïde . . . . **V. morisonii**. (4).	
	Fruit ovoïde, conique. . . . . **V. auricula**. (3).	

585. — 1. V. OLITORIA, Mœnch., V. potagère. — Fleurs blanches ou bleuâtres ; feuilles entières lancéolées. Dans les champs, les jardins. Avril, juin. Partout. ⊕. C

Vulg. *mâche, doucette* ; cultivée, alimentaire.

586. — 2. V. CARINATA, Loisel, V. carénée. — Fleurs bleuâtres ; feuilles obtuses entières. Dans les champs, les jardins. Avril, juin. Partout. ⊕. C.

587. — 3. AURICULA, D C., V. Oreillette. — Fleurs rosées et feuilles lancéolées souvent pinnatifides à la base. Dans les moissons. Avril, mai. Calcaires. ⊕. C.

588. — 4. V. MORISONII, D. C., V. de Morison. *Valerianella dentata*, Soyer. — Fleurs rosées ; feuilles lancéolées entières ou un peu dentées. Dans les moissons. Auxerre ! Sens ! etc. Juillet, août. Calcaires. ⊕. R.

589. — 5. V. ERIOCARPA, Desv., V. à fruits velus. — Fleurs rosées ; feuilles oblongues ; fruit hérissé. Champs humides, Auxerre ! Avril, juin. Calcaires. ⊕. R.

FAM. XLV. — **GLOBULARIÉES**. (GLOBULARIEÆ, D. C.).

I. **Globularia**, L. GLOBULAIRE.

(de *globulus*, petite boule ; allusion à la disposition des fleurs).

590. — 1. G. VULGARIS, L., G. commune. — Fleurs bleues ;

souches ligneuses produisant des tiges simples, termi-
néespar un capitule. Pelouses sèches, taillis. l'Auxerrois !
le Tonnerrois ! le Sénonais ! fl. mai. juin ; fr. Juillet,
août. Calcaires. ♃. A. C.

FAM. XLVI. — **DIPSACÉES**. (DIPSACEÆ, D. C.).

1 { Réceptacle hérissé de poils, dépourvu de paillettes. . . . . . .
. . . . *Knautia*. (ii).
{ Réceptacle muni de paillettes.   2

2 { Paillettes épineuses ; tiges munies d'aiguillons. *Dipsacus*. (i).
{ Paillettes non épineuses ; tiges dépourvues d'aiguillons . . . .
. . . . *Scabiosa*. (iii).

1. **Dipsacus**, L. CARDÈRE.

(*Dipsan akéomai*, je guéris la soif ; allusion aux feuilles soudées,
formant réservoir où se conserve l'eau pluviale).

1 { Feuilles sessiles connées . . . . *D. sylvestris*. (1).
{ Feuilles pétiolées. . . . . *D. pilosus*. (2).

591. — 1. D. SYLVESTRIS, Mill., C. sauvage. *Dipsacus fullonum*,
a. L. — Fleurs lilas ; paillettes droites non recourbées
au sommet ; capitules ovoïdes. Lieux incultes, bords
des chemins herbeux. Juillet, septembre. Partout. ②. C.

592. — 2. D. PILOSUS, L., C. poilue. *Cephalaria pilosa*, G. et
G. — Fleurs blanches ; capitules globuleux. Pied des
murs du château de Maulnes ! bois frais dans l'Avallonnais ! Champlost [S. Moreau]! Juillet, août. Calcaires et
granite. ②. C. dans le granite. R. ailleurs.

> **M.** Moreau, d'Avallon, a observé çà et là sur les bords du Cousin
> quelques individus du *dipsacus fullonum*, provenant de culture ancienne.
> Il se distingue du *sylvestris* par ses paillettes acuminées, recourbées au
> sommet.

II. **Knautia**, Coult., KNAUTIE.

(Dédié à Knaut, botaniste saxon).

593. — 1. K. ARVENSIS, Coult., K. des champs. *Scabiosa arvensis*, L. — Fleurs lilacées, les extérieures rayonnantes ;
feuilles variables, dentées, incisées ou pinnatiséquées.
Dans les prés, les champs, les moissons, sur les chemins herbeux. Juin, septembre. Partout. ♃. C. C.

> **Vulg.** *scabieuse* ; médicinale, dépurative.
>
> **Obs.** Sur les côteaux calcaires arides et peu boisés, à Joigny, Irancy,
> Vircaux, on trouve un *knautia* à feuilles indivises que j'ai rapporté au
> *knautia indivisa*, Bor., dans la 1re édition de cet ouvrage. Depuis, trans-
> porté dans un sol plus riche, il m'a donné des feuilles divisées ; je n'avais
> donc pas trouvé l'espèce de Boreau.

III. **Scabiosa**, L. SCABIEUSE.

(de *scabies*, maladie de la peau ; allusion à ses propriétés dépuratives).

	Feuilles entières . . . . *S. succisa*. (2).
1	Feuilles de la tige pinnatiséquées. . . . *S. columbaria*. (1).

594. — 1. S. COLUMBARIA, L., S. colombaire. — Fleurs d'un
bleu clair ; involucre à folioles sur un rang. Pelouses
sèches, bois, côteaux. Juillet, octobre. Calcaires. ꝣ. C.

595. — 2. S. SUCCISA, L., S. succise. *Succisa pratensis*, Mœnch.
— Fleurs d'un bleu foncé; involucre à folioles sur 2-3
rangs. Bois frais, prés. Août, octobre. Partout. ꝣ. C. C.

FAM. XLVII. — **COMPOSÉES**. (COMPOSITEÆ, Adans).

1	Capitules à fleurons tous ligulés (SEMIFLOSCULEUSES). . . .	40
	Capitules à fleurons tous tubuleux, ou ceux du centre tubuleux et les extérieurs ligulés	2
2	Fleurons tous tubuleux. (FLOSCULEUSES)	20
	Fleurons du centre tubuleux, ceux de la circonférence ligulés, rayonnants. (RADIÉES).	3
3	Fruits munis d'une aigrette de poils, au moins ceux du centre, ou de 4 à 5 arêtes épineuses	4
	Fruits sans aigrette	12
4	Feuilles opposées.	5
	Feuilles alternes ou radicales.	6
5	Feuilles dentées ou divisées. . . . . *Bidens*. (xii).
	Feuilles entières. . . . . *Arnica*. (xxiii).
6	Demi-fleurons de même couleur que les fleurons	8
	Demi-fleurons de couleur différente de celle des fleurons . .	7
7	Demi-fleurons linéaires disposés sur plusieurs rangs. . . . . *Erigeron*. (v).
	Demi-fleurons élargis disposés sur un rang . . *Aster*. (iv).
8	Folioles de l'involucre disposées sur 1 ou 2 rangs	9
	Folioles de l'involucre disposées sur plus de 2 rangs. . . .	11
9	Tiges munies d'écailles paraissant avant les feuilles . . . . *Tussilago*. (iii).
	Tiges pourvues de feuilles	10
10	Folioles disposées sur un rang. . . . . . . *Senecio*. (xxv).
	Folioles disposées sur 3 rangs . . . . *Doronicum*. (xxiv).
11	5 à 8 fleurons ligulés. . . . . *Solidago*. (vii).
	Plus de 8 fleurons ligulés. . . . . *Inula*. (x).
12	Réceptacle dépourvu de paillettes	15
	Réceptacle muni de paillettes.	13
13	Fleurons tubuleux jaunes, les ligulés blancs. *Anthemis*. (xiii).
	Fleurons tubuleux et ligulés de même couleur	14
14	Fleurs jaunes . . . . *Helianthus*(xi).
	Fleurs blanches ou rosées . . . . *Achillea*.(xiv).
15	Fleurons tubuleux et ligulés de même couleur	16
	Fleurons tubuleux jaunes, les ligulés blancs ou roses. . . .	17

16 { Fruits chargés de pointes épineuses. . . *Calendula*. (xxvi).
   { Fruits dépourvus de pointes épineuses . . . .
     . . . . *Chrysanthemum*. (xviii.

17 { Plante subacaule . . . . *Bellis*. (vi).
   { Plante caulescente 18

18 { Réceptacle conique . . . . *Matricaria*. (xvi).
   { Réceptacle plane ou convexe 19

19 { Feuilles découpées profondément . . . *Pyrethrum*. (xvii).
   { Feuilles entières ou dentées . . . . *Leucanthemum*. (xv).

20 { Fruits surmontés par une aigrette de poils 21
   { Fruits sans aigrette ou munis de paillettes ou d'arêtes . . 36

21 { Poils de l'aigrette simples 23
   { Poils de l'aigrette plumeux 22

22 { Ecailles extérieures de l'involucre scarieuses rayonnantes . .
   { . . . . *Carlina*. (xxviii).
   { Ecailles extérieures jamais scarieuses . . *Cirsium*. (xxxiv).

23 { Réceptacle muni d'écailles ou de paillettes, ou feuilles et invo-
   {   lucres épineux 24
   { Réceptacle nu ; feuilles et involucre non épineux. 29

24 { Réceptacle muni de paillettes formant des alvéoles . . . . .
   { . . . . *Onopordon*. (xxxii).
   { Réceptacle muni de paillettes libres, allongées 25

25 { Fleurons extérieurs plus grands, rayonnants. 26
   { Fleurons tous égaux ou à peu près. 27

26 { Folioles extérieures de l'involucre foliacées. . . . . . .
   { . . . . *Kentrophyllnm*. (xxx).
   { Folioles extérieures de l'involucre non foliacées. . . . . .
   { . . . . *Centaurea*. (xxix).

27 { Folioles de l'involucre la plupart courbées en crochet . . .
   { . . . . *Lappa*. (xxxv).
   { Folioles de l'involucre jamais courbées en crochet. 28

28 { Aigrette à soies libres ; feuilles et involucre non épineux . .
   { . . . . *Serratula*. (xxxvi).
   { Aigrette à soies soudées à la base ; feuilles et involucre épi-
   {   neux . . . . 28 bis

28 { Folioles extérieures de l'involucre dilatées en appendice foliacé,
bis {   feuilles marbrées de blanc. . . . . . *Silybum*. (xxxi).
    { Folioles extérieures de l'involucre non dilatées, feuilles non
    {   marbrées. . . . . *Carduus*. (xxxiii).

29 { Fleurs portées sur des tiges chargées d'écailles, paraissant
   {   avant les feuilles. . . . . *Petasites*. (ii).
   { Fleurs portées sur une tige feuillée 30

30 { Folioles extérieures de l'involucre scarieuses, rayonnantes . .
   { . . . . *Xeranthemum*. (xxvii).
   { Folioles extérieures non scarieuses. 31

31 { Folioles de l'involucre disposées sur un rang. *Senecio* . (xxv).
   { Folioles de l'involucre disposées sur plusieurs rangs 32

32 { Feuilles opposées à 3-5 divisions . . . . *Eupatorium*. (i).
   { Feuilles alternes simples 33

33 { Plante glabre . . . . *Linosyris*. (viii).
   { Plante velue. 34

I **Eupatorium**, L. EUPATOIRE.

(Consacré à Mithridate Eupator).

596. — 1. E. CANNABINUM, L., E. à feuilles de Chanvre. — Fleurs purpurines ou blanches ; feuilles opposées à 3-5 lobes acuminés. Bois humides, bords des eaux. Juillet, septembre. (Partout. ♃. C. C.

Vulg. *eupatoire*; médicinale, purgative et vomitive.

II. **Petasites**, T. PÉTASITE.

(de *pétasos*, parasol; allusion à la forme des feuilles).

597. — 1. P. OFFICINALIS, Mœnch., P. Officinal. *Tussilago petasites*, L.; *Petasites vulgaris* (auct.). — Fleurs rougeâtres presque dioïques ; feuilles radicales très larges, munies de 2 lobes à la base, les caulinaires squammiformes purpurines. Lieux humides ombragés. Ruisseau du moulin à Verlin! Saint-Julien-du-Sault! Savigny [Daunoux]! Brienon [Lasnier]! Mars, avril. Calcaires. ♃. R. R.

Vulg. *herbe aux teigneux*. Guichard l'a trouvée dans les prés vers les murs du monastère de Saint-Antoine et à la Chapelle-sur-Oreuse.

III. **Tussilago**, L. TUSSILAGE.

(*Tussim agere*, chasser la toux ; allusion à ses propriétés).

598. — 1. T. FARFARA, L., T. Pas d'Ane. — Fleurs jaunes; feuilles radicales paraissant après la floraison, orbiculaires, celles de la tige squammiformes. Lieux humides argileux. Février, avril. Partout. ♃. C. C.

Vulg. *pas d'âne*; médicinale, pectorale.

IV. **Aster**, L., ASTER.

(Aster, allusion au capitule radié).

599. — 1. A. AMELLUS, L., A. Amelle. — Demi fleurons d'un bleu lilas; feuilles presque entières; plante dressée, velue, de 1 à 5 décimètres. Bords des bois de Pautier, entre Chassignelles et Ancy-le-Franc où elle abonde! Cruzy! Août, septembre. Calcaires. ♃. R. R.

L'*aster calimeris*, D. C., est naturalisé sur les bords du canal à Mailly-la-Ville.

V. **Erigeron**, L. VERGERETTE.

(Erion, poil, *gérón*, vieillard; les soies des aigrettes sont blanches).

1 { Fleurons d'un blanc jaunâtre. . . . . *E. canadensis.* (1).
   { Fleurons de la circonférence violets. . . . . *E. acris* (2).

600. — 1. E. CANADENSIS, L., V. du Canada. — Demi-fleurons blanchâtres ou rosés; fleurons jaunes; feuilles linéaires; capitules en grappes pyramidales. Champs incultes, bords des bois, vieux murs. Juillet, octobre. ①. C. C.

601. — 2. E. ACRIS, L., V. âcre. — Demi-fleurons bleuâtres; capitules en grappe corymbiforme. Champs incultes, bords des chemins. Juin, octobre. Partout. ②. C.

L'*E. serotinus*, Weih., ne diffère du précédent que par ses rameaux uniflores, ses aigrettes rousses.

VI. **Bellis**. L. PAQUERETTE.

(Bellus, joli).

602. — 1. B. PERENNIS, L., P. vivace. — Disque jaune; rayon blanc, rosé ou purpurin à la face inférieure; hampe simple; feuilles en rosette. Prés, bords des chemins. Toute l'année. Partout. ♃. C. C. C.

Vulg. *petite marguerite.*

VII. **Solidago**, L. SOLIDAGE.

(Solidum agere, consolider; allusion à ses propriétés).

603. — 1. S. VIRGA AUREA, L., S. Verge d'or. — Fleurs jaunes; tige dressée; capitules en grappes feuillées. Lieux arides, côteaux, bois taillis. Août, octobre. Partout. ♃. C. C.

VIII. **Linosyris**, Lob., LINOSYRIS.

(Linon, *osuris*; ressemble au lin et à l'osyris).

604. — 1. L. VULGARIS, Cass., L. vulgaire. *Chrysocoma lino-*

syris, L. — Fleurs jaunes en grappe corymbiforme ; feuilles atténuées aux deux bouts. Bords des bois, côteaux. Sermizelles [Sagot in Boreau]! Béru [S. Moreau]! Septembre, octobre. Calcaires. ♃. R.

IX. **Micropus**, L. MICROPE.

(*Micros*, petit, *pous*, pied ; allusion à la brièveté des pédoncules).

605. — 1. M. ERECTUS, L., M. dressé. — Fleurs jaunâtres ; herbe blanche cotonneuse ; capitules agglomérés. Dans les champs incultes, bords des chemins. Juin, août. Calcaires. ④. C.

X. **Inula**, L. INULE.

(Etymologie obscure).

1 { Akènes munis au sommet d'une couronne dentée ou laciniée .   2
  { Akènes dépourvus de couronne 4

2 { Anthodes solitaires au sommet de la tige et des rameaux . .   3
  { Anthodes disposés le long des rameaux ; plante visqueuse . . glanduleuse. . . . . *I. graveolens.* (6).

3 { Fleurons extérieurs dépassant à peine les fleurons du centre. . . . . *I. pulicaria.* (7).
  { Fleurons extérieurs très-grands , rayonnants . . . . *I. dysenterica.* (8).

4 { Fleurons de la circonférence trifide, dépassant à peine les fleurons du centre . . . . *I. conyza.* (2).
  { Fleurons extérieurs ligulés rayonnants, entiers.   5

5 { Folioles extérieures de l'involucre larges, ovales, tomenteuses ; plante robuste de 1 à 2 mètres . . *I. helenium.* (1).
  { Folioles extérieures de l'involucre lancéolées ou linéaires, glabres ou velues ; plante ne s'élevant pas à 1 mètre   6

6 { Feuilles glabres. . . . . *I. salicina.* (4).
  { Feuilles mollement pubescentes surtout en dessous   7

7 { Feuilles amplexicaules . . . . *I. britanica.* (3).
  { Feuilles non amplexicaules . . . . *I. montana.* (5).

606. — 1 I. HELENIUM, L., I. Aunée. *Corvisartia helenium*, Mér. — Fleurs jaunes ; akènes tétragones ; tige de 1 à 2 mèt. Lieux frais et couverts. l'Isle-sur-Serein [Tétrel]! Venoy ! Juillet, août. Calcaires. ♃. R. R.

Vulg. *aunée, enula campana* ; médicinale, stomachique. Guichard l'indique près la Cartaudière.

607. — 2. I. CONYZA, D. C., I. Conyze. *Conyza squarrosa*, L — Fleurs jaunes ; tige dressée, rameuse au sommet ; capitules terminaux en corymbe ; plante fétide. Lieux arides, bords des bois, des chemins. Juillet, octobre. Calcaires. ②. A C.

608. — 3. I. BRITANNICA, L., I. Britannique. — Fleurs jaunes ; feuilles inférieures pétiolées, un peu velues. Bords de l'Yonne, à Sens! Gizy [S. Moreau]' Juillet, septembre. Calcaires. ♃. R.
Dans les prés Bouchard et au-delà de Nolot (Guichard).

609. — 4. I. SALICINA, L., I. Saulière. — Fleurs jaunes ; akènes glabres. Lieux couverts, arides, argileux. Auxerre! Saint-Bris! Vermenton ! Venoy' etc. Juin, septembre. Calcaires. ♃. A. C.

610. — 5. I. MONTANA, L., I. des Montagnes. — Fleurs jaunes ; akènes velus. Bords des bois, côteaux. Sermizelles [Boreau]. Juillet, août. Calcaires. R. R.

611. — 6. I. GRAVEOLENS, Desf., I. fétide. *Erigeron*, L.; *Solidago*, Lam.; *Cupularia*, Godr. — Fleurs jaunes ; tige dressée rameuse dès la base, capitules axillaires; plante très-odorante. Lieux incultes, moissons humides. Août, octobre. Sables. ☉. A. C.

612. — 7. I. PULICARIA, L., I. Pulicaire. *Pulicaria vulgaris*, Gaert. — Fleurs jaunes; feuilles sessiles arrondies à la base. Lieux argileux humides, bords des chemins, fossés. Juillet, septembre. ☉. peu C.

613. — 8. I. DYSENTERICA, L., I. dysentérique. — Fleurs jaunes; feuilles amplexicaules. Fossés, bords des eaux. Juillet, octobre. Partout. ♃. C. C.

XI. **Helianthus**, L. HÉLIANTHE.

(*Elios*, soleil, *anthos*, fleur ; fleur comme un soleil).

1 { Tige solitaire ; capitules penchés. . . . . . *H. annuus*. (1).
  { Tiges nombreuses ; capitules dressés. . . *H. tuberosus*. (2).

614. — 1. H. ANNUUS, L., H. annuel. — Fleurs jaunes; arêtes de l'aigrette denticulées. Çà et là, autour des habitations. Juillet. septembre. ☉.
Vulg. *soleil*; cultivée, ornement.

615. — 2. H. TUBEROSUS, L., H. tubéreux. — Fleurs jaunes; arêtes de l'aigrette ciliées. Septembre; octobre. ♃.
Vulg. *topinambour*; cultivée, racine alimentaire.

XII. **Bidens**, L. BIDENT.

(*Bis*, deux, *dens*, dent; allusion aux deux arêtes qui surmontent le fruit).

1 { Feuilles à 3 ou 5 divisions profondes. . . *B. tripartita*. (1).
  { Feuilles dentées. . . . . *B. cernua*. (2)

616. — 1. B. TRIPARTITA, L., B. tripartit. — Fleurs jaunes ; capitules dressés ; feuilles pétiolées. Lieux humides, fossés, bords des eaux. Juillet, septembre. Partout. ①. C. C.

Varie à feuilles indivises, fossés de l'Arbre-Sec.

617. — 2. B. CERNUA, L., B. penché. — Fleurs jaunes ; capitules penchés ; feuilles sessiles. Lieux fangeux, prairies marécageuses. Août, septembre. Partout, mais principalement dans les sables. ①. P. C.

Guichard la cite dans les fossés de Saint-Hilaire et ailleurs.

XIII. Anthemis, L. CAMOMILLE.

(*Anthemis*, nom grec d'une Camomille).

1 { Paillettes du réceptacle presque aussi longues que les fleurons . . . . *A. arvensis*. (3).
{ Paillettes du réceptacle beaucoup plus courtes que les fleurons.　2

2 { Plante blanchâtre, étalée sur le sol, vivace. . . *A. nobilis*. (1).
{ Plante verte, dressée, fétide, annuelle. . . . *A. cotula*. (2).

618. — 1. A. NOBILIS, L., C. noble. — Disque jaune ; rayon blanc ; paillettes obtuses souvent lacérées. Bruyères humides, chemins herbeux. Appoigny ! Charbuy ! Précy ! Saint-Martin-sur-Oreuse [S. Moreau] ! Juin, septembre. Sables et calcaires. ♃. peu C.

Vulg. *camomille romaine*; médicinale, stimulante. La fleur se double facilement par la culture.

619. — 2. A. COTULA, L., C. puante. *Maruta cotula*, D. C. — Disque jaune ; rayon blanc ; akènes à 10 côtes tuberculeuses. Dans les champs, sur les chemins. Juin, septembre. Partout. ①. C.

620. — 3. A. ARVENSIS, L., C. des champs. — Disque jaune ; rayon blanc ; akènes à 10 côtes lisses. Lieux cultivés, moissons. Juin, septembre. Partout, mais de préférence dans les sables. ①. C. C.

XIV. Achillea, L. ACHILLÉE.

(Achille s'en servit, dit-on, pour guérir les blessures).

1 { Feuilles bipinnatiséquées . . . . . . *A. millefolium*. (1).
{ Feuilles simples dentées. . . . . . . *A. ptarmica*. (2).

621. — 1. A. MILLEFOLIUM, L., A. Millefeuille. — Fleurs blanches ou rosées ; demi-fleurons plus courts que l'involucre. Lieux incultes, bords des chemins, champs en friche. Juin, septembre. Partout. ♃. C. C.

Vulg. *millefeuille*; médicinale, vulnéraire.

622. — 2. A. PTARMICA, L., A. Ptarmique. *Ptarmica vulgaris*,

D. C. — Fleurs blanches; demi-fleurons au moins aussi
grands que l'involucre. Prés humides, bords des eaux.
Juillet, septembre. Partout. ♃. C.

XV. Leucanthemum, T. LEUCANTHÈME.

(*Leucos*, blanc, *anthéma*, bouquet ; allusion aux rayons blancs
du capitule).

623. — 1. L. VULGAIRE, Lam., L. vulgaire. *Chrysanthemum
leucanthemum*, L. — Disque jaune ; rayon blanc ; capitules solitaires au sommet des rameaux. Dans les prés,
les champs. Mai, septembre. Partout. ♃. C. C.
Vulg. *grande marguerite*.

XVI. Matricaria, L. MATRICAIRE.

(Nom faisant allusion aux propriétés de l'espèce principale).

Réceptacle creux ; capitules odorants.	*M. chamomilla*. (1).
Réceptacle plein ; capitules inodores.	*M. inodora*. (2).

624 — 1. M. CHAMOMILLA, L., M. Chamomille. — Disque jaune ;
rayon blanc ; akènes munis de 5 côtes sur la face interne ; feuilles à segments planes en dessous. Dans les
moissons. Mai, juillet. Calcaires et sables. ⊙. P. C.

625. — 2. M. INODORA, L. Suec., M. inodore. *Pyrethrum inodorum*, Sm.; *Chrysanthemum inodorum*, L. Sp. — Disque jaune ; rayon blanc ; akènes munis de 3 côtes sur la
face interne ; feuilles à segments canaliculés en-dessous.
Dans les moissons, bords des chemins, pied des murs.
Juin, octobre. Calcaires. ⊙. peu C.

XVII. Pyrethrum, Gært, PYRÈTRE.

(*Purethron*, nom grec donné à une sorte de camomille).

Toutes les feuilles pétiolées	*P. parthenium*. (2).
Feuilles supérieures sessiles.	*P. corymbosum*. (1).

626. — 1. P. CORYMBOSUM, Wild., P. en corymbe. *Chrysanthemum corymbiferum*, L. — Disque jaune ; rayon
blanc ; capitules non ombiliqués ; tige simple ou presque
simple. Bois, taillis montueux. Saint-Bris! Vincelles !
Cry! Vermenton! etc. Juin, juillet. Calcaires. ♃.
A. C. au sud d'Auxerre seulement.

627. — 2. P. PARTHENIUM, Sm., P. matricaire. *Matricaria parthenium*, L.; *Chrysanthemum parthenium*, Pers. —
Disque jaune ; rayon blanc ; capitules ombiliqués; tige
très rameuse. Çà et là, autour des habitations des villages. Juin, août. ♃. A. C.
Vulg. *camomille*; cultivée, médicinale, tonique, vermifuge.

XVIII. Chrysanthemum, D. C. CHRYSANTHÈME.

(*Krusos*, or, *anthèma*, bouquet; fleurs dorées).

628. — 1. C. SEGETUM, L , C. des Moissons. — Fleurs jaunes;
tige glabre; feuilles un peu charnues élargies au sommet.
Dans les moissons. Saint-Georges ! Bleigny-le Carreau !
Villefargeau ! Grange-le Bocage ! Villiers-Bonneux [S.
Moreau]! Juin, octobre. Sables. ⊕⊙ R
Abonde dans les champs près de Dixmont (Guichard).

XIX. Artemisia, L. ARMOISE.

(*Artemis*, diane; c'est-à-dire herbe des Vierges).

1 { Feuilles découpées en segments linéaires étroits . . . . . .
. . . . *A. camphorata.* (2).
{ Feuilles découpées en segments jamais linéaires.   2

2 { Réceptacle glabre ; capitules ovoïdes . . . *A. vulgaris.* (3).
{ Réceptacle velu ; capitules globuleux. . *A. absinthium.* (1).

629. — 1. A. ABSINTHIUM, L., A. Absinthe.— Fleurs jaunes; capitules en grappes uni-latérales, formant une panicule
feuillée à rameaux étalés. Naturalisée autour des jardins,
cultivée à Chitry. Juillet, août. ♃.
Vulg. Absinthe; médicinale, vermifuge.

630. — 2. A. CAMPHORATA, Wild., A. camphrée. *Artemisia co-
rymbosa*, Lam. — Fleurs jaunes; panicules à rameaux
dressés. Rochers calcaires. Saint-Moré ! depuis le tunnel
jusqu'au camp de Cora! Mailly-Château ! Exp. sud.
Août, octobre. ♃. R. R.

631. — 3. A. VULGARIS, L., A. vulgaire. — Fleurs jaunes;
feuilles non ponctuées, blanches, tomenteuses en dessous.
Lieux incultes, bords des champs, des chemins. Juillet,
octobre. Partout. ♃. C.
Vulg. armoise ; médicinale, tonique.

XX. Tanacetum, L. TANAISIE.

(Etymologie incertaine).

632. — 1. T. VULGARE, L., T. commune. — Fleurs jaunes;
feuilles d'un vert foncé, ponctuées de fossettes. Bords des
eaux, des chemins, des champs. Juillet, septembre. Partout. ♃. A. C.
Vulg. tanaisie; médicinale, vermifuge.

XXI. Gnaphalium, L. GNAPHALE.

(*Gnaphalon*, bourre; c'est-à-dire plante cotonneuse).

1 { Capitules disposés en épis allongés. . . *G. sylvaticum.* (1).
{ Capitules disposés en glomérules.   2

12

2 { Glomérules feuillées . . . . *G. uliginosum.* (2).
  { Glomérules non feuillées 3

3 { Fleurons blancs ou roses; plante vivace . . *G. dioïcum.* (').
  { Fleurons jaunâtres; plante annuelle . . *C. luteo-album.* (3).

633. — 1. G. SYLVATICUM, L., G. des Bois. — Fleurs jaunes;
        feuilles de la tige atténuées à la base; akènes pubes-
        cents. Dans les champs, les bois. Juillet, septembre.
        Sables. ♃. A. C.

634. — 2. G. ULIGINOSUM, L., G. des Marais. — Fleurs jaunes;
        feuilles atténuées; capitules feuillés; akènes hérissés.
        Lieux humides argileux, herbeux. Juin, octobre. Par-
        tout.①. C. C.

635. — 3. G. LUTEO-ALBUM, L., G. jaunâtre. — Fleurs jaunes;
        feuilles demi-embrassantes; akènes glabres; capitules
        non feuillés. Dans les champs cultivés humides. Juillet,
        septembre. Sables. ①. C.

636. — 4. G. DIOICUM, L., G. dioïque *Antennaria dioïca*, Gært.
        — Fleurs blanches ou roses; tige simple, souche munie
        de stolons terminés par une rosette de feuilles. Bruyères
        humides. Appoigny! Perrigny! Bleigny! Mai, juin.
        Sables. ♃. R.

        Vulg. *pied de chat*; médicinale, pectorale. Dammarien (Guichard).

XXII. Filago, T. Cotonnière.

(*Filum*, fil; allusion au coton qui recouvre la plante).

1 { Capitules, 8 à 10 réunis en glomérules; folioles de l'involucre
  {   terminées en pointe colorée 2
  { Capitules, 3 à 5 réunis en glomérules; folioles non cuspidées. 4

2 { Glomérules entourés de folioles qui les dépassent; capitules à
  {   5 angles aigus . . . . *F. spathulata.* (1).
  { Glomérules nus ou munis de folioles très-courtes; capitules à
  {   angles très-peu saillants 3

3 { Plante jaunâtre; feuilles obtuses . . . . *F. lutescens.* (2).
  { Plante blanchâtre; feuilles aiguës. . . . *F. canescens.* (3).

4 { Feuilles plus longues que les glomérules . . *F. gallicu.* (6).
  { Feuilles plus courtes que les glomérules. 5

5 { Capitules à 5 angles saillants; feuilles appliquées contre la
  {   tige . . . . *F. montana.* (5).
  { Capitules à angles peu marqués; feuilles étalées. . . . .
  {   . . . . *F. arvensis.* (4).

637. — 1. F. SPATHULATA. Presl.. C. spatulée. *Filago jussiei*,
        Cos. et Germ.; *Filago pyramidata* (auct.). Fleurs d'un
        blanc jaunâtre; feuilles toujours rétrécies à la base.
        Lieux secs, dans les champs, bords des chemins. Juillet,
        novembre. Sables et calcaires. ①. C.

638. — 2. F. LUTESCENS, Jord., C. jaunâtre. — Fleurs d'un blanc jaunâtre; plante jaune verdâtre; folioles de l'involucre à pointes rouges. Moissons, bords des vignes, chemins. Perrigny! Charbuy! Gurgy! Juin, septembre. Sables et calcaires. ④. peu C.

639. — 3. F. CANESCENS, Jord., C. blanchâtre. *F. germanica*, L.; *Gnaphalium germanicum*, Wild. — Fleurs d'un blanc jaunâtre; folioles de l'involucre scarieuses, jaunes. Lieux secs, incultes. Juin, septembre. Sables et calcaires. ④. A. C.

640. — 4. F. ARVENSIS, L., C. des Champs. *Filago montana*, Wal.; *Gnaphalium arvense*, Wild. — Fleurs d'un blanc jaunâtre; feuilles florales égalant les glomérules; tige dressée, simple ou rameuse. Lieux secs. Moissons, bruyères. Juin, septembre. Sables. ④. C.

641. — 5. F. MONTANA, L., C. des Montagnes. *Gnaphalium montanum*, Wild.; *Filago arvensis*, Walh.; *F. minima*, Fries. — Fleurs d'un blanc jaunâtre; feuilles florales plus courtes que les glomérules. Champs incultes, bords des chemins. Juin, septembre. Sables. ④. C. C.

642 — 6. F. GALLICA, L., C. de France. *Gnaphalium gallicum*, Lam.; *Logfia gallica*, Cos. et Germ. — Fleurs d'un blanc jaunâtre; feuilles florales plus longues que les glomérules; folioles de l'involucre étalées en étoile à la maturité. Lieux secs, incultes. Juillet, septembre. Sables. ④. C.

XXIII. Arnica, L. ARNICA.

(Altération de *ptarmica, ptarmicos*, qui fait éternuer).

643. — 1. A. MONTANA, L., A. des Montagnes. — Fleurs jaunes; feuilles radicales en rosette, celles de la tige opposées; capitules solitaires terminaux. Bois et bruyères. Bois de Jonches [Dey]! Charbuy [Boreau]! Bruyères de Perrigny et Appoigny! Monéteau! Juin. Sables. ♃. R.

Vulg. *arnica*; médicinale, vulnéraire.

XXIV. Doronicum, L. DORONIC.

(*Doronidge*, nom arabe).

644. — 1. D. PARDALIANCHES, L., D. Mort aux Panthères. — Fleurs jaunes; feuilles radicales pétiolées, cordiformes, arrondies. Bois montueux. Avallon! rive gauche du Cousin [Moreau]! Saint-Moré [Boreau], Mai, juillet. Granite et calcaires. ♃. R. R.

XXV. Senecio, L. SENEÇON.

(*Senex*, vieillard; allusion aux aigrettes simulant des cheveux blancs).

1 { Fleurons ligulés courts, enroulés en dehors ou nuls. . . .   2
  { Fleurons ligulés étalés rayonnants   4

2 { Fleurons ligulés nuls. . . . . *S. vulgaris.* (1).
  { Fleurons ligulés, enroulés en dehors.   3

3 { Plante glanduleuse visqueuse; akènes glabres . . . .
  { . . . . *S. viscosus.* (2).
  { Plante non visqueuse; akènes velus. . . . *S. sylvaticus.* (3).

4 { Feuilles entières ou dentées   5
  { Feuilles profondément découpées.   6

5 { Feuilles cotonneuses blanchâtres en dessous . . . . . .
  { . . . . *S. paludosus.* (8).
  { Feuilles non cotonneuses en dessous . . . *S. Fuschii.* (9).

6 { Tiges et feuilles cotonneuses blanchâtres. *S. crucifolius.* (4).
  { Tiges et feuilles vertes non cotonneuses . . . , . . .   7

7 { Lobe terminal des feuilles beaucoup plus grand que les lobes
  { latéraux   8
  { Lobe terminal et lobes latéraux de même grandeur . . .
  { . . . . *S. Jacobæa.* (5).

8 { Lobe terminal oblong. . . . . *S. aquaticus.* (6).
  { Lobe terminal très-large arrondi au sommet. *S. erraticus.* (7).

645. — 1. S. VULGARIS, L., S. commun. — Fleurs jaunes; plante
rameuse, molle. Croît partout. Toute l'année. ⊕. C. C. C.
Vulg. *seneçon.*

646. — 2 S. VISCOSUS, L., S. visqueux. — Fleurs jaunes; plante
dressée à rameaux étalés. Lieux secs, moissons. Juin,
octobre. Sables et Calcaires. ⊕. A. C.

647. — 3. S. SYLVATICUS, L.. S. des Bois. — Fleurs jaunes;
plante rameuse au sommet à rameaux dressés. Lieux
secs, moissons, bords des bois. Juin, septembre. Sables
et granite. ⊕. A. C.

648. — 4. S. ERUCIFOLIUS, L., S. à feuilles de roquette. — Fleurs
jaunes; feuilles à segments obliques, parallèles. Lieux
incultes herbeux, bords des chemins Août, octobre.
Calcaires. ♃. C.

649. — 5. S. JACOBÆA, L., S. Jacobée. — Fleurs jaunes; feuilles
à segments divariqués. Dans les prés, bords des chemins.
Mai, septembre. Partout. ♃. C. C.

650. — 6. S. AQUATICUS, Huds , S. aquatique. — Fleurs jaunes;
feuilles supérieures à segments obliques, linéaires ou
oblongs, entiers; rameaux dressés. Lieux humides,
prairies marécageuses, chemins des bois. Juin, août.
Partout. ⊛. A. C.

651. — 7. S. ERRATICUS, Bert., S. divariqué. *Senecio barbareœ-
fol us*, Krock. — Fleurs jaunes ; lobe terminal des feuilles rhomboïdal ; rameaux grêles, allongés, divariqués.
Bords des eaux, à Auxerre au-dessous du moulin du
Bâtardeau ! Juillet, août. Calcaires. ②. R.

652. — 8. S. PALUDOSUS, L , S. des Marais. — Fleurs jaunes ;
involucre hémisphérique à folioles velues au sommet ;
feuilles sessiles. Lieux marécageux. Druyes [Boreau].
Marais d'Andryes ! La Chapelle-sur Oreuse [S. Moreau] !
Juin, août. Calcaires. ♃. R.

653 — 9. S. FUSCHII, Gmel., S. de Fuschs. *Senecio alpestris*,
Gaud.; *S. nemorensis*. Lorey.; *S. sarracenicus*, God. —
Fleurs jaunes ; involucre plus long que large à folioles
glabres maculées de noir ; feuilles pétiolées. Bords des
ruisseaux des bois, bords de la Cure près Chastellux
[Boreau]. Avallon [Moreau] ! Quarré ! Saint Léger ! Juillet,
août. Granite. ♃. R.

XXVI. **Calendula**, L. Souci.

(*Kalendes*, calendes ; plante fleurissant toujours).

654. — 1. C. ARVENSIS, L., S. des Champs. — Fleurs d'un jaune
pâle ; feuilles spatulées subpétiolées. Lieux cultivés,
vignes, champs. Avril, octobre. Calcaires. ①. C.

> Obs. On rencontre çà et là, sur les décombres, le *Souci* cultivé (Cal.
> *officinalis*, L.); il diffère du précédent par ses fleurs grandes d'un beau
> jaune d'or, ses feuilles sessiles.

XXVII. **Xeranthemum**, L. Xéranthème.

(*Xéros*, sec, *anthos*, fleur ; allusion aux écailles scarieuses
de l'involucre).

655. — 1. X. CYLINDRACEUM, Smith., X. cylindrique. *Xeranthemum inapertum*, Dub. — Fleurs rougeâtres ; feuilles
linéaires à bords roulés ; plante blanchâtre. Bords des
chemins, des champs. Béru et Vaulichère [Guérin] ! Beine
[Gilet] ! Courson [Deligne] ! Juin, août. Calcaires. ①. R.

> On trouve çà et là sur les décombres *l'echinops sphœrocephalus*, L ;
> facile à distinguer par ses fleurs d'un beau bleu en tête exactement
> ronde.

XXVIII. **Carlina**, T. Carline.

(*Carolus*, Charles ; Charlemagne l'employa, dit-on, pour guérir son
armée de la peste).

1 { Tige rameuse	*C. vulgaris.* (1).
{ Tige simple.	*C. acaulis.* (2).

656. — 1. C. VULGARIS, C. vulgaire. — Fleurs jaunâtres; akènes munis de poils blancs; aigrette de même longueur que la graine. Lieux incultes, chemins herbeux, côteaux arides. Juillet, septembre. Calcaires. ⊕. C.

657. — 2. C. ACAULIS, L., C. sans tige. *C. subacaulis*, D. C. — Fleurs jaunâtres; akènes couverts de poils d'un jaune d'or; aigrette une fois plus longue que la graine. Lieux secs calcaires. Noyers [Guérin]! Juillet, septembre. ☉. R. R.

XXIX. Centaurea, L. CENTAURÉE.

(*Kentaureis*, herbe du centaure Chiron).

1	{ Folioles de l'involucre épineuses.	2
	{ Folioles de l'involucre non épineuses	3
2	{ Fleurs jaunes . . . . *C. solstitialis.* (7).	
	{ Fleurs roses purpurines, rarement blanches. *C. calcitrapa.* (8).	
3	{ Fleurs bleues . . . . *C. cyanus.* (5).	
	{ Fleurs jamais bleues.	4
4	{ Toutes les feuilles pinnatipartites. . . . *C. scabiosa.* (6).	
	{ Toutes les feuilles n'étant pas pinnatipartites	5
5	{ Fruit couronné par une aigrette . . . . . *C. nigra.* (4).	
	{ Fruit dépourvu d'aigrette	6
6	{ Folioles de l'involucre régulièrement ciliées *C. serotina.* (3).	
	{ Folioles déchiquetées, irrégulièrement ciliées	7
7	{ Tiges dressées; feuilles lancéolées élargies. . *C. jacea.* (1).	
	{ Tiges tombantes; feuilles linéaires. . . . *C. Duboisii.* (2).	

658. — 1. C. JACEA, L., C. jacée. — Fleurs purpurines. Dans les prés. Mai, septembre. Partout. ✳. C. C.
Vulg. *maillons.*

659. — 2. C. DUBOISII, Bor., C. de Dubois. *Centaurea decumbens*, Pers.; *Rhaponticum serotinum*, Dub. — Fleurs purpurines. Lieux secs, champs en friches, bords des chemins. Août, octobre. Partout. ✳. C.
Obs. Dans les sables, la plante offre dès la base des rameaux nombreux atteignant 1 m. 50.

660. — 3. C. SEROTINA, Bor., C. tardive. *Centaurea amara*, Thuill. — Fleurs purpurines; capitules moitié plus petits que dans *C. Jacea.* Lieux herbeux secs. Août, octobre. Calcaires. ✳. P. C.

661. — 4. C. NIGRA, L., C. noire. — Fleurs purpurines; involucre globuleux noir, à folioles ciliées. Bois couverts humides. Juillet, septembre. Sables. ✳. A. C.

662. — 5. C. CYANUS, L., C. bleuet. — Fleurs bleues; folioles

de l'involucre scarieuses au bord, munies de cils argen·
tés. Dans les moissons, les champs. Mai, juillet. Partout.
☉. C. C.
Vulg. *bleuet.*

663. — 6. C. SCABIOSA, L., C. scabieuse. — Fleurs purpurines
ou blanches ; folioles de l'involucre munies d'une bande
noire. Dans les champs cultivés et incultes. Juin, août.
Calcaires. ♃. C.

664. — 7. C. SOLSTITIALIS, L., C. du Solstice. — Fleurs jaunes ;
plante cotonneuse; feuilles épineuses. Çà et là, dans les
champs. Auxerre! Augy! Senan! Cuy, Pailly (S. Moreau)!
Juillet, septembre. Calcaires. ②. R.

665. — 8. C. CALCITRAPA, L. — Fleurs purpurines ; feuilles
molles, vertes, pubescentes. Lieux incultes, bords des
chemins. Juillet, septembre. Partout. ②. C. C.
Vulg. *chardon étoilé.*

XXX. **Kentrophyllum**, Neck. CENTROPHYLLE.

(*Kentron*, aiguillon, *phullon*, feuille ; c'est-à-dire feuilles
épineuses).

666. — 1. K. LANATUM, Dub., C. Laineux. *Centaurea lanata*,
D. C.; *Carthamus lanatus*, L. — Fleurs jaunes ; feuilles
coriaces, glanduleuses, demi-embrassantes, épineuses.
Lieux incultes, talus des routes, bords des chemins.
Juillet, octobre. Calcaires. ④. C.
Vulg. *charbon béni.*

XXXI. **Silybum**, Vail. SILYBE.

(*Sillubon*, sorte de chardon à feuilles marbrées de blanc).

667. — 1. S. MARIANUM, Gærtn., S. de Marie. *Carduus maria-
nus*, L. — Fleurs purpurines ; tige simple ou rameuse ;
feuilles lisses marbrées de blanc. Côteaux arides. Exp.
sud. Mailly-Château! Juillet, août. ②. R.
Vulg. *chardon Marie.*

XXXII. **Onopordon**, L. ONOPORDE.

(*Onos*, perdon, pet-d'âne ; nom populaire).

668. — 1. O. ACANTHIUM, L. — Fleurs purpurines ; grande
plante blanche, rameuse; feuilles araneuses, cotonneuses, décurrentes, épineuses. Lieux incultes. Juillet, octobre. Partout. ④. C. C.
Vulg. *chardon aux ânes.*

XXXIII. **Carduus,** L. CHARDON.

(Nom latin du chardon).

1
{ Pédoncules épineux; folioles de l'involucre ordinairement
  dressées . . . . *C. crispus.* (2).
{ Pédoncules tomenteux ; folioles extérieures de l'involucre ordinairement réfractées. . . . . *C. nutans.* (3).

669. — 1. C. CRISPUS, L., C. crépu. — Fleurs purpurines ou
blanches ; capitules dressés presque sessiles, ordinairement agrégés, munis de petites feuilles florales; feuilles
sinuées pinnatifides. Lieux frais, bords des ruisseaux.
L'Auxerrois! l'Avallonnais! le Sénonais! Tanlay! Juillet,
septembre. Calcaires. ⚥. A. C.

670. — 2. C. NUTANS, L., C. nu. — Fleurs purpurines ; capitules
penchés ordinairement solitaires, longuement pédonculés,
dépourvus de feuilles florales; feuilles profondément
pinnatifides. Dans les champs, bords des chemins. Juin,
octobre. Partout. ⚥. C.

Varie à *tige simple.*

XXXIV. **Cirsium,** T. CIRSE.

(*Kirsion*, nom grec d'un chardon).

1
{ Fleurs jaunâtres . . . . *C. oleracenm.* (8).
{ Fleurs rouges ou blanches. 2

2
{ Feuilles décurrentes dans toute la longueur des entrenœuds. 3
{ Feuilles peu ou point décurrentes, ou tige presque nulle . . 4

3
{ Folioles de l'involucre dressées, peu épineuses. *C. palustre.* (1).
{ Folioles de l'involucre étalées, très-épineuses . . . . .
  . . . . *C. lanceolatum.* (2).

4
{ Capitules très-gros ; folioles de l'involucre spatulées au som-
  met et terminées par une épine très-piquante . . . . .
{ . . . . *C. eriophorum.* (3).
  Folioles de l'involucre non spatulées et peu piquantes . . . 5

5
{ Tige rameuse supérieurement; capitules nombreux . . . .
{ . . . . *C. arvense.* (7).
{ Tige simple. ou presque nulle ; capitules 1 à 4 6

6
{ Involucre cotonneux. 7
{ Involucre presque glabre. . . . . *C. acaule.* (4).

7
{ Feuilles profondément pennatifides . . . *C. bulbosum.* (5).
{ Feuilles entières ou sinuées dentées. . . *C. anglicum.* (6).

671. — 1. C. PALUSTRE, Scop., C. des Marais. *Carduus palustris,* L. — Fleurs purpurines ; capitules agglomérés au
sommet de la tige. Prairies et bois marécageux. Juin,
septembre. Partout. ⚥. C. C.

672. — 2. C. LANCEOLATUM, Scop., C. Lancéolé. *Carduus lan-*

ceolatus, L. — Fleurs purpurines; capitules solitaires au sommet de la tige. Lieux incultes, bords des chemins. Juin, septembre. Partout. ②. C. C.

673. — 3. C. ERIOPHORUM, Scop., C. Laineux. *Carduus eriophorus*, L.— Fleurs purpurines ; feuilles hérissées, spinuleuses en dessus. Lieux incultes, bords des chemins. Juin, septembre. Partout, mais surtout dans le calcaire. ②. C.

674. — 4. C. ACAULE, All., C. sans tige. *Carduus acaulis*, L. — Fleurs purpurines; feuilles à segments terminés par une épine jaune. Pelouses sèches, bords des chemins. Partout. ♃. C.

675. — 5. C. BULBOSUM, D. C., C. bulbeux. *Carduus tuberosus*, Lam. — Fleurs purpurines; folioles extérieures de l'involucre munies de 3 stries au sommet; souche dépourvue de stolons. Prés marécageux de Quincy, près Tanlay [Goinot]! Juillet. août. ♃. R.

676. — 6. C. ANGLICUM, D. C., C; d'Angleterre. *Carduus anglicus*, Lam. — Fleurs purpurines; folioles extérieures de l'involucre dépourvues de stries; souche stolonifère. Lieux marécageux, prés, bois, bruyères. Juillet, septembre. Sables et calcaires. ♃. P. C.

677. — 7. C. ARVENSE, Lam., C. des Champs. *Serratula arvensis*, L. —Fleurs purpurines; feuilles non hérissées-épineuses en dessus. Dans les champs, les vignes. Juin, août. Partout. ♃. C. C. C.

678. — 8. C. OLERACEUM, Scop., C potager. *Cnicus oleraceus*, L. — Fleurs jaunâtres; tige robuste sillonnée, feuillée jusqu'au sommet. Lieux humides, dans les prés, le Sénonais, le Tonnerrois. Juin, septembre. Calcaires. ♃. A. C.

XXXV. Lappa, T. BARDANE.

(*Lambanein*, prendre ; allusion aux pointes accrochantes de l'involucre).

Capitules disposés en corymbe; toutes les folioles de l involucre vertes.	*L. major.* (2).
Capitules non en corymbe; folioles intérieures de l'involucre purpurines.	*L. minor.* (1).

679. — 1. L. MINOR, D. C., B. petite. *Arctium lappa*, a. L.; *Lappa glabra*, a. Lam. — Fleurs purpurines; folioles de l'involucre plus courtes que les fleurs. Lieux incultes, bords des chemins. Juillet, septembre. Partout. ②. C.

Vulg. *bardane*; médicinale, dépurative.

680. — 2. L. MAJOR, Gœrt., B grande. *Lappa glabra*, h. Dub., *Arctium lappa*, Wild. — Fleurs purpurines; folioles de l'involucre plus longues que les fleurs. Bords des prés ombragés, lieux incultes. Septembre. ⊛. peu C.

XXXVI. Serratula, L. SARRÈTE.

(*Serra*, scie; allusion aux feuilles dentées).

681. — 1. S. TINCTORIA, L., S. des Teinturiers. — Fleurs purpurines; plante dressée rameuse au sommet; involucre oblong, violet au sommet. Dans les bois. Juillet, octobre. Sables. ♃. C.

XXXVII. Lampsana L. LAMPSANE.

(Altération de *lapazô*, amollir; allusion à ses propriétés émollientes).

82. — 1. L. COMMUNIS, L., L. vulgaire. — Fleurs jaunes; tige de 2-8 décimètres, rameuse, dressée, à peu près glabre. Lieux cultivés et incultes, les bois, les champs. Juin, septembre. Partout. ☉. C. C. C.
Vulg. *grande chenille*.

XXXVIII. Arnoseris, Gœrt. ARNOSERIS.

(*Ars*, agneau, *seris*, chicorée; chicorée des agneaux).

683. — 1. A. PUSILLA, Gœrt., A. fluette. *Hyoseris minima*, L.; *Lampsana minima*, Lam. — Fleurs jaunes; feuilles toutes radicales; pédoncules renflés sous le capitule. Moissons humides. Mai, septembre. Granite et sables. ☉. C.

XXXIX. Cichorium, L. CHICORÉE.

(*Kicora*, nom grec de la chicorée).

684. — 1. C. INTYBUS, L., C. sauvage. — Fleurs grandes d'un beau bleu; tige peu feuillée, rameuse. Lieux incultes, bords des chemins. Juillet, septembre. Partout. ♃. C. C.
Médicinale, dépurative; racine torréfiée, succédanée du café.

XL. Hypochæris, L. PORCELLE.

(*Upo*, pour, *Koïros*, pourceau; sa racine est mangée par les porcs).

1	Tige velue; feuilles radicales souvent tachées de rouge. . . . . *H. maculata.*(3).	
	Tige à peu près glabre; feuilles toujours vertes.	2
2	Feuilles velues hérissées . . . . *H. radicata.* (2).	
	Feuilles à peu près glabres. . . . . *H. glabra.* (1).	

685. — 1. H. GLABRA, L., P. glabre. — Fleurs jaunes; folioles

de l'involucre plus courtes que les fleurs. Dans les champs, les moissons. Juin, septembre. Sables. ⊕. C.

686. — 2. H. RADICATA, L., P. enracinée. — Fleurs jaunes ; folioles intérieures de l'involucre égalant les fleurs. Lieux incultes, bords des chemins. Mai, septembre. Partout. ♃. C.

687. — 3. H. MACULATA, L., P. tachée. *Achyrophorus macula-tus*, Scop. — Fleurs jaunes ; tige nue, portant 1-3 capitules. Lieux humides, bois taillis. Perrigny ! Charbuy ! Appoigny ! Juin, août. Sables. ♃. R. R.

XLI. Thrincia, Roth. THRINCIE.

(Dédié à Thrinci, agriculteur).

688. — 1. T. HIRTA, Roth.. T. hérissée. *Leontodon hirtum*, Sm. — Fleurs jaunes ; corolles extérieures verdâtres en dessous ; capitules penchés avant la floraison. Champs en friches, chemins herbeux. Juin, octobre. Partout. Surtout dans les terrains argileux. ♃. C.

XLII. Leontodon, L. LIONDENT.

(*Léon*, lion, *odous*, dent ; allusion aux découpures des feuilles figurant des dents de lion).

1 { Tige rameuse ; capitules nombreux . . *L. autumnalis.* (1).
{ Pédoncules radicaux ne portant qu'un capitule. 2

2 { Feuilles velues . . . . *L. hispidus.* (2).
{ Feuilles glabres. . . . . *L. hastile.* (3).

689. — 1. L. AUTUMNALIS, L., L. d'automne. *Apargia autum-nalis*, Wild.; *Oporinia autumnalis*, Don, D. C.—Fleurs jaunes ; pédoncules non penchés ; feuilles à segments linéaires. Lieux incultes, décombres, pied des murs. Juin, octobre. Partout. ♃. C.

690. — 2. L. HISPIDUS, L., L. hispide. — Fleurs jaunes ; feuilles sinuées, dentées, velues, planes. Lieux herbeux couverts, bois, haies, bords des eaux. Juin, octobre. Partout. ♃. C. C.

691. — 3. L. HASTILE, L., L. Hampe. *L. danubiale*, Jacq. — Fleurs jaunes ; feuilles sinuées, dentées, planes ; plante glabre. Lieux herbeux des côteaux calcaires argileux. Auxerre ! Venoy ! Juin, octobre. ♃. P. C.

Obs. On rencontre sur les côteaux de Cry les formes glabres et velues du *L. hyoserioides*, Koch., que l'on distinguera des deux précédents à ses pédoncules fistuleux renflés au sommet et à ses feuilles pennatifides à segments dressés dont la pointe se dirige vers le haut de la feuille.

XLIII. **Podospermum**, D. C. PODOSPERME.

(*Pous*, pied, *sperma*, graine; la graine est portée par un support).

692. — 1. P. LACINIATUM, D. C., P. lacinié. *Scorzonera laciniata*, L. — Fleurs d'un jaune pâle; feuilles à segments linéaires; plante glauque à rameaux dressés. Lieux secs, bords des champs, des chemins. Auxerre! Val-de-Mercy! Vincelles! Chemilly! Joigny! Cravant [Boreau]. Juin, août. Calcaires. ②. R.

XLIV. **Tragopogon**, L. SALSIFIS.

(*Tragos*, bouc, *pógôn*, barbe; l'aigrette simule une barbe de bouc).

1	Fleurons violacés . . . . *T. porrifolius*. (4).	
	Fleurons jaunes	2
2	Pédoncules présentant au sommet un renflement presque aussi large que le capitule . . . . *T. major*. (3).	
	Pédoncules peu renflés	3
3	Folioles de l'involucre égalant ou dépassant les fleurs. *T. pratensis*.(1).	
	Folioles de l'involucre plus courtes que les fleurs . . . . *T. orientalis*.(2).	

693. — 1. T. PRATENSIS, L., S. des Prés. — Fleurs jaunes; bec égalant l'akène. Dans les champs, les prés, bords des eaux. Mai, septembre. Partout. ②. C.

694. — 2. T. ORIENTALIS, L., S. d'Orient. — Fleurs jaunes; bec plus court que l'akène. Dans les prés, talus des rivières. Mai, septembre. ②. P. C.

695. — 3. T. MAJOR, Jacq., S à gros pédoncule. — Fleurs jaunes; bec plus long que l'akène. Bords des champs, des chemins, côteaux. Juin, août. Calcaires. ②. A. C., mais seulement au sud d'Auxerre.

696. — 4. T. PORRIFOLIUS, L., S. à feuilles de poireau. — Fleurs bleues; aigrette fauve; feuilles larges dressées. Dans les champs autour d'Auxerre. Juin, juillet. ②.
Cultivée, alimentaire.

XLV. **Scorzonera**, L. SCORZONÈRE.

(*Scorza nera*, écorce noire; la racine est noire).

1	Tige presque nue et ne portant que 1 à 2 fleurs . . . . *S. plantaginea*. (1).	
	Tige feuillée, rameuse et pluriflore . . . *S. hispanica*. (2).	

697. — 1. S. PLANTAGINEA, Schl., S. Plantain. *Scorzonera humilis*, Dub. — Fleurs jaunes; tube de la corolle pubescent. Prés, bois humides, bords des eaux. Mai, juillet. Partout. ②. C.

698. — 2. S. HISPANICA, L. S. d'Espagne.— Fleurs jaunes; tube
de la corolle presque glabre. Dans les jardins, autour
d'Auxerre. Juin, juillet. ♃.

Vulg. *salsifis*; cultivée, alimentaire.

XLVI. Picris, Juss. PICRIDE.

(*Picros*, amer ; allusion au suc amer de la plante).

699. — 1. P. HIERACIOIDES L., P. épervière. — Fleurs jaunes,
les extérieures violettes en dessous ; tige hispide à rameaux étalés. Lieux arides, dans les champs, sur les
côteaux incultes. Juillet, octobre. Calcaires. ⊛. C. C.

XLVII. Helminthia, Juss. HELMINTHIE.

(*Elmins*, ver ; allusion au fruit ridé comme un ver).

700. — 1. H. ECHIOIDES, Gært., H. vipérine. *Picris echioïdes*, L.
— Fleurs jaunes; folioles extérieures de l'involucre,
foliacées, épineuses; tige hispide, rameuse, dichotome.
Prairies artificielles. Auxerre, Monéteau. Juillet, septembre. Calcaires. ⊕. R. R.

XLVIII. Lactuca, L., LAITUE.

(*Lac*, lait; allusion au suc laiteux de la plante).

1	Fleurs bleues violacées . . . . *L. perennis*. (1).	
	Fleurs jaunes ou jaunâtres	2
2	Feuilles décurrentes. . . . . . *L. chondrillaeflora*. (8).	
	Feuilles non décurrentes	3
3	Feuilles caulinaires linéaires, entières ou lobées, mais alors à lobe terminal linéaire très entier. . . . *L. saligna*. (6).	
	Feuilles caulinaires larges, entières, roncinées ou lobées, mais alors à lobe terminal large et denticulé	4
4	Feuilles dentées, chaque dent mucronée	5
	Feuilles dentées non mucronées. . . . . *L. muralis*. (7).	
5	Fruits hispides au sommet.	7
	Fruits lisses ou à peine hispides au sommet.	6
6	Feuilles munies d'aiguillons sur la nervure dorsale ; fruits lisses . . . . *L. virosa*. (4).	
	Feuilles rarement aiguillonnées ; fruits un peu hispides. *L. sativa*. (5).	
7	Feuilles indivises. . . . . *L. dubia*. (3).	
	Feuilles pinnatifides. . . . . *L. scariola*. (2).	

701. — 1. L. PERENNIS, L., L. vivace. — Fleur d'un bleu violet, large de 0,03 environ ; feuilles molles, glauques,
glabres. Côteaux arides, champs, vignes. Mai, juillet.
Calcaires. ♃. C.

702. — 2. L. SCARIOLA, L., L. Scariole. — Fleurs d'un jaune

pâle ; feuilles fermes, glauques, profondément découpées. Bords des chemins, des champs, des vignes. Juin,
septembre. Calcaires. ②. C.

703. — 3. L. DUBIA, Jord., L. douteuse. — Fleurs d'un jaune
pâle; feuilles fermes, glauques, indivises. Lieux cultivés et incultes. Juin, septembre. Calcaires. ②. C.

704. — 4. L. VIROSA, L., L. vireuse. — Fleurs jaunâtres; akènes
pourpres; plante souvent violacée. Lieux incultes, décombres. Juin, septembre. Calcaires. ②. C.

705. — 5. L. SATIVA, L., L. cultivée. — Fleurs jaunâtres; akène
brun grisâtre ; feuilles molles et vertes. Cultivée partout. Juillet, septembre. ②.
Alimentaire, médicinale, narcotique.

706. — 6. L. SALIGNA, L., L. à feuilles de saule. — Fleurs d'un
jaune pâle, en grappe spiciforme; akène plus court que
le bec. Bords des chemins, des vignes. Juillet, septembre. Calcaires. ②. C.

707. — 7. L. MURALIS, Fries., L. des Murs. *Prenanthes muralis*,
L., *Chondrilla muralis*, Lam. — Fleurs jaunes; bec
égalant la moitié de la longueur de l'akène ; feuilles à
lobe terminal très-grand. Lieux ombragés humides, dans
les bois, sur les rochers. Juin, septembre. Calcaires. ④.
A. C.

708. — 8. L. CHONDRILLÆFLORA, Bor., L. à fleurs de chon-
drille. — Fleurs d'un beau jaune dont la partie saillante
est aussi longue que l'involucre; akènes deux fois aussi
longs que le bec. Rochers calcaires. Exp. sud. Vers les
grottes d'Arcy! Août, septembre. ②. R. R.

XLIX. Chondrilla, L. CHONDRILLE.

(*Kondros*, grumeau; allusion à l'involucre farineux).

709.— 1. C. JUNCEA, L., C. effilé.— Fleurs jaunes; tige rameuse,
jonciforme. Lieux secs, dans les champs, sur les murs.
Juin, septembre. Sables et calcaires. ♃. C.

L. Taraxacum, Haller. PISSENLIT.

(*Taraké*, trouble, *akeomaï*, guérir; c'est-à-dire plante calmante).

1	{ Folioles de l'involucre apprimées . . , . *T. palustre.* (3).	
	{ Folioles de l'involucre réfléchies.	2
2	{ Fruits rouge brique. . . . . . *T. erythrospermum.* (2).	
	{ Fruits gris olivâtre . . . . *T. officinale.* (1).	

710. — 1. T. OFFICINALE, Wigg., P. officinal. *Taraxacum dens
leonis*, Desf.; *Leontodon taraxacum*, L. — Fleurs jau-

nes ; feuilles à lobes triangulaires. Dans les prés, bords
des chemins herbeux, lieux incultes. Avril, octobre.
Partout. ♃. C. C

Vulg. *Pissenlit, écreville*. Médicinale, dépurative.

711. — 2. T. ERYTHROSPERMUM, Andrz., P. à graines rouges.
— Fleurs jaunes, feuilles à lobes linéaires. Dans les
prés, cultures. Avril, juin. ♃. C.

712. — 3. T. PALUSTRE, D. C., P. des Marais. Fleurs jaunes;
feuilles lâchement dressées.. Dans les prés. les bruyères
humides. Mai, juillet. Sables. ♃. A.C.

LI. Crepis, L. CRÉPIDE.

(*Krépis*, chaussure ; allusion à la forme du fruit).

1 { Aigrette pédicellée 2
  { Aigrette sessile. 4

2 { Involucre hérissé de soies jaunâtres, raides . *C. setosa*. (3).
  { Involucre pubescent, dépourvu de soies raides. 3

3 { Aigrette des fruits de la circonférence à pédicelles courts. .
  { . . . . *C. fœtida*. (1).
  { Toutes les aigrettes pédicellées . . . . *C. taraxacifolia*. (2).

4 { Involucre glabre . . . . *C. pulchra*. (7).
  { Involucre velu ou pubescent 5

5 { Tige diffuse, à rameaux divergents. . . *C. pinnatifida*. (4).
  { Tiges et rameaux dressés 6

6 { Folioles de l'involucre glabres à l'intérieur. . *C. virens*. (5).
  { Folioles de l'involucre pubescentes à l'intérieur. . . . .
  { . . . . *C. biennis*. (6).

713. — 1. C. FŒTIDA, L., C. fétide, *Barkhausia fœtida*, D. C.
— Fleurs jaunes; plante fétide; involucre velu glanduleux. Lieux secs, bords des chemins, des champs, décombres. Juin, septembre. Partout. ☉. C.

714. — 2. C. TARAXACIFOLIA, Thuil., C. à feuilles de pissenlit.
Barkhausia taraxacifolia, D. C.— Fleurs jaunes; plante
non fétide, fistuleuse, munie d'un duvet grisâtre. Dans
les prés, bords des chemins. Mai, juillet. Calcaires. ②. C.

715. — 3. C. SETOSA, Haller., C. hispide. —*Barkhausia setosa*,
D. C. — Fleurs jaunes; feuilles caulinaires auriculées.
Dans les champs, à Sermizelles [Sagot in Boreau]. Juin,
août. Calcaires. ☉. R. R.

716. — 4. C. PINNATIFIDA, Wild., C. pinnatifide. *Crepis stricta*,
D. C.; *Crepis diffusa* (auct). — Fleurs jaunes; feuilles caulinaires linéaires. Lieux secs, bords des champs,
des haies, des chemins. Juin, octobre. Partout. ☉. C.

717. — 5. C. VIRENS, D. C., C. verdâtre. *Crepis tectorum*, Poll.

— Fleurs jaunes; feuilles caulinaires planes; réceptacle glabre. Lieux cultivés, prés, champs. Juin, octobre Partout. ④. C. C.

718. — 6. C. BIENNIS, L.. C. bisannuelle. *Crepis glandulosa,* Bast. — Fleurs jaunes; réceptacle velu. Prés humides et marécageux, bords des étangs. Mai, juillet. Partout. ②. A. C.

719. — 7. C. PULCHRA, L., C élégante. *Prenanthes pulchra,* D. C. — Fleurs jaunes; feuilles radicales poilues glanduleuses; tige nue et glabre au sommet. Côteaux secs, bords des champs, des chemins, vignes. Mai, juillet. Calcaires. ④. C.

LII. **Sonchus**, L. LAITRON.

(*Soykos,* nom grec du laitron).

1 { Involucre couvert de poils glanduleux; plante vivace. . . . . *S. arvensis.* (4).
{ Involucre à peu près glabre; plante annuelle 2

2 { Oreillettes des feuilles, acuminées 3
{ Oreillettes des feuilles, arrondies . . . . . *S. asper.* (3).

3 { Lobe terminal des feuilles plus grand que les latéraux . . . . . . *S. oleraceus.* (1).
{ Lobe terminal de même grandeur que les latéraux . . . . . . *S. lacerus.* (2).

720. — 1. S. OLERACEUS, L., L. des Cultures. *Sonchus lævis,* Will. — Fleurs jaunes; akènes ridés transversalement. Lieux cultivés. Juin, novembre. Partout. ④. C.
     Vulg. *laitron.*

721. — 2. S. LACERUS, Wild., L. déchiqueté.— Fleurs jaunes; feuilles découpées presque jusqu'à la côte. Lieux cultivés. Juin, novembre. Partout. ④. C.

722. — 3. S. ASPER, Wild., L. âpre, *S. spinosus,* Lam.; *S. fallax,* Wallr. — Fleurs jaunes; akènes non ridés. Dans les champs. Juin, novembre. Partout. ①. C.

723. — 4. S. ARVENSIS, L., L. des Champs. — Fleurs d'un beau jaune; pédoncules glanduleux; tige fistuleuse de 1 mètre et plus. Lieux humides, les prés, les champs, les jardins. Juillet, septembre. Calcaires. ⚥. A. C.
     Vulg. *laitron vivace.*

LIII. **Hieracium**, T. EPERVIÈRE.

(de *serax,* épervier; herbe à l'épervier).

1 { Plante munie de stolons. 2
{ Plante dépourvue de stolons 3

2 { Un capitule porté par un pédoncule radical.   *H. pilosella*. (6).
  { 2 à 5 capitules au sommet de la tige. . .   *H. auricula*. (5).

3 { Feuilles radicales persistantes.   4
  { Feuilles radicales détruites à la floraison   5

4 { Feuilles radicales atténuées à la base . . *H. sylvaticum*. (4).
  { Feuilles radicales non atténuées . . . . *H. murorum*. (3).

5 { Folioles de l'involucre recourbées au sommet . . . . .
  { . . . . *H. umbellatum*. (1).
  { Folioles de l'involucre dressées . . . . *H. lævigatum*. (2).

724. — 1. H. UMBELLATUM, L., E. en ombelle. — Fleurs jaunes; involucre à folioles vertes. Clairières des bois, lieux
incultes. Août, octobre. Partout. ♃. C. C.

725. — 2. H. LÆVIGATUM, Wild., E. lisse. — Fleurs jaunes
involucre à folioles cotonneuses. Dans les bois. Juin
août. Calcaires. ♃. peu C.

726. — 3 H. MURORUM, L., E. des Murs. — Fleurs jaunes;
tige presque nue; feuilles en rosette souvent tachées,
Côteaux arides, vieux murs. Juin, août. Calcaires. ♃. C

727. — 4. H. SYLVATICUM, L., E. des Bois. — Fleurs jaunes;
tige pourvue de 1 à 6 feuilles. Dans les bois. Juin, août.
Calcaires ♃. C.

728. — 5. H. AURICULA, L., E. auricule. — Fleurs jaunes;
feuilles ciliées, nues sur les deux faces. Bruyères, bois,
prés. Perrigny! Charbuy! Avallon! Quarré! Toucy!
Gurgy! Mai, septembre. Sables et granite. ♃. R.
    Clairières des bois de Saint-Pierre, bois de Lys (Guichard).

729. — 6. H. PILOSELLA. L., E. Piloselle. — Fleurs jaunes;
feuilles ciliées et hérissées sur les deux faces. Lieux secs,
bords des chemins, des bois, etc. Mai, septembre. Partout. ♃. C. C. C.

Fam. XLVIII.— **AMBROSIACÉES**.(AMBROSIACEÆ, Link).

I. Xanthium, L. LAMPOURDE.

(*Xanthos*, jaune ; allusion à ses propriétés tinctoriales).

730. — 1. X. SPINOSUM, L., L. épineuse. — Fleurs vertes, les
mâles au sommet de la tige et des rameaux, les femelles
sur le côté à l'aisselle des feuilles; tige rameuse munie
de longues épines tripartites. Décombres, autour d'Auxerre. Juillet, septembre. Calcaires. ☉. R Naturalisée.
    Guichard et Mérat ont observé cette espèce autour des habitat ons.

Fam. XLIX. — **LOBÉLIACÉES**. (LOBELIACEÆ, Juss.).

I. Lobelia, L. LOBÉLIE.

(Dédié à Lobel, botaniste flamand).

731. — 1. L. URENS, L., L. brûlante. — Fleurs bleues en

grappe spiciforme; corolle et anthères poilues; feuilles rapprochées vers le bas. Lieux humides, bois, bruyères, moissons. Perrigny! la Puisaie! Toucy [Gromas]! Juin, septembre. Sables. ②. A. R.

FAM. L. — **CAMPANULACÉES**. (CAMPANULACEÆ, Juss.).

1 { Corolle divisée presque jusqu'à la base. 2
{ Corolle à 5 lobes peu profonds. 3

2 { Fleurs sessiles. . . . . *Phyteuma*. (ii).
{ Fleurs pédicellées . . . . *Jasione*. (i).

3 { Corolle campanulée 4
{ Corolle rotacée . . . . *Specularia*. (v).

4 { Capsule turbinée, s'ouvrant par des pores latéraux . . . .
{ . . . . *Campanula* (iv).
{ Capsule subglobuleuse, s'ouvrant par des valves
{ . . . . *Wahlenbergia*.(iii).

I. **Jasione**, L. JASIONE.

(*Iasis*, guérison; allusion à de prétendues propriétés médicales).

732. — 1. J. MONTANA, L., J. des Montagnes. — Fleurs bleues en capitule; feuilles linéaires, ondulées. Lieux secs, bruyères, bois, bords des chemins. Juin, octobre. Sables et granite. ①. et ②. C.

II. **Phyteuma**, L. RAIPONCE.

(*Phuteuma*, plante vigoureuse).

1 { Fleurs disposées en têtes globuleuses . . *P. orbiculare*. (2).
{ Fleurs disposées en épis allongés. . . . *P. spicatum*. (1).

733. — 1. P. SPICATUM, L., R. en épis. — Fleurs jaunâtres; calice glabre. Lieux ombragés humides, bois. Avallon! Perrigny! Villeneuve-Saint-Salves! Toucy! fl. mai, juillet; fr. août. Partout. ♃. A. R.
     Obs. Varie à fleurs bleues dans les terrains granitiques.

734. — 2. P. ORBICULARE, L., R. orbiculaire.—Fleurs bleues; calice à divisions ciliées. Clairières des bois secs et montueux. fl. Juin, août. Calcaires. ♃. A. C., mais seument dans le Tonnerrois et l'Auxerrois.

III. **Wahlenbergia**, Schrad. CAMPANILLE.

(Dédié à Wahlenberg, botaniste suédois).

735. — 1. W. HEDERACEA, Rchb., C. à feuilles de lierre. *Campanula*, L. — Fleurs d'un bleu pâle; tiges filiformes, diffuses, molles, glabres. Lieux humides, prés, rochers. Quarré! Saint-Léger! Saint-Germain-des-Champs! Juin, septembre. Granite. ♃. R.

IV. **Campanula**, L. CAMPANULE.

(Campana, cloche ; allusion à la forme de la corolle).   -

1 | Fleurs sessiles. . . . . *C. glomerata.* (1).
   | Fleurs pédicellées   2

2 | Calice et corolle velus   3
   | Calice et corolle glabres. 4

3 | Fleurs solitaires en grappe terminale et unilatérale. . . . .
   | . . . . *C. rapunculoïdes.* (3).
   | Pleurs axillaires 1 à 3, en grappe feuillée. *C. trachelium.* (2).

4 | Feuilles radicales arrondies, réniformes, pétiolées. . . . .
   | . . . . *C. rotundifolia.* (5).
   | Feuilles radicales oblongues, rétrécies en pétioles . . . .
   | . . . . *C. rapunculus.* (4).

736. — 1. C. GLOMERATA, L., C. agglomérée. — Fleurs bleues
réunies en capitules ; feuilles finement crénelées. Côteaux
secs, bois. Mai, septembre. Calcaires. ♃. C.

737. — 2. C. TRACHELIUM, L., C. gantelée. — Fleurs bleues
pédonculées, réunies 1-3 ; plante sans stolons. Bois,
buissons. Juin, septembre. Partout. ♃, C.

738. — 3. C. RAPUNCULOIDES, L., C. fausse Raiponce. — Fleurs
bleues solitaires, en grappe non feuillée ; plante munie
de stolons. Champs en friches. Juin, août. Calcaires.
♃. A. C.

739. — 4. C. RAPUNCULUS, L., C. Raiponce. — Fleurs bleues
disposées en panicules étroites. Bords des bois, des
champs, des chemins. Mai, septembre. Sables. ☉. C.

740. — 5. C. ROTUNDIFOLIA, L., C. à feuilles rondes. — Fleurs
bleues ; feuilles radicales cordiformes arrondies, celles
de la tige linéaires. Côteaux arides, bois, rochers. Juin,
septembre. Calcaires. ♃. C.

V. **Specularia**, Heist., SPÉCULAIRE.

(Speculum, miroir ; allusion au limbe plane de la corolle).

1 | Corolle plus courte que les divisions du calice . . . . .
   | . . . . *S. hybrida.* (2).
   | Corolle aussi longue que les divisions du calice . . . . .
   | . . . . *S. speculum* (1).

741. — 1. S. SPECULUM, D. C., Sp. Miroir. *Campanula speculum*, L. — Fleurs bleues en panicules ; feuilles à peine
crénelées. Moissons, champs incultes. Mai, juillet. Partout. ☉ C. C.

742. — 2. S. HYBRIDA, D. C., Sp. hybride. — *Campanula
hybrida*, L. — Fleurs bleues en corymbe ; feuilles fortement ondulées, crénelées. Moissons, champs incultes.
Mai, juillet. Calcaires. ☉. A. C.

Fam. LI. — **VACCINIÉES**. (Vacciniæ, D. C.).

Corolle urcéolée; tige dressée.	. . . . .	*Vaccinium.* (i).
Corolle rotacée; tige couchée.	. . . . .	*Oxycoccos.* (ii).

I. **Vaccinium**, L. Airelle.

(de *Vacca*, vache; plante recherchée par les vaches).

743. — 1. V. MYRTILLUS. L., A. Myrtille. — Fleurs d'un blanc
verdâtre et rosé, solitaires; feuilles finement dentées;
rameaux ailés. Bois montueux à Champigny [Juliot]!
fl. mai, juin; fr. août. ♃. R. R.
　　Vulg. *airelle.*

II. **Oxycoccos**, Pers., Canneberge.

(*Oxus*, acide, *coccos*, fruit).

744. — 1. O. PALUSTRIS, Pers., C. des Marais. *Vaccinium oxycoccos*, L. — Fleurs d'un beau rose; feuilles entières
persistantes. Prés tourbeux. Quarré-les-Tombes, Saint-
Léger [Boreau]. Juin, septembre. Granite. ♃. R. R. R.

Fam. LII. — **ÉRICACÉES**. (Ericeæ, D. C.).

Corolle plus longue que le calice	. . . . .	*Erica.* (ii).
Corolle plus courte que le calice coloré	. . .	*Calluna.* (i).

I. **Calluna**, Salisb., Callune.

(*Callunein*, balayer; la plante sert à faire des balais).

745. — I. C. VULGARIS, Salisb., C. vulgaire. *Calluna erica*,
D. C.; *Erica vulgaris*, L. — Fleurs roses; feuilles opposées et imbriquées sur 4 rangs. Lieux secs, bois. Juillet,
septembre. Sables. ♃. C. C.
　　Vulg. *bruyère commune.*

II. **Erica**, L. Bruyère.

(*Ereïkeïn*, briser; allusion à ses propriétés lithontriptiques).

Feuilles et calices glabres	. . . . . .	*E. cinerea.* (1).
Feuilles et calices longuement ciliés	. . .	*E. tetralix.* (2).

746. — 1. E. CINEREA, L., B. cendrée. — Fleurs d'un rose
foncé. réunies par 1-3 et disposées en panicule terminale; calice à divisions glabres. Lieux secs, bois, bruyères. Juillet, octobre. Sables. ♃. C. C.
　　Vulg. *bruyère.*

747. — 2. E. TETRALIX, L., B. à 4 faces. — Fleurs d'un rose
tendre, réunies par 5-12 au sommet des rameaux; calice laineux blanchâtre. Lieux humides, bois, bruyères.
Juin, septembre. Sables. ♃ A. C.

Fam. LIII. — **PYROLACÉES**. (Pyrolaceæ, Lindl.).

1. **Pyrola**, L. Pyrole.

(Diminutif de *pyrus*, poirier ; allusion à la forme des feuilles).

748. — 1. P. ROTUNDIFOLIA. L. — Fleurs d'un blanc rosé en grappe terminale ; feuilles toutes radicales, pétiolées, arrondies. Bois couverts. Saint-Georges ! Bleigny-le-Carreau [Prot] ! Grange-le-Bocage, Valières [Boujour] ! Appoigny ! Lindry ! forêt d'Othe ! Juin, juillet. Sables. ♃. R.

Fam. LIV.— **MONOTROPACÉES**. (Monotropeæ, Nutt.).

(Du genre *Monotropa*).

1. **Hypopitys**, Dill., Hypopitys.

(*Upos*, sous, *pitus*, pin ; plante parasite du pin).

749. — 1. H. MULTIFLORA, Scop., H. multiflore. *Monotropa hypopitys*, L. — Plante blanchâtre pubescente ou glauduleuse dans toutes ses parties ; feuilles squammiformes ; tige simple, dressée; fleurs en grappe. Bois couverts. Forêts de Frétoy ! d'Othe ! de Pontigny ! Venisy ! fl. mai, juillet; fr. août. Calcaires. ♃.R. R.

Fam. LV. — **LENTIBULARIÉES**. (Lentibularieæ, C. Rich.).

(Nom faisant allusion aux bulles qui couvrent les plantes).

1. **Utricularia**, L. Utriculaire.

(De *uter*, outre ; allusion aux bulles des feuilles).

Lèvre supérieure de la corolle de la longueur du palais. . . . . *U. vulgaris*. (1).
Lèvre supérieure de la corolle plus longue que le palais. . . . . *U. neglecta*. (2).

750. — 1. U. VULGARIS, L., U. commune. — Fleurs jaunes; anthères soudées. Eaux tranquilles profondes, étangs, fossés. Juin, août. Sables et calcaires. ♃. A. C.

751. — 2. U. NEGLECTA, Lehm., U. oubliée. — Fleurs jaunes; anthères libres. Canal de Bourgogne à Laroche ! Juin, août. ♃. R.

> Mérat cite *pinguicula vulgaris*, L., dans les étangs de Saint-Sauveur et les mouillières de Toucy.

Fam. LVI. — **PRIMULACÉES**. (Primulaceæ, Vent).

Hampe nue ; feuilles radicales 2
Tige feuillée. 3

2 { Gorge de la corolle dépourvue d'écailles . . *Primula.* (1).
  { Gorge de la corolle munie de 5 écailles. . . *Androsace.* (2).

3 { Fleurs jaunes . . . . *Lysimachia.* (iii).
  { Fleurs bleues, blanches ou rouges   4

4 { Feuilles opposées ; fleurs bleues ou rouges . *Anagallis.* (iv).
  { Feuilles alternes ; fleurs blanches . . . . . *Samolus.* (v).

I. Primula, L. PRIMEVÈRE.

(*Primus,* premier ; allusion à la précocité des fleurs).

1 { Fleurs d'un jaune vif ; divisions du calice triangulaires . . .
  { . . . . *P. officinalis.* (1).
  { Fleurs d'un jaune pâle ; divisions du calice acuminées . . .
  { . . . . *P. elatior.* (2).

752. — 1. P. OFFICINALIS, Jacq., P. officinale. *Primula veris,*
a. L. — Fleurs d'un jaune orangé, odorantes ; pédicelles
brièvement tomenteux. Dans les prés, les bois. Mars,
mai. Partout. ♃. C. C.
> Vulg. *pâquette.*

753. — 2. P. ELATIOR, Jacq., P. élevée. *Primula veris,* b. L.
— Fleurs d'un jaune soufre, inodores ; pédicelles velus.
Lieu ombragés humides. Mars, mai. Sables et granite.
A. C.
> Obs. Robine au-Desvoidy a indiqué dans les étangs à Saint-Sau-
> veur *hottonia palustris,* L.; on reconnaitra cette plante à ses feuilles
> submergées penniséquées et à ses fleurs rosées ou verticilles terminaux.
> Mai, juin.

II. Androsace, T. ANDROSACE.

(*Anér*, homme, *sacos*, bouclier ; allusion à la forme des feuilles).

754. — 1. A. MAXIMA, L., A. à grand calice. — Fleurs blanches ou roses, à gorge jaune ; calice velu à tube
globuleux. Moissons. Saint-Bris ! Plessis-Saint-Jean [S.
Moreau]! Avril, mai. C. ⊕. R.

III. Lysimachia, L. LYSIMAQUE.

(Dédié à Lysimaque, médecin de l'antiquité).

1 { Fleurs en panicule ; tige dressée. . . . . . *L. vulgaris,* (1).
  { Fleurs solitaires axillaires ; tige couchée   2

2 { Feuilles arrondies ; lobes du calice ovales. *L. nummularia* (2).
  { Feuilles ovales aiguës ; lobes du calice linéaires. *L. nemorum* (3).

755. — 1. L. VULGARIS, L. L. commune.— Fleurs jaunes ; feuil-
les opposées, ternées ou quaternées, ponctuées de noir.
Bords des eaux, prés humides. Juin, septembre. Partout.
♃. C.

756. — 2. L. NUMMULARIA, L. L. aux écus. — Fleurs jaunes ;
tiges couchées, rampantes. Lieux humides, bords des
fossés. Juin, août. Partout. ♃. C.

757. — 3. L. NEMORUM, L., L. des bois. *Lerouxia*, Mérat. —
Fleurs jaunes; tiges couchées, pnis redressées. Lieux
couverts humides. Avallon! Mai, juillet. Granite. ♃.
R. R.

IV. Anagallis, L. MOURON.

(*Anag elaó*, rire ; allusion à des propriétés exhilarantes).

Fleurs rouges	*A. arvensis*. (1).
Fleurs bleues.	*A. cœrulea*. (2).

758. — 1. A. ARVENSIS, L. M. des Champs. *Anagallis phœnicea*,
Lam. — Feuiles trinervées; lobes de la corolle ciliés,
glanduleux. Lieux cultivés, jardins. Juin, octobre.
Partout. ⊕. C.

759. — 2. A. CÆRULEA, Schreb. M. bleu. — Feuilles à 5 nervures; lobes de la corolle non glanduleux. Lieux cultivés, jardins. Juin, octobre. Partout. ⊕. C. C.

V. Samolus, L. SAMOLE.

(Des mots celtiques *san*, sain, *mos*, porc; aliment de porc).

760. — 1. S. VALERANDI, L., S. de Valerandus. — Fleurs
blanches en corymbe ou en grappes; feuilles glauques
entières. Bords des ruisseaux. Joigny [Grenet]! Juin,
août. Calcaires. ♃. R. R.
   Abonde dans un marais près Saint-Antoine (Guichard).

FAM. LVII. — ILICINÉES. (ILICINEÆ, Brong.).

I. Ilex, L. Houx.

(Du celtique *ac*, pointe ; allusion aux feuilles épineuses).

761. — 1. I. AQUIFOLIUM, L., H. commun. — Fleurs blanches ;
arbre ou arbrisseau à feuilles coriaces, luisantes, crénelées ou épineuses. Bois, haies. fl. mai, juin ; fr. octobre ;
Sables et granite. C., surtout dans l'Avallonnais.
   Obs. L'écorce produit la glu.

FAM. LVIII. — OLÉACÉES. (OLEINEE, Hoff.).

(Nom tiré du genre *olea*, olivier).

Feuilles imparipennées ; arbre	*Fraxinus*. (i).	
Feuilles simples ; arbrisseau		2
Fruit charnu ; fleurs blanches	*Ligustrum*. (iii).	
Fruit sec ; fleurs lilas	*Syringa*. (ii).	

I. Fraxinus, L. FRÊNE.

(De *phraxis*, haie).

762. — 1. F. EXCELSIOR, L., F. élevé. — Fleurs rougeâtres

naissant avant les feuilles; fruit ailé. Lieux frais des bois, bords des chemins, des prés, des routes. fl. avril; fr. juillet. Partout. C.

Vulg. *frène*; très-estimé en charronnage, médicinale, fébrifuge.

II. Syringa, L. LILAS.

(*Surinx*, tuyau; allusion à la tige dont on fait des chalumeaux).

763. — 1 'S. VULGARIS. L., L. commun. *Lilac vulgaris*, Lam. — Fleurs violettes en thyrse terminal; feuilles glabres, ovales, cordées. Subspontané dans les haies. Avril et mai. C.

Vulg. *lilas*; cultivé partout dans les jardins, varie à fleurs blanches.

III. Ligustrum, L. TROENE.

(*Ligare*, lier; allusion à la flexibilité des rameaux).

764. — 1. L. VULGARE, L., T. commun. — Fleurs blanches odorantes en panicule terminale; feuilles et fruits passant l'hiver. Dans les bois, les haies. fl. Juin, juillet; fr. septembre. Partout. Arbrisseau. C.

Vulg. *troëne*, cultivé en bordure.

FAM. LIX. — APOCYNACÉES. (APOCYNEÆ, JUSS.).

I. Vinca, L. PERVENCHE.

(*Vincire*, enlacer; allusion à la tige sarmenteuse).

Feuilles glabres	*V. minor.* (1).
Feuilles ciliées	*V. major.* (2).

765. — 1. V. MINOR, L., P. à petites fleurs. — Fleurs bleues à pédoncules plus longs que les feuilles; calice à divisions glabres. Dans les bois, les haies. Mars, mai. Principalement dans les sables. ♃. C.

Vulg. *pervenche*; médicinale, anti-laiteuse.

766. — 2. V. MAJOR, L., P. à grandes fleurs. — Fleurs bleues à pédoncules plus courts que les feuilles; calice à divisions ciliées. Dans les haies à Joigny! Héry! Mars, mai. Calcaires. ♃. R.

Vulg. *grande pervenche*. Haies autour d'Auxerre (Mérat).

FAM. LX. — ASCLEPIADÉES. (ASCLEPIADEÆ, R. Br.).

I. Vincetoxicum, Mœnch. DOMPTE-VENIN.

(*Vincere toxicum*, c'est-à-dire contre-poison).

767. — 1. V. OFFICINALE, Mœnch., D. officinal. *Asclepias vincetoxicum*, L.; *Cynanchum vincetoxicum*, R. Br. — Fleurs blanches intérieurement, jaunâtres extérieurement; tige

dressée, simple ; feuilles opposées un peu coriaces. Côteaux arides, bois secs. Juin, septembre. Calcaires. ⚥.
C. C.

Vulg. *dompte-venin* ; médicinale, diurétique.

Fam. LXI. — GENTIANÉES. (Gentianeæ, Juss.).

1 { Corolle à lobes ciliés ou barbus en dedans 2
{ Corolle ni ciliée, ni barbue 4

2 { Feuilles trifoliolées . . . . *Menyanthes*. (vi).
{ Feuilles simples 3

3 { Feuilles suborbiculaires cordées ; plante aquatique . . . .
{ . . . . *Limnanthemum*. (vii).
{ Feuilles jamais suborbiculaires ; plante terrestre. *Gentiana*. (v).

4 { 6 à 8 étamines. . . . . *Chlora*. (iv).
{ 4 à 5 étamines 5

5 { Anthères contournées en spirale après l'émission du pollen.
{ . . . . *Erythræa*. (i).
{ Anthères non contournées en spirale 6

6 { Fleurs grandes ; stigmates non capités . . . *Gentiana*. (v).
{ Fleurs petites ; stigmates capités ; très-petites plantes . . . 7

7 { Calice à lobes courts appliqués sur la capsule. *Microcala*. (iii).
{ Calice à divisions linéaires non appliquées sur la capsule. .
{ . . . . *Cicendia*. (ii).

I. Erythræa, Reich , ERYTHRÉE.

(*Eruthros*, rouge ; allusion à la couleur des fleurs).

1 { Fleurs preque sessiles, munies de bractées ; rameaux dressés.
{ . . . . *E. centaurium*. (1).
{ Fleurs pédicellées, sans bractées ; rameaux étalés . . . . .
{ . . . . *E. pulchella*. (2).

768. — 1. E. CENTAURIUM, Pers., E. centaurée. *Gentiana centaurium*, L.; *Chironia centaurium*, Sm. — Fleurs roses sessiles et fasciculées; corolle à lobes obtus ; feuilles radicales en rosette. Dans les bois humides. Juin, septembre. Partout. ☉. C. ' C.

Vulg. *petite centaurée* ; médicinale, fébrifuge.

769. — 2. E. PULCHELLA, Fries., E. élégante. *Erythræa ramosissima*, Pers. — Fleurs roses pédonculées, solitaires; corolle à lobes aigus ; feuilles radicales jamais en rosette. Lieux mouillés l'hiver, bords des étangs. Juin, septembre. Sables et calcaires argileux. ☉. C.

II. Cicendia, Adans. CICENDIE.

(Nom fabriqué par Adanson).

770. — 1. C. PUSILLA, Griseb., C. naine. *Exacum pusillum*, D. C.; *Gentiana pusilla*, Lam. — Fleurs blanches jau-

nâtres ou rosées; tige très-rameuse à rameaux étalés.
Bords des chemins, dans les bruyères humides. Perrigny! Charbuy! Juillet, septembre. Sables. ☉. R. R. R.

III. Microcola, Linck. MICROCALE.

(*Micros*, petit, *calós*, cable; allusion à la tige filiforme).

771. — 1. M. FILIFORMIS, Linck., M. filiforme. *Gentiana filiformis*, L.; *Cicendia filiformis*, Delarb.; *Exacum filiforme*, Wild. — Fleurs jaunes; tige simple ou rameuse
à rameaux dressés. Bruyères humides. Perrigny! Char-
. buy! Appoigny! Juin, septembre. Sables. ☉. A. R.

IV. Chlora, L. CHLORETTE.

(*Klôros*, jaune-verdâtre; allusion à la couleur de la plante).

772. — 1. C. PERFOLIATA, L.. Ch. perfoliée. — Fleurs jaunes;
calice à 8 divisions; feuilles opposées soudées à la base;
tige simple, dressée, plante glauque. Bois humides.
Saint-Georges! Saintpuits! Ancy-le Franc! forêt d'Othe
[Grenet]! Juin, août. Calcaires argileux. ☉. R.

V. Gentiana, L. GENTIANE.

(Dédié par Dioscoride à Gentius, roi d'Illyrie).

1	Fleurs jaunes . . . . G. *lutea*. (1).		
	Fleurs jamais jaunes.	2	
2	Corolle à lobes ciliés ou barbue en dedans à la gorge. . . .	3	
	Corolle ni ciliée, ni barbue.	4	
3	Corolle à 4 divisions ciliées . . . . G. *ciliata*. (5).		
	Corolle à 5 divisions, à gorge barbue en dedans . . . . G. *germanica*. (4).		
4	Corolle à 5 divisions; tige dressée. . G. *pneumonanthe*.(3).		
	Corolle à 4 divisions; tige étalée ascendante. G. *cruciata*. (2).		

773. — 1. G. LUTEA, L., G. jaune. — Fleurs jaunes; tige de
1 mètre et plus, simple, dressée. Bois montueux depuis
Vincelles jusqu'à Cruzy. Juin, août. Calcaires. ♃. R.
Vulg. *gentiane*; médicinale, fébrifuge.

774. — 2. G. CRUCIATA, L., G. croisette. — Fleurs bleues sessiles, fasciculées; feuilles à 3 nervures. Côteaux herbeux, bois et prés montueux. Juin, août. Calcaires. ♃.
A. C.
Vulg. *croisette*; abonde dans le grand val près Cruzy.

775. — 3. G. PNEUMONANTHE, L., G. pneumonanthe. — Fleurs
bleues pédonculées, solitaires; feuilles à une nervure.
Bois et prés marécageux. Perrigny! Appoigny! Druyes!
Andryes! etc. Juillet, octobre. Sables et calcaires. ♃.
A. R.
Bois de Chaumois et des Bries (Mérat); près de Tonna (Guichard).

776. — 4. G. GERMANICA, Wild., G. d'Allemagne. *Gentiana
amarella*, Thuil. — Fleurs d'un violet purpurin ; calice à
5 divisions. Côteaux arides, bois montueux depuis
Druyes jusqu'à Cruzy ! Joigny [Grenet]! Ancy-le-Franc !
Août, octobre. Calcaires. ☉. A. R.

777. — 5. G. CILIATA, L., G. ciliée. — Fleurs bleues ; calice à
4 divisions ; Côteaux secs, bois clairs, champs incultes,
depuis Tonnerre jusqu'à la forêt de Maulnes et Ancy-le-
Franc ! Août, septembre. Calcaires. ☉. R.

VI. **Menyanthes**, L. MÉNYANTHE.

Mén, mois, *anthos*, fleur, allusion à la durée des fleurs).

778. — 1. M. TRIFOLIATA. L., M. Trèfle d'eau. — Fleurs rosées
couvertes de cils blancs crépus, disposées en grappe ;
feuilles trifoliolées. Lieux marécageux, bords des étangs.
Lindry ! Toucy ! Saint-Sauveur! l'Avallonnais ! Avril,
mai. Sables, granite. ♃. A. R.
Vulg. *trèfle d'eau*; médicinale, dépurative, antiscorbutique.

VII. **Limnanthemum**, Gmel. LIMNANTHÈME.

(*Limnos*, marais, *anthéma*, fleur).

779. — 1. L. NYMPHOIDES, Linck., L. faux Nénuphar. *Menyanthes nymphoïdes*, L.; *Villarsia nymphoïdes*, Vent. —
Fleurs jaunes pédonculées, fasciculées à l'aisselle des
feuilles supérieures ; feuilles pétiolées presque orbicu-
culaires. Eaux paisibles. Fausse Yonne à Sens [Juliot]!
Juillet, septembre. Calcaires. ♃. R. R.
Obs Après la floraison, la plante disparait sous l'eau.

FAM. LXII. — **CONVOLVULACÉES**. (CONVOLVULEÆ, Juss.)

1	Plante dépourvue de feuilles	*Cuscuta*. (ii).
	Plante feuillée	*Convolvulus*. (i).

1. **Convolvulus**, L. LISERON.

(*Convolvere*, s'enrouler; allusion aux tiges volubiles).

1	Bractées foliacées entourant le calice. . .	*C. sepium*. (1).
	Calice dépourvu de bractées.	2
2	Tige dressée; feuilles sessiles.	*C. cantabrica*. (3).
	Tige volubile ; feuilles pétiolées.	*C. arvensis*. (2).

780. — 1. C. SEPIUM. L., L. des Haies. *Calystegia sepium*, R.
Br. — Fleurs blanches, bractées en cœur; feuilles sagittées. Dans les haies. Juin, octobre. Partout. ♃. C. C.

781. — 2. C. ARVENSIS, L., L. des Champs. — Fleurs blanches

ou rosées; bractées linéaires; feuilles hastées. Dans les champs, les vignes, les jardins. Mai. octobre. Partout, ♃. C. C. C.

Vulg. *lignot.*

782. — 3. C. CANTABRICA, L., L. de Biscaye. — Fleurs roses; feuilles lancéolées pubescentes. Côteaux calcaires arides, rochers. Camp de Chora à Saint-Moré [Raulin]! Bois du parc à Mailly-Château [Mérat]! Exp. sud et sud-ouest. Juin, juillet. Calcaires. ♃. R. R.

II. Cuscuta, L. Cuscute.

(De l'arabe Kechout).

1 { Tube de la corolle ouvert. . . . . C. *major.* (1).
{ Tube de la corolle fermé par des écailles . . C. *minor.* (2).

783. — 1. C. MAJOR, D. C., C. à grandes fleurs. *Cuscuta europæa,* a. L. — Fleurs blanchâtres; étamines incluses; tiges jaunes verdâtres. Parasite sur le houblon et l'ortie. Guillon [Roy]! Avallon! Juin, août. Calcaires et granite. ①. R.

784. — 2. C. MINOR, D. C., C. à petites fleurs. *Cusuta epithymum,* Murr. — Fleurs rosées; étamines saillantes; tiges ordinairement rougeâtres. Parasite sur les bruyères, le polygala, le serpolet, etc. Juin, septembre. Partout. ①. C.

Vulg. *teigne.*

FAM. LXIII. — **BORRAGINÉES.** (BORRAGINEÆ, JUSS.).

1 { Des écailles à la gorge de la corolle. 5
{ Pas d'écailles à la gorge de la corolle 2

2 { Corolle subbilabiée . . . . *Echium.* (ii).
{ Corolle régulière ou à peu près 3

3 { Calice tubuleux, campanulé, à 5 divisions qui n'atteignent pas
{ le milieu du tube . . . . *Pulmonaria.* (viii).
{ Calice divisé presque jusqu'à la base 4

4 { Corolle munie d'une dent entre chaque lobe . . . . . .
{ . . . . *Heliotropium.* (i).
{ Pas de dents entre les lobes de la corolle. *Lithospermum.* (vii).

5 { Fleurs toutes axillaires sessiles ou à peu près sessiles. . . . 6
{ Fleurs pédicellées, terminales ou en grappes. 7

6 { Calice fructifère dilaté, comprimé en 2 feuillets. *Asperugo.* (x).
{ Calice fructifère non dilaté, à 5 divisions. *Lithospermum.* (vii).

7 { Corolle blanche, cylindrique à limbe droit. *Symphytum.* (iv).
{ Corolle bleue ou rouge, à limbe évalé 8

8 { Corolle à tube coudé . . . . *Lycopsis* (vii).
{ Corolle à tube droit 9

9 { Corolle à lobes aigus ; filet des étamines muni d'un appendice
      linéaire charnu . . . . *Borrago*. (iii).
    Corolle à lobes non aigus ; pas d'appendice aux étamines. . .   10

10 { Carpelles chargés d'épines crochues.   11
     Carpelles dépourvus d'épines . . . . , . . .   12

11 { Style grêle, court, caduc . . . . . *Echinospermum*. (xi).
     Style robuste, allongé, persistant . . . *Cynoglossum*. (xii).

12 { Plante robuste, hérissée de poils raides et piquants . . . .
     . . . . *Anchusa*. (v).
     Plante faible, parsemée de poils mous, jamais piquants . . .
     . . . . *Myosotis*. (ix).

I. Heliotropium, L. HÉLIOTROPE.

(*Elios*, soleil, *trepô*, tourner ; qui tourne vers le soleil).

785. — 1. H. EUROPÆUM, L., H. d'Europe. — Fleurs blanches ;
feuilles pétiolées obtuses, blanchâtres, pubescentes ; tige
dressée, rameuse. Dans les champs, les jardins. Juin,
septembre. Sables et calcaires. ①. C. C.
> Vulg. *héliotrope sauvage.*

II. Echium, L. VIPÉRINE.

(*Ekis*, vipère ; allusion aux taches de la tige).

786. — 1. E. VULGARE, L., V. commune. — Fleurs bleues,
roses ou blanches ; tige dressée simple, hérissée de
poils raides placés sur des tubercules noirâtres. Lieux
secs, bords des chemins, vieux murs. Mai, septembre.
Partout. ②. C. C. C.
> Obs. Dans les lieux très-arides et surtout pendant les années sèches,
> cette plante offre des fleurs petites à étamines, les unes saillantes, les
> autres incluses ou toutes incluses ; dans ce dernier état, elle constitue
> l'*Echium wierzbickii*, Habrl.

III. Borrago, T. BOURRACHE.

(Des mots arabes *bou raschh*, père de la sueur ; allusion à ses
propriétés sudorifiques).

787. — 1. B. OFFICINALIS, L., B. officinale. — Fleurs bleues
en grappes feuillées, calice à segments connivents à la
maturité. Dans les jardins, décombres. Mai, octobre.
Partout. ①. C.
> Vulg. *bourrache*; médicinale, sudorifique.

IV. Symphytum, T. CONSOUDE

(*Sumphuô*, je soude ; employée jadis pour guérir les plaies).

788. — 1. S. OFFICINALE, L., C. officinale. — Fleurs blanches
rarement violettes ; feuilles décurrentes. Lieux ombragés humides. Mai, juin. Partout. ⚥, A. C. Çà et là.
> Vulg. *grande consoude* ; médicinale ; racine astringente.

V. **Anchusa**, L. BUGLOSSE.

(*Agkousa*, fard ; allusion au principe rouge de la racine).

789. — 1. A. ITALICA, Retz., B. d'Italie. *Anchusa paniculata*,
Aït.; *Anchusa officinalis*, Dub. — Fleurs d'un bleu
d'azur ; calice à segments étalés à la maturité. Dans les
champs, talus des routes. Mai, août. Calcaires. ♃. C.

VI. **Lycopsis**, L. LYCOPSIDE.

(*Lucos*, loup, *opsis*, ressemblance : allusion aux poils hérissés).

790. — 1. L. ARVENSIS, L., L. des Champs. — Fleurs d'un bleu
pâle ; étamines incluses ; feuilles hérissées sinuées. Lieux
incultes, les champs, les murs. Avril, novembre. Partout.
①. C.

VII. **Lithospermum**, T. GRÉMIL.

(*Lithos*, pierre, *sperma*, graine ; allusion à la dureté du fruit).

1 { Corolle d'un beau bleu. . . . . **L. purpureo-cœruleum**. (3).
{ Corolle petite, blanchâtre 2

2 { Fruits ridés et ternes ; feuilles à nervures peu saillantes. . . .
. . . . **L. arvense**. (1).
{ Fruits lisses, blancs, luisants : feuilles à nervures saillantes à
la face inférieure. . . . . **L. officinale**. (2).

791. — 1. L. ARVENSE, L., G. des Champs. — Fleurs blanches ;
calice à segments aigus. Champs cultivés. Avril, septembre. Partout. ①. C. C.

792. — 2 L. OFFICINALE. L., G. officinal. — Fleurs d'un
blanc jaunâtre ; calice à segments obtus. Bords des chemins, des murs, bois. Mai, juillet. Calcaires. ♃. A. C.
Vulg. *thé, herbe aux perles*. Belombre (Mérat), Saint-Clément (Guichard).

793 — 3. L. PURPUREO-CÆRULEUM, L., G. violet. — Fleurs
grandes, violettes, puis d'un bleu d'azur ; étamines insérées au sommet du tube de la corolle. Bois montueux
couverts. Val-de-Mercy ! Saint-Maurice-aux-Riches-
Hommes [Juliot]! Avril, juin. Calcaires ♃. R.
Environs d'Arcy (Mérat).

VIII. **Pulmonaria**, T. PULMONAIRE.

(*Pulmo*, poumon ; employée jadis dans les affections pulmonaires).

1 { Feuilles radicales lancéolées, étroites. . . **P. tuberosa**. (2).
{ Feuilles radicales lancéolées, élargies. . . **P. longifolia** (1).

794. — 1. P. LONGIFOLIA, Bast. — Fleurs rouges et bleues ;
feuilles radicales adultes mesurant 40 à 50 centimètres.
Lieux frais couverts. Tanlay, dans le bois de Narmond !
Avril, mai. Calcaires. ♃. R.

795. — 2. P. TUBEROSA, Schr. *Pulmonaria angustifolia*, L. part. — Fleurs rouges et bleues; feuilles radicales n'atteignant jamais 40 centimètres de longueur. Dans les bois. Mars, avril. Partout. ♃. C. C.

IX. Myosotis, L. MYOSOTIS.

(*Mûs*, souris, *oûs*, oreille; allusion à la forme des feuilles).

1 { Calice à poils courts apprimés 2
{ Calice à poils étalés ou réfléchis 4

2 { Fleurs grandes d'un beau bleu. . . . . **M. palustris.** (1).
{ Fleurs petites d'un bleu pâle 3

3 { Tiges en touffes serrées; calice fructifère presque fermé. . . . . **M. multiflora.** (3).
{ Tiges non en touffes; calice fructifère ouvert . . . . **M. strigulosa.** (2).

4 { Pédicelle beaucoup plus long que le calice fructifère. **M. intermedia.** (3).
{ Pédicelle plus court que le calice fructifère ou l'égalant à peine 5

5 { Corolle jaune, rongeâtre ou bleue . . . **M. versicolor.** (5).
{ Toutes les corolles bleues 6

6 { Calice fructifère ouvert. . . . . **M. hispida.** (4).
{ Calice fructifère fermé . . . . **M. stricta.** (6).

796. — 1. M. PALUSTRIS, Wit., M. des Marais. *Myosotis perennis*, Mœnch. — Fleurs bleues; plante touffue, rameuse. Bords des eaux. Mai, septembre. Partout.. ♃. C.

797. — 2. M. STRIGULOSA, Reich., M. rude. — Fleurs d'un bleu pâle; plante jamais touffue, dressée; tige souvent simple. Prés marécageux, bois humides. Mai, septembre. Partout, ②. C.

798. — 3. M. MULTIFLORA, Mérat., M. multiflore. — Fleurs petites blanches bleuâtres; tige à rameaux nombreux, flexueux ou divariqués. Prés marécageux. Avallon ! Mai, septembre. Granite. ②. R.

799. — 3. M. INTERMEDIA, Linck., M. intermédiaire. *Myosotis arvensis*, Roth., *Myosotis scorpioides*, a. L. — Fleurs d'un bleu pâle; carpelles luisants carénés sur une face. Dans les champs, les vignes et les bois. Avril, septembre. Partout. ②. C. C.

800. — 4. M. HISPIDA, Schlech., M. hispide. *Myosotis collina*, Reich. — Fleurs bleuâtres; pédicelles fructifères étalés; feuilles couvertes de poils droits. Lieux secs, bords des chemins, champs. Avril, septembre. Sables. ①. C.

801. — 5. M. VERSICOLOR, Pers., M. versicolore. — Fleurs

jaunes, pnis bleues, ensuite violettes ; corolle à la fin à tube une fois plus long que le calice. Dans les champs, les bois. Avril, septembre. Sables. ①. C.

802. — 6. M. STRICTA, Linck., M. raide. — Fleurs bleuâtres ; pédicelles toujours dressés ; feuilles couvertes de poils crochus. Lieux secs, pelouses arides, bords des chemins. Avril, septembre. Sables. ②. A. C.

X. **Asperugo**, T. RAPETTE.

(*Asper*, âpre ; allusion aux aspérités de la plante).

803. — 1. A. PROCUMBENS, L., R. couchée. — Fleurs petites, bleues, rarement blanches ; tige couchée, hispide, rameuse, armée d'aiguillons blanchâtres. Décombres, bords des murs. Tonnerre [Arbinet]! Mai, juillet. ①. R. R.

XI. **Echinospermum**, Swartz. BARDANETTE.

(*Ekinos*, hérisson, *sperma*, graine ; allusion au fruit hérissé).

804. — 1. E. LAPPULA, Leh., B. faux Myosotis. *Myosotis lappula*, L. — Fleurs bleues ; tige dressée à rameaux étalés ; feuilles à une nervure. Lieux pierreux secs, vieux murs. Vignes. Joux-la-Ville (Carré)! Arcy-sur Cure! Auxerre! Juin, août. Calcaires. ①. R.

XII. **Cynoglossum**, L. CYNOGLOSSE.

(*Kuôn*, chien, *glôssa*, langue ; allusion à la forme des feuilles)

1 { Fleurs rougeâtres ; carpelles munis d'un rebord étroit . . . . *C. officinale*. (1).
{ Fleurs bleues ; carpelles dépourvus de rebord. *C. pictum*. (2).

805. — 1. C. OFFICINALE, L., C. officinale. — Fleurs d'un rouge sale ; feuilles couvertes d'un duvet apprimé. Lieux incultes, bords des chemins. Mai, juillet. Calcaires. ②. C.

Vulg. *cynoglosse* ; médicinale, racine narcotique.

806. — 2. C. PICTUM, Aït., C. à fleurs rayées. *Cynoglossum sempervirens*, Dub. — Corolle rougeâtre, puis d'un bleu pâle ; feuilles couvertes d'un duvet un peu raide ; feuilles caulinaires en cœur. Bords des chemins, des haies. Auxerre [Boreau]. Mai. Juillet. Calcaires. ②. R.

FAM. LXIV. — **SOLANACÉES**. (SOLANEÆ, Juss).

4 { Fruits succulents 2
{ Fruits secs 5

2 { Calice fructifère vésiculeux, renfermant complétement le
     fruit. . . . . **Physalis**. (iii).
     Calice fructifère non vésiculeux, n'enveloppant pas compléte-
     ment le fruit.   3

3 { Arbrisseau épineux . . . . **Lycium**. (i).
     Plante herbacée.   4

4 { Anthères rapprochées, conniventes ; corolle plane. **Solanum**.(ii).
     Anthères non rapprochées ; corolle en cloche . **Atropa**. (iv).

5 { Capsule s'ouvrant par un opercule ; corolle tigrée . . . .
     . . . . **Hyosciamus**. (vii).
     Capsule s'ouvrant par les valves ; corolle non tigrée   6

6 { Fruit hérissé d'épines ; fleurs blanches . . . **Datura**. (v).
     Fruit lisse ; fleurs jaunes . . . . **Nicotiana**. (vi).

I. Lycium, L. Lyciet.

(*Lukia*, lycie ; originaire de Lycie).

1 { Calice bilabié ; feuilles linéaires lancéolées . *L. vulgare*. (1).
    Calice à 5 dents ; feuilles ovales . . . . . *L. ovatum*. (2).

807. — 1. L. VULGARE, Dun., L. commun. *Lycium barbarum*,
     L. part. — Fleurs violettes ; rameaux pendants. Dans
     les haies, çà et là. Juin, octobre. Calcaires. ⚥. A. C.,
     mais non partout.
       Vulg. *Lyciet*.

808. — 2. L. OVATUM, Duham., L. ovale. *L. sinense*, Lam ;
     L. europœum, Dub. — Fleurs violettes ; plante plus
     grande que la précédente dans toutes ses parties. Dans
     les haies. Auxerre ! Juin, octobre. Calcaires. ⚥. R.

II. Solanum, T. Morelle.

(*Solari*, consoler ; allusion aux propriétés calmantes de la plupart
                des espèces).

1 { Feuilles pinnatiséquées. . . . . *S. tuberosum*. (3).
    Feuilles entières ou divisées en 3 segments.   2

2 { Tige ligneuse. . . . . *S. dulcamara*. (2).
    Tige herbacée. . . . . *S. nigrum*. (1).

809. — 1. S. NIGRUM, L., M. noire. — Fleurs blanches ; baies
     noires ; feuilles d'un vert sombre. Dans les champs. pied
     des murs. Juin octobre. Partout.. ①. C.
       Vulg. *morelle* ; médicinale, vénéneuse, narcotique.

810. — 2. S. DULCAMARA, L., M. Douce-Amère. — Fleurs vio-
     lettes ; baies rouges ; feuilles supérieures souvent à 3
     segments. Lieux humides, dans les haies, bords des
     eaux. Juin, septembre. Partout. ⚥. C. C.
       Vulg. *douce-amère* ; médicinale, dépurative.

811. — 3. S. TUBEROSUM, L., M. tubéreuse. — Fleurs blanches

ou violettes ; feuilles penniséquées. Dans les champs.
Juin, juillet. Partout. ♃.

Vulg. *pomme de terre* ; cultivée, alimentaire.

III. **Physalis**. L. COQUERET.

(*Phusa*, vessie ; allusion au calice vésiculeux).

812. — 1. P. ALKEKENGI, L. C. Alkékenge. — Fleurs d'un blanc
sale, solitaires ; calice rouge à la maturité ; baie globuleuse d'un rouge vif. Dans les vignes. Auxerre ! Tanlay ! Joigny ! Béru [S Moreau] ! Juin, septembre. Calcaires.
Laroche ! ♃. A. R.

Vulg. *coqueret* ; médicinale, diurétique.
Obs. On rencontre çà et là, sur les décombres, le *nicandra physaloi-
des*, Gaert. ; on le reconnaitra à ses fleurs d'un bleu pâle ; son calice
vésiculeux vert jaunâtre ; sa baie sèche à la maturité.

IV. **Atropa**, L. BELLADONE.

(*Atropos*, l'une des parques ; allusion à ses propriétés vénéneuses).

813. — 1. A. BELLADONA, L. B. médicinale. — Fleur d'un rouge vineux, pédonculée, penchée ; feuilles entières. Bois
montueux. Forêts de Maulnes, de Frétoy ! d'Othe ! Toucy !
Asnières ! Juin, août. Calcaires. ♃. A. R.

Vulg. *belladone* ; médicinale, vénéneuse, narcotique.

V. **Datura**, L. DATURA.

(de l'arabe *datora*).

814. — 1. D. STRAMONIUM, L. D. Stramoine. — Fleurs grandes,
blanches, solitaires ; fruit épineux ; plante fétide. Décombres, cultures. Juillet, septembre. Partout. ☉. peu C.

Vulg. *pomme épineuse* ; médicinale, vénéneuse, narcotique.

VI. **Nicotiana**, T. NICOTIANE.

(Dédié à J. Nicot).

815. — 1. N. RUSTICA, L. N. rustique. — Fleurs jaunes ; plante
velue, glutineuse. Juillet, août. ☉. cultivée, çà et là, sur
les places à charbon.

Vulg. *tabac* ; médicinale, vénéneuse, narcotique.

VII. **Hyosciamus**, T. JUSQUIAME.

(*Us*, porc, *kuamos*, fève).

816. — 1. H. NIGER, L. J. noire. — Fleurs d'un jaune sale, pique-
tées de violet ; plante visqueuse d'un vert blanchâtre.
Lieux secs et incultes, autour des habitations. Mai, août.
Partout. ♁ et ♂. C.

Vulg. *jusquiane* ; médicinale, vénéneuse, narcotique.

Fam. LXV. — **VERBASCÉES**. (Verbaceæ, Bartl.).

I. **Verbascum**, T. Molène.

(de *barbascum*, nom faisant allusion aux filets barbus
des étamines).

1 { Filet des étamines à poils blancs ou jaunâtres. 2
  { Filet des étamines à poils violets ou purpurins. 6

2 { Feuilles décurrentes. 3
  { Feuilles non décurrentes 5

3 { Corolle à limbe concave . . . . *V. thapsus.* (1).
  { Corolle à limbe plane. 4

4 { Feuilles sessiles. . . . . *V. thapsiforme.* (2).
  { Feuilles inférieures pétiolées. . . . . *V. phlomoïdes.* (3).

5 { Feuilles tomenteuses sur les deux faces ; duvet se détachant
  {   en flocons laineux . . . . *V. floccosum.* (4).
  { Feuilles presque glabres en dessus, dépourvues de flocons lai-
  {   neux. . . . . *V. lychnitis.* (5).

6 { Feuilles inférieures pétiolées, cordées à la base. *V. nigrum.* (6).
  { Feuilles inférieures à limbe rétréci en pétiole 7

7 { Feuilles grabres . . . . *V. blattaria.* (7).
  { Feuilles pubescentes glanduleuses. . . . *V. virgatum* (8).

817. — 1. V. THAPSUS, L., M. bouillon blanc. *Verbascum
schraderi*, Koch. — Corolle jaune, petite, concave ; stigmate non décurrent sur le style. Champs incultes, bords
des chemins. Juin, septembre. Calcaires. ②. C.
    Vulg. *bouillon blanc* ; médicinale, pectorale.

818. — 2. V. THAPSIFORME, Schrad., M. faux-thapsus. *V. Thapsus*, Mey. — Corolle jaune, grande, plane ; feuilles décurrentes jusqu'à la feuille placée au dessous. Lieux
herbeux, pierreux, humides, berges de l'Yonne. Juin,
septembre. Calcaires. ②. peu C.

819. — 3. V. PHLOMOIDES, L., M. Phlomide. — Fleurs jaunes ;
feuilles brièvement décurrentes. Lieux secs, dans les
champs, bords des chemins. Juin, août. Sables et calcaires (Grèves). ②. C.

820. — 4. V. FLOCCOSUM, Waldst., M. floconneux. *Verbascum
phlomoïdes*, Thuil.; *V. lychnitis*, Dub. — Fleurs jaunes ;
rameaux étalés. Lieux incultes, bords des chemins.
Juin, septembre. Calcaires. ②. C. C.

821. — 5. V. LYCHNITIS, L., M. Lychnite. — Fleurs jaunes ;
rameaux dressés. Dans les bois, bords des chemins.
Juin, août. Calcaires. ②. A. C.
    Varie à fleurs blanchâtres munies de bractées plus longues qu'elles.

822. — 6. V. NIGRUM, L., M. noire. — Corolle jaune à gorge

violette ; feuilles radicales en cœur à la base. Lieux herbeux incultes, bords des chemins. Druyes ! Asnières ! Chamoux ! Châtel-Censoir ! Baon ! Bussy ! Quincy ! Juillet, septembre. Calcaires. ⦵. A. R.

Guichard la cite dans les haies du bois de Maillot.

823. — 7. V. BLATTARIA, L , M. blattaire. — Fleurs jaunes ; feuilles non décurrentes. Champs incultes, bords herbeux des chemins. Juin, octobre. Calcaires argileux. ⦵. C.

824. — 8. V. VIRGATUM, With., M. à Baguettes. *Verbascum blattarioïdes*, Lam. — Fleurs jaunes ; feuilles brièvement décurrentes. Lieux herbeux humides. Auxerre ! Juillet, septembre. Calcaires argileux. ⦵. R.

FAM. LXVI. — SCROPHULARIACÉES.

(SCROPHULARINEÆ, R. Br.).

1	Corolle presque régulière	2
	Corolle irrégulière	3
2	Corolle à 5 divisions ; plante acaule. . . . *Limosella*. (v).	
	Corolle à 4 divisions, rarement 5 ; plante caulescente . . . . *Veronica*. (vii).	
3	Corolle bilabiée	4
	Corolle campanulée ou tubuleuse	10
4	Fleurs munies d'un éperon. . . . . *Linaria*. (i).	
	Fleurs dépourvues d'éperon.	5
5	Feuilles pinnatipartites . . . . *Pedicularis*. (xi).	
	Feuilles non pinnatipartites	6
6	Calice comprimé et presque vésiculeux. . *Rhinanthus*. (x).	
	Calice tubuleux non vésiculeux	7
7	Capsules à loges contenant une ou deux graines . . . . *Melampyrum*. (xii).	
	Capsules polyspermes	8
8	Corolle à tube bossu à la base . . . . *Antirrhinum*. (ii).	
	Tube de la corolle non bossu	9
9	Fleurs en grappes terminales, munies de bractées. . . . . *Odontites*. (viii).	
	Fleurs axillaires. . . . . *Euphrasia*. (ix).	
10	2 étamines fertiles et 2 stériles. . . . . . *Gratiola*. (iv).	
	4 étamines fertiles.	11
11	Corolle subglobuleuse ; feuilles opposées. *Scrophularia*. (iii).	
	Corolle campanulée ou tubuleuse ; feuilles alternes . . . . *Digitalis*. (vi).	

I. Linaria, T. LINAIRE.

(*Linum*, lin ; allusion à la forme des feuilles).

1	Feuilles pétiolées, élargies.	2
	Feuilles sessiles, linéaires.	4

| 2 | { Feuilles glabres. . . . . *L. cymbalaria.* (1). | |
| | { Feuilles pubescentes . . . . | 3 |

| 3 | { Pédicelles glabres. . . . . *L. elatine.* (3). | |
| | { Pédicelles velus . . . . *L. spuria.* (2). | |

| 4 | { Fleurs jaunes . . . . | 9 |
| | { Fleurs jamais jaunes . . . . | 5 |

| 5 | { Pédicelles plus longs que les fleurs . . . . | 6 |
| | { Pédicelles plus courts que les fleurs. . . . . | 8 |

| 6 | { Plante velue glanduleuse. . . . . *L. minor.* (4). | |
| | { Plante glabre . . . . | 7 |

| 7 | { Rameaux florifères diffus . . . . *L. alpina.* (7). | |
| | { Rameaux florifères dressés. . . . . *L. prœtermissa.* (5). | |

8	{ Fleurs d'un rouge pourpre, en grappe courte	
	{ . . . . *L. pelisseriana.* (6).	
	{ Fleurs bleuâtres en grappes allongées. . . *L. striata.* (9).	

| 9 | { Tige dressée, robuste; plante vivace. . . *L. vulgaris.* (10). | |
| | { Tige couchée, faible ; plante annuelle. . . *L. supina.* (9). | |

825. — 1. L. CYMBALARIA, Mill., L. cymbalaire. *Antirrhinum*,
L. — Fleurs d'un violet pâle à palais jaune ; feuilles
palminervées plus courtes que leurs pétioles. Vieux
murs humides. Sens! Auxerre! Avallon! Mai, octobre.
♃. R.

826. — 2. L. SPURIA, Mill., L. bâtarde. *Antirrhinum spurium*,
L. — Fleurs jaunes à lèvre supérieure violette; toutes
les feuilles ovales-orbiculaires. Lieux cultivés. Juin, octobre. Terrains argileux. ☉. C. C.

827. — 3. L. ELATINE, Mill. *Antirrhinum elatine*, L. — Fleurs
d'un jaune pâle à lèvre supérieure d'un pourpre violet
en dedans; feuilles de la tige hastées. Champs incultes
secs, bords des bois. Juin, octobre. Sables et calcaires.
☉. C.

828. — 4. L. MINOR, Desf. *Antirrhinum minus*, L. — Corolle
d'un violet pâle avec le palais jaune, velue, glanduleuse;
gorge ouverte. Lieux cultivés, bords des chemins, sables des rivières. Juin, octobre. Partout. ☉. C.

829. — 5. L. PRÆTERMISSA, Delast. — Corolle d'un violet pâle
avec le palais jaune, glabre; gorge presque fermée.
Lieux cultivés humides. Auxerre! La Coquesale à Sens !
Evry [S. Moreau]! Juin, août. Calcaires. ☉. R.

830. — 6. L. PELISSERIANA, D. C. *Antirrhinum pelisseria-
num*, L. — Corolle d'un pourpre violet à palais rayé de
blanc; graines marginées ciliées. Lieux secs herbeux.
Appoigny! Bleigny! Mai, septembre. Sables. ☉. R. R.

831. — 7. L. ALPINA, D. C., L. des Alpes. *Antirrhinum alpi-num*, L. — Fleurs pourpres ou violacées avec le palais safrané ; rameaux glabres ; feuilles presque toutes ver-ticillées par 4. Côteaux calcaires. Larris blanc à Cry [Royer]! Juin, août.   . R. R.

832. — 8. L. SUPINA, Desf. *Antirrhinum supinum*, L. — Fleurs jaunes à palais orangé, mesurant 2 centimètres avec l'éperon ; feuilles uninervées. Dans les champs secs après les récoltes. Juin, septembre. Calcaires. ☉. C. C. dans les arrondissements de Sens et Joigny ; R. R. Ail-leurs. Chemilly! Merry!

Champs de la Coquesale (Guichard),

833. — 9. L. STRIATA, D. C. *Antirrhinum monspessulanum et repens*, L. — Fleurs blanches ou jaunâtres, rayées de violet ; éperon droit égalant à peine le tube de la corolle. Champs en friches, lieux incultes. Juin, septembre. Cal-caires et sables. ♃. C. C.

834. — 10. L. VULGARIS, Mill. *Antirrhinum linaria*, L. — Fleurs grandes (25 à 30 millimètres avec l'éperon), d'un jaune soufre avec le palais safrané ; feuilles triner-vées. Bords des chemins, des champs, des bois. Juillet, septembre. Partout. ♃. C. C.

II. **Antirrhinum**, L. MUFLIER.

(*Anti*, comme, *rin*, museau ; allusion à la forme de la corolle).

Divisions du calice plus longues que la corolle . . . . *A. orontium*. (1).
Divisions du calice plus courtes que la corolle . . . . *A. majus*. (2).

835. — 1. A. ORONTIUM, L., M. rubicond. — Fleurs purpuri-nes, parfois jaunâtres ; divisions du calice linéaires. Champs et vignes. Coulanges-sur-Yonne ! Senan! Verlin! Thorigny! Quarré! Perrigny! Pailly, Evry, Cuy [S. Mo-reau]! Juin, octobre. Calcaires, granite. ☉. A. R.

836. — 2. A. MAJUS, L., M. à grandes fleurs. — Fleurs purpu-rines ou blanches ; divisions du calice obovées. Murs, dé-combres. Juin, septembre. ♃. A. C.

Vulg. *gueule de loup, de lion* ; cultivée, ornement.

III. **Scrophularia**, T. SCROPHULAIRE.

(*Scrophulæ*, écrouelles ; allusion à ses propriétés).

Feuilles aiguës. . . . . *S. nodosa*. (1).
Feuilles obtuses . . . . *S. balbisii*. (2).

837. — 1. S. NODOSA. L., S. noueuse. — Fleurs d'un brun

rougeàtre ; tige à 4 angles non ailés. Lieux ombragés humides, bords des eaux. Mai, septembre. Partout. ♃. C. C.

838. — 2. BALBISII, Horn., S. de Balbis. *Scrophularia aquatica*, L. — Fleurs d'un brun rougeàtre ; tige ailée sur les angles. Bords des eaux, des fossés. Juin, septembre. Partout. ♃. C. C.

IV. Gratiola, L. GRATIOLE.

(De *gratia*, grâce ; allusion à ses propriétés).

839. — 1. G. OFFICINALIS, L., G. officinale. — Fleurs blanches rosées ; feuilles embrassantes à 3-5 nervures. Prairies marécageuses, lieux fangeux. Auxerre ! la Puisaye ! Joigny ! Bleigny ! Juin, septembre. Sables et calcaires. ♃. A. R.

> Régennes (Mérat). Marais près Saint-Antoine (Guichard). Purgative et émétique.

V. Limosella, L. LIMOSELLE.

(*Limus*, limon ; allusion à son habitation).

840. — 1. L. AQUATICA, L., L. aquatique. — Fleurs blanches rosées ; pédoncules radicaux uniflores ; feuilles plus longues que les pédoncules. Lieux fangeux, bords des étangs. Auxerre ! la Puisaye ! Mai, septembre. Sables et calcaires. ⊕. A. R.

VI. Digitalis, T. DIGITALE.

(*Digitale*, dé ; allusion à la forme de la corolle).

| | Fleurs rouges, quelquefois blanches. . . . *D. purpurea*. (1). |
| | Fleurs d'un jaune pâle. . . . . *D. lutea*. (2). |

841. — 1. D. PURPUREA, L., D. pourprée. — Corolle maculée ; plante pubescente ; feuilles crénelées. Lieux secs, haies, bois, rochers. bords des chemins. Juin, août. ②. C., dans les terrains granitiques. R. dans les sables, nulle dans le calcaire.

> Vulg. *digitale pourprée* ; médicinale, vénéneuse. Toucy, Saint-Sauveur (Mérat).

842. — 2. D. LUTEA, D. jaune. *Digitalis parviflora*, Lam. — Corolle immaculée ; plante glabre ; feuilles denticulées. Bois montueux. Juin, août. Calcaires. ②. C., seulement dans les montagnes qui s'étendent depuis Mailly-Château à Cruzy. R. ailleurs. Forêt d'Othe !

VII. **Veronica**, T. Véronique.

(Dédié à sainte Véronique).

1	{ Fleurs en grappes axillaires sans feuilles.	10
	{ Fleurs solitaires axillaires ou en grappes terminales	2
2	{ Tiges couchées.	3
	{ Tiges plus ou moins dressées	5
3	{ Divisions du calice cordées à la base ; feuilles à 3. 5 ou 7 lobes . . . . *V. hederæfolia.* (1).	
	{ Divisions du calice non cordées ; feuilles à crénelures nombreuses.	4
4	{ Fruit à loges contenant 5 graines . . . . *V. agrestis.* (2).	
	{ Fruit à loges contenant 10 graines. . . . . *V. polita.* (3).	
5	{ Feuilles caulinaires profondément divisées	6
	{ Feuilles caulinaires entières, crénelées ou dentées. . . .	7
6	{ Feuilles digitées ; capsules renflées, suborbiculaires . . . . *V. triphyllos.* (6).	
	{ Feuiles pinnatifides ; capsules comprimées plus larges que longues . . . . *V. verna.* (5).	
7	{ Pédicelles plus courts que le calice . . . *V. arvensis.* (4).	
	{ Pédicelles aussi longs ou plus longs que le calice	8
8	{ Feuilles fortement dentées ou crénelées ; capsule oblongue et renflée. . . . . *V. Præcox.* (7).	
	{ Feuilles peu dentées ; capsule en cœur et comprimée	9
9	{ Pédicelles plus longs que le calice ; plante annuelle, velue, glanduleuse ; fleurs d'un beau bleu . . *V. acinifolia.* (8).	
	{ Pédicelles aussi longs que le calice ; plante vivace souvent radicante, presque glabre ; fleurs blanches bleuâtres . . . . *V. serpyllifolia.* (9).	
10	{ Capsule plus large que le calice	11
	{ Capsule ne débordant jamais le calice.	12
11	{ Feuilles pétiolées, ovales, arrondies . . . *V. montana.* (13).	
	{ Feuilles sessiles, linéaires, aiguës . . . *V. scutellata.* (14).	
12	{ Feuilles glabres.	13
	{ Feuilles velues	15
13	{ Feuilles sessiles aiguës ; tige presque carrée.	14
	{ Feuilles pétiolées obtuses ; tige cylindrique. *V. beccabunga.* (17).	
14	{ Plante entièrement glabre. . . . . . *V. anagallis.* (15).	
	{ Plante pubescente glanduleuse au sommet. *V. anagalloides* (16).	
15	{ Calice à 5 divisions, la supérieure très-petite. *V. teucrium.* (10).	
	{ Calice à 4 divisions	16
16	{ Tige présentant 2 lignes de poils ; fleurs bleues. . . . . *V. chamædrys.* (12).	
	{ Tige velue partout ; fleurs blanches bleuâtres . . . . *V. officinalis.* (11).	

843. — 1. V. HEDERÆFOLIA, L., V. à feuilles de lierre. — Fleurs d'un bleu pâle ; fruit contenant 12 graines dans chaque loge. Champs, moissons, vignes. Toute l'année. Partout. ④. C. C. C.

844. — 2. V. AGRESTIS, L., V. rustique. *Veronica pulchella*, Bast. — Corolle d'un bleu clair avec le lobe inférieur blanc ; style court ne dépassant pas le sinus. Dans les champs, sur les murs. Presque toute l'année. Partout. ☉. C. C.

845. — 3. V. POLITA, Fries., V. des Cultures. — Corolle d'un bleu vif à lobe inférieur concolore ; style saillant hors du sinus. Lieux cultivés, murs. Presque toute l'année. Partout. ☉. C.

846. — 4. V. ARVENSIS, L., V. des Champs. — Fleurs d'un bleu pâle ; capsule en cœur ; style non saillant. Champs, moissons. Mars, juin. Partout. ☉. C. C.

847. — 5. V. VERNA, L., V. printannière. — Fleurs d'un bleu pâle ; pédicelles plus courts que le calice. Lieux herbeux incultes. Appoigny ! Avallon ! Charbuy ! etc. Avril, mai. Sables et granite. ☉. R.

848. — 6. V. TRIPHYLLOS, L., V. digitée. — Fleurs d'un beau bleu ; pédicelles plus longs que le calice ; calice à lobes plus longs que la corolle. Champs, vignes. Mars, mai. ☉. C.

849. — 7. V. PRÆCOX, All., V. précoce. — Fleurs d'un beau bleu ; calice à lobes plus courts que la corolle ; feuilles souvent rougeâtres en dessous. Moissons. Val-de-Mercy ! La Chapelle-sur-Oreuse ! Mars, mai. Calcaires. ☉. R.

850. — 8. V. ACINIFOLIA, L., V. à feuilles d'Acinos. Fleurs d'un beau bleu ; capsule plus large que haute. Champs, vignes. Avril, mai. Sables. ☉. A. C.

851. — 9. V. SERPYLLIFOLIA, L., V. à feuilles de Serpolet. — Fleurs bleuâtres veinées ; capsule réniforme arrondie à la base ; tige radicante à la base, puis dressée. Lieux herbeux humides. Avril, octobre. Sables et calcaires argileux. ♃. C.

852. — 10. V. TEUCRIUM, L., V. Teucriette. — Fleurs bleues en grappes denses ; capsule arrondie à la base, glabre ou velue au sommet. Lieux secs, bords des bois, des chemins. Mai, juin. Calcaires. ♃. C.

853. — 11. V. OFFICINALIS, L., V. officinal. — Fleurs d'un bleu pâle veiné ; capsule triangulaire ; tige couchée. Bords des bois, des prés. Mai, juillet. Sables. ♃. C.

854. — 12. V. CHAMÆDRYS, L., V. Petit-Chêne. — Corolle bleue à lobe inférieur presque blanc ; capsule ciliée, rétrécie à la base. Lieux frais herbeux, bords des ruisseaux, bois. Mai, juillet. Partout. ♃. C. C.

855. — 13. V. MONTANA, L., V. des Montagnes.— Fleurs blanches veinées de pourpre; silicule ciliée, comprimée, émarginée à la base et au sommet. Lieux couverts humides. Moulin de Rio à Lindry! forêt d'Othe! vers la fontaine de Vernoux. Mai, juillet. Sables. ♃. R. R.

856. — 14. V. SCUTELLATA, L., V. à écusson. — Fleurs blanches veinées de rose; silicule glabre arrondie à la base. Lieux marécageux, bords des étangs. Mai, septembre. Partout. ♃. C.

857. — 15. V. ANAGALLIS, L., V. Mouron. — Fleurs d'un bleu pâle, dépassant un peu le calice; calice sub-orbiculaire. Bords des ruisseaux, des étangs. Mai, septembre. Partout. ♃. C.

858. — 16. V. ANAGALLOIDES, Guss., V. faux Mouron.— Fleurs blanchâtres striées; calice égalant la corolle; capsule elliptique. Lieux humides. Evry [S. Moreau]! Chambre d'emprunt vers l'usine à ciment romain, Auxerre! fossés à Tonnerre [Guérin]! Mai, septembre. Calcaires. ♃. R.

859. — 17. V. BECCABUNGA, L., V. beccabonga. — Fleurs d'un bleu pâle; tiges couchées, fistuleuses. Lieux humides, ruisseaux, fossés. Mai, octobre. Partout. ♃. C. C. C.
Vulg. *cresson de cheval.*

VIII. **Odontites**, Hall. ODONTITE.

(*Odous*, dent; allusion aux anthères dentées).

1 { Fleurs jaunes . . . . *O. lutea.* (3).
{ Fleurs rouges 2

2 { Bractées plus longues que les fleurs . . . . . *O. verna.* (1).
{ Bractées plus courtes que les fleurs . . . *O. serotina.* (2).

860. — 1. O. VERNA, Reich., O. vernale. *Euphrasia verna*, Bell.; *Euphrasia odontites*, a. L. — Fleurs rouges; tige et rameaux dressés. Champs, bois. Mai, juillet. Calcaires ☉. A. C

861. — 2. O. SEROTINA, Reich., O. tardive. *Euphrasia serotina*, Lam. — Fleurs rouges; tige et rameaux étalés. Champs, bois, bruyères, prés. Août, octobre. Partout. ☉. C. C.

862. — 3. O. LUTEA, Reich., O. jaune. *Euphrasia lutea*, L. — Corolle jaune, pubescente, à lobes ciliés; étamines et style débordant la corolle. Côteaux secs, bois montueux. Saint-Bris! Béru [S. Moreau]! Exp. sud. Juin, septembre. Calcaires ☉. R. R.

IX. Euphrasia, L. EUPHRAISE.

(*Euphrasia*, plaisir ; allusion à l'élégance de la plante).

Calice couvert de poils glanduleux . . .	**E. officinalis.** (1).
Calice couvert de poils non glanduleux. .	**E. rigidula.** (2).

863. — 1. E. OFFICINALIS, L., E. officinale. — Corolle blanche ou d'un violet pâle, à lèvre inférieure tachée de jaune ; capsule sub-émarginée mucronulée. Lieux marécageux. Avallon ! Quarré ! Laroche ! Juin, septembre. Calcaires et granite. ⊕. R.

864. — 2. E. RIGIDULA, Jord., E. raide. — Corolle blanche, striée de violet, à lèvre inférieure tachée de jaune ; capsule tronquée et mucronée. Côteaux secs, bruyères, bois. Juin, septembre. Partout. ⊕. C. C.

X. Rhinanthus, L. RHINANTHE.

(*Ris*, museau, *anthos*, fleur ; allusion à la forme de la corolle).

1	Calice velu. . . . . **R. hirsuta.** (1).	
	Calice glabre	2
2	Bractées vertes . . . . **R. minor.** (3).	
	Bractées d'un blanc jaunâtre. . . . . **R. major.** (2).	

865. — 1. R. HIRSUTA, L., R. velu. *Rhinanthus alectorolophus*, Lois. — Corolle jaune à tube courbé ; dents du calice écartées en dehors ; plante velue. Champs, prés. Mai, juin, Partout. ⊕. C.

866. — 2. R. MAJOR, Ehrh., R. à grandes fleurs. *Rhinanthus glabra*, Lam. — Corolle jaune à tube courbé ; dents du calice écartées ; plante glabre. Prés, bords des chemins. Mai, juin. Partout. ⊕. C.

867. — 3. R. MINOR, Ehrh., R. à petites fleurs. — Corolle d'un jaune foncé à tube droit; calice à dents conniventes ; plante glabre. Chemins des bois. Auxerre ! Saint-Georges ! Mai, juin. Sables. ⊕. R.

XI. Pedicularis, T. PÉDICULAIRE.

(*Pediculus*, pou ; allusion à ses propriétés destructives des poux).

1	Calice un peu velu, bilabié	**P. palustris.** (2).
	Calice glabre à 5 lobes inégaux.	**P. sylvatica.** (1).

868. — 1. P. SYLVATICA, L., P. des Bois. — Fleurs purpurines ; tiges nombreuses, la centrale dressée, les latérales étalées. Bois et bruyères humides. Avril, juin. Sables. ⯈. C.

Guichard a trouvé cette espèce dans les prés de Tonna.

869. — 2. P. PALUSTRIS, L., P. des Marais. — Fleurs purpurines; tige solitaire à rameaux dressés. Bois tourbeux, prés marécageux. Quarré! Saint-Sauveur! Avallon! Mai, juillet. Sables et granite. ♃. R.

XII. Melampyrum, T. MÉLAMPYRE.

(*Melas*, noir, *puros*, blé).

1 { Fleurs axillaires unilatérales . . . . . *M. pratense.* (3).
{ Fleurs en épis, entremêlées de bractées. 2

2 { Epis quadrangulaires; bractées vertes. . *M. cristatum.* (2).
{ Epis non quadrangulaires; bractées rouges. *M. arvense.* (1).

870. — 1. M. ARVENSE, L., M. des Champs. — Corolle rouge à gorge jaune; calice pubescent à dents terminées en pointes, égalant la longueur du tube de la corolle; plante à rameaux dressés. Moissons. Juin, septembre. Calcaires. ☉. C. C.

    Vulg. *rougeole.*

871. — 2. M. CRISTATUM, L., M. à Crêtes. — Fleurs d'un blanc jaunâtre; calice muni de chaque côté d'une ligne de poils, à dents n'atteignant pas le milieu du tube de la corolle; plante à rameaux étalés. Bois humides. Mai, août. Calcaires argileux. ☉. A. C.

872. — 3. M. PRATENSE, L., M. des Prés. — Fleurs jaunes parfois rosées; calice glabre à dents n'égalant pas le tiers de la longueur de la corolle. Bois. Juin, septembre. Partout. ☉. C.

FAM. LXVII. — **OROBANCHACÉES**. (OROBANCHEÆ, Juss.).

I. Orobanche, L. OROBANCHE.

(*Orobos*, ers, *ankô*, étrangler; plante parasite sur les légumineuses).

1 { Fleurs munies de 3 bractées. . . . . . *O. ramosa.* (8).
{ Fleurs munies de 1 bractée 2

2 { Etamines à filets glabres à la base. . . . . *O. rapum.* (1).
{ Etamines à filets velus à la base 3

3 { Lèvre supérieure de la corolle entière . . . *N. teucrii.* (3).
{ Lèvre supérieure de la corolle échancrée 4

4 { Poils des étamines très-abondants . . . . . *O. galii.* (4).
{ Poils des étamines épars. 5

5 { Etamines insérées à la base de la corolle. 6
{ Etamines insérées au dessus de la base de la corolle. . . . 7

6 { Plante jaune; bractées supérieures saillantes et rendant l'épi chevelu. . . . . *O. unicolor*. (7).
Plante jaunâtre ou rougeâtre; épi non chevelu . . . . *O. epithymum*. (2).

7 { Corolle géniculée à la base et bordée de dents aiguës. . . . . *O. amethystea*. (6).
Corolle arquée et bordée de crénelures obtuses. . . . . *O. minor*. (5).

873. — 1. O. RAPUM, Thuil., O. Rave. *Orobanche major*, Lam. Corolle rose-jaunâtre, campanulée et ventrue à la base. Bois, secs, sur les racines du genêt à balais. Avallon ! Seignelay ! Appoigny ! Mai, juin. Sables et granite. ♃. A. R.

874. — 2. O. EPITHYMUM, D. C., O. du Serpolet. — Corolle jaune pâle ou rougeâtre, à lèvre inférieure à 3 lobes, dont le médian est de moitié plus grand que les latéraux ; sépale égalant le tube de la corolle. Bords des chemins, côteaux arides. Sur le serpolet. Mai, juin. Calcaires. ♃. C.

875. — 3. O. TEUCRII, Moll., O. de la Germandrée. — Corolle d'un rouge-brun ; sépales ne dépassant pas la moitié du tube de la corolle. Côteaux herbeux à Thorigny ! sur les Teucrium chamædrys et montana. Mai, juin. Calcaires. ♃. R.

876. — 4. O. GALII Dub. O. du Gaillet. *Orobanche caryophyllacea*, Sm.; *Orobanche vulgaris*, D. C. — Corolle d'un rouge briqueté à lobes de la lèvre inférieure presque égaux ; sépales égalant la moitié du tube de la corolle. Lieux incultes, sur les Galium. Mai, juin. Partout. ♃. C.

877. — 5. O. MINOR, Sutt., O. à petites fleurs. — Corolle blanchâtre avec des stries lilas ; étamines insérées vers le tiers inférieur du tube de la corolle. Sur les racines du sainfoin et de la picride. Saint-Moré ! Tonnerre ! Juin. ♃. R.

878. — 6. O. AMETHYSTEA, Thuil., O. Améthyste. *O. cryngii*, Dub. — Corolle d'un blanc rosé, veinée, à tube brusquement courbé vers son tiers inférieur ; plante rougeâtre ou violacée. Lieux secs, bords des chemins. Auxerre ! Saint-Bris ! Pailly, Michery [S. Moreau] ! Sur les racines de l'Eryngium campestre. Juin, juillet. Calcaires. ♃. R.

879. — 7. O. UNICOLOR, Bor., O. unicolore. — Fleurs jaunes comme toute la plante; stigmates jaunes ; sépales trinervées, bilobées. Côteaux herbeux. Tanlay [Guinot]! Juin. ♃. R. R.

880. — 8. O. RAMOSA, L., O. rameuse. — Fleurs d'un bleu jaunâtre; plante rameuse blanche-bleuâtre. Sur le chanvre. Charbuy! Ancy-le-Franc! Guillon [Roy]! Sainpuits [Houard]! Senan, Volgré [Grenet]! Mai, septembre. Sables et calcaires. ⊕. A. R.

Mérat a trouvé le *clandestina rectiflora*, Lam., dans les lieux humides de la forêt de Vaucharmes, les bois de Basseville et de la Grilletière. Plante glabre à tige nulle, fleurs en corymbe d'un pourpre violacé.

FAM. LXVIII. — **VERBENACÉES**. (VERBENACEÆ, JUSS.).

1. Verbena, T. VERVEINE.

(du celtique *ferfaën*; étymologie obscure).

881. — 1. V. OFFICINALIS, L., V. officinale. — Fleurs d'un lilas pâle en épis interrompus; tiges à 4 angles, canaliculées sur deux faces opposées. Lieux herbeux incultes, bords des chemins, des champs. Juin, octobre. Partout. ⊕. et ⚥. C. C. C.

Vulg. *verveine*; médicinale, vulnéraire.

FAM. LXIX. — **LABIÉES**. (LABIATEÆ, JUSS.).

1	Corolle régulière ou presque régulière.	2
	Corolle irrégulière.	3
2	4 étamines; plante à odeur pénétrante. . . . . *Mentha.* (i).	
	2 étamines; plante inodore. . . . . *Lycopus.* (ii).	
3	4 étamines fertiles . . . . . . :	4
	2 étamines fertiles . . . . *Salvia.* (ix).	
4	Corolle distinctement bilabiée	6
	Corolle d'apparence unilabiée.	5
5	Lèvre supérieure de la corolle représentée par deux dents . . . . *Ajuga.* (xxiii). Lèvre inférieure à 5 lobes par l'addition des deux lobes de la lèvre supérieure déjetés en bas . . . *Teucrium.* (xxiv).	
6	Calice comprimé et fermé à la maturité	7
	Calice ni comprimé, ni fermé à la maturité	8
7	Calice à lèvre supérieure présentant une bosse. . . . . *Scutellaria.* (xxi). Calice à lèvre supérieure plane. . . . . *Brunella.* (xxii).	
8	Etamines divergentes ou arquées	9
	Etamines parallèles, les inférieures déjetées quelquefois après la fécondation	14
9	Etamines divergentes.	10
	Etamines arquées conniventes	12
10	Calice bilabié . . . . *Thymus.* (iv).	
	Calice obscurément bilabié.	11
11	Glomérules de fleurs en épi unilatéral; fleurs bleues. . . . . *Hyssopus.* (viii). Glomérules en corymbes terminaux: fleurs rosées. . . . . *Origanum.* (iii).	

I. Mentha, L. MENTHE.

(de *Minthe*, nymphe qui fut transformée en plante).

6 { Feuilles lancéolées aiguës, à duvet court. . . . . *M. candicans.* (3).
Feuilles oblongues, aiguës, à poils lâches. **M.** *mollissima.* (2).

7 { Feuilles lancéolées à pétiole court. . . . **M.** *piperita.* (6).
Feuilles ovales 8

8 { Fleurs en tête arrondie ou en épi oblong. **M.** *aquatica.* (8).
Fleurs en verticilles nombreux, axillaires. 9

9 { Gorge du calice fermée par des poils. . **M.** *pulegium.* (13).
Gorge du calice dépourvue de poils. 10

10 { Feuilles florales supérieures en forme de bractées plus courtes
que les glomérules . . . . **M.** *plicata.* (7).
Feuilles florales semblables à celles de la tige 11

11 { Dents du calice triangulaires 13
Dents du calice linéaires lancéolées 12

12 { Feuilles larges; tige très-longue, flexueuse . . **M.** *elata.* (9).
Feuilles médiocres ; tige dressée. . . . . . **M.** *sativa.* (10).

13 { Feuilles longuement atténuées en pétiole à la base. . . . .
. . . . **M.** *sylvatica.* (12).
Feuilles inférieures arrondies à la base . **M.** *arvensis.* (11).

882. — 1. M. ROTUNDIFOLIA, L., M. à feuilles rondes. — Fleurs
blanches ou rosées; calice non contracté à la gorge;
bractées munies de poils raides et courts. Lieux herbeux humides, bords des chemins, des fossés, champs.
Juillet, septembre. Partout. ♃. C. C.

Vulg. *menthe ronde.*

883. — 2. MOLLISSIMA, Borkh., M. molle. *M. incana,* Sob. —
Fleurs blanches lilacées ; feuilles toutes en cœur à la
base; plante blanche rameuse à rameaux diffus. Bords
de la route d'Aisy à Cry! Juillet, septembre. Calcaires.
♃. R.

884. — 3. M. CANDICANS, Crantz., M. blanchâtre. — Fleurs rosées ; feuilles inégalement dentées, vertes en dessus, blanches en dessous. Bords des eaux. Châtel-Censoir [Boreau].
Juillet, septembre. Calcaires. ♃. R.

885. — 4. M. SYLVESTRIS, L., M. sauvage. — Fleurs roses ou
blanches ; feuilles ovales oblongues, réticulées, rugueuses, à dents rapprochées. Lieux couverts humides, bords
des chemins, des ruisseaux. Venoy! Druyes ! Andryes!
Ancy-le-Franc! Argentenay ! Juillet, septembre. Calcaires. ♃. A. R.

886. — 5. M. VIRIDIS, L., M. verte. — Fleurs rosées ; feuilles
lancéolées aiguës non réticulées, à dents éloignées. Dans
les prés. Lichères près Châtel-Censoir, Chablis [Boreau].
Juillet, août. Calcaires. ♃. R.

887. — 6. M. PIPERITA, L., M. poivrée. — Fleurs rougeâtres ;
plante glabre à odeur forte et pénétrante. Lieux frais.
Juillet, août. ♃.
> Vulg. *menthe poivrée* ; cultivée en grand à Tonnerre ; médicinale, stimulante.

888. — 7. M. PLICATA, Opiz., M. à feuilles pliées. — Fleurs
purpurines en verticilles nombreux, axillaires, le ter·
minal arrondi ; tige dressée, rameuse au sommet ; rameaux beaucoup plus courts que l'axe primaire. Bords
des eaux. Laroche ! Perrigny ! Août, septembre. Sables
et graviers. ♃. A. R.

889. — 8. M. AQUATICA, L., M. aquatique. — Fleurs roses ;
tige rameuse au sommet ; rameaux presque aussi longs
que l'axe primaire. Bords des eaux, prés marécageux.
Juillet, septembre. Partout. ♃. C. C. C.
> Vulg. *baume* ; varie à tige et à feuilles rouges (*M. purpurea*, Host,).

890. — 9. M. ELATA, Host., M. élevée. — Fleurs rougeâtres ;
tige atteignant souvent 1 mètre 50 ; feuilles larges d'au
moins 0 mètre 03. Lieux humides. Août, septembre.
♃ C.

891. — 10 M. SATIVA, L., M. cultivée. — Fleurs rosées ; calice
oblong ; tige dressée peu rameuse ; rameaux ascendants.
Lieux humides. Juillet, septembre. ♃. C.

892. — 11. M. ARVENSIS, L., M. des Champs. — Fleurs roses ;
calice presque aussi large que long ; tige ascendante
souvent rameuse dès la base ; rameaux allongés, étalés.
Lieux humides. Juillet, septembre. ♃. C.

893. — 12. M. SYLVATICA, Host., M. des Bois. — Fleurs rougeâtres en glomérules arrondis ; feuilles atténuées aux
deux bouts. Lieux humides, bords des bois. Juillet, sep·
tembre. ♃. C.

894. — 13. M. PULEGIUM, L., M. Pouillot. *Pulegium vulgare*.
Mill. — Fleurs roses ; calice bilabié ; feuilles atténuées à
la base ; tiges couchées radicantes à la base. Lieux humides argileux. Juillet, septembre. Partout. ♃. C.
> Vulg. *Pouillot* ; médicinale, stimnlante.

II. Lycopus, L. LYCOPE.

(*Lucos*, loup, *pous*, pied ; allusion à la forme des feuilles).

895. — 1. L. EUROPÆUS. L., L. d'Europe. — Fleurs blanches
en glomérules sessiles ; corolle velue à la gorge. Lieux
humides, bords des ruisseaux, des rivières. Juillet, septembre. Partout. ♃. C. C.

III. Origanum, L. ORIGAN.

(*Oros*, montagne, *ganos*, ornement).

1 {
Glomérules de fleurs réunis en tête arrondie. *O. vulgare.* (1).
Glomérules en épis allongés. . . . *O. megastachyum.* (2).

896. — 1. O. VULGARE, L.. O. commun. — Fleurs purpurines ;
corolle à tube deux fois plus long que le calice ; bractées purpurines. Lieux secs, côteaux arides, bords des
bois. Juillet, septembre. Calcaires. ♃. C. C.

Vulg. *origan* ; médicinale, vulnéraire.

897. — 2. O. MEGASTACHYUM, Linck., O. à grands épis. *Origa-*
num vulgare, b. Gaud.; *Origanum creticum*, b. L. —
Fleurs purpurines en épis allongés prismatiques. Collines incultes. Sens ! Saint-Bris ! Auxerre [Boreau]. Juillet,
septembre. Calcaires. ♃. R. R.

IV. Thymus, L. THYM.

(*Thuô*, parfumer).

1 {
Tige munie de 2 à 4 lignes de poils . . *T. chamædrys.* (2).
Tige velue tout autour . . . . *T. serpyllum.* (1).

898. — 1. T. SERPYLLUM, L., T. Serpolet. — Fleurs purpurines ; tiges nombreuses couchées, radicantes, en gazon
fourni. Lieux secs, bords herbeux des chemins, des bois.
Juin, octobre. Partout. ♃. C. C.

Vulg. *serpolet*, médicinale, stimulante.

899. — 2. T. CHAMÆDRYS, Fries, T. Germandrée. *Thymus ova-*
tus, Mill.; *T. serpyllum*, b. *montanus*, Benth. — Fleurs
purpurines; tiges peu nombreuses, ordinairement ascendantes en gazon lâche. Lieux herbeux secs, bords des
bois. Perrigny ! Juin, septembre. Sables. ♃. A. R.

V. Calamintha, Mœnch. CALAMENT.

(*Calé*, belle, *mintha*, menthe).

1 {
Fleurs pourvues chacune d'un pédicelle axillaire; plante an-
nuelle. . . . . *C. acinos.* (1).
Pédicelles portés sur un pédoncule axillaire; plante vivace. .

2 {
Corolle à tube très-saillant. . . . . . *C. sylvatica.* (3).
Corolle à tube presque inclus. . . . . *C. ascendens.* (2).

900. — 1. C. ACINOS, Gaud., C. acinos, *Thymus acinos*. L. —
Fleurs purpurines géminées ou ternées ; feuilles peu dentées ; plante herbacée. — Champs incultes. Juin, septembre. Calcaires. ⊕. C. C.

901. — 2. C. ASCENDENS, Jord., C. ascendant. *C. officinalis*,
Benth.; *Thymus calamintha*,Sm.; *C. mentæfolia*, Host.

— Fleurs lilas à pédoncule plus court que la feuille florale ; feuilles à peine crénelées. Bords des bois. Cry ! Vireaux ! Vermenton ! Juillet, novembre. Calcaires. ♃. A. R.

902. — 3. C. SYLVATICA, Bromf., C. des Bois. *Calamintha officinalis*, Bor. Not. Jord. — Fleurs purpurines, les inférieures à pédoncule plus long qne la feuille florale ; feuilles dentées en scie. Dans les bois. Juillet, septembre. Calcaires. ♃. C.

VI. Clinopodium, T. CLINOPODE.

(*Clinopodion*, petit pied de lit; allusion à la forme des verticilles).

903. — 1. C. VULGARE, L., C. commun. *Melissa clinopodium*, Benth. — Fleurs purpurines en glomérules rameux, hérissés ; calice à tube courbe. Dans les haies, lisières des bois. Juillet, octobre. Partout. ♃. C. C.

VII. Melissa, L. MÉLISSE.

(*Mélissa*, abeille ; plante aimée des abeilles).

904. — 1. M. OFFICINALIS, L., M. officinale. — Fleurs blanches 6-12 en cymes plus courtes que les feuilles florales; plante dressée, rameuse, à odeur suave. Lieux secs, autour des habitations. Juillet, août. ♃. R.
Vulg. *mélisse* ; médicinale, stimulante, vulnéraire.

VIII. Hyssopus, L. HYSOPE.

(*Ussôpos*, nom grec de la plante).

905. — 1. H. OFFICINALIS, L., H. officinale. — Fleurs bleues ou blanches disposées au sommet de la tige en épi unilatéral; feuilles linéaires. Murs à Vézelay [Boreau]. Roches du tunnel de Saint Moré où elle abonde ! Juillet, août. Exp. sud. ♃. R.
Vulg. *hysope* ; médicinale, stimulante, pectorale.

IX. Salvia, L. SAUGE.

(*Salvus*, sain; allusion aux propriétés de l'espèce principale).

1 { Tube de la corolle pourvu à l'intérieur d'un anneau de poils. . . . . *S. officinalis.* (1).
{ Tube de la corolle dépourvu d'un anneau de poils 2

2 { Fleurs d'un bleu très-pâle à bractées roses plus grandes que les calices. . . . . *S. sclarea.* (2).
{ Fleurs d'un bleu foncé, quelquefois blanches ou roses, à bractées plus courtes que les calices . . . . *S. pratensis.*(3).

906. — 1. S. OFFICINALIS, L., S. officinale. — Fleurs violettes

réunies 3-4 en glomérules ; calice coloré à dents épineuses. Vieux murs à Dixmont [Mabile] ! Juin, juillet. ⚥. R.

Vulg. *grande sauge* ; médicinale, tonique, stomachique.

907. — 2. S. SCLAREA, L., S. Sclarée. — Corolle d'un bleu
pâle, une fois plus longue que le calice, à tube bossu en
avant ; calice à lèvre supérieure à 3 dents triangulaires.
Lieux incultes, rochers. Auxerre ! Avallon ! Mailly Château ! Joigny ! Juillet, août. Calcaires et granite. ☉. R.

Mont Saint-Pol près Sens (Guichard) ; fossés de la ville d'Auxerre
(Mérat).

908. — 3. S. PRATENSIS, L., S. des Prés. — Fleurs ordinairement bleues ; calice à lèvre supérieure munie de 3 dents
subulées ; tube de la corolle non bossu. Dans les prés,
bords des chemins, des bois. Mai, juillet. A peu près
partout. ⚥. C. C. C.

Vulg. *sauge des prés*.

X. Nepeta, L. NÉPÉTA.

(de Nepet, ville de Toscane, d'où la plante est originaire).

909. — 1. N. CATARIA, L., N. Cataire. — Fleurs blanches ponctuées de rouge en glomérules disposés en grappe spiciforme ; plante de 5-8 décimètres, dressée, rameuse.
Lieux arides, autour des habitations. Chastellux ! Druyes !
Précy ! Vermenton ! Joigny ! Juillet, septembre. Calcaires. ⚥. A. R.

Vulg. *herbe aux chats* ; Sens (Guichard), Régennes (Mérat).

XI, Glechoma, L. GLÉCHOME.

(*Gléchôn,* nom grec d'une espèce de Pouillot).

910. — 1. G. HEDERACEA, L., G. Lierre terrestre. *Nepeta gle-
choma,* Benth. — Fleurs d'un violet pâle à lèvre tachée,
en glomérules axillaires ; tiges fleuries dressées, tiges
stériles rampantes ; plante à odeur forte. Lieux frais,
haies, prés, bois. Mars, mai. Partout. ⚥. C. C. C.

Vulg. *lierre terrestre* ; médicinale, pectorale.

XII. Melittis, L., MÉLITTE.

(*Melitta,* abeille ; plante aimée des abeilles).

Feuilles oblongues atténuées aux deux extrémités . . . . . .
1 . . . . *M. grandiflora.* (2).
Feuilles ovales à base cordiforme ou arrondie . . . .
. . . . *M. melissophyllum.* (1).

911. — 1. M. MELISSOPHYLLUM, Smith.. M. à feuilles de mé-

lisse. — Fleurs grandes, rouges ou blanches, panachées
de pourpre; tiges ordinairement nombreuses. Bois montueux secs. Mai, juin. Sables et calcaires. ♃. A. C.

912. — 2. M. GRANDIFLORA, Schmith., M. à grandes fleurs.
— Fleurs grandes, blanches, à lèvre inférieure munie
d'une bande rose; tige ordinairement solitaire. Bois humides. Perrigny! Toucy ! Mai, juin. Sables. ♃. R.

XIII. Lamium, L. LAMIER.

(*Lamios*, gueule béante ; allusion à la gorge de la corolle).

1 { Feuilles supérieures sessiles amplexicaules; tube de la corolle
dépourvu d'anneau de poils. . . . . *L. amplexicaule*. (1).
Feuilles pétiolées; tube de la corolle muni d'un anneau de
poils 2

2 { Tube de la corolle droit, dépassant peu le calice . . . . .
. . . . *L. purpureum*. (2).
Tube de la corolle ascendant dépassant longuement le calice.   3

3 { Fleurs blanches . . . . *L. album*. (4).
Fleurs rouges. . . . . *L. maculatum*. (3).

913. — 1. L. AMPLEXICAULE, L., L. embrassant. — Corolle
purpurine à tube trois fois plus long que le calice ; feuilles
réniformes, crénelées. Vignes, jardins, champs. Mars,
octobre. Partout. ⊕. C. C.

914. — 2. L. PURPUREUM, L., L. pourpre. — Fleurs purpurines 3-5 par glomérules rapprochés au sommet des tiges ;
feuilles supérieures réfléchies. Dans les jardins, sur les
décombres. Mars, octobre. Partout. ⊕. C. C.

915. — 3. L. MACULATUM, L., L. taché. — Fleurs purpurines en
grappe interrompue; feuilles souvent tachées de blanc,
velues, doublement dentées. Lieux frais, haies des prés.
Augy ! Avril, novembre. ♃. R. R.

916. — 4. L. ALBUM, L., L. blanc. — Fleurs grandes, blanches, en grappe interrompue; calice maculé de noir à
la base. Lieux frais incultes, haies, pied des murs. Avril,
octobre. Partout. ♃. C. C.

Vulg. *ortie blanche*; médicinale, astringente.

XIV. Galeobdolon, Huds, GALEOBDOLON.

(*Galé*, belette, *bdolos*, fétidité ; allusion à l'odeur de la plante).

917. — 1. G. LUTEUM, Huds., G. jaune. *Galeopsis galeobdolon*,
L.; *Lamium galeobdolon*, Crantz.; *Leonurus galeobdolon*, Scop. — Fleurs jaunes réunies par 3-5, en grappe
interrompue; anthères glabres; calice à dents subulées
épineuses. Lieux frais ombragés. Avril, juin. Sables et
calcaires. ♃. A. C.

XV. **Galeopsis**, L. GALEOPSIS.

(*Galea*, casque, *opsis*, ressemblance; allusion à la forme de la fleur).

1 { Tige non renflée sous les nœuds.   2
  { Tige renflée sous les nœuds   4

2 { Bractées plus longues que les calices   3
  { Bractées plus courtes que les calices . . . *G. dubia.* (3).

3 { Plante verte. . . . . *G. ladanum.* (1).
  { Plante pubescente et blanchâtre. . . . . *G. canescens.* (2).

4 { Tube de la corolle dépassant longuement le calice . . . .
  { . . . . *G. pubescens.* (5).
  { Tube de la corolle dépassant peu le calice. . *G. tetrahit.* (4).

918. — 1. G. LADANUM, Lam., G. Ladane. — Fleurs purpurines en glomérules rapprochés au sommet des rameaux; calice à dents subulées; rameaux dressés. Dans les champs cultivés. Juillet, octobre. Calcaires. ⊕. C. C. C.
   Varie à fleurs blanches.

919. — 2. G. CANESCENS, Schult., G. blanchâtre. — Fleurs purpurines en glomérules rapprochés au sommet des rameaux; calices à dents courtes, entremêlés d'une pubescence blanchâtre fournie; rameaux étalés. Moissons à Saint-Sérotin [Dr Marie]! Juillet, septembre. ⊕. R.

920. — 3. G. DUBIA, Leers., G. douteuse. *G. ochroleuca*, Lam.; *G. grandiflora*, Roth. — Fleurs d'un blanc jaunâtre en glomérules distincts; feuilles velues. Champs, taillis, moissons. Juillet, septembre. Sables et granite. ⊕. C
   Varie à fleurs rouges.

921. — 4. G. TETRAHIT, L., G. Tétrahit. — Corolle purpurine avec une tache janne; feuilles cunéiformes à la base. Lieux frais, bois, bords des ruisseaux. Juillet, septembre. Partout. ⊕. C.

922. — 5. G. PUBESCENS, Besser, G. pubescente. — Fleurs blanches, jaunâtres, rosées; feuilles arrondies à la base. Bords des eaux. Auxerre! Lindry! Juin, septembre. ⊕. R.

XVI. **Stachys**, L. EPIAIRE.

(*Stachus*, épi; allusion à l'inflorescence).

1 { Fleurs d'un blanc jaunâtre.   2
  { Fleurs rouges ou rosées.   3

2 { Feuilles glabres; plante annuelle. . . . . . *S. annua.* (6).
  { Feuilles velues; plante vivace. . . . . . . *S. recta.* (7).

3 { Calice pourvu d'un anneau de poils à la gorge.   4
  { Gorge du calice dépourvue d'anneau de poils.   5

4 { Plante couverte d'une laine épaisse, blanche. . . . . .
  { . . . . *S. germanica.* (1).
  { Plante velue, mais verte. . . . . *S. alpina.* (2).

5 { Corolle dépassant à peine le calice . . . *S. arvensis*. (5).
{ Corolle une fois plus longue que le calice 6

6 { Feuilles longuement pétiolées, velues sur les deux faces. . .
{ . . . . *S. sylvatica*. (3).
{ Feuilles presque sessiles; glabres en dessus. *S. palustris*. (4).

923. — 1. S. GERMANICA, L., E. d'Allemagne. — Corolle purpurine à lèvre inférieure égalant la supérieure; fleurs 12-20 à l'aisselle des feuilles florales. Lieux incultes, bords des haies, des chemins, bois. Juillet, août. Calcaires. ⊛ ou ♃. C.

924. — 2. S. ALPINA, L., E. des Alpes. — Corolle purpurine à lèvre inférieure plus longue que la supérieure; fleurs 5-10 à l'aisselle de chaque feuille florale. Lieux ombragés. Forêts d'Othe! de Frétoy! Beaumont! Tanlay! Le Vault! Chastellux, Bessy, Vermenton [Boreau]. Juin, août. Calcaires. ♃. R.

925. — 3. S. SYLVATICA, L., E. des Bois. — Fleurs purpurines 2-3 à l'aisselle des feuilles florales; feuilles profondément en cœur. Lieux frais ombragés. Mai, août. Partout. ♃. C. C.

926. — 4. S. PALUSTRIS, L., E. des Marais. — Fleurs purpurines 3-5 à l'aisselle des feuilles florales; feuilles peu cordées. Lieux mouillés, bords des eaux. Juin, septembre. Partout. ♃. C. C.

927. — 5. S. ARVENSIS, L., E. des Champs. — Fleurs rougeâtres ponctuées, 1-3 à l'aisselle des feuilles; feuilles ovales, obtuses, en cœur; tiges rameuses, hérissées, étalées ou redressées; champs sablonneux et granitiques. Auxerre! Charbuy! Perrigny! Quarré! Serrigny [Guérin]! Juin, octobre. ⊛. A. R.

928. — 6. S. ANNUA, L., E. annuelle. — Corolle d'un blanc jaunâtre à tube muni en dedans d'un anneau de poils transversal; dents du calice terminées par une épine velue. Champs, moissons. Juillet, octobre. Calcaires. ⊛. C.

929. — 7. S. RECTA, L., E. redressée. — Corolle d'un jaune pâle, marbrée de blanc à tube muni en dedans d'un anneau de poils oblique; dents du calice terminées par une épine glabre. Lieux herbeux incultes, bords des chemins, des champs Juillet, octobre. Calcaires. ♃. C.

XVII. Betonica, L. BÉTOINE.

(du celtique *Beulunn*, tabac; allusion à ses propriétés sternutatoires).

930. — 1. B. OFFICINALIS, L., B. officinale. — Fleurs purpu-

rines en épi terminal oblong; calice à gorge ciliée;
feuilles cordées pétiolées; tige dressée, simple. Lieux
frais des bois, prés. Juin, septembre. Partout. ♃. C. C.
Vulg. *bétoine*; médicinale, sternutatoire.

XVIII. Marrubium, L. MARRUBE.

(De l'hébreu *mar rob*, suc amer).

931. — 1. M. VULGARE, L., M. commun. — Fleurs blanches,
sessiles, en glomérules serrés disposés en épi allongé,
interrompu; plante cotonneuse blanchâtre. Lieux secs
incultes, bords des chemins, pied des murs. Juin, septembre. Partout. ♃. C.

XIX. Ballota, T. BALLOTE.

(*Ballôté*, nom grec du marrube noir).

932. — 1. B. FŒTIDA, Lam., B. fétide. *B. nigra*, Smith. —
Fleurs rouges en glomérules pédonculés; calice à dix
côtes saillantes; plante fétide, rameuse, à feuillage
sombre. Lieux incultes, bords des chemins, décombres,
pied des murs. Juin, septembre. Partout. ♃. C. C.
Vulg. *ballote*; *marrube noir*.

XX. Leonurus, L. AGRIPAUME

(*Léon*, lion, *oura*, queue; allusion à la forme de l'épi.)

933. — 1. L. CARDIACA, L.. A. cardiaque. — Fleurs rosées en
glomérules serrées, sessiles, formant un long épi feuillé;
feuilles inférieures palmatipartites; tige dressée, rameuse. Haies, décombres. Juin, septembre. Partout. ♃.
peu C.
Vulg. *agripaume*, médicinale, cordiale.

XXI. Scutellaria, L. SCUTELLAIRE.

(de *scutella*, écuelle; allusion à la forme du calice).

1 { Fleurs en épi terminal tétragone . . . . *Sc. alpina*. (1).
  { Fleurs solitaires à l'aisselle des feuilles 2

2 { Feuilles dentées; calice à peu près glabre. *Sc. galericulata*.(2).
  { Feuilles entières ou pourvues de quelques dents et seulement
    à la base; calice hérissé. . . . . *Sc. minor*. (3).

934. — 1. SC. ALPINA, L., Sc. des Alpes. — Corolle purpurine
à tube courbé à la base; bractées colorées, membraneuses, plus courtes que les fleurs; tige rameuse; souche ligneuse. Larris blanc à Cry (Royer)! Exp. sud. Juin,
Calcaires. ♃. R. R.

935. — 2. SC. GALERICULATA, L., Sc. Toque. — Corolle vio-

lette à tube courbé ; tige de 2 à 5 décimètres, ordinairement simple. Bords des rivières, des ruisseaux. Juin, septembre. Partout. ♃. A. C.

936. — 3. SC. MINOR, L., Sc. naine. — Corolle rosée à tube ventru mais droit ; tige de 1 à 2 décimètres. très-rameuse. Bruyères humides, bords des étangs. Juillet, septembre. Sables, granite. ♃. A. C.

XXII. Brunella, T. BRUNELLE.

(de l'allemand *braune*, esquinancie ; allusion à ses propriétés).

1 { Epi de fleurs dépourvu de feuilles à la base. . . . . *B. grandiflora.* (3).
{ Epi de fleurs muni de deux feuilles à la base. 2

2 { Fleurs blanches jaunâtres . . . . *B. alba.* (2).
{ Fleurs purpurines . . . . *B. vulgaris.* (1).

937. — 1. B. VULGARIS, L., B. commune. — Fleurs violettes ; filets des étamines munis d'une pointe droite. Prés, bois, champs. Juin, octobre. Partout. ♃. C. C.

> Vulg. *brunelle.* Varie à feuilles pinnatifides ; fleurs en épi aussi large que long. *B. pinnatifida,* Pers.

938. — 2. B. ALBA, Pallas., B. blanche. *Brunella laciniata,* a. L. — Fleurs blanches ; filets des étamines munis au sommet d'une pointe courbée en arc. Lieux herbeux frais, chemins des bois, bruyères. Juin, août. Sables et calcaires argileux. ♃. C.

> Vulg. *brunelle blanche.*

939. — 3. B. GRANDIFLORA, Jacq., B. à grandes fleurs. — Fleurs grandes purpurines ; filets des grandes étamines munis d'un tubercule sous le sommet. Lieux secs, côteaux, clairières des bois. Juillet, octobre. Calcaires. ♃. A. C.

> Vulg. *grande brunelle.*

XXIII. Ajuga, L. BUGLE.

(Altération de *abigere*, délivrer ; allusion à ses propriétés).

1 { Fleurs jaunes. . . . . *A. chamœpitys.* (3).
{ Fleurs bleues 2

2 { Tige velue sur les quatre faces ; point de rejets rampants . . . . *A. genevensis.* (2).
{ Tige velue sur deux faces ; des rejets stériles *A. reptans.* (1).

940. — 1. A. REPTANS, L., B. rampante. — Fleurs d'un bleu luisant, en grappe allongée interrompue à la base ; feuilles radicales persistantes. Lieux humides, bois, prés. Mai, juillet. Partout. ♃. C. C.

> Vulg. *bugle.*

941. — 2. A. GENEVENSIS, L., B. de Genève. *Ajuga montana*, Reich. — Fleurs d'un bleu cendré, en grappe allongée interrompue dans presque toute sa longueur ; feuilles radicales détruites à la floraison. Lieux secs, clairières des bois. Mai, juillet. Calcaires. ♃. A. C.

942. — 3. A. CHAMÆPITYS, Schreb., B. petit Pin. *Teucrium chamæpitys*, L. — Fleurs jaunes solitaires à l'aisselle des feuilles ; plante velue, visqueuse, à rameaux couchés, diffus. Dans les champs. Mai, septembre. Calcaires. ☉. C.

XXIV. **Teucrium**, L. GERMANDRÉE.

(de Teucer, qui en découvrit les propriétés).

1 { Fleurs réunies en tête ; tiges étalées ; feuilles entières . . . . *T. montanum.* (5). Fleurs axillaires ou en grappe. 2

2 { Fleurs en grappe allongée. . . . . . . *T. scorodonia.* (1). Fleurs axillaires 3

3 { Feuilles profondément divisées. . . . . . . *T. botrys.* (2). Feuilles seulement dentées. 4

4 { Feuilles sessiles ; plante des lieux humides . . . . *T. scordium.* (3). Feuilles pétiolées ; plante des lieux secs. *T. chamædrys.* (4).

943. — 1. T. SCORODONIA, L., G. Scorodone. — Corolle jaune verdâtre ; fleurs solitaires en grappe unilatérale ; plante de 3-5 décimètres, simple ou rameuse. Lieux secs ombragés, bois, haies. Juin, octobre. Partout, mais principalement dans les sables. ♃. C. C.

944. — 2. T. BOTRYS, L., G. Botrys. — Fleurs lilas 2-3 en glomérule à l'aisselle des feuilles ; feuilles pétiolées ; tige rameuse dépourvue de stolons. Dans les champs. Juillet, octobre. Calcaires. ☉. C.

945. — 3. T. SCORDIUM, L., G. aquatique. — Fleurs lilas géminées à l'aisselle des feuilles ; tiges flexueuses, radicantes ; souche munie de stolons. Bords des eaux, des marécages. Saint-Vinnemer ! Saint-Florentin ! Serrigny [Guérin] ! Gizy, Evry, [S. Moreau] ! Juin, septembre. Calcaires. ♃. R.

Eaux du Bouchard (Guichard), Vincelles (Mérat).

946. — 4. T. CHAMÆDRYS, L., G. officinale. — Fleurs purpurines en grappe feuillée ; feuilles crénelées, pubescentes ; tiges gazonnantes. Lieux secs, côteaux, mergers, bois. Juillet, septembre. Calcaires. ♃. C. C.

Vulg. *petit-chêne* ; médicinale, vulnéraire.

947. — 5. T. MONTANUM, L., G. des Montagnes. — Fleurs d'un blanc jaunâtre en capitule entouré de feuilles ; feuilles tomenteuses en dessous; tiges nombreuses étalées en cercle. Lieux secs, côteaux herbeux, clairières des bois. Juin, octobre. Calcaires. ♃. C.
Mont Saint-Bon, bois de Moutard (Guichard).

Fam. LXX. — **PLUMBAGINACÉES**. (PLUMBAGINEÆ, Juss.).

(Nom tiré du genre Plumbago, *Plumbum*, plomb ; les feuilles tachent comme le plomb).

I. **Armeria**, Wild. ARMÉRIE.

(du celtique *ar, mor*, bord de la mer ; allusion à l'habitation de l'espèce principale).

948. — 1. A. PLANTAGINEA, All., A. à feuilles de plantain. — Fleurs roses en capitule globuleux; feuilles vertes, glabres, linéaires, lancéolées, toutes radicales ; plante de 2 à 5 décimètres. Lieux incultes, bords des chemins. Saint-Georges! Juin, septembre. Sables. ♃. R. R.

Fam. LXXI. — **PLANTAGINACÉES**. (PLANTAGINEÆ, Juss.).

1 { Fleurs monoïques, les mâles à l'extrémité de pédoncules radicaux, les femelles à la base. . . . . . . *Littorella*. (ii).
{ Fleurs hermaphrodites en épis. . . . . . *Plantago*. (i).

I. **Plantago**, L. PLANTAIN.

(de *planta*, plante du pied ; allusion à la forme des feuilles).

1 { Tige rameuse, feuillée. . . . . *P. arenaria*. (6).
{ Pédoncules radicaux; feuilles toutes radicales 2

2 { Feuilles lancéolées, linéaires ou pinnatifides. 3
{ Feuilles ovales 4

3 { Feuilles pinnatifides. . . . . *P. coronopus*. (5).
{ Feuilles lancéolées, linéaires. . . . . *P. lanceolata*. (4).

4 { Epis courts, oblongs ; feuilles pubescentes sur les deux faces.
{ . . . . *P. media*.(3).
{ Epis linéaires allongés; feuilles presque glabres 5

5 { Pédoncules radicaux droits. . . . . . . *P. major*. (1).
{ Pédoncules radicaux arqués . . . . . *P. intermedia*. (2).

949. — 1. P. MAJOR, L., P. à grandes feuilles. — Fleurs en épi allongé, atténué au sommet; feuilles épaisses coriaces. Décombres, bords des chemins, pied des murs. Mai, octobre. Partout. ♃. C. C.
Vulg. *plantain*, médicinale, anti-ophtalmique.

950. — 2. P. INTERMEDIA, Gilib., P. intermédiaire. — Fleurs
en épi allongé non atténué; feuilles minces et molles.
Lieux herbeux, bords des chemins. Juin, octobre. Partout. ⚥. C.

951. — 3. P. MEDIA, L., P. moyen. — Fleurs en épi oblong,
cylindrique, tacheté de blanc; feuilles étalées en cercle,
à 7-9 nervures. Lieux incultes, bords des chemins, prés
secs, pelouses. Mai, août. Partout. ⚥. C. C.

952. — 4. P. LANCEOLATA, L., P. lancéolé. — Fleurs en épi
serré, glabre, ovale; bractées scarieuses noirâtres et
velues sur le dos. Lieux frais, prés, bois. Avril, octobre.
Partout. ⚥. C. C.

953. — 5. P. CORONOPUS, L., P. Corne de Cerf. — Fleurs en
épi ovïde ou cylindrique; feuilles velues; pédoncules à
poils appliqués. Lieux herbeux arides, bruyères. Mai,
octobre. Sables. ☉. C.

954. — 6. P. ARENARIA, Waldst., P. des Sables. *Plantago psyl-
lium*, Dub. — Fleurs en épi ovale; calice à segments
dissemblables; feuilles opposées, linéaires, fasciculées.
Lieux incultes secs, bords des chemins. Appoigny!
Saint-Georges! etc. Juin, août. Sables. ☉. A. R.
Vulg. *herbe aux puces.*

II. Littorella, L. LITTORELLE.

(de *littus*, rivage; allusion à l'habitation de la plante).

955. — 1. L. LACUSTRIS, L., L. des Etangs. — Corolle urcéolée
à 4 dents; plante aquatique; feuilles toutes radicales,
charnues, demi-cylindriques. Bords des étangs, des rivières, lieux argileux. Joigny! Avallon! Saint-Sauveur!
Juin, août. Sables et granite. ⚥. R.

FAM. LXXII. — AMARANTHACÉES. (AMARANTACEÆ, R. Br.).

1 { Feuilles pétiolées, élargies	*Amaranthus.* (i).	
{ Feuilles sessiles, linéaires.	*Polycnemum.* (ii).	

I. Amaranthus, L. AMARANTE.

(*A maraïneïn*, ne pas se flétrir; allusion aux fleurs persistantes).

1 { Fleurs toutes axillaires en épi feuillé . .	*A. sylvestris.* (2).	
{ Fleurs supérieures en épi non feuillé		2
2 { Tige couchée ou inclinée; bractées ne dépassant pas les fleurs . . . . ,	*A. ascendens.*(1).	
{ Tige dressée; bractées plus longues que les fleurs . . .		3
3 { Epis de fleurs d'un vert blanchâtre. . .	*A. retroflexus.*(3).	
{ Epis de fleurs d'un rouge vif	*A. sanguineus.* (4).	

956. — 1. A. ASCENDENS, Lois., A. ascendante. *A. blitum*, L.
— Fleurs verdâtres ; feuilles pétiolées, glabres, souvent
tachées, échancrées au sommet. Champs, bords des
chemins, décombres, autour des habitations. Charbuy !
Lézinnes [Guinot] ! Juillet, octobre. ☉. A. R.

957. — 2. A. SYLVESTRIS, Desf , A. sauvage. *A. viridis*, L. ;
Amaranthus blitum, Moq. — Fleurs verdâtres ; périgone à 3 divisions linéaires ; tige glabre sillonnée. Lieux
cultivés, décombres, pied des murs. Juillet, octobre.
Partout. ☉. C. C.

958. — 3. A. RETROFLEXUS, L., A. réfléchie. *Amaranthus
spicatus*, Lam. — Fleurs verdâtres ; périgone à 5 divisions ; plante dressée pubescente, tomenteuse. Lieux
cultivés, décombres, bords des chemins. Juillet, septembre. Sables et calcaires. ☉. A. C.

959. — 4. A. SANGUINEUS, L., A. Sanguine. — Fleurs rouges
en panicule dressée ; feuilles atténuées aux deux bouts.
Naturalisée dans les champs, entre Chemilly et Gurgy !
Juillet, septembre. Calcaires. ☉.

Vulg. *queue de renard* ; sortie probablement des jardins de Guilbaudon.

II. **Polycnemum**, L. POLYCNÊME.

(*Polus cnêmé*, beaucoup d'articulations ; allusion aux nodosités
de la tige)

960 . — 1. P. ARVENSE, L., P. des champs. *Polycnemum majus*, Braun. — Fleurs verdâtres ; bractées scarieuses,
blanchâtres ; feuilles linéaires piquantes ; tige rameuse.
Dans les champs, les moissons. Saint-Bris ! Laroche !
le Sénonais [S. Moreau] ! Juin, septembre. Calcaires. ☉.
A. R.

Obs. On trouve çà et là, sur les décombres, *phytolacca decandra*, L.
(raisin d'Amérique). Fleurs rosées en grappes opposées aux feuilles ; tige
de 1 à 2 mètres, rameuse.

FAM. LXXIII. — **SALSOLACÉES**. (SALSOLACEÆ, Mocq.).

(Nom tiré du genre *salsola, salsus*, salé ; allusion au sel contenu
dans la plante).

1	Calice à 2 sépales en forme de lances. . . *Atriplex*. (iii).	
	Calice à 3 ou 6 sépales libres ou soudés	2
2	Fleurs dioïques ; sépales soudés . . . . . *Spinacia*. (iv).	
	Fleurs hermaphrodites ou polygames ; sépales libres dans une étendue variable	3
3	Fruit soudé à la base avec le calice. . . . . . *Beta*. (i).	
	Fruit libre. . . . . *Chenopodium*. (ii).	

I. **Beta**, T. BETTE.

(du celtique *bell*, rouge; allusion à la couleur de la racine).

961. — 1. B. VULGARIS, L., B. commune. — Fleurs verdâtres ou rougeâtres en longs épis feuillés; feuilles larges, ovales, obtuses, un peu cordées; racine très-grosse. Dans les champs. Juillet, septembre. Partout. ② ou ♃.

Vulg. *betterave*; cultivée partout. Var. *cycla*, L., racine peu épaisse, feuilles charnues (poirée, carde).

II. **Chenopodium**, L. ANSÉRINE.

(*Chén*, oie, *pous*, pied ; allusion à la forme des feuilles de l'espèce principale).

1	Plante très-fétide . . . . *C. fœtidum.* (3).	
	Plante non fétide. . . . . , , .	2
2	Feuilles triangulaires presque hastées. *C. bonus Henricus.* (11).	
	Feuilles ni triangulaires ni hastées, ...	3
3	Feuilles entières	4
	Feuilles sinuées, lobées ou dentées.	5
4	Toutes les feuilles obtuses. . . . . . *C. polyspermum.* (1).	
	Feuilles supérieures aiguës . . . . . . *C. acutifolium.* (2).	
5	Feuilles vertes sur les deux faces, cordées à la base . . . . *C. hybridum.* (9).	
	Feuilles glauques ou chargées en dessous de points farineux et non cordées à la base.	6
6	Feuilles glauques oblongues; grappes simples. *C. glaucum.* (10).	
	Feuilles triangulaires ou rhomboïdales ; grappes ramifiées . .	7
7	Glomérules de fleurs en grappes serrées contre la tige ; feuilles triangulaires aiguës . . . . *C. intermedium.* (8).	
	Glomérules dressés ou étalés, mais non appliqués contre la tige	8
8	Toutes les feuilles rhomboïdales dentées . . *C. murale.* (7).	
	Feuilles supérieures entières	9
9	Feuilles très farineuses, blanches en dessous . *C. album.* (4).	
	Feuilles peu farineuses, vertes en dessous.	10
10	Feuilles supérieures très entières . . . . . *C. poganum.* (5).	
	Feuilles supérieures présentant quelques dents. *C. viride.* (6).	

962. — 1. C. POLYSPERMUM, L.. A. polysperme. — Fleurs vertes très-nombreuses en grappes ramifiées; tige rameuse, diffuse, verte. Lieux cultivés. Juillet, octobre. ①. peu C.

963. — 2. C. ACUTIFOLIUM, Sm., A. à feuilles aiguës, — Fleurs vertes en épis grêles; tige rameuse, dressée, souvent rouge. Sables des rivières. Juillet, octobre. ①. A. C.

964. — 3. C. FŒTIDUM, Lam , A. fétide. — Fleurs en grappes axillaires nues; feuilles blanchâtres, pulvérulentes, entières; tige à rameaux étalés. Lieux cultivés, décombres. Juillet, octobre. Partout. ①. C. C.

965. — 4. C. ALBUM, L., A. blanche. — Fleurs en épis compacts, dressés; feuilles très-farineuses; plante souvent simple. Lieux cultivés, décombres. Août, octobre. Partout. ①. C. C.

966. — 5. C. PAGANUM. Reich., A. des villages. *Ch. viride*, Thuill. — Fleurs disposées en cyme lâche; feuilles vertes luisantes, à peine farineuses; plantè rameuse. Lieux cultivés, décombres, pied des murs, fumiers. Juillet, octobre. Partout. ①. C. C.

967. — 6. C. VIRIDE, L., A. verte. *Ch. concatenatum*, Thuil. — Fleurs en grappes lâches, à ramifications filiformes étalées; tige souvent rayée de rouge. Dans les champs. Août, octobre. Partout. ①. C.

968. — 7. C. MURALE, L., A. des Murs. — Fleurs en grappes corymbiformes; feuilles d'un vert foncé, farineuses dans leur jeunesse: tige rameuse dès la base. Pied des murs. décombres. Juillet, octobre. Partout. ①. C.

969. — 8. C. INTERMEDIUM, Mert., A. intermédiaire. *Ch. urbicum* (auct.). — Fleurs en grappes nues; feuilles d'un beau vert en dessus, fortement dentées; tige peu rameuse. Pied des murs. Isle sur-Serein [Tétrel]! Août, octobre. Calcaires. ①. R.

970. — 9. C. HYBRIDUM, L., A hybride. — Fleurs en grappes rameuses; feuilles semblables à celles du Datura; tige presque simple. Lieux cultivés. Août, octobre. Principalement dans les sables. ①. A. C.

971. — 10. C. GLAUCUM, L., A. glauque. *Blitum glaucum*, Koch. — Fleurs en grappes simples, dressées; feuilles farineuses dessous, obtuses, sinuées, dentées; tige rameuse dès la base. Lieux cultivés humides. Sens! Juillet, octobre. Alluvions. ①. R.

972. — 11. C. BONUS HENRICUS, L., A. bon Henri. *Blitum bonus Henricus*, Meyer. — Fleurs en grappes disposées en panicule spiciforme; feuilles entières ondulées; tige dressée, rameuse. Décombres, pied des murs. Mai, septembre. Partout. ♃. C.

III. Atriplex, T. ARROCHE.

(*a. triplax*, qui n'est pas triple; allusion aux deux divisions du calice des fleurs femelles).

1 { Feuilles toutes lancéolées ou linéaires, rétrécies en pétiole. . 2
  { Feuilles inférieures hastées triangulaires, pétiolées. 3

2 { Calice à peu près lisse . . . . **A. patula.** (1).
{ Calice très verruqueux. . . . . **A. erecta.** (2).

3 { Divisions du calice beaucoup plus longues que la graine . .
{ . . . . **A. hastata.** (3).
{ Divisions du calice dépassant peu la graine . . . . .
{ . . . . **A. microsperma.** (4).

973. — 1. A. PATULA, L., A. étalée. *Atriplex angustifolia,*
Smith. — Fleurs en grappes; divisions du calice plus
longues que la graine ; plante rameuse, diffuse. Champs,
haies, pied des murs, lieux cultivés. Juillet, octobre.
Partout. ⊕. C. C.

974. — 2. A. ERECTA, Huds., A. dressée. — Fleurs en grappes ;
divisions du calice égalant la graine ; plante rameuse,
dressée. Pied des murs, lieux cultivés. Août, octobre. ⊕.
peu C.

975. — 3. A. HASTATA, L , A. hastée. *Atriplex latifolia,* Walh.;
A. patula, Smith. — Fleurs en grappes; divisions du
calice triangulaires, rhomboïdales; graines ponctuées,
bordées sur chaque face par un sillon. Lieux humides
des champs, fossés. Juillet, octobre. Partout. ⊕. C.

976. — 4. A. MICROSPERMA, W. K , A. à petites graines. —
Fleurs en grappes ; divisions du calice ovales ; graines
lisses à faces non bordées par un sillon. Lieux cultivés,
pied des murs. Juillet, octobre. ⊕. A. C.

IV. Spinacia, T. ÉPINARD.

(de *spina,* épine ; allusion au fruit épineux de l'espèce principale).

1 { Feuilles ovales oblongues; fruit non épineux. . . . . .
{ . . . . **S. inermis.** (1).
{ Feuilles sagittées; fruit épineux. . . . . . **S. spinosa.** (2).

977. — 1. S. INERMIS, Mœnch., E. inerme. — Fleurs verdâtres
en glomérules axillaires. Mai, juin. ⊕.
Vulg. *épinard de Hollande* ; cultivée, alimentaire.

978. — 2. S. SPINOSA, Mœnch., E. épineux. *S. oleracea,* L. —
Fleurs verdâtres en glomérules axillaires. Mai, juin. ⊕.
Vulg. *épinard d'hiver ;* cultivée, alimentaire.

FAM. LXXIV. — POLYGONACÉES. (POLIGONEÆ, Juss.).

1 { Calice à 6 sépales. . . . . **Rumex.** (1).
{ Calice à 5 sépales, quelquefois moins. . . **Polygonum.** (ii).

I. Rumex, L. PATIENCE.

(*Rumex,* pique; allusion à la forme des feuilles de plusieurs espèces).

1 { Feuilles hastées ou sagittées; saveur acide 2
{ Feuilles ni hastées ni sagittées ; saveur non acide. 4

2 { Feuilles toutes pétiolées, arrondies, glauques. *R. scutatus*. (9).
{ Feuilles supérieures sessiles, bien plus longues que larges. .   **3**

3 { Sépales extérieurs refractés. . . . . . . *R. acetosa*. (7).
{ Sépales extérieurs appliqués sur le fruit . *R. acetosella*. (8).

4 { Sépales fortement ciliés à la base. **5**
{ Sépales non ciliés à la base **6**

5 { Feuilles radicales échancrées des deux côtés. *R. pulcher*. (3).
{ Feuilles non échancrées. . . . . . *R. obtusifolius*. (4).

6 { Feuilles inférieures longues de 4 à 8 décimètres. . . . .
{ . . . . *R. hydrolapatum*. (6).
{ Feuilles inférieures n'ayant pas 4 à 8 décimètres **7**

7 { Valves du fruit cordiformes; feuilles ondulées crispées. . .
{ . . . . *R. crispus*. (5).
{ Valves du fruit oblongues; feuilles non crispées **8**

8 { Toutes les valves munies d'un tubercule. . . . . .
{ . . . . *R. conglomeratus*. (1).
{ Une seule valve munie d'un tubercule. . *R. nemorosus*. (2).

979. — 1. R. CONGLOMERATUS, Murray, P. agglomérée. *Rumex nemolapatum*, Duby.; *R. acutus*, Smith. — Fleurs verdâtres en verticilles presque tous munis d'une feuille bractéale; tige à rameaux étalés. Lieux frais. Juillet, septembre. Partout. ♃. C.

980. — 2. R. NEMOROSUS, Schrad., P. des Forêts. *Rumex sanguineus*, b. *viridis*, Smith.; *R. nemolapatum*, Spreng. — Fleurs verdâtres en verticilles dépourvus de feuilles bractéales; tige à rameaux dressés. Lieux frais couverts. Juin, août. Calcaires. ♃. A. C.

981. — 3. R. PULCHER, L., P. Violon. — Fleurs verdâtres à anthères jaunes, en verticilles formant des grappes effilées, divariquées; plante à rameaux divariqués. Bords des chemins, lieux incultes. Juin, septembre. Calcaires. ♃. C.

982. — 4. R. OBTUSIFOLIUS, L., P. à feuilles obtuses. *Rumex friesii*, Gren. et God.; *R. divaricatus*, Fries. — Fleurs verdâtres ou rougeâtres, en verticilles formant des grappes ascendantes; plante à rameaux dressés. Lieux herbeux, bords des eaux. Juin, septembre. Partont. ♃. C.

983. — 5. R. CRISPUS, L., P. crépue. — Fleurs verdâtres en verticilles formant une panicule étroite et allongée ; tige à rameaux dressés, serrés et courts. Bords des chemins, des prés, lieux incultes. Juillet, septembre. Partout. ♃. C. C.

984. — 6. R. HYDROLAPATUM, Huds., P. des Eaux. *Rumex aquatica*, Smith. — Fleurs verdâtres en verticilles

fournis, formant une grande panicule ; feuilles atténuées aux deux bouts ; tige de 1 à 2 mètres. Bords des eaux. Juillet, août. Partout. ♃. C.

985. — 7. R. ACETOSA, L., P. Oseille. *Rumex pseudo acetosa*, Bert. — Fleurs verdâtres ou rougeâtres, dioïques, en panicule lâche ; feuilles à oreillettes dirigées en bas. Prés et bois humides. Mai, juin. Partout. ♃. C. C.

Vulg. *oseille* ; alimentaire.

986. — 8. R. ACETOSELLA, L., P. petite Oseille. — Fleurs rougeâtres dioïques, en panicule ; feuilles à oreillettes dirigées en haut. Dans les champs, les bruyères. Avril, Juin. Sables. ♃. C. C.

Vulg. *petite oseille* ; refleurit en automne.

987. — 9. R. SCUTATUS, L., P. à Écusson. — Fleurs blanchâtres ou rougeâtres, polygames 3-4, par verticilles éloignés ; tiges couchées, redressées, peu feuillées. Lieux secs, bords des champs, pied des murs, côteaux. Auxerre ! Saint-Bris ! Tonnerre ! Vézelay ! etc. Mai, août. Calcaires. ♃. A. R.

Vulg. *oseille ronde.*

II. **Polygonum**, L. RENOUÉE.

(*Polus gonu*, beaucoup de genoux ; allusion aux nodosités de la tige).

1	{ Feuilles sagittées à la base.	2
	{ Feuilles non sagittées	4
2	{ Tige dressée. . . . . *P. fagopyrum.* (13).	
	{ Tige couchée ou volubile.	3
3	{ Tige lisse cylindrique . . . . . . *P. convolvulus.* (11).	
	{ Tige rude anguleuse . . . . *P. dumetorum.* (12).	
4	{ Fleurs nombreuses réunies en épis terminaux	5
	{ Fleurs, 1 à 3 à l'aisselle des feuilles.	10
5	{ Tige terminée par un seul épi. . . . . *P. bistorta.* (1).	
	{ Tige portant plusieurs épis.	6
6	{ Feuilles échancrées en cœur à la base. *P. amphibium.* (2).	
	{ Feuilles atténuées à la base	7
7	{ Epis oblongs, cylindriques compactes.	8
	{ Epis grêles, filiformes, souvent interrompus	9
8	{ Gaines des feuilles ciliées ; feuilles vertes. *P. persicaria.* (4).	
	{ Gaines des feuilles peu ou point ciliées ; feuilles souvent maculées de noir au milieu. . . . . *P. lapatifolium.* (3).	
9	{ Plante à saveur poivrée. . . . . . . *P. hydropiper.*(6).	
	{ Plante à saveur non poivrée. . . . . . . *P. mite.* (5).	
10	{ Tiges dressées ; rameaux floraux dépourvus de feuilles au sommet. . . . . *P. bellardi.* (10).	
	{ Tiges étalées ou ascendantes	11

988. — 1. P. BISTORTA, L., R. Bistorte. — Fleurs roses en épi
dense cylindrique, dressé; feuilles cordées, glauques,
en dessous; tige simple, droite; style 3. Prés humides.
Avallon [Boreau]! Saint-Léger! Mai, juillet. Granite.
♃. R.

    Vulg. *bistorte*; médicinale, astringente.

989. — 2. P. AMPHIBIUM, L., R. amphibie. — Fleurs roses en
épi oblong-cylindrique, dressé à la surface de l'eau ;
feuilles lisses; gaines non ciliées. Dans les eaux. Juin,
août. Partout. ♃. C.

    Obs. *Var. terrestris.* feuilles un peu hérissées; gaines ciliées; tige
simple, stérile. Lieux humides. C.

990. — 3. P. LAPATIFOLIUM, L , R. à feuilles de Patience.
Polygonum turgidum, Thuill. — Fleurs blanches ou
rosées en épis courts, compactes, dressés; pédoncule
glanduleux ; étamines égalant le périgone. Champs,
moissons. Juillet, septembre. Sables. ☉. C.

    Obs. *Var. nodosum*, épis allongés, lâches. un peu penchés; étamines
plns courtes que le périgone. Sables humides. C.

991. — 4. P. PERSICARIA, L., R. Persicaire.— Fleurs verdâtres
ou roses en épi; pédoncule lisse. Lieux humides, bords
des eaux, des fossés. Juillet, octobre. Partout. ☉. C. C.

992. — 5. P. MITE, Schranck, R. insipide. *Polygonum hybridum*, Chaub.; *Polyg. hydropiperi dubium*, Gr. God. —
Fleurs roses ou verdâtres en épi très-grêle à la base ;
calice lisse. Lieux herbeux humides. Août, octobre. Calcaires argileux. ☉. A. R.

993. — 6. P. HYDROPIPER, L., R. Poivre d'Eau. — Fleurs ro-
sées ou verdâtres; calice muni de points glanduleux.
Lieux humides des bois, bords des eaux. Juillet, octobre.
Partout. ☉. C. C.

    Vulg. *poivre d'eau.*

994. — 7. P. AVICULARE, L., R. des Oiseaux. — Fleurs roses
ou blanches; feuilles ovales ou oblongues très-rappro-
chées ; tiges nombreuses étalées en tous sens, redressées
au sommet. Lieux incultes, bords des chemins, des rues,
dans les cours. Juillet, octobre. Partout. ☉. C. C. C.

    Vulg. *trainasse.* Obs. *Var. arenastrum*, feuilles linéaires ; tiges appli-
quées à terre à ramification parallèle.

995. — 8. P. HUMIFUSUM, Jord., R. couchée. — Fleurs rougeâ-

tres ; feuilles lancéolées linéaires ; tiges très-longues appliquées à terre, vertes, jonciformes. Moissons humides. Appoigny ! Perrigny ! Juillet, octobre. Sables. ☉. A. R.

996. — 9. P. RURIVAGUM, Jord., R. des Guérèts. *Polyg. neglectum*, Bess. — Fleurs blanches ou roses; feuilles lancéolées linéaires ; plante grêle, rameuse ; axe primaire droit, les latéraux étalés ascendants. Dans les champs après les moissons. Août, octobre. Sables et graviers. ☉. C. C.

997. — 10. P. BELLARDI, All., R. de Bellardi. — Fleurs roses pédicellées ; divisions du calice munies d'une nervure saillante; fruits luisants. Dans les champs, environs de Tonnerre [Guérin] ! Juin, août. Calcaires. ☉. R.

998. — 11. P. CONVOLVULUS, L., R. Liseron. — Fleurs blanchâtres ; divisions extérieures du calice à peine carénées ; tige grimpante ou couchée. Dans les champs. Juin, septembre. Partout. ☉. C. C.

999. — 12. P. DUMETORUM, L., R. des Buissons. — Fleurs blanchâtres ; divisions du calice ailées, membraneuses; tige rameuse volubile. Dans les haies, les buissons. Juillet, septembre. Partout. ☉. A. C.

1000. — 13. P. FAGOPYRUM, L., R. Sarrasin. — Fleurs blanches ou roses, en grappes disposées en corymbe ; feuilles en cœur brusquement acuminées. Dans les champs. Juin, août. Granite. ☉.

Vulg. *blé noir, sarrazin*; cultivée et subspontanée dans l'Avallonnais.

FAM. LXXV. — **THYMÉLÉES**. (THYMELEÆ, JUSS.).

(Nom tiré du genre *thimelœa* ou *daphne*).

1 { Plante herbacée; fruit sec . . . . *Passerina*. (i).
{ Plante ligneuse; fruit charnu . . . . *Daphne*. (ii).

I. **Passerina**, L. PASSERINE.

(de *passer*, moineau).

1001. — 1. P. ANNUA, Wick., P. annuelle. *Stellera passerina*, L. — Fleurs d'un vert jaunâtre, sessiles, disposées en épis feuillés ; tige à rameaux effilés, dressés. Lieux incultes, champs. Juillet, septembre. Calcaires. ☉. A. C.

II. **Daphne**, L., DAPHNÉ.

(de la nymphe Daphné, changée en laurier par Apollon).

1 { Fleurs roses ou rosées; fruits rouges . . *D. mezereum*. (2).
{ Fleurs jaunâtres; fruits noirs . . . . . *D. laureola*. (2).

1002. — 1. D. MEZEREUM, L., D. Mézéréon. — Fleurs roses disposées en épi surmonté d'une couronne de jeunes feuilles ; feuilles caduques, glabres ou ciliées. Bois montueux à Druyes, bois des Thureaux, [in Boreau]. fl. février, mars.; fr. août. Calcaires. ♃. R.
Vulg. *bois gentil* : médicinale, vénéneuse, vésicante.

1003. — 2. D. LAUREOLA, L., D. lauréole. — Fleurs verdâtres odorantes, placées au sommet des rameaux dans la rosette de feuilles terminales. Dans les bois montueux. fl. février, mars.; fr. août. Calcaires. ♃. A. C.
Vulg. *lauréole* ; vénéneuse. vesicante.

Fam. LXXVI. — SANTALACÉES. (Santalaceæ, R. Br.)

(Nom tiré du genre *Santalum*).

I. Thesium, L. Thésion.

(Fleur de Thésée).

Tiges filiformes étalées à terre.	*T. humifusum.* (1).
Tiges dressées	*T. divaricatum.* (2).

1004. — 1. T. HUMIFUSUM, D. C., T. couché. *Thesium pratense.* Holl. — Fleurs d'un blanc-jaunâtre en grappes à rameaux uniflores, munis de petites aspérités. Pelouses des côteaux, clairières des bois. Juin, septembre. Calcaires. ♃. C.

1005. — 2. T. DIVARICATUM, Jan., T. divariqué. — Fleurs jaunâtres en grappes à rameaux lisses; tiges nombreuses, robustes. Côteaux arides, calcaires. Exp. ouest. Mailly-Château ! Juin, août. ♃. R.

Fam. LXXVII. — ARISTOLOCHIÉES. (Aristolochieæ, Juss.).

Calice tubuleux, jaunâtre, terminé par une languette unilatérale.	*Aristolochia.* (i).
Calice campanulé, rouge-brun foncé	*Asarum.* (ii).

I. Aristolochia, T. Aristoloché.

(*Aristos, Lokeia ;* bon emménagogue).

1006. — 1. A. CLEMATITIS, L., A. Clématite. — Fleurs d'un jaune-verdâtre en fascicule à l'aisselle des feuilles supérieures; feuilles échancrées à la base; tige simple, dressée. Champs, vignes, haies. Mai, septembre. Calcaires. ♃. A. C.

II. **Asarum**, T. ASARET.

(*Asaron*, nom grec de la plante).

1007. — 1. A. EUROPÆUM, L., A. d'Europe. — Fleurs d'un rouge-brun, pubescentes, solitaires entre deux pétioles; feuilles réniformes; tige rampante. Bois montueux. Avril, mai. Calcaires. ♃. A. C.

Vulg. *cabaret*; médicinale, sternutatoire. La racine a une saveur poivrée très-prononcée.

FAM. LXXVIII. — **EUPHORBIACÉES**. (EUPHORBIACEÆ, Juss.).

1 { Arbrisseau à feuilles persistantes. . . . . . . **Buxus**. (i).
   { Plantes herbacées ou sous-ligneuses. 2

2 { Plantes à suc laiteux . . . . **Euphorbia**. (ii).
   { Plantes à suc non laiteux. . . . . **Mercurialis**.(iii).

I. **Buxus**, T. BUIS.

(*Puxos*, nom grec du buis).

1008. — 1. B. SEMPERVIRENS, L., B. toujours vert. — Fleurs jaunâtres, axillaires, sessiles; plante rameuse, à rameaux opposés, tétragones. Bois montueux. Merry-sur-Yonne! Bazarnes! Exp. est. Mars, avril. Calcaires. ♃. R.

Vulg. *buis*; cultivée partout en bordures.

II. **Euphorbia**, L. EUPHORBE.

(Dédié à Euphorbe, médecin du roi Juba.)

1 { Feuilles opposées sur 4 rangs réguliers le long de la tige. . . .
   { . . . . **E. lathyris**. (11).
   { Feuilles éparses 2

2 { Lobes des fruits munis chacun de deux petites ailes . . . . .
   { . . . . **E. peplus**. (10).
   { Lobes des fruits dépourvus d'ailes 3

3 { Feuilles linéaires très étroites. 4
   { Feuilles élargies 5

4 { Ombelle composée de 5 rayons au plus. . . **E. exigua**. (8).
   { Ombelle composée de plus de 5 rayons . **E. cyparissias**. (7).

5 { Bractées soudées à la base . . . . **E. amygdaloïdes**. (12).
   { Bractées libres. 6

6 { Ombelle à rayons nombreux 7
   { Ombelle à 6 rayons au plus 8

7 { Tiges grêles; feuilles vert clair . . . . **E. esula**. (5).
   { Tiges robustes, fistuleuses; feuilles vert foncé . . . .
   { . . . . **E. salicetorum**. (6).

8 { Capsules lisses. 9
   { Capsules verruqueuses 10

9 { Ombelle à 5 rayons; feuilles obtuses . . **E. helioscopia**. (1).
   { Ombelle à 3 rayons; feuilles mucronées . . **E. falcata**. (9).

(Feuilles atténuées à la base; plante vivace. **E. verrucosa.** (4).
10 { Feuilles non atténuées à la base; plante annuelle ou bisan-
(nuelle **11**

   { Ombelles la plupart à 5 rayons . . . **E. platyphyllos.** (2).
11 { Ombelles la plupart à 3 rayons . . . . . **E. stricta.** (3).

1009. — 1. E. HELIOSCOPIA, L., E. Réveil-matin. — Fleurs
jaunâtres; feuilles de l'ombelle plus grandes que celles
de la tige; plante de 1 à 4 décimètres. Dans les champs,
les jardins. Juin, octobre. Partout. ⊕. C. C.

    Vulg. *réveil-matin*.

1010. — 2. E. PLATYPHYLLOS, L., E. à larges feuilles. —
Fleurs verdâtres ou jaunâtres; capsules arrondies; tubercules arrondis; graines d'un gris-brun. Champs humides, moissons. juillet, octobre. Calcaires. ⊕. A. C.

1011. — 3. E. STRICTA, L., E. raide. *Euphorbia serrulata*,
Thuil. — Fleurs verdâtres; capsules globuleuses trigones; tubercules cylindriques; graines d'un brun-rouge.
Lieux humides, bords des champs, des fossés. Mai,
juillet. Partout. ⊕. C.

1012. — 4. E. VERRUCOSA, L., E. verruqueuse. *Euphorbia
dulcis*. Smith. — Fleurs jaunes; feuilles de l'ombelle
fleurie, jaunes et plus longues que l'ombelle; tiges
nombreuses en buisson. Bords herbeux des chemins, des
prés, lieux frais incultes. Avril, juin. Calcaires. ♃. C.

    Refleurit en septembre.

1013. — 5. E. ESULA, L., E. Esule. — Fleurs jaunes; bractées
atténuées à la base ; feuilles oblongues lancéolées. Côteaux
arides. Auxerre! Coulanges-la-Vineuse! Cry! Mai, juillet. Calcaires. ♃. A. R.

1014. — 6. E. SALICETORUM, Jord., E. des Saussaies. — Fleurs
jaunes ; bractées en cœur à la base; feuilles lancéolées.
Lieux frais, saussaies. Sermizelles [Boreau]. Juin, août.
Calcaires. ♃. R.

1015. — 7. E. CYPARISSIAS, L., E. Cyprès. — Fleurs jaunes;
feuilles de l'ombelle, semblables à celles de la tige;
graines lisses; souche rampante. Lieux secs, bords des
chemins, lisières des bois. Avril, juin. Partout. ♃. A.Ç.

    Refleurit en automne.

1016. — 8. E. EXIGUA, L., E. fluette. — Fleurs jaunâtres;
feuilles de l'ombelle plus larges que celles de la tige;
graines tuberculeuses ; racine pivotante. Dans les champs.
Mai, septembre. Partout. ⊕. C. C.

1017. — 9. E. FALCATA, L., E. en Faulx. *Euphorbia acuminata*, Lam. — Fleurs jaunâtres; bractées à côtés inégaux; graines ovoïdes tétragones; plante glauque, raide. Dans les moissons des montagnes. Juillet, octobre. Calcaires. ⊕. A. C.

1018. — 10. E. PEPLUS, L., E. Péplus. — Fleurs jaunâtres; graines ovoïdes sub-héxagones; plante verte, molle. Lieux cultivés. Juin, octobre. Partout. ⊕. C.

1019. — 11. F. LATHYRIS, L., E. Épurge. — Fleurs jaunâtres; feuilles lancéolées oblongues; tige dressée, glauque. Çà et là, autour des jardins. Juin, juillet. ②.

Vulg. *épurge*; médicinale, purgative.

1020. — 12. E. AMYGDALOIDES, L., E. Amandier. *Euphorbia sylvatica*, Jacq. — Fleurs jaunâtres; feuilles des tiges stériles et les inférieures des tiges fertiles d'un vert foncé, larges, atténuées en pétiole, les autres d'un vert pâle et sessiles. Bois, haies. Mai, juin. Partout. ♃ C.

Obs. Var. *ligulata*, Chaub.; bractées aiguës non soudées.

III. **Mercurialis**, T. MERCURIALE.

(Dédié à Mercure).

1 { Plante vivace; tige très-simple. . . . . . **M. perennis.** (2).
{ Plante annuelle; tige rameuse. . . . . . . **M. annua.** (1).

1021. — 1. M. ANNUA, L., M. annuelle. — Fleurs vertes, les mâles en grappes pédonculées, les femelles axillaires presque sessiles; plante dioïque. Lieux cultivés, décombres. Juin, octobre. Partout. ⊕. C. C. C.

Vulg. *foirolle*; médicinale, purgative.

1022. — 2. M. PERENNIS, L., M. vivace. — Fleurs vertes, les mâles en grappes pédonculées, les femelles axillaires pédonculées; plante dioïque. Bois montueux, Mars mai. Calcaires. ♃. A. C.

Bois de Bruneau, près Villebougis (Guichard).

FAM. LXXIX. — **URTICÉES.** (URTICEÆ, D. C.).

1 { Fleurs dioïques. 2
{ Fleurs hermaphrodites polygames ou monoïques 4

2 { Plante grimpante, volubile . . . . **Humulus..** (iv).
{ Plante non volubile 3

3 { Feuilles palmatiséquées, non piquantes . . **Cannabis.** (iii).
{ Feuilles dentées, hérissées de poils piquants. . **Urtica.** (i).

4 { Fleurs hermaphroites . . . . **Ulmus.** (vii).
{ Fleurs polygames ou monoïques 5

5 { Fleurs polygames ; feuilles entières. . . . *Parietaria*. (ii).
  { Fleurs monoïques ; feuilles lobées ou dentées 6

6 { Feuilles hérissées de poils piquants ; plante herbacée. . . .
  {   *Urtica*. (i).
  { Feuilles dépourvues de poils piquants ; plante ligneuse . . . 7

7 { Feuilles lobées. . . . . *Ficus*. (v).
  { Feuilles dentées. . . . . *Morus*.(vi).

I. **Urtica**, T. ORTIE.

(de *urere*, brûler ; allusion à l'action produite par les poils
de la plante).

1 { Plante vivace ; feuilles cordiformes à la base . *U. dioica*. (2).
  { Plante annuelle ; feuilles non cordiformes à la base . . . .
  { . . . . *U. urens*. (1).

1023. — 1. U. URENS, L., O. brûlante. — Fleurs vertes en glo-
mérules plus courts que le pétiole ; plante monoïque.
Champs, vignes, décombres. Juin, octobre. Partout. ☉.
C. C.
> Vulg. *petite ortie*.

1024. — 2. U. DIOICA, L., O. dioïque. — Fleurs vertes en glomérules plus longs que le pétiole ; plante dioïque ou
polygame. Lieux frais, buissons, bords des chemins. Juin,
octob re. Partout. ♃. C. C. C.
> Vulg. *grande ortie*.

II. **Parietaria**, T. PARIÉTAIRE.

(de *paries*, muraille ; allusion à l'habitation de la plante).

1 { Tiges et rameaux étalés. . . . . *P. diffusa*. (1).
  { Tiges et rameaux dressés. . . . . . . *P. officinalis* (2).

1025. — 1. P. DIFFUSA, M. et Koch., P. diffuse. *Parietaria ju-
daïca*, Lam. — Fleurs vertes ; bractées décurrentes soudées à leur base ; calice des fleurs hermaphrodites, à la
fin une fois plus long que les étamines. Vieux murs.
Juillet, octobre. Partout. ♃. C.
> Vulg. *pariétaire* ; médicinale, diurétique.

1026. — 2. P. OFFICINALIS, L , P. officinale. *Parietaria erecta*,
M. et Koch. — Fleurs vertes ; bractées libres non décurrentes ; calice des fleurs hermaphrodites, de la longueur des étamines. Décombres, pied des murs. Tonnerre [Saul in Boreau]. Auxerre ! Avallon ! Juillet, octobre. ♃. R.

III. **Cannabis**, T. CHANVRE.

(*Canab*, nom celtique du chanvre).

1027. — 1. C. SATIVA, L., C. cultivé. — Fleurs dioïques ;
les mâles pendantes, les femelles sessiles. Dans les
champs. Juin, août. Partout. ☉.
> Vulg. *chanvre*, cultivé. La graine ou chènevis sert à faire de l'huile.

IV. Humulus, L. Houblon.

(*Humus*, terre ; la tige rampe à terre).

1028. — 1. H. LUPULUS, L., H. grimpant. — Fleurs dioïques, les mâles en grappes rameuses, les femelles en chatons pédonculés. Bords des eaux, lieux frais. fl. Juillet, août. Fruit, septembre. Partout. ♃. C.

Vulg. *houblon* ; médicinale, dépurative.

V. Ficus, T. Figuier.

(Altération de *suké*, nom grec du figuier).

1029. — 1. F. CARICA, L., F. commun. — Fleurs renfermées dans un réceptacle pyriforme, charnu, verdâtre ; feuilles épaisses pubescentes à 3-7 lobes ; arbrisseau rameux. Rochers herbeux. Mailly-Château ! Exp. sud. Juillet, août. Calcaires. R.

Vulg. *figuier* ; fruit sucré, comestible, adoucissant.

VI. Morus, T. Murier.

(de *morea*, nom grec du murier).

1 { Feuilles ovales arrondies ; fruit blanc. . . . *M. alba.* (1).
{ Feuilles ovales acuminées ; fruit noir . . . . *M. nigra.* (2).

1030. — 1. M. ALBA, L., M. blanc. — Epis de fleurs égalant la longueur du pédoncule ; calice à sépales glabres au bord. Dans les haies du château, à Appoigny ! fl. mai ; fr. juillet.

1031. — 2. M. NIGRA, L., M. noir. — Epis de fleurs subsessiles ou plus longs que le pédoncule ; calice à sépales hérissés au bord. Çà et là, près des maisons de campagne. fl. mai ; fr. juillet, août.

VII. Ulmus, L. Orme.

1 { Fruits ciliés longuement pédicellés . . . . . *U. effusa.* (5).
{ Fruits glabres sessiles 2

2 { Semence placée au sommet du fruit. 3
{ Semence placée au centre du fruit . . . . . *U. major.* (1).

3 { Feuilles ovales acuminées 4
{ Feuilles arrondies brusquement cuspidées *U. corylifolia.* (4).

4 { Ecorce subéreuse . . . . *U. suberosa.* (3).
{ Ecorce non subéreuse. . . . . *U. campestris.* (2).

1032. — 1. U. MAJOR, Smith., O. à grandes feuilles. *Ulmus hollandica*, Mill.; *Ul. excelsa*, Bork. — Fleurs rougeâtres ; feuilles d'un vert foncé très-rudes en dessus, longuement acuminées ; étamines 5-6. Sur les routes. Mars, avril.

Vulg. *orme de Hollande.*

1033. — 2. U. CAMPESTRIS, L., O. des Champs. — Fleurs rougeâtres; feuilles peu rudes en dessus, ovales, aiguës; étamines 4. Dans les bois, bords des chemins des villages. Mars, avril. Partout. C. C.

Vulg. *orme*; varie à rameaux très-allongés, pendants.

1034. — 3. U. SUBEROSA, Ehrh., O. subéreux. — Fleurs rougeâtres; feuilles chargées en dessous de poils blancs à l'aisselle des nervures; arbre à rameaux distiques. Dans les bois, les haies. Mars, avril. Partout. C.

Vulg. *orme subéreux*.

1035. — 4. U. CORYLIFOLIA, Host., O. Coudrier. — Fleurs rougeâtres; feuilles presque glabres; fruits grands atteignant 2 centimètres de long. Iles du Bâtardeau, Auxerre! Mars, avril. R.

1036. — 5. U. EFFUSA, Wild., O. à fruits épars. *Ulmus ciliata*, Ehrh.; *Ul. pedunculata*, Lam. — Fleurs pendantes à pédicelles égalant 8-15 centimètres; fruits ciliés; étamines 8. Lieux frais. Avallon et Pontaubert [Moreau] ! Mars, avril. Granite. R.

FAM. LXXX. — **BÉTULINÉES**. (BETULINEÆ, A. Rich.).

<table>
<tr><td rowspan="2">1</td><td>Chatons femelles cylindriques, solitaires . . . Betula. (ii).</td></tr>
<tr><td>Chatons femelles ovoïdes, disposés en grappe rameuse . . . . Alnus. (i).</td></tr>
</table>

I. **Alnus**, T. AULNE.

(du celtique *allan*, voisin des rivières).

1037. — 1. A. GLUTINOSA, Gært., A. Glutineux. *Betula alnus*, L. — Fleurs rougeâtres; chatons mâles pendants, 3-6 au sommet des rameaux; feuilles suborbiculaires. Lieux frais, bords des eaux. Février, mars. Partout. C. C.

Vulg. *aulne, verne*; sert à fabriquer des sabots.

II. **Betula**, T. BOULEAU.

(*Bétu*, nom celtique de la plante).

1038. — 1. B. VERRUCOSA, Ehrh., B. verruqueux. *Betula alba* (auct.). — Fleurs vertes; feuilles lisses triangulaires acuminées; arbre à écorce d'un blanc satiné; rameaux verruqueux, pendants, rougeâtres. Dans les bois. Avril, mai. Partout, mais principalement dans les sables. C. C.

Vulg. *bouleau*; très-employé pour fabriquer des sabots.

Fam. LXXXI. — **SALICINÉES**. (Salicineæ, A. Rich.).

1 { Fleurs munies de 1 à 3 étamines. . . . . *Salix*. (i).
  { Fleurs munies de plus de 3 étamines . . . . *Populus*. (ii).

I. Salix, T. Saule.

(du celtique *sal lis* ; près des eaux).

1 { Fleurs mâles ayant 3 étamines. . . . *S. amygdalina*. (4).
  { Fleurs mâles ayant moins de 3 étamines 2

2 { 2 étamines à filets soudés complétement, simulant une seule
  {   étamine ou filets soudés seulement a la base 3
  { 2 étamines à filets libres 4

3 { Filets des étamines soudés, simulant une seule étamine. . .
  { . . . . *S. purpurea*. (6).
  { Etamines à filets soudés à la base. . . . . *S. rubra*. (7).

4 { Ecailles des chatons, d'un jaune-verdâtre ou rosées 5
  { Ecailles des chatons, d'un brun-noirâtre au moins au sommet. 8

5 { Ecailles rosées . . . . *S. hippophaefolia*. (5).
  { Ecailles jaunes-verdâtres 6

6 { Rameaux d'un beau jaune. . . . . *S. vitellina*. (2).
  { Rameaux verdâtres ou grisâtres. 7

7 { Feuilles velues, soyeuses sur les deux faces . . *S. alba*. (1).
  { Feuilles adultes glabres. . . . . *S. fragilis*. (3).

8 { Chatons naissant avec les feuilles. . . . *S. viminalis*. (8).
  { Chatons naissant avant les feuilles 9

9 { Petit sous-arbrisseau à racine traçante. . . *S. repens*. (12).
  { Arbre ou arbrisseau élevé 10

10 { Feuilles terminées par une pointe droite . . *S. cinerea*. (9.
   { Feuilles terminées par une pointe oblique. 11

11 { Feuilles rugueuses; chatons petits . . . . *S. aurita*. (10).
   { Feuilles non rugueuses ; chatons gros. . . *S. capræa*.(11).

1039. — 1. SALIX ALBA, L., S. blanc. — Chatons portés par
un pédoncule feuillé; feuilles lancéolées étroites; stipules
petites. Bords des prés, des eaux. Avril, mai. Partout
C. C.

Vulg. *saule blanc* ; presque toujours cultivé en forme de têtes.

1040. — 2. S. VITELLINA, L., S. jaune. — Diffère du précédent par ses rameaux jaunes, plus grêles. Lieux humides des champs, bords des vignes. Avril, mai. Partout.

Vulg. *osier jaune*; cultivé partout, mais principalement à Méry.

1041. — 3. S. FRAGILIS, L., S. fragile. — Chatons portés par
un pédoncule feuillé; feuilles lancéolées ; stipules larges.
Bords de l'Yonne à Auxerre [Boreau]! Avril, mai. R.

On rencontre çà et là le saule pleureur *salix babylonica*, L., bien
reconnaissable à ses rameaux pendants.

1042. — 4. S. AMYGDALINA, L., S. Amandier. — Chatons portés par un pédoncule feuillé ; écailles glabres au sommet. Bords des eaux. Avril, mai. Partout. C. C.
   Vulg. *gévrines* ; une forme à feuilles petites, moins luisantes, constitue
le *S. triandra*, L.

1043. — 5. S .HIPPOPHAEFOLIA, Thuill., S. à feuilles d'Argou-
sier. — Chatons portés par un pédoncule feuillé ; écailles
velues au sommet. Bords de l'Yonne à Auxerre ! Avril,
mai. Calcaires. R.

1044. — 6. S. PURPUREA, L., S. pourpre. *Salix monandra*,
Hoffm. — Chatons mâles cylindriques souvent opposés ;
feuilles denticulées. Bords des eaux. Mars, avril. A. C.
   Vulg. *osier rouge*.

1045. — 7. S. RUBRA, Huds., S. rouge. *Salix fissa*, Ehrh. —
Chatons mâles ovoïdes oblongs ; feuilles bordées de
dents écartées. Bords des eaux. Auxerre ! vers le bar-
rage de l'Arbre-Sec, Bassou ! Magny, Châtel-Censoir
[Boreau] ! Mars, avril. Sur le gravier. R.

1046. — 8. S. VIMINALIS, L., S. des Vanniers. — Chatons mâles
ovoïdes ; écailles très velues ; feuilles lancéolées linéaires, entières ou ondulées soyeuses en dessous. Bords
des eaux. Avril, mai. Sur le gravier. C. C.

1047. — 9. S. CINEREA, L., S. cendré. — Chatons sessiles munis de bractées à la base ; bourgeons tomenteux. Bords
des eaux, bois humides. Mars, avril. Partout. C.

1048. — 10. S. AURITA, L., S. à oreillettes. — Chatons d'abord
sessiles puis pédonculés et subfoliacés ; bourgeons glabres. Bords des eaux, bois humides. Mars, avril. Partout. C. C.
   Dans les bruyères d'Appoigny, la tige de cette espèce est de petite taille
et peut être confondue avec le *salix repens*.

1049. — 11. S CAPRÆA, L., S. Marceau. — Chatons sessiles
munis de bractées à la base ; bourgeons glabres.* Bois
humides. Mars, avril. Partout. C. C.
   Vulg. *marsaule*.

1050. — 12. S. REPENS, L., S. rampant. *Salix depressa*, Hoff.
— Chatons très-petits ovoïdes ; étamines un peu velues à
la base ; feuilles brillantes soyeuses au moins en dessous.
Bruyères tourbeuses. Perrigny ! Appoigny ! Avril, mai.
Sables. R. R.

II. **Populus**, T. PEUPLIER.

(de *populus*, peuple ; c'est-à-dire arbre du peuple).

1 { Ecailles des chatons ciliées 2
  { Ecailles des chatons glabres 4

2 { Feuilles très blanches tomenteuses en dessous . *P. alba.*(1).
    { Feuilles blanches-grisâtres en dessous . . . .

3 { Feuilles adultes, glabres sur les 2 faces . . *P. tremula.* (3).
    { Feuilles adultes, pubescentes en dessous . *P. canescens.* (2).

4 { Branches dressées contre la tige. . . . *P. fastigiata.* (4).
    { Branches étalées   5

5 { Feuilles triangulaires plus longues que larges. *P. nigra.* (5).
    { Feuilles deltoïdes plus larges que longues. *P. virginiana.*(6).

1051. — 1. P. ALBA, L., P. blanc. — Ecailles des chatons mâles crénelées; feuilles des jeunes sujets à la base du
tronc, palmées, subquinquélobées ; stigmates linéaires.
Lieux frais. Mars, avril. Partout.
   Vulg. *peuplier de Hollande, ypréau.*

1052. — 2. P. CANESCENS, Smith., P. blanchâtre. *Populus hybrida*, Reich. — Ecailles des chatons laciniées ; feuilles
des rejets ovales, en cœur à la base, non lobées ; stigmates à lobes en éventail. Lieux frais, bois humides.
Villefargeau [Boreau]! Laroche! Mailly-la-Ville! Venoy!
Mars, avril. R.

1053. — 3. P. TREMULA, L., P. Tremble. — Feuilles longuement pétiolées, suborbiculaires, sinuées dentées, très-
mobiles. Bois humides, bords des eaux. Mars, avril. Partout. C. C.
   Vulg. *tremble.*

1054. — 4. P. FASTIGIATA, Poir., P. pyramidal. — Feuilles
aussi larges que longues, triangulaires, presque tronquées. Bords des canaux, des prés. Mars, avril. Partout.
   Vulg. *peuplier d'Italie.*

1055. — 5. P. NIGRA, L., P. noir. — Feuilles plus longues que
larges, tronquées, glabres. Bords des eaux, des prés.
Mars, avril. Partout.
   Vulg. *peuplier franc.*

1056. — 6. P. VIRGINIANA, Desf., P. de Virginie. *Populus mo-
nilifera*, Mill. — Feuilles plus larges que longues,
dentées à dents saillantes et recourbées. Lieux frais. Çà
et là. Avril.
   Vulg. *peuplier suisse, peuplier à chapelet.*

FAM. LXXXII. — QUERCINÉES.

1 { Fruit renfermé complétement dans un involucre épineux . .   2
    { Fruit non renfermé dans un involucre épineux   3

2 { Fleurs mâles en chatons globuleux ; angles du fruit aigus. .
    { . . . . *Fagus.* (i).
    { Fleurs mâles en chatons filiformes; angles du fruit arrondis.
    { . . . . *Castanea.* (ii).

3 { Fruit entouré à la base par un involucre ligneux, cupiliforme.
  { . . . . *Quercus*. (iii).
  { Involucre foliacé   4

4 { Feuilles cordées à la base.' . . . . *Corylus*. (iv).
  { Feuilles non cordées. . . . . *Carpinus*.(v).

I. Fagus, T. Hêtre.

(de *phégos*, nom grec du hêtre).

1057. — 1. F. SYLVATICA, L., H. commun. — Fruit brun tri-
    gone; feuilles pétiolées ovales, sinuées, denticulées, ci-
    liées. Bois montueux, forêts. fl. avril, mai; fr. septem-
    bre. Calcaires. C. dans la forêt de Maulnes, plus R. ail-
    ailleurs.

> Vulg. *hêtre, foyard, foutiau*; le fruit, appelé *faine*, contient une
> huile agréable.

II. Castanea, T. Chataigner.

(de *castanea* en Thessalie, d'où il est originaire).

1058. — 1. C. VULGARIS, Lam., Ch. commun. *Fagus castanea*,
    L. — Fruit brun luisant; feuilles pétiolées oblongues
    acuminées, dentées, luisantes. Dans les champs; çà et là.
    fl. Juin, juillet; fr. octobre. Sables.
    Vulg. *châtaignier* ; cultivé, alimentaire.

III. Quercus, T. Chêne.

(du celtique *kaer quez*, qui signifie bel arbre).

1 { Fruit pédicellé. . . . . *Q. pedunculata*. (1).
  { Fruit sessile ou presque sessile.   2

2 { Feuilles glabres . ' . . . . *Q. sessiliflora*. (3).
  { Feuilles pubescentes en dessous. . . . *Q. pubescens*. (3).

1059. — 1. Q. PEDUNCULATA, Ehrb., C. pédonculé. *Quercus
    robur*, a. L.; *Quercus racemosa*, Lam. — Feuilles briè-
    vement pétiolées ou sessiles, profondément pennatilobées.
    Bois, bords des chemins. fl. avril, mai; fr. septembre.
    Partout. C. C.
    Vul. *chêne blanc*.

1060. — 2. Q. SESSILIFLORA, Smith., C. à fruits sessiles.
    Quercus robur, Dub. — Feuilles pétiolées, sinuées,
    pennatilobées. Bois, bords des chemins, fl. avril, mai;
    fr. septembre. Partout. C. C.
    Vulg. *chêne rouvre*.

1061. — 3. Q. PUBESCENS, Wild., C. pubescent. — Feuilles
    échancrées à la base; arbre peu élevé, rabougri. Bois
    montueux. Saint-Moré! forêt de Frétoy! fl. avril, mai ;
    fr. septembre. R.

IV. Corylus, T. Coudrier.

(de *corus*, casque ; allusion à l'unvolucre du fruit).

1062. — 1. C. AVELLANA, L., C. Aveline. — Fleurs mâles en chatons pendants; fleurs femelles solitaires; styles rouges; feuilles dentées suborbiculaires. Bois, haies. fl. février, mars; fr. septembre. Partout. C. C.
Vulg. *noisetier, coudrier*; cultivé.

V. Carpinus, L. Charme.

(du celtique *car*, bois; *pen*, tête ; bois propre à faire des jougs).

1063. — 1. C. BETULUS, L., C. commun. — Involucre 8 à 10 fois plus long que le fruit; feuilles ovales, plissées. Bois, haies. fl. avril, mai; fr. Juillet. Partout. C. C.
Vulg. *charme.*

Fam. LXXXIII. — JUGLANDÉES. (Juglandeæ, D. C.).

I. Juglans, L. Noyer.

(*Glans Jovis*, gland de Jupiter, gland divin).

1064. — 1. J. REGIA. L., N. commun. — Fleurs mâles en chatons pendants; fruit globuleux vert; feuilles à 7-9 folioles. Champs, bords des chemins. fl. avril, mai; fr. septembre, octobre. Partout.
Vulg. *noyer* ; cultivé alimentaire.

Fam. LXXXIV. — PLATANÉES. (Plataneæ, Lest.).

I. Platanus, L. Platane..

(de *platanos*, nom grec de la plante).

1065. — 1. P. ORIENTALIS. L., P. d'Orient. — Fleurs monoïques, les mâles et les femelles occupant des rameaux différents; fruits en chatons arrondis; feuilles à 3-5-7 lobes ; arbre à épiderme tombant par plaque. Planté çà et là. fl. avril, mai; fr. septembre, octobre.
Vulg. *platane* ; originaire d'Orient.

Fam. LXXXV. — CONIFÈRES. (Coniferæ, Juss.).

1	Feuilles éparses . . . . *Abies.* (iii).	
	Feuilles fasciculées ou solitaires.	2
2	Feuilles solitaires. . . . . *Juniperus.* (i).	
	Feuilles fasciculées	3
3	Faisceau formé de 2 à 5 feuilles . . . . . . *Pinus.* (ii).	
	Faisceau formé de 15 à 20 feuilles. . . . . . *Larix.* (iv).	

I. **Juniperus**, L. GÉNEVRIER.

(du mot celtique *jeneprus*).

Petit arbrisseau à feuilles piquantes . .	*J. communis.* (1).
Arbre à feuilles non piquantes. . . .	*J. virginiana.* (2).

1066. — 1. J. COMMUNIS L., G. commun. — Feuilles verticillées par 3, étalées; fruit noirâtre ou bleuâtre; tige de
1 à 3 mètres. Bois, côteaux, bruyères. fl. avril, mai ;
fr. automne. Partout. C.
    Vulg. *genévrier*; médicinale.

1067. — 2. J. VIRGINIANA, L., G. de Virginie.— Feuilles opposées ou ternées, adnées aux rameaux par leur base;
arbre. Bruyères du Thureau de Saint-Denis. fl. avril,
mai; fr. automne. Sables.
    Vulg. *genévrier de Virginie*; cultivé.

II. **Pinus**, L. PIN.

(de *pinos*, nom grec du pin).

1	Feuilles réunies par 5 en fascicule . . . . *P. strobus.* (3).	
	Feuilles réunies par 2	2
2	Feuilles longues et fines rapprochées au sommet des rameaux en forme de pinceau. . . . . . . *P. pyrunaïca.* (2).	
	Feuilles non rapprochées en pinceau. . . *P. sylvestris.* (1).	

1068. — 1. P. SYLVESTRIS,L., P. sylvestre. — Cônes réfléchis ;
arbre élevé; feuilles rapprochées sur les rameaux,
glauques. Bois montueux. Avril, mai. Sables.
    Vulg. *pin commun, pinasse*; cultivé fréquemment.

1069. — 2. P. PYRENAICA, Lapey., P. Pinceau. — Arbre peu
élevé; cônes horizontaux, feuilles rapprochées en pinceau
à l'extrémité des rameaux. Bruyères du Thureau de
Saint-Denis! Avril, mai. Sables.
    Vulg. *pin pinceau, pin des Pyrénées*; cultivé.

1070. — 3. P. STROBUS, P. du Lord. — Arbre à écorce lisse
semblable à celle du cerisier; feuilles d'un beau vert,
glauques. Bruyères du Thureau de Saint-Denis ! Avril,
mai. Sables.
    Vulg. *pin Weimouth*; cultivé.

III. **Abies**. T. SAPIN.

(de *abin*, nom grec du sapin).

1071. — 1. A. EXCELSA, D. C., S. commun. *Pinus abies.* L —
Arbre à branches verticillées; rameaux pendants;
feuilles subtétragones, comprimées. Bois montueux.
Avril, mai. Sables.
    Vulg. *épicea*; cultivé.

IV. Larix, T. MÉLÈZE.

(du celtique *lar*, gras; allusion à la résine que l'arbre fournit).

1072. — 1. L. EUROPÆA, D. C., M. d'Europe. *Pinus larix*, L.; *abies larix*, Lam. — Arbre élevé pyramidal; feuilles d'un vert clair, molles, longues de 2 à 3 centimètres. Bois montueux. Mai. Sables.
Vulg. *mélèze*; cultivé.

CLASSE DEUXIÈME.

—

MONOCOTYLÉDONÉES.

—

Fam. LXXXVI. — **ALISMACÉES**. (Alismaceæ, R. Br.).

1 { Feuilles sagittées. . . . . *Sagittaria.* (ii).
{ Feuilles jamais sagittées 2

2 { Feuilles linéaires demi-cylindriques . . . *Triglochin.* (iv).
{ Feuilles planes. 3

3 { 9 étamines . . . . *Butomus.* (iii).
{ 6 étamines . . . . *Alisma.* (i).

I. Alisma, L. ALISMA.

(du celtique *alis*, eau; allusion à l'habitation de la plante).

1 { 6 carpelles disposées en étoiles, bispermes. *A. damasonium.*(4).
{ Plus de 6 carpelles, monospermes. 2

2 { Feuilles grandes à 5-7 nervures 3
{ Feuilles petites à 3 nervures. . . . . *A. ranunculoides.*(3).

3 { Feuilles contractées à la base . . . . . . *A. plantago.* (1).
{ Feuilles atténuées à la base. . . . . . *A. lanceolatum.*(2).

1073. — 1. A. PLANTAGO, L., A. Plantain. — Fleurs lilas; styles deux fois plus longs que l'ovaire. Lieux mouillés, fossés, bords des eaux. Juin, septembre. ♃. C. C.
Vulg. *plantain d'eau.*

1074. — 2. A. LANCEOLATUM, Withr., A. lancéolé. — Fleurs lilas; styles égalant à peine l'ovaire. Fossés, lieux marécageux. Juin, septembre. Partout. ♃. C.
Mérat cite cette espèce et la nomme moyen plantain d'eau.

1075. — 3. A. RANUNCULOIDES, L., A. Renoncule. — Fleurs

d'un blanc rosé à pédoncules en ombelles; fruits en tête globuleuse; feuilles égalant les tiges. Étang des Luneaux, à Bléneau! Joigny! Mai, septembre. Sables. ♃. R. R.

1076. — 4. A. DAMASONIUM, L., A. étoilé. *Damasonium stellatum*, Rich. — Fleurs blanches en ombelles; feuilles oblongues, cordées; hampe de 10 à 15 centimètres. Bords des étangs. Bléneau [Déy]! Mai, septembre. Sables. ♃. R.

II. Sagittaria, L. SAGITTAIRE.

(de *sagitta*, flèche; allusion à la forme des feuilles).

1077. — 1. S. SAGITTÆFOLIA, L., S. Flèche-d'eau. — Fleurs blanches à onglets purpurins, ternées; feuilles toutes radicales. Bords des eaux, fossés. Juin, août. ♃. A. C.
Vulg. *sagittaire.*

III. Butomus, L. BUTOME.

(*Bous*, bœuf, *lemneïn*, couper; allusion aux feuilles tranchantes).

1078. — 1. B. UMBELLATUS, L., B. en ombelle. — Fleurs rosées en ombelle; hampe de 6-8 décimètres; feuilles toutes radicales, longues, linéaires. Bords des rivières, des canaux, des ruisseaux. Juin, août. ♃. C. sur les bords du Serein, de l'Armançon et du canal de Bourgogne. R. ailleurs.
Vulg. *jonc fleuri.*

IV. Triglochin, L. TROSCART.

(*Treis*, trois, *glôkis*, angle tranchant; allusion à la forme du fruit).

1079. — 1. T. PALUSTRE, L., T. des Marais. — Fleurs verdâtres en épi terminal; stigmates plumeux; capsules en massue; feuilles toutes radicales. Prés marécageux. Druyes! Appoigny! Andries! Branches! Juin, août. Alluvions. ♃. R.
Crisenon, Entrains, Saint-Sauveur (Mérat).

FAM. LXXXVII. — POTAMÉES. (POTAMEÆ, Juss).

1	Fruit composé de plusieurs carpelles libres.	2
	Capsule uniloculaire monosperme . . . . . . *Naias.* (iii).	
2	Fleurs hermaphrodites. . . . . *Potamogeton.* (i)	
	Fleurs monoïques . . . . *Zannichellia.* (ii).	

I. Potamogeton, L. POTAMOT.

(*Potamos*, rivière, *geitôn*, voisin; allusion à l'habitation de la plante).

1	Feuilles linéaires étroites, submergées	2
	Feuilles ovales ou lancéolées, les supérieures souvent nageantes	5

2 { Feuilles à gaînes allongées embrassant longuement la tige . . . . *P. pectinatus.* (12).
{ Feuilles peu ou point engaînantes. 3

3 { Tige comprimée . . . . *P. œderi.* (9).
{ Tige non comprimée. 4

4 { Carpelles à dos crénelé tuberculeux . *P. tuberculatus.* (11).
{ Carpelles à dos non crénelé tuberculeux . *P. pusillus.* (10).

5 { Feuilles pétiolées, au moins les supérieures. 6
{ Feuilles sessiles. 9

6 { Feuilles supérieures atténuées aux deux extrémités . . . . *P. fluitans.* (2).
{ Feuilles supérieures arrondies ou cordées à la base . . . 7

7 { Feuilles de la tige sessiles. . . . . . *P. heterophyllus.* (8).
{ Feuilles toutes pétiolées. 8

8 { Epi gros, interrompu ; carpelles murs verdâtres . . . . *P. natans.* (1).
{ Epi grêle, compacte ; carpelles murs rougeâtres . . . . *P. polygonifolius.* (3).

9 { Feuilles à base cordée amplexicaule, comme perfoliées. . . . . *P. perfoliatus.* (5).
{ Feuilles n'ayant pas l'apparence perfoliées 10

10 { Feuilles ovales ou oblongues, grandes, mucronées. *P. lucens.* (4).
{ Feuilles lancéolées 11

11 { Tige comprimée . . . . *P. crispus.* (6).
{ Tige arrondie . . . . *P. densus.* (7).

1080. — 1. P. NATANS, L., P. nageant. — Fleurs verdâtres ; carpelles à bords obtus ; feuilles inférieures détruites après la floraison ; tige simple. Eaux tranquilles. Juillet, août. Partout. ♃. C. C.

1081. — 2. P. FLUITANS, Roth., P. flottant. — Fleurs verdâtres ; carpelles un peu amincis sur le dos ; tige allongée, rameuse. Eaux tranquilles. Juillet, septembre. ♃. peu C.

1082. — 3. P. POLYGONIFOLIUS, Pourret, P. à feuilles de renouée. *Potamogeton oblongus*, Viv.; *P. plantago*, Bast. — Fleurs verdâtres ; carpelles à bords obtus ; tiges courtes de 1 à 2 décimètres. Ruisseaux des tourbières. Bleigny ! Saint-Sauveur ! Perrigny ! Appoigny ! Saint-Léger ! Juillet, août. ♃. R.

1083. — 4. P. LUCENS, L., P. luisant. — Fleurs verdâtres ; carpelles comprimés ; feuilles brièvement pétiolées. Canal de Bourgogne ! Juillet, août. ♃. A. R.

1084. — 5. P. PERFOLIATUS, L., P. perfolié. — Fleurs verdâtres ; feuilles toutes submergées, échancrées en cœur à la base. Etangs, rivières. Juin, septembre. Partout. ♃. C. C.

1085. — 6. P. CRISPUS, L., P. crépu. *Potamogeton serratus*, Mutel. — Fleurs verdâtres; carpelles munis d'un long bec; feuilles ondulées, crispées. Fossés, ruisseaux. Juillet, septembre. ♃. C.

1086. — 7. P. DENSUS, L., P. serré. — Fleurs verdâtres; carpelles placés à l'angle de bifurcation des rameaux; feuilles opposées presque imbriquées. Fossés, ruisseaux. Juillet, septembre. ♃. C. C.

1087. — 8. P. HETEROPHYLLUS, Schreb., P. à feuilles inégales. *P. gramineus*, L. — Pédoncules plus gros que la tige et renflés de la base au sommet; tige rameuse. Eau stagnante. Joigny! Juin, août. ♃. R.

Var. *gramineus*; toutes les feuilles submergées.

1088. — 9. P. OEDERI, Meyer, P. d'OEder. *Potamogeton compressum*, OEd.; *P. mucronatus*, Schrad.; *P. pusillus major*, Fries.; *P. friesii*, Ruprecht. — Fleurs verdâtres; pédoncule plus long que l'épi; tige comprimée non ailée. Eaux tranquilles. Canal du parc à Tanlay! Juillet, août. Calcaires, ♃. R.

1089. — 10. P. PUSILLUS, L., P. fluet. — Fleurs verdâtres; pédoncules 2-4 fois plus longs que l'épi; carpelles à faces concaves. Eaux tranquilles. Juin, août. Alluvions. ♃. A. C.

1090. — 11. P. TUBERCULATUS, Ten. et Gus., P. tuberculeux. *P. monogynus*, Gay. — Pédoncules fructifères 2-4 fois plus longs que l'épi; rameaux fasciculés à l'aisselle des feuilles. Eaux tranquilles. Joigny! Juillet, septembre. ♃. R.

1091. — 12. P. PECTINATUS, L., P. pectiné. — Fleurs verdâtres; pédoncules 1-2 fois plus longs que l'épi; carpelles à faces planes. Eaux vives, ruisseau du moulin de Sommeville! Juillet, septembre. Calcaires. ♃. R.

II. **Zannichellia**, L. ZANNICHELLE.

(dédié à Zannichelli, botaniste vénitien).

1092. — 1. Z. REPENS, Bonn., Z. rampant. *Zannichellia dentata*, Lloyd.; *Z. palustris* (auct).; *Z. brachystemon*, Gay. — Fruits sessiles dressés 2-4 en ombelles; feuilles filiformes; plante d'un vert noirâtre. Eaux tranquilles et profondes. Moulin d'Augy! Mai, juillet. ♃. R.

III. Naias, L. NAIADE.

(de *naias*, nymphe des eaux).

1 { Gaîne des feuilles, entière . . . . *N. major.* (1).
{ Gaîne des feuilles, denticulée, ciliée. . . . *N. minor.*(2).

1093. — 1. N. MAJOR, Roth., N. grand. *Naïas marina*, a. L.; *N. fluviatilis*, Lam.; *N. monosperma*, Wild. — Fleurs vertes dioïques subsolitaires; anthères quadriloculaires; feuilles lancéolées, épineuses. Rivières, canal de Bourgogne à Larpche! Auxerre! Sens [Juliot]! Juillet, septembre. ①. R. R.

1094. — 2. N. MINOR, Roth., N. petit. *Caulinia fragilis*, Wild. — Fleurs vertes monoïques en glomérules à l'aisselle des feuilles; anthère uniloculaire; feuilles linéaires étroites. Rivières, canal de Bourgogne! Mêlée avec la précédente. Sens [Juliot]! Auxerre! Châtel-Censoir [Boreau]. Juillet, septembre. ①. R. R.

FAM. LXXXVIII.— JONCÉES. (JUNCEÆ, D. C.).

1 { Fruit capsulaire à 3 loges; feuilles cylindriques glabres ou nulles. . . . . *Juncus.* (i).
{ Fruit capsulaire à 1 loge; feuilles planes parsemées de longs poils . . . . *Luzula.* (ii).

1. Juncus, L. JONC.

(de *jungere*, joindre; allusion à l'emploi des tiges).

1 { Plante munie de feuilles 4
{ Plante dépourvue de feuilles 2

2 { Tige glauque, résistante, à moëlle interrompue . . . . . *J. glaucus.* (3).
{ Tige verte, fragile, à moëlle continue 3

3 { Fleurs presque sessiles, agglomérées . *J. conglomeratus.* (1).
{ Fleurs pédicellées, en panicule lâche . . . *J. effusus.* (2).

4 { Feuilles toutes radicales 5
{ Tiges feuillées 6

5 { Très petite plante à fleurs réunies en tête. *J. capitatus.*.(5).
{ Tige assez robuste, naissant au milieu d'une rosette de feuilles nombreuses, raides. . . . . *J. squarrosus.*(4).

6 { Fleurs solitaires 7
{ Fleurs agglomérées 9

7 { Périanthe à divisions dépassant longuement la capsule. *J. bufonius.* (7).
{ Périanthe à divisions plus courtes ou dépassant à peine la capsule. 8

8 { Périanthe à divisions obtu es; plante vivace. . . . . *J. compressus.* (9).
{ Périanthe à divisions aiguës; plante annuelle. *J. tenageia.*(8).

9 { Capsule à angles obtus ; feuilles canaliculées . . . . . .
. . . . *J. uliginosus.* (6).
Capsule à angles aigus ; feuilles cylindriques.   10

10 { Périanthe à divisions obtuses; fleurs vertes, blanchâtres ou
jaunâtres . . . . *J. obtusiflorus* (12).
Périanthe à divisions aiguës ; fleurs brunes   11

11 { Divisions du périanthe inégales et aiguës. *J. acutiflorus.* (10).
Divisions·du périanthe égales, les intérieures obtuses. . .
. . . . ·. . *J. lampocarpus.* (11).

1095. — 1. J. CONGLOMERATUS, L., J. aggloméré. — Divisions
du calice plus longues que la capsule ; 3 étamines ;
tiges finement striées. Bords des fossés, bois humides.
Juin, juillet. Partout. ♃. C. C.

1096. — 2. J. EFFUSUS, L.. J. épars. — Divisions du calice
plus longues que la capsule; 3 étamines; tige très lisse.
Lieux humides, fossés. Juin, juillet. ♃. C. C.

1097. — 3. J. GLAUCUS, Ehrh., J. glauque. *Juncus inflexus*,
Scop.; *J. tenax*, Poir. — Divisions du calice de même
longueur que la capsule ; 6 étamines ; tige profondément
striée. Lieux humides. Juin, septembre. Partout. ♃.
C. C.
   Vulg. *jonc des jardiniers.*

1098. — 4. J. SQUARROSUS, L. J. raide. — Fleurs solitaires en
corymbe non dépassé par les bractées ; filets des étamines 4 fois plus courts que l'anthère. Bruyères humides, Bleigny! Perrigny! Charbuy! Appoigny! Branches !
Avallon [Boreau]. Juillet, septembre. Sables. ♃. A. R.

1099. — 5. J CAPITATUS, Weigel., J. en tête. *Juncus ericeto-
rum*, Poll. — Fleurs réunies en glomérules; divisions
du calice terminées en pointes aussi longues que le limbe ;
capsule plus courte que le calice. Moissons humides.
Charbuy! Bleigny ! Mai, juillet. Sables. ⊕. R. R.

1100. — 6. J. ULIGINOSUS, Meyer., J. des Fanges. *Juncus
subverticillatus*, Wulf ; *J. supinus*, Mœnch.; *J. muta-
bilis*, Dub. — Fleurs en glomérules ; capsule aussi lon-
gue que le calice; tiges renflées à la base, dressées.
Lieux humides et marécageux. Juin, septembre. Sables.
♃. C.
   Var. *repens*, J. *uliginosus*, Roth. Tiges rampantes radicantes.
   Var. *aquatilis*, J. *fluitans*, Lam. Tiges allongées flottantes.

1101. — 7. J. BUFONIUS, L., J. des Crapauds. — Fleurs en
corymbe; capsule 2 fois aussi longue que large; gaines
des feuilles non auriculées. Lieux humides, bois, bruyères. Juin, septembre. Partout, mais surtout dans les
sables. ⊕. C. C.

1102. — 8. J. TENAGEIA, L., J. Tenageia. — Fleurs en panicule; capsule globuleuse; gaînes des feuilles, auriculées. Bords des étangs, champs mouillés l'hiver. Juin, septembre. Sables. ☉. A. C.

1103. — 9. J. COMPRESSUS, Jacq., J. comprimé. *Juncus bulbosus*, L. — Fleurs en corymbe pourvu ·à la base d'une bractée aussi longue que lui ; capsule subglobuleuse une fois plus longue que le calice. Lieux humides. Juin, septembre. Alluvions. ♃. C.

1104. — 10 J. ACUTIFLORUS, Ehrh., J. à fleurs aiguës. *Juncus sylvaticus*, Reich.; *J. micranthus*, Desv. — Fleurs en corymbe; capsule atténuée insensiblement en un long bec; tige dressée. Prairies marécageuses. Juin, août. Partout.♃. C. C.

1105. — 11. J. LAMPOCARPUS, Ehrh., J. à fruits lustrés. *Juncus articulatus*, L. — Fleurs en corymbe; capsule brillante, brusquement contractée au sommet; tiges couchées ou ascendantes. Lieux humides. Juin, septembre. Partout. ♃ C. C.

1106. — 12. J. OBTUSIFLORUS, Ehrh., J. à fleurs obtuses. — Fleurs en panicule à rameaux réfractés; capsules atténuées en bec Prés marécageux, bruyères tourbeuses. Auxerre! Champs! Laroche! Andryes! Perrigny! Appoigny! Thorigny! Juin, août. Sables et calcaires. ♃. A. R.

II. **Luzula**, D. C Luzule.

(de *luzuola*, espèce de gramen).

1	Fleurs solitaires	2
	Fleurs agglomérées	3

2 (Feuilles linéaires étroites; rameaux de la panicule dressés . . . . *L. forsteri.* (1).
(Feuilles linéaires élargies; rameaux souvent réfractés . . . . *L. pilosa.* (2).

3 { 2 à 4 fleurs réunies en glomérules; panicule ramifiée. . . . . *L. maxima.* (3).
{ 6 à 12 fleurs réunies en glomérules ; panicule simple. . . . 4

4 (Souche émettant des rejets ; glomérules penchés . . . . *L. campestris.* (4).
(Souche sans rejets ; glomérules dressés. *L. multiflora.* (5).

1107. — 1. L. FORSTERI, D. C., L. de Forster. — Fleurs en corymbe; calice plus court que la capsule; feuilles larges de 2-5 millimètres. Lieux herbeux humides, bois. Avril, juin. Partout. ♃. C.

1108. — 2. L PILOSA, Wild., L. velue. *Juncus pilosus*, a. L.
— Fleurs en corymbe; calice aussi long ou plus long
que la capsule: feuilles larges de 7-10 millimètres. Bois
humides. Mars, mai. Partout. ♃. C.

1109. — 3. L. MAXIMA, D. C., L. à grandes feuilles. *Juncus
maximus*, Ehrh.; *Luzula sylvatica*, Gaud. — Fleurs en
panicule décomposée; feuilles radicales très nombreuses; tiges de 4-6 décimètres. Bois montueux humides,
rive gauche du Cousin à Avallon! forêt d'Othe! Avril,
juin. Sables et granite. ♃. R.

1110. — 4. L. CAMPESTRIS, D. C., L. champêtre. *Juncus campestris*, L — Fleurs en épis penchés; étamines égalant
la capsule; filet 3 à 4 fois moins long que l'anthère.
Lieux humides, bois, prés, bruyères, Mars, mai. Partout. ♃. C. C.

1111. — 5. L MULTIFLORA, Lej , L. multiflore. — Fleurs en
épis dressés; étamines égalant la moitié de la capsule ;
filet de la longueur de l'anthère. Lieux humides, bois,
bruyères. Mai, juin. Sables. ♃. A. C.

Fam. LXXXIX. — **COLCHICACÉES.** (Colchicaceæ. D. C.).

1. **Colchicum**, T. Colchique.

(de *colchos*, d'où, selon Dioscoride, il est originaire).

1112. — 1. C. AUTUMNALE, L., C. d'automne. — Fleurs lilas-
rosé à tube trigone, 5-6 fois plus long que le limbe;
feuilles naissant au printemps, entourant la capsule.
Lieux humides, bois, prés. fl. septembre, octobre. Partout. ♃. C. C.

Vulg. *colchique, veillotte, tue chien*; médicinale, anti-goutteuse, vénéneuse.

Fam. XC. — **ASPARAGÉES.** (Asparageæ, A. Rich.).

1	(Petit arbrisseau épineux toujours vert. . . .	*Ruscus*. (vi).	
	(Plante herbacée		2
2	(Tige rameuse	*Asparagus*. (i).	
	(Tige simple		3
3	(Périanthe à 4 divisons. . . . . ,	*Maianthemum*. (v).	
	(Périanthe à 6-8 divisions . . . . . , ...		4
4	(Périanthe à 6 dents.		5
	(Périanthe à 8 divisions	*Paris*. (ii).	
5	(Tige feuillée.	*Polygonatum*.(iii).	
	(Pédoncule radical non feuillé	*Convallaria*. (iv).	

I. Asparagus, L. ASPERGE.

(de *sparassein*, déchirer ; les espèces méridionales de ce genre
sont épineuses).

1113. — 1. A. OFFICINALIS, L., A. officinale. — Fleurs d'un
jaune verdâtre, penchées ; baies d'un beau rouge. Bords
des chemins, champs. Juin, juillet. Sables. ♃. peu C.
Vulg. *asperge* ; cultivée en grand à Appoigny ; jeunes tiges alimentaires ; racines médicinales, diurétiques.

II. Paris, L. PARISETTE.

(de *par*, pair ; allusion à la disposition par paire des divers organes).

1114. — 1. P. QUADRIFOLIA, L., P. à 4 feuilles. — Fleurs verdâtres, solitaires, placées au dessus d'un verticille de
4 feuilles, quelquefois 3-5. Baie d'un violet noir. Bois
montueux. Serrigny [Guérin]! Avallon [Moreau]! Arcy
[S. Moreau]! Lichères [Boreau]. Avril, mai. Calcaires.
♃. R.
Vulg. *parisette* ; Mailly-Château (Mérat).

III. Polygonatum, T. SCEAU DE SALOMON.

(*Polus gonu*, beaucoup d'angles ; allusion à la tige anguleuse).

1 { Tige anguleuse. . . . . *P. vulgare.* (1).
{ Tige cylindrique . . . . *P. muliflorum.* (2).

1115. — 1. P. VULGARE, Desf.. Sc. anguleux. *Convallaria poly-
gonatum*, L. — Fleurs blanches, penchées, unilatérales,
1-2 sur le pédoncule ; filets glabres. Bois secs, côteaux
arides. Avril, mai. Calcaires. ♃. A. C.

1116. — 2. P. MULTIFORUM, All., Sc. multiflore. *Convallaria
multiflora*, L. — Fleurs blanches, penchées, unilatérales, 2-5 sur le pédoncule ; filets velus. Bois frais. Mai.
Sables et calcaires. ♃. C.

IV. Convallaria, L. MUGUET.

(*Convallis*, vallée, *leirion*, lis).

1117. — 1. C. MAIALIS, L., M. de mai. — Fleurs blanches,
globuleuses, à dents recourbées, pendantes, en grappe
simple unilatérale. Bois humides. Mai. partout. ♃. C.

V. Maianthemum, Wigg. MAIANTHÈME.

(*Maius*, mai, *anthéma*, fleur ; la plante fleurit en mai).

1118. — 1. M. BIFOLIUM, D. C., M. à deux feuilles. *Convallaria
bifolia*, L. — Fleurs blanches, petites, en grappe termi-

nale ; feuilles ovales acuminées, en cœur à la base à lobes convergents ; tige simple, dressée. Bois couverts. Forêt de Pontigny ! Mai, juin. Sables. ♃. R. R.

VI. Ruscus, L. FRAGON.

(Altération du latin *bruscus*, arbrisseau épineux).

1119. — 1. R. ACULEATUS, L., F. piquant. — Fleurs verdâtres violacées, solitaires ou géminées, placées sur la face supérieure des rameaux foliiformes épineux ; tige dressée, rameuse, verte. Bois secs ou humides. Mai. Partout, principalement dans les sables. ♃. A. C.

Vulg. *petit houx* ; médicinale, diurétique.

FAM. XCI. — LILIACÉES, (LILIACEÆ, D. C.).

1 { Tige uniflore, rarement biflore . . . . *Tulipa*. (i).
  { Tige multiflore. . . . . , ...   2

2 { Fleurs en grelot à 6 dents courtes , . . . *Muscari*. (iii)
  { Fleurs à 6 divisions profondes ou libres . . . . . . , . .   3

3 { Filets soudés à la base ; fleurs renfermées dans une spathe
  {   avant l'épanouissement. . . . . *Allium*. (viii).
  { Filets libres ; point de spathe   4

4 { Racine fibreuse . . . . *Phalangium*. (ii).
  { Racine bulbeuse   5

5 { Fleurs bleues   6
  { Fleurs blanches ou jaunes, ou d'un blanc jaunâtre.   7

6 { Périanthe étalé dès la base ; stigmate obtus . . *Scilla*. (v).
  { Périanthe connivent en cloche ; stigmate sub-trigone . . . .
  { . . . . *Endymion*. (iv).

7 { Fleurs jaunes . . . . *Gagea*. (vi).
  { Fleurs blanches ou jaunâtres . . . . . *Ornithogalum*. (vii).

I. Tulipa, L. TULIPE.

(de *thoulyban*, nom persan de la plante).

1120. — 1. T. SYLVESTRIS, L., T. sauvage. — Fleurs jaunes penchées avant l'anthèse à divisions inégales ; étamines à filets barbus à la base ; bulbe ovoïde, brun. Champs, vignes. Jonches et Migraine à Auxerre ! Jussy ! Juin. Calcaires. ♃. R.

II. Phalangium, T. PHALANGÈRE.

(*Phalaggion*, nom donné par Dioscoride à une espèce de lis).

1 { Tige rameuse . . . . *P. ramosum*. (1).
  { Tige simple . . . . *P. liliago*. (2).

1121. — 1. P. RAMOSUM, Lam., P. rameuse. *Anthericum ramo-*

sum, L. — Fleurs blanches en panicule ; style droit ;
capsule globuleuse-trigone obtuse. Côteaux arides, pelouses, bois. Juin, août. Calcaires. ♃. C.

1122 — 2. P. LILIAGO, Schr., P. à fleurs de lis. *Anthericum
liliago*, L. — Fleurs blanches en grappe simple ; style
courbé ascendant ; capsule ovoïde-trigone, aiguë. Côteaux
herbeux. Saint-Bris ! Lucy-sur-Cure ! Argentenay ! Cry !
Mailly Château ! Misery, Saint-Moré [Boreau] ! Mai, juin.
Calcaires, ♃. A. R.

III. Muscari, T. MUSCARI.

(*Moskos*, musc ; allusion à l'odeur de l'espèce principale).

1 { Grappe terminée par une houppe de fleurs stériles d'un beau
     bleu et longuement pédicellées . . . *M. comosum*. (3).
     Fleurs supérieures non réunies en houppe 2

2 { Feuilles étalées, linéaires, étroites . . *M. racemosum*. (1).
     Feuilles dressées, largement linéaires . . *M. Lelievrii*. (2).

1123. — 1. M. RACEMOSUM, D. C., M. à grappe. *Hyacinthus
racemosus*, L ; *Botryanthus odorus*, Kunth. — Fleurs
d'un bleu foncé glauque, en grappe courte, ovoïde,
dense. Vignes, bords des haies. Avril, mai. Partout.
♃. C.

1124. — 2. M. LELIEVRII, Bor., M. de Lelièvre. — Fleurs d'un
beau bleu en épi oblong ; pédicelles horizontaux après
l'anthèse. Vignes, bords des prés. Auxerre ! Bonnard !
Février, avril. Calcaires. T. ♃. C. à Auxerre ; R. ailleurs.

1125. — 3. M. COMOSUM, Mill., M. à toupet. *Hyacinthus como-
sus*, L. ; *Bellevalia comosa*, Kunth. — Fleurs en grappe
allongée, les inférieures d'un brun livide, les supérieures bleues ; feuilles denticulées. Champs, vignes. Mai,
juillet. Partout. ♃. C. C. C.

     Vulg. *ail à serpent*.

IV. Endymion, Dumort. ENDYMION.

(nom mythologique).

1126. — 1. E. NUTANS, Dumort. E. penché. *Agraphis nutans*,
Link. ; *scilla nutans*, Sm. ; *hyacinthus non scriptus*, L.
— Fleurs bleues, penchées, unilatérales en grappe recourbée ; bractées colorées ; étamines alternativement
plus longues. Bois couverts. Avallon [Baudot] ! Avril,
mai. ♃. R.

V. Scilla, L. Scille.

(Scullein, nuire; allusion aux propriétés vénéneuses de quelques espèces).

1 { Feuilles linéaires très-étroites ou nulles . *S. autumnalis.* (i).
{ Feuilles lancéolées linéaires allongées . . . *S. bifolia.* (2).

1127. — 1. S. AUTUMNALIS, L., S. d'Automne. — Fleurs d'un bleu-violet; pédoncules supérieurs de même longueur que le périgone; feuilles plus courtes que la tige. Pelouses des côteaux. Saint-Moré [Boreau], Pierre Perthuis [Grenet]! Août, septembre. Calcaires et granite. ♃. R. R.

1128. — 2. S. BIFOLIA, L., S. à deux feuilles. *Adenoscilla bifolia,* Gr. et God. — Fleurs d'un beau bleu; pédoncules 2-4 fois plus longs que le périgone; feuilles égalant presque la tige. Lieux frais ombragés. Avallon [Moreau]! Merry [Boreau]! Pierre-Perthuis [Dey]! forêt d'Othe [Grenet]! Mailly-la-Ville! Appoigny [S. Moreau]! Mars, avril. Partout. ♃. A. R.

VI. Gagea, Salisb. Gagée.

(dédié à sir Thomas Gage).

·1129. — 1. G. ARVENSIS, Schult., G. des Champs. *G. villosa,* Dub.; *Ornithogalum arvense,* Pers.; *O. minimum,* D. C. — Fleurs d'un beau jaune, verdâtres en dehors, en ombelles; 2 feuilles radicales plus longues que la tige. Champs, vignes. Auxerre! Saint-Georges! Appoigny! etc. Mars, avril. Sables et calcaires. ♃. A. R.

VII. Ornithogalum, L. Ornithogale.

(*Ornis,* oiseau, *gala,* lait).

1 { Fleurs en grappe et d'un blanc jaunâtre. *O. sulfureum.* (3).
{ Fleurs en corymbe d'un blanc pur 2

2 { Pédicelles dressés ou peu étalés . . . *O umbellatum.* (1).
{ Pédicelles déjetés vers la terre après la floraison. . . . . .
. . . . *O. divergens.* (2).

1130. — 1. UMBELLATUM, L., O. en ombelle. Fleurs blanches; feuilles étalées; bulbe muni de caïeux produisant des tiges; tiges en touffe. Dans les champs, les vignes. Mai, juin. Calcaires. ♃. A. C.
Vulg. *dame d'onze heures.*

1131. — 2. O. DIVERGENS, Bor., O. divergent. — Fleurs blanches; feuilles dressées; bulbe muni de caïeux ne produisant pas de tiges; tige solitaire. Dans les prés humides ou couverts. Auxerre! Charbuy! Avril, mai. Sables et calcaires. ♃. A. R.

1132. — 3. O. SULFUREUM, Rom., O. jaune-soufre. *O. pyre-naicum*, a. *flavescens*, Duby. — Fleurs jaunâtres munies sur le dos d'une strie verte; grappe de 1-2 décimètres; feuilles linéaires détruites à la floraison.Champs, bois. Mai, Juin. Partout, ♃. C.

VIII. Allium, L. AIL.

(du celtique *all*, chaud, brûlant).

1 { Tige fistuleuse et renflée au-dessous du milieu . **A. cepa.** (5).
{ Tige non renflée 2

2 { Filets des **3** étamines intérieures munis d'appendices laté-
{ raux. 6
{ Filets sans appendices ou 3 seulement échancrés 3

3 { Feuilles linéaires semi-cylindriques; fleurs verdâtres ou rosées. 4
{ Feuilles larges planes, fleurs d'un beau blanc. **A. ursinum.** (11).

4 { Divisions du périgone, étalées; feuilles fistuleuses. 5
{ Divisions du périgone, connivantes; feuilles peu ou point fistu-
{ leuses . . . . **A. oleraceum.** (10).

5 { Etamines égalant le périgone. . . . **A. ascalonicum.** (9).
{ Etamines de moitié plus courtes que le périgone . . . . .
{ . . . . **A. schœnoprasum.** (8).

6 { Feuilles planes 8
{ Feuilles cylindriques. 7

7 { Fleurs entremêlées de bulbilles . . . . . **A. vineale.** (7).
{ Pas de bulbilles . . . . **A. sphœrocephalum.** (6). 6

8 { Fleurs entremêlées de bulbilles. 9
{ Pas de bulbilles 10

9 { Feuilles à bords lisses . . . . **A. sativum.** (1).
{ Feuilles à bords denticulés . . . **A. scorodoprasum.** (3).

10 { Feuilles larges de 5-6 millimètres. . . . **A. rotundum.** (4).
{ Feuilles larges d'au moins 1 centimètre. . . **A. porrum** (2).

1133. — 1. A. SATIVUM, L., A. cultivé. — Fleurs blanchâtres ou rougeâtres en ombelle pauciflore; bulbe à caïeux sessiles d'un rose pâle. Partout. Juillet. ♃.

Vulg. *ail*; cultivée, condimentaire; médicinale, vermifuge.

1134. — 2. A. PORRUM, L., A. Poireau. — Fleurs blanchâtres striées de rouge, en ombelle globuleuse; bulbe simple. Juillet, août. ②.

Vulg. *poireau*; cultivée partout, alimentaire.

1135. — 3. A SCORODOPRASUM, L., A. Rocambole. — Fleurs purpurines en ombelle pauciflore; bulbe à caïeux pédicellés purpurins. Partout. Juin, juillet. ♃.

Vulg. *rocambole*; cultivée, condimentaire.

1136. — 4. A. ROTUNDUM, L., A. rond. — Fleurs pourprées en

ombelle globuleuse ; étamines incluses ; bulbe à caïeux
bruns. Lieux herbeux secs, bords des champs. Tonnerre
[Guérin] ! Lézinnes [Guinot] ! Juin, août. ♃. R. R.

1137. — 5. A. CEPA, L., A. Oignon. — Fleurs blanches en ombelle globuleuse, volumineuse ; étamines plus longues
que les fleurs. Champs, vignes. Juillet, août. Partout.   .
Vulg. *oignon*; cultivée en grand à Appoigny, alimentaire.

1138. — 6. A. SPHÆROCEPHALUM, L., A. à tête ronde. *Allium
approximatum*, Gr. — Fleurs purpurines en ombelle
arrondie ou oblongue ; étamines une fois plus longues
que les fleurs ; bulbe à caïeux blanchâtres. Champs,
vignes, bois. Juin, août. Sables et calcaires.. ♃. C. C.

1139. — 7. A. VINEALE, L., A. des Vignes. *Allium arenarium*,
Fries. — Fleurs purpurines en ombelle pauciflore ou
nulles, remplacées par des bulbilles. Lieux secs, champs
en friches. Juillet, août. Sables et calcaires. ♃. C.

1140. — 8. A. SCHŒNOPRASUM, L., A. Civette.— Fleurs roses ;
étamines de moitié plus courtes que le périgone ; feuilles
gazonnantes presque aussi longues que la tige. Partout.
Juin, juillet. ♃.
Vulg. *appétit, ciboulette*; cultivée, condimentaire.

1141. — 9. A. ASCALONICUM, L., A. Echalotte. — Fleurs lilas à
carène pourprée ; étamines égalant le périgone. Partout.
juin, juillet. ♃.
Vulg. *échalotte*; cultivée, condimentaire.

1142. — 10. A. OLERACEUM, L., A. potager. — Fleurs d'un
rose sale, peu nombreuses, penchées ; feuilles canaliculées en dessus. Lieux herbeux, côteaux arides. Août.
Calcaires. ♃. C.

1143. —. 11. A. URSINUM, L., A. des Ours.— Fleurs d'un blanc
de lait à divisions étalées en étoile ; feuilles vertes rétrécies en un long pétiole. Bois frais, prés couverts.
Avallon ! Quincy près Tanlay [Guinot] ! Avril, mai. Calcaires, granite, ♃. C. dans l'Avallonnais, R. ailleurs.

Fam. XCII.— **AMARYLLIDÉES**. (Amaryllideæ, R. Br.).

Périanthe pourvu au centre d'appendice en forme de couronne ou de tube	*Narcissus*. (i).
Périanthe dépourvu d'appendice.	*Galanthus*. (ii).

I. **Narcissus**, L. NARCISSE.

(de Narcisse, qui fut changé en fleur).

Fleurs jaunes	*N. pseudo narcissus*. (1).
Fleurs blanches à couronne bordée de rouge.	*N. poëticus*. (2).

1144. — 1. N. PSEUDO-NARCISSUS, L , N. faux-Narcisse. *Ajax pseudo-narcissus*, Haw. — Fleurs grandes jaune-pâle à couronne d'un jaune plus foncé, campanulée, inodore. Bois montueux. Island [Moreau]! Pontaubert! Moutiers, Saint-Sauveur [Houard] ! Ouest. Mars, avril. Sables et granite. ♃. R.

     Vulg. *Jeannette, fleur du coucou.*

1145. — 2. N. POETICUS, L., N. des poètes. *Narcissus maïalis*, Curt. — Fleurs blanches odorantes à tube étroit verdâtre; couronne courte en roue. Bois montueux, prés. Saint-Bris ! Val de-Mercy! Serrigny [Guérin]! Mai. Calcaires. ♃. R.

     Vulg. *œillet de mai.*

II. Galanthus, L. GALANTHINE.

(*Gala*, lait, *anthos*, fleur ; allusion à la couleur blanche de la fleur).

1146. — 1 G. NIVALIS, L., G. Perce-Neige. — Fleurs blanches pédonculées, penchées, solitaires au sommet de la hampe; 2 feuilles linéaires, glauques. Prés, bois. Fontenoy [Dey]! Saint-Bris! Février, mars. Calcaires. ♃. R.

     Vulg. *perce-neige.*

FAM. XCIII. — IRIDÉES. (IRIDEÆ, Juss.).

I. Iris, L. IRIS.

(de *iris*, arc-en-ciel ; allusion aux couleurs variées des fleurs),

1 { Divisions extérieures du périanthe pourvues en dessus d'une ligne barbue . . . . *I. germanica*. (1).
{ Divisions extérieures dépourvues de ligne barbue 2

2 { Fleurs jaunes ; plante aquatique. . . *I. pseudo-acorus*. (2).
{ Fleurs bleuâtres ; plante des lieux secs. *I. fœtidissima*. (3).

1147. — 1. I. GERMANICA, L,, I. d'Allemagne. — Fleurs bleues solitaires à l'extrémité de la tige et des rameaux, à segments égaux ; plante touffue ; tige dressée plus longue que les feuilles. Haies, vieux murs, dans les villages. Avril, Mai. Partout. ♃. A. C.

     Vulg. *flamme.*

1148. — 2. I. PSEUDO-ACORUS. L., I. faux-acore. — Fleurs jaunes, 2-3 pédonculées dans la spathe ; segments internes du périgone plus courts que les stigmates ; tige rameuse. Bords des eaux, lieux fangeux, fossés, étangs. Mai, juillet. Alluvions. ♃. C.

1149. — 3. I. FOETIDISSIMA, L., I. fétide. — Fleurs petites d'un

bleu gris, rayées de noir 2-3, pédonculées; segments
internes du périgone dépassant les stigmates; tige, simple.
Bois secs et montueux. Saint-Bris! Coulanges! Magny!
Juin, juillet. Calcaires. ♃. R.

Fam. XCIV. — **DIOSCORÉES**. (Dioscoreæ, R. Br.).

I. **Tamus**, L. Tamier.

(du latin *tamnus,* vigne sauvàge; allusion à la tige grimpante).

1150. — 1. T. COMMUNIS, L., T. commun. — Fleurs dioïques
d'un blanc verdâtre en grappe; feuilles cordées ovales
aiguës; baies rouges; tige gréle de 2-3 mètres. Bois,
haies. Mai, juillet. Calcaires. ♃. A. C.

Fam. XCV. — **ORCHIDÉES**. (Orchideæ, Juss.).

1 { Fleurs munies d'un éperon. 2
  { Fleurs dépourvues d'éperon 4

2 { Feuilles réduites à des écailles . . . . *Limodorum.* (iv).
  { Plantes feuillées 3

3 { Rétinacles soudés renfermés dans une bursicule uniloculaire.
  {   . . . . *Aceras.* (i).
  { Rétinacles libres, nus ou renfermés dans une bursicule . . .
  {   . . . . *Orchis.* (ii).

4 { Racine tuberculeuse 5
  { Racine fibreuse. 7

5 { Fleurs disposées en spirale sur la tige. . *Spiranthes.* (viii).
  { Fleurs non en spirale. 6

6 { Fleurs à divisions latérales et supérieures divergentes . . .
  {   . . . . *Ophrys.* (iii).
  { Fleurs à divisions latérales et supérieures connivontes en
  { casque . . . . *Aceras.* (i).

7 { 2 feuilles opposées ou nulles. . . . . . . *Neottia.* (vii).
  { Feuilles alternes 8

8 { Ovaire sessile contourné. . . . . . *Cephalanthera.* (v).
  { Ovaire non contourné, porté sur un pédicelle contourné. . . .
  {   . . . . *Epipactis.* (vi).

I. **Aceras**, R. Br. Acéras.

(*a keras,* sans corne; allusion à la fleur sans éperon de la plupart
des espèces).

1 { Fleurs d'un beau rose; éperon très-long et grêle . . . . . .
  {   . . . . *A. pyramidalis.*(3).
  { Fleurs d'un blanc ou jaune sale; éperon nul ou court . . . 2

2 { Pas d'éperon; label plane . . . . *A. anthropophora.*(1).
  { Un éperon; label enroulé très-long; odeur fétide . . . . . .
  {   . . . . *A. hircina.* (2).

1151. — 1. A. ANTHROPOPHORA, R. Br., A. Homme pendu. *Ophrys anthropophora*, L.; *Loroglossum anthropophora*, Rich. — Fleurs jaunes verdâtres, à label jaune ferrugineux, étroit, allongé, pendant; bractées plus courtes que l'ovaire. Bois montueux. Milly! Coulanges-la-Vineuse! forêt d'Othe [Grenet]! Avallon [Moreau]! Mai, juin. Calcaires. ♃. R.

1152. — 2. A. HIRCINA, Lindl., A. Bouquin. *Orchis hircina*, Crantz.; *Satyrium hircinum*, L.; *Loroglossum hircinum*, Rich. — Fleurs verdâtres striées de pourpre en dedans; lobe moyen du label 2-3 fois plus long que l'ovaire; bractées plus longues que l'ovaire. Côteaux herbeux. Juin, juillet. Calcaires. ♃. A C.

1153. — 3. A. PYRAMIDALIS, Reich., A. pyramidal. *Orchis pyramidalis*, L.; *Anacamptis pyramidalis*, Rich. — Fleurs d'un rose vif en épi compacte; bractées de la longueur de l'ovaire. Bois montueux. Mai, juin. Calcaires. ♃. C.

II. **Orchis**, L. ORCHIS.

(de *orchis*, nom grec d'une plante à tubercules).

1	Tubercules palmés	2
	Tubercules non palmés.	7
2	Fleurs de couleur uniforme.	3
	Fleurs de couleurs variées, tachetées, ponctuées	5
3	Fleurs verdâtres. . . . . *O. viridis*. (13).	
	Fleurs rosées	4
4	Eperon plus long que l'ovaire . . . . . . *O. conopsea.*(11).	
	Eperon a peine aussi long que l'ovaire. *O. odoratissima*. (12).	
5	Tige non fistuleuse. . . . . *O. maculata*. (10).	
	Tige fistuleuse	6
6	Feuilles étalées, ovales, oblongues. . . . *O. latifolia*. (8).	
	Feuilles dressées, lancéolées, étroites. . *O. incarnata*.. (9).	
7	Label entier.	8
	Label lobé	9
8	Tige fistuleuse munie de deux feuilles. . . *O. bifolia*.(14).	
	Tige peu fistuleuse ; plus de deux feuilles. *O. montana*. (15).	
9	Divisions latérales et supérieures du périanthe, conniventes en casque.	11
	Divisions latérales et supérieures du périanthe étalées . . .	10
10	Feuilles pliées canaliculées; bractées à 3 nervures au moins. . . . . *O. laxiflora*. (7).	
	Feuilles planes ; bractées à 1 nervure . *O. mascula*. (6).	
11	Label trilobé ; le lobe moyen à peine émarginé. *O. morio*. (1).	
	Label tripartit ; le lobe moyen bifide	12
12	Lobe moyen du label présentant une pointe dans l'échancrure	13
	Lobe moyen du label dépourvu de pointe . *O. ustulata*. (2).	

13 { Fleurs à casque d'un pourpre foncé. . . *O. purpurea*. (5).
   { Fleurs d'un rose cendré. 14

14 { Divisions du label toutes linéaires étroites. . *O. simia*. (3).
   { Divisions du lobe moyen plus larges que les lobes latéraux.
   { . . . . *O. militaris*. (4).

1454. — 1. ORCHIS MORIO, L., O. Bouffon. — Fleurs purpurines en épi lâche; bractées purpurines égalant l'ovaire; éperon moitié plus court que l'ovaire. Prés secs, bois. Avril, juin. Partout. ♃. C.

1155. — 2. O. USTULATA, L., O. brûlé. — Fleurs en épi dense d'un pourpre noir, marbré de blanc; éperon 3-4 fois plus court que l'ovaire. Prés secs, clairières des bois. Mai. Sables et calcaires. ♃. A. C.

1156. — 3. O. SIMIA, L., O. Singe. *Orchis tephrosanthos*, Will.; *O. militaris*, e. L. — Fleurs d'un blanc rosé, ponctuées de pourpre; bractées 3-4 fois plus courtes que l'ovaire; éperon courbé égalant la moitié de l'ovaire. Dans les bois clairs. Saint-Bris! Val-de-Mercy! Irancy! etc. Mai. Calcaires. ♃. A. R.

1157. — 4. O. MILITARIS, L., O. Militaire. *O. rivini*, Gou.; *O. galeata*, Lam.; *O. cinerea*, Schkr., *O. mimusops*, Thuill.—Fleurs d'un rose pâle, ponctuées, en épi lâche; bractées 3-4 fois plus courtes que l'ovaire; plante plus robuste que la précédente. Bois, prés humides. Sainte-Nitace à Auxerre! Val-de-Mercy! Sens [Juliot]! Mai, juin. Calcaires. ♃. R.

1158. — 5. O. PURPUREA, Huds., O. pourpré. *O. fusca*, Jacq.; *O. militaris*, D. C. — Fleurs d'un pourpre foncé presque noir, veinées, ponctuées, en épi gros, dense; bractées 6-8 fois plus courtes que l'ovaire; plante de 5-8 décimètres. Côteaux arides, bois montueux. Mai, juin. Calcaires. ♃. C.

1159. — 6. O. MASCULA, L., O. mâle. — Fleurs purpurines en épi allongé et lâche; label ponctué par des papilles, crénelé, trilobé; éperon égalant l'ovaire. Bois montueux. Avril, juin. Calcaires. ♃. C.

1160. — 7. O. LAXIFLORA, Lam., O. à fleurs lâches. — Fleurs d'un rouge foncé en épi lâche, pauciflore; label d'apparence bilobé; éperon plus court que l'ovaire. Prés humides. Mai, juin. Sables et calcaires. ♃. A. C.

1161. — 8. O. LATIFOLIA, L., O. à larges feuilles. — Fleurs d'un pourpre foncé, en épi serré; feuilles étalées, souvent tachées. Prés humides. Mai, juin. Partout. ♃. C. C.

1162. — 9. O. INCARNATA, L., O. incarnat. *Orchis angustifolià*, Wim.; *O. divaricata*, Rich. — Fleurs d'un rouge pâle; feuilles dressées jamais tachées. Prés humides. Auxerre ! Baon ! Saint-Georges ! Appoigny ! Branches ! Mai, juillet. Sables et calcaires. ⚥. A. R.

1163. — 10. O. MACULATA, L., O. taché. — Fleurs d'un lilas pâle ou blanches en épi étroit serré, veinées de violet; bractées inférieures plus longues que l'ovaire ; feuilles tachées. Bois humides. Mai, juin. Sables. ⚥. C. C.

1164. — 11. O. CONOPSEA, L., O. Moucheron. *Gymnadenia conopsea*, Rich. — Fleurs roses odorantes en épi allongé, aigu, serré ; label plus large que long. Prés et bois humides. Mai, juillet. Calcaires. ⚥. C.

1165. — 12. O. ODORATISSIMA, L., O. odorant. *Gymnadenia odoratissima*, Rich. — Fleurs roses à odeur de vanille en épi allongé, aigu, serré; label plus long que large. Côteaux, bords des bois. Arcy, Val-de-Mercy. Escolives, Chablis [Boreau]. Mai. juin. Calcaires. ⚥. R.

1166. — 13. O. VIRIDIS, All., O. vert. *Satyrium viride*, L.; *Cœloglossum*, — Hartm.; *Platanthera* — , Lindl. — Fleurs d'un vert jaunâtre en épi oblong; bractées deux fois plus longues que l'ovaire; éperon 4-5 fois plus court que l'ovaire. Dans les prés. Mai, juin. Saint Georges [S. Moreau] ! ⚥ R.

1167. — 14. O. BIFOLIA, L., O. à 2 feuilles. *Platanthera bifolia*, Rich. — Fleurs blanches odorantes en épi lâche ; éperon une fois plus long que l'ovaire ; loges des anthères parrallèles. Dans les bois clairs. Juin, juillet. Sables et calcaires. ⚥. C.

1168. — 15. O. MONTANA, Schmidt., O. des Montagnes. *Platanthera montana*, Reichb.; *Orchis chlorantha*, Cust. — Fleurs blanches odorantes en épi lâche ; loges des anthères divergentes par leur base. Dans les bois. Mai, juin. Sables et calcaires. ⚥. A. C.

III. Ophrys, L. OPHRYS.

(de *ophrus*, sourcil ; allusion à la forme des segments intérieurs de la fleur).

1 { Label muni d'un appendice à la base; division latérale et supérieure du périanthe d'un beau rose 2
{ Label dépourvu d'appendice; fleurs jamais roses 3

2 { Appendice placé sous le label. . . . . . O. apifera. (4).
{ Appendice recourbé en dessus. . . . . . O. arachnites. (3).

3 { Label trilobé beaucoup plus long que large. *O. muscifera.* (1).
{ Label entier, ovale ou orbiculaire brun foncé ou vert jaunâtre
    . . . . *O. aranifera.* (2).

1169. — 1. O. MUSCIFERA, Huds., O. Mouche. *Ophrys myodes,*
Jacq. — Fleurs brunes veloutées en épi lâche ; label
étroit, allongé, pendant, muni d'une tache quadran-
gulaire ; gynostème (1) sans bec. Bois montueux. Saint-
Bris! Milly! Cruzy! Merry-sur-Yonne! etc. Mai, juin.
Calcaires. ♃. A. R.

1170. — 2. O. ARANIFERA, Sm., O. Araignée. — Fleurs d'un
vert jaunâtre à label pourpre velouté, rayé ; gynostème
à bec court. Bois clairs, côteaux. Mai. Calcaires. ♃.
A. C.

1171. — 3. O. ARACHNITES, Richard, O. Bourdon. *Ophrys
fuciflora,* Reichb. — Fleurs d'un beau rose, striées de
vert, à label d'un brun pourpre, taché de vert ; gynostème à bec court presque droit. Lieux secs, côteaux,
bois. Mai, juin. Calcaires. ♃. A. C.

1172. — 4. O. APIFERA, Sm., O. Abeille. — Fleurs d'un beau
rose, striées de vert à label pourpre foncé, tacheté ;
gynostème long et flexueux. Côteaux incultes, taillis.
Mai, juillet. Calcaires. ♃. A. C.

    Var. *trollii,* Reich., label allongé linéaire, aigu. Argentenay (Guinot).

IV. Limodorum, C. Rich. LIMODORE.

(*Limôdés,* affamé ; allusion au parasitisme de la plante).

1173. — 1. L. ABORTIVUM, Swartz., L. à feuilles avortées. *Orchis abortiva,* L. — Fleurs violacées ainsi que toute la
plante, grandes, en grappe lâche ; tige droite portant des
écailles en place de feuilles. Côteaux secs, bois montueux. Saint-Bris! Montallery! Milly! Coulanges-la-Vineuse! Cry! Juin. Calcaires. ♃. R.

    Obs. Avant la floraison, la tige offre l'aspect d'une asperge violacée.

V. Cephalanthera, Rich. CÉPHALANTHÈRE.

(*Kephalé,* tête ; allusion à la forme de l'anthère).

1 { Fleurs d'un beau rose ; ovaire pubescent. . . *C. rubra* (3).
{ Fleurs blanches ; ovaire glabre 2

2 { Bractées au moins aussi longues que l'ovaire . . . . . .
{ . . . . *C. grandiflora.* (1).
{ Bractées beaucoup plus courtes que l'ovaire. *C. ensifolia.* (2).

---

(1) On appelle Gynostème le petit corps formé par les étamines et le
style soudés en colonne.

1174. — 1. C. GRANDIFLORA, Babg., C. à grandes fleurs. *Epipactis lancifolia*, D. C.; *Epipactis pallens*, W.; *Serapias grandiflora*, L. — Fleurs blanches dressées en épi lâche ; divisions du périgone toutes obtuses; feuilles ovales-lancéolées. Bois montueux. Mailly-la-Ville ! Saint-Bris ! Mai. Calcaires. ♃. R.

1175. — 2. C. ENSIFOLIA, Rich., C. en glaive. *Epipactis ensifolia*, Schmidt.; *C. xyphophyllum*, Reichb. — Fleurs blanches un peu étalées; divisions extérieures du périgone aiguës ; feuilles lancéolées linéaires, distiques. Bois montueux. Saint-Bris ! Ouanne ! Vincelles ! Vermenton ! Mai. Calcaires. ♃. A. R.

1176. — 3. C. RUBRA, Rich., C. rouge. *Epipactis rubra*, All.; *Serapias rubra*, L. — Fleurs d'un beau rose, grandes, en épi lâche; tige un peu flexueuse, écailleuse à la base. Bois montueux. Juin, juillet. Calcaires. ♃. C., mais seulement au sud d'Auxerre.

VI. **Epipactis**, Crantz. EPIPACTE.

(*Epipactis*, herbe efficace contre les poisons, selon Dioscoride).

1 { Label obtus ; plante des lieux marécageux. **E. palustris.** (3).
  { Label pointu ; plante des lieux non marécageux 2

2 { Fleurs d'un pourpre foncé ; feuilles supérieures étroites . . .
    . . . . **E. atrorubens.** (2).
  { Fleurs blanches verdâtres; feuilles supérieures oblongues . . .
    . . . . **E. latifolia.** (1).

1177. — 1. E. LATIFOLIA, All., E. à larges feuilles. *Serapias latifolia*, L. — Fleurs à pédicelles ordinairement plus courts que l'ovaire ; bractées inférieures plus longues que les fleurs. Lieux herbeux, bois. Juillet, août. Calcaires. ♃. C.

1178. — 2. E. ATRORUBENS, Reichb., E. pourpre. *E. microphylla*, Mérat; *E. rubiginosa*, Koch. — Fleurs à pédicelles presque aussi longs que l'ovaire ; bractées inférieures égalant les fleurs. Bois secs, côteaux. Juin, juillet. Calcaires. ♃. A. C.

1179. — 3. E. PALUSTRIS, Crantz, E. des Marais. *Serapias longifolia*, L. — Fleurs rougeâtres ou grisâtres à label blanc strié de rouge, trilobé; plante pubescente au sommet. Prairies marécageuses. Auxerre ! Branches ! etc. Juin, juillet. Sables et calcaires. ♃. peu C.

VII. Neottia, Rich. NÉOTTIE.

(*Neotteia*. nid d'oiseau ; allusion aux racines entrelacées).

1 { Plante couleur feuille morte, dépourvue de feuilles . . . . .
. . . . *N. nidus avis.* (1).
Pante verte munie de 2 feuilles opposées . . *N. ovata.* (2).

1180. — 1. N. NIDUS AVIS, Rich., N. Nid d'oiseau. *Ophrys
nidus avis*, L.; *Epipactis nidus avis*, All. — Fleurs en
épi oblong, d'un jaune roussâtre, ainsi que toute la
plante; feuilles réduites à des écailles; port d'une orobanche. Bois montueux. Bleigny ! forêt d'Othe! Saint-
Bris! Milly ! Appoigny! Villefargeau, Lichères [Boreau].
Mai, juin. Calcaires et sables. ♃. R.

1181. — 2. N. OVATA, Rich , N. ovale. *Epipactis ovata*, All.;
Listera ovata, R. Br ; *Ophrys ovata*, L. — Fleurs d'un
vert jaunâtre à label pendant divisé en 2-lobes linéaires;
bractées vertes; feuilles embrassantes. Bois, prés. Mai,
juin. Partout. ♃. C.

VIII. Spiranthes, Rich. SPIRANTHE.

(*Speïra*, spirale, *anthos*, fleur ; allusion à l'inflorescence).

1 { Tige feuillée. . . . . *S. æstivalis.* (1).
Feuilles radicales en rosette placée à côté de la tige . . . .
. . . . *S. autumnalis.* (2).

1182. — 1. S. ÆSTIVALIS, Rich., S. d'Eté. *Ophrys spiralis*, g.
L.; *Neottia spiralis*, D. C. — Fleurs blanches peu odorantes ; feuilles lancéolées longuement atténuées en pétiole. Prés marécageux, bruyères tourbeuses. Perrigny !
Appoigny! Branches! etc. Juillet, août. ♃. R.

1183. — 2. S. AUTUMNALIS, Rich., S. d'automne. *Neottia autumnalis*, a. L. — Fleurs blanches à odeur de vanille ;
feuilles ovales brusquement atténuées en pétiole. Prés
secs, pelouses. Monéteau ! forêt d'Othe [Grenet]! Bord
de la route entre Nailly et Brannay [Prot] ! Août, octobre. Calcaires. ♃. R.

Saint-Pierre, dans le bois de Lys (Guichard).

FAM. XCVI. — CYPÉRACÉES. (CYPEROIDEÆ, Juss.).

1 { Fleurs unisexuelles ; ovaire renfermé dans un utricule! . . .
. . . . *Carex.* (ix).
Fleurs hermaphrodites; ovaire nu.   2

2 { Fruits munis de soies longues et blanches. *Eriophorum* (viii).
Fruits nus ou munis de soies courtes.   3

3 { Epillets en épis comprimés.   4
Epillets non comprimés   5

4 { Epillets réunis en épi comprimé distique. . . *Blysmus*. (vii).
{ Epis réunis en ombelle irrégulière. . . . . *Cyperus*. (i).

5 { Style renflé à la base ; un seul épi . . . *Eleocharis*. (v).
{ Style non renflé ; un ou plusieurs épis 6

6 { Ecailles presque toutes fertiles. . . . . . *Scirpus*. (vi).
{ Ecailles inférieures stériles 7

7 { Feuilles coupantes ; plante de 1 à 2 mètres. . *Cladium*. (ii).
{ Feuilles non coupantes ; plante n'atteignant jamais un mètre. 8

8 { Feuilles terminées par une pointe raide piquante. *Schœnus*. (iii).
{ Feuilles non piquantes. . . . . . . *Rhyncospora*. (iv).

I. **Cyperus**, L. SOUCHET.

(de *cupeïros*, nom grec du souchet).

1 { 2 stigmates ; épillets jaunâtres. · . . . · *C. flavescens*. (1).
{ 3 stigmates ; épillets brunâtres. . . . . . *C. fuscus*. (2).

1184. — 1. C. FLAVESCENS, L., S. jaunâtre. — Akènes comprimés ; tiges fasciculées, dressées, à peine trigones. Lieux marécageux, fossés. Bleigny ! Perrigny ! Appoigny ! Quarré ! Juillet, septembre. Sables et granite. ☉. A. R.

1185. — 2. C. FUSCUS, L., S. brun. — Akènes ovoïdes trigones ; tiges fasciculées étalées, dressés, triquètres. Lieux marécageux, graviers. Auxerre ! Gurgy ! Laroche ! Branches ! etc. Juillet, septembre. Sables et calcaires. ☉. A. R.

II. **Cladium**, R. Br. CLADIE.

(de *clados*, tige effilée ; allusion à la raideur du chaume).

1186. — 1. C. MARISCUS, R. Br., C. Marisque. *Schœnus mariscus*, L. — Epillets roussâtres bi-flores ; feuilles linéaires coupantes ; tiges de 8-14 décimètres, dressées, fistuleuses, arrondies. Prairies marécageuses. Andryes ! Saint-Florentin, lieu dit le Chapeau ! Juillet, août. Calcaires. ♃. R. R.

III. **Schœnus**, L. CHOIN.

(de *skoïnos*, nom grec de divers joncs).

1187. — 1. S. NIGRICANS, L., C. noirâtre. — Epillets 5-12 en tête ovoïde noirâtre ; bractée inférieure plus longue que le capitule ; feuilles toutes radicales plus courtes que les tiges. Prairies marécageuses. Abonde entre Druyes et Andryes ! Mai, juillet. Calcaires. ♃. R. R.

IV. **Rhyncospora**, Wahl. RHYNCHOSPORE.

(*Rugkos*, bec, *spora*, graine ; allusion au bec du fruit).

1188. — 1. R. ALBA, Wahl., R. blanc. *Schœnus albus*, L. —

Epillets blanchâtres, 2-3 en fascicules pédonculés disposés en corymbe ; tiges dressées, trigones, feuillées. Bruyères tourbeuses, prairies marécageuses. Juillet, septembre. Sables. ♃. A. C.

V. Eleocharis, R. Br. ELÉOCHARIS.

(*Elos*, marais, *karis*, grâce ; ornement des marais).

1 { Tige filiforme, tétragone . . . . *E. acicularis.* (5).
  { Tige ni tétragone, ni capillaire 2

2 { Epi renflé ; écailles obtuses ; plante annuelle . *E. ovata.* (4).
  { Epi oblong ; plante vivace 3

3 { Souche rampante ; 2 stigmates 4
  { Souche cespiteuse ; 3 stigmates. . . . *E. multicaulis.* (3).

4 { Epi entouré à la base par 2 écailles. . . *E. palustris.* (1).
  { Epi entouré à la base par 1 écaille. . . *E. uniglumis.* (2).

1189. — 1. E. PALUSTRIS, R. Br., E. des Marais. *Scirpus palustris*, L. — Epi brun oblong; tige robuste ; souche
longuement rampante. Fossés, marécages. Mai, septembre. Alluvions. ♃. C. C.

1190. — 2. E. UNIGLUMIS, Koch., E. à une glume. *Scirpus
uniglumis*, Link. — Epi brun foncé ; tige grêle; souche
longuement rampante. Tourbières du Thureau de Saint-
Denis, à Bleigny ! Juin, septembre. Sables. ♃. R.

1191. — 3. E. MULTICAULIS, Dietr., E. multicaule. *Scirpus
multicaulis*, Smith. — Epi brun oblong; akènes brunâtres ou verdâtres ; tiges de 2-3 décimètres. Prairies
marécageuses. Auxerre! Branches! Juin, août. Sables
et calcaires. ♃. A. R.

1192. — 4. E. OVATA, R. Br., E. ovoïde. *Scirpus ovatus*, Roth.;
Scirpus soloniensis, Dub. — Epi brunâtre ovoïde ou
subglobuleux ; akènes jaunâtres ; tiges de 5-15 centimètres. Bords des étangs. Bléneau ! Saint-Sauveur ! Juin,
septembre. Sables. ⊕. R.

1193. — 5. E. ACICULARIS, R. Br., E. Epingle. *Scirpus acicularis*, L. — Epi très-petit ovoïde ; akènes blanchâtres ;
tiges fasciculées de 3-10 centimètres. Bords des eaux.
Juillet, septembre. ⊕. A. C.

VI. Scirpus, L. SCIRPE.

(Nom latin d'un jonc).

1 { Tige rameuse. . . . . *S. fluitans.* (2).
  { Tige simple. 2

2 { Inflorescence terminale **3**
  { Inflorescence latérale. **5**

3 { Epillet solitaire ; tige arrondie. . . . *S. pauciflorus.* (I).
  { Epillets nombreux ; tige triangulaire **4**

4 { Panicules à rameaux simples ; épillets bruns. *S. maritimus* (6).
  { Panicule ramifiée ; épillets verdâtres. . *S. sylvaticus.* (7).

5 { Tige haute de 1 décimètre au plus ; plante annuelle . . . .
  { . . . . *S. setaceus.* (3).
  { Tige grande ; plante vivace. **6**

6 { Ecailles lisses ; trois stigmates. . . . . *S. lacustris.* (4).
  { Ecailles scabres ; deux stigmates. . *S. tabernœmontani.* (5).

1194. — 1. S. PAUCIFLORUS, Light., S. pauciflore. *S. bœotrhyon,*
Ehrh. — Epillets ovoïdes bruns à 3-5 fleurs ; tiges dressées en touffe, sans feuille, munies à la base de gaines
horizontalement tronquées. Prairies tourbeuses. Branches ! Juin, août. ℣. R. R.

1195. — 2. S. FLUITANS, L., S. flottant. — Epillets ovoïdes,
solitaires au sommet des rameaux ; tiges couchées ou
flottantes, canaliculées. Bord de l'étang des Luneaux, à
Bléneau ! Juillet, septembre. Sables. ℣. R.

1196. — 3. S. SETACEUS, L., S. sétacé. — Epillets petits 2-3
sessiles agglomérés ; bractée inférieure dépassant les
épillets ; akènes striés ; tiges dressées en touffe. Lieux
humides des bois, des chemins. Juin, septembre. Sables.
☉. C.

1197. — 4. S. LACUSTRIS, L., S. des Etangs. — Epillets nombreux plus ou moins pédonculés ; akènes trigones ; plante
robuste d'un vert foncé. Fossés, rivières, étangs. Mai,
juillet. Partout. ℣. C. C.

Vulg. *jonc des tonneliers.*

1198. — 5. S. TABERNÆMONTANI, Gmel., S. de Tabernæmon-
tanus. *S. glaucus,* Sm. — Epillets agrégés peu ou point
pédonculés ; akènes non trigones ; plante glauque. Lieux
marécageux. Juin, juillet. Sur la grève, à Laroche ! ℣.
R. R

1199. — 6. S. MARITIMUS, L., S. Maritime. — Epillets gros
roussâtres pédonculés ; pédoncules lisses entourés de
2-4 bractées inégales, allongées ; écailles bifides avec un
mucron au milieu, tiges en touffe. Bords de l'Yonne, çà
et là, dans tout son parcours. Juillet, septembre. Alluvions. ℣. A. C.

Obs. Varie à épillets presque sessiles (*S. compactus,* Krock).

1200. — 7. S. SYLVATICUS, L., S. des Forêts.— Epillets petits, bruns ; pédoncules rudes ; écailles obtuses, mucronées ; tige solitaire. Lieux humides, bois, prés, bords des eaux, fossés. Mai, juillet. Partout. ♃. C.

VII. Blysmus, Panz. BLYSME.

(de *bluzó*, sourdre, jaillir ; allusion à son habitation dans les lieux mouillés).

1201. — 1. B. COMPRESSUS, Panz., B. comprimé. *Scirpus compressus*, Pers.; *Schœnus compressus*, L.; *Scirpus caricis*, Retz. — Épillets bruns disposés en épi terminal, comprimé ; tige dressée, lisse, arrondie à la base. Lieux marécageux. sur les côtés du canal, à Laroche ! Mai, juillet. Alluvions. ♃. R. R.

VIII. Eriophorum, L. LINAIGRETTE.

(*Erion*, laine, *phéreïn*, porter ; allusion aux soies nombreuses qui entourent les graines).

1 { Pédoncules lisses . . . . *E. angustifolium*. (2).
{ Pédoncules rudes. . . . . *E. latifolium*. (1).

1202. — 1. E. LATIFOLIUM, Hopp., L. à larges feuilles. *Eriophorum polysthachyum*, Duby. — Fleurs en capitules à la fin, tous penchés ; akènes bruns, arrondis au sommet ; souche sans stolons. Prés marécageux. Toucy ! Avril, mai. Sables. ♃. R.

1203. — 2. E. ANGUSTIFOLIUM, Roth., L. à feuilles étroites. *Eriophorum polysthachyum*, a L. — Fleurs en capitules penchés à la maturité ; akènes aigus ; souche stolonifère. Bruyères tourbeuses et marécageuses. Avril, juin. Sables. ♃. C.

IX. Carex, L. CAREX.

(de *carex*, nom latin signifiant jonc pointu).

1 { Tige terminée par un épi simple. . . . *C. pulicaris*. (1).
{ Tige portant plusieurs épis. 2

2 { Ovaire à 2 stigmates 3
{ Ovaires à 3 stigmates. 14

3 { Epillets uni-sexuels 4
{ Epillets androgyns 7

4 { Epillets supérieurs et inférieurs femelles, les intermédiaires mâles. . . . . *C. disticha*. (2).
{ Epillets supérieurs mâles, les inférieurs femelles 5

5 { Bractées des épis inférieurs foliacées dépassant la tige ; capsules égalant les écailles . . . . *C. acuta*. (13).
{ Bractées ne dépassant pas la tige ; capsules plus grandes que les écailles. 6

6 { Capsules sur 8 rangs; plante élevée. . . . *C. stricta.* (11).
  { Capsules sur 6 rangs; plante médiocre. . *C. vulgaris.* (12).

7 { Epillets mâles au sommet, femelles à la base   8
  { Epillets femelles au sommet, mâles à la base. 11

8 { Ecailles largement membraneuses blanchâtres. *C. paniculata* (6).
  { Ecailles non membraneuses.   9

9 { Tige robuste à faces concaves . . . . . *C. vulpina.* (3).
  { Tige grêle à faces planes ou convexes. 10

10 { Epillets inférieurs écartés . . . . *C. divulsa.* (5).
   { Epillets tous rapprochés . . . . *C. muricata.* (4).

11 { Epillets inférieurs écartés et munis de très-longues bractées
   {   dépassant la tige. . . . . *C. remota.* (9).
   { Bractées ne dépassant pas la tige; épillets rapprochés . . .   12

12 { Utricules divariqués en étoile . . . . . *C. stellulata.* (8).
   { Utricules non divariqués en étoiles 13

13 { 6-12 épillets cylindriques, ... *C. elongata.* 10).
   { 4-6 épillets obovés. . . . . *C. leporina.* (7).

14 { Capsules velues   15
   { Capsules glabres 22

15 { Plusieurs épis mâles   16
   { Un seul épi mâle 17

16 { Feuilles glabres glauques; bec nul ou très court. *C. glauca.* (20).
   { Feuilles velues vertes; bec bifide. . . . . *C. hirta.* (21).

17 { Bractées des épis inférieurs engaînantes   18
   { Bractées non engaînantes 21

18 { Bractées foliacées ou terminées par une pointe foliacée. . .   19
   { Bractées scarieuses 20

19 { Epi inférieur à pédoncule radical très-long. *C. Halleriana.* (17).
   { Tous les épis placés au sommet de la tige . *C. prœcox.* (16).

20 { Feuilles filiformes dépassant longuement la tige. . . . .
   { . . . . *C. humilis.* (18).
   { Feuilles planes dépassées par la tige. . . *C. digitata.* (19).

21 { Utricules tomenteux; épillets oblongs . *C. tomentosa.* (14).
   { Utricules pubescents; épillets arrondis. *C. pilulifera.* (15).

22 { Un seul épi mâle   27
   { Plusieurs épis mâles. 23

23 { Utricule à bec presque nul. . . . . . . *C. glauca.* (20).
   { Utricule terminé en bec allongé. 24

24 { Ecailles des épis mâles de couleur jaune pâle   25
   { Ecailles des épis mâles de couleur brune. 26

25 { Feuilles canaliculées, glauques. . . . *C. ampullacea.* (31).
   { Feuilles planes, d'un vert jaunâtre. . . *C. vesicaria.* (32).

26 { Ecailles des épis mâles aristées. . . . . *C. riparia.* (34).
   { Ecailles inférieures des épis mâles obtuses. *C. paludosa.* (33).

27 { Gaînes pubescentes . . . . *C. pallescens.* (28).
   { Gaînes glabres. 28

1204. — 1. C. PULICARIS, L., C. Puce. — Epi mâle au sommet, femelle à la base; utricules réfléchis luisants; feuilles enroulées sétacées. Tourbières, bruyères humides. Thureau de Saint-Denis! Perrigny! Appoigny! Branches! Mai, juin. Sables ♃. A. R.

1205. — 2. C. DISTICHA, Huds., C. distique. *C. intermedia,* Good.; *C. spicata,* Dub. — Epi terminal dressé, souvent interrompu à la base; utricules munis d'une aile étroite; souche rampante. Lieux marécageux, prés, fossés. Mai, juin. ♃. C. C.

1206. — 3. C. VULPINA, L., C. jaunâtre.— Epi terminal oblong, formé d'épillets nombreux; utricules murs étalés en étoile; tiges à angles presque ailés, rudes. Lieux herbeux humides. Mai, juin. Partout. ♃. C. C

1207. — 4. C. MURICATA, L., C. rude. — Epi cylindrique oblong, formé de 5-8 épillets; utricules murs divariqués; tiges à angles mousses à la base. Lieux herbeux, bords des haies. Mai, Juin. Partout. ♃. C.

1208. — 5. C. DIVULSA, Good., C. écarté. — Diffère de l'espèce précédente par son épi très-allongé; ses écailles blanchâtres avec une nervure verte; ses utricules non divariqués. Lieux herbeux, haies, bois. Mai, juin. Partout. ♃. C.

1209. — 6. C. PANICULATA, L., C. paniculé. — Epillets nombreux en panicule terminale; utricules mûrs, bruns, luisants; plante de 5-8 décimètres en gazon épais. Lieux marécageux, ombragés. Auxerre! Perrigny! Lindry! Saint-Sauveur! Mai, juin. ♃. R.

1210. — 7. C. LEPORINA, L., C. de Lièvre. *C. ovalis*, Good. — Utricules égalant les écailles, dressés, entourés d'une bordure denticulée, atténués en bec bifide. Prés, pâturages. Mai, juillet. Partout. ♃. C.

1211. — 8. C. STELLUTATA, C. étoilé. *C. echinata*, Murr. — Epi formé de 2-4 épillets globuleux ; utricule à bord aigu denticulé, atténué en bec allongé un peu bifide. Tourbières. Mai, juillet. Sables. ♃. C.

1212. — 9. C. REMOTA, L., C. espacé. — Epi formé de 6-10 épillets oblongs ; utricules à bec court et entier. Bois, fossés herbeux. Mai, juillet. Partout. ♃. C.

1213. — 10. C. ELONGATA, L., C. allongé. — Utricules dépassant les écailles, étalés, arrondis sur les bords, atténués en bec court et presque entier. Lieux herbeux humides. Forêt d'Othe à Bussy [Mabile]! Mai, juin. ♃. R.

1214. — 11. C. STRICTA, Good.. C. raide. *C. cæspitosa*, Gay. — Rarement 2 épis mâles ; bractée inférieure à oreillette pâle ; utricules atténués au sommet. Lieux marécageux. Avril, mai. ♃. C.

1215. — 12. C. VULGARIS, Fries., C. commun. *C. goodenowii*, Gay. — 1 épi mâle, rarement 2 ; bractée inférieure à oreillettes d'un brun-noir ; faces de la tige planes ; utricules arrondis aux 2 bouts. Lieux marécageux. Avallon ! Branches ! Appoigny ! Sables et granite. Mai, juin. ♃. R.

1216. — 13. C. ACUTA, L., C. aigu. — 2-3 épis mâles ; bractée inférieure brièvement auriculée ; utricules égalant les écailles. Bords des eaux. Mai, juin. ♃. C.

1217. — 14. C. TOMENTOSA, L., C. tomenteux. — Epi mâle pédonculé ; écailles plus courtes que les fruits, munies d'une nervure verte atteignant le sommet ; utricules globuleux obovés. Lieux herbeux humides, prés. Avril, juin. Sables et calcaires. ♃. C.

1218. — 15. C. PILULIFERA, L., C. porte pilules. — Epis femelles globuleux ; épi mâle presque sessile ; écailles dépassant le fruit, mucronées ; utricules pyriformes ; souche sans stolons. Lieux secs, bois, pelouses. Avril, Mai. Sables. ♃. C. C.

1219. — 16. C. PRÆCOX, Jacq., C. précoce. — Epis femelles ovoïdes oblongs ; épi mâle en massue ; écailles égalant presque le fruit, mucronées ; utricules pyriformes ; souche stolonifère. Lieux secs, bois, pelouses. Avril, juin. Partout. ♃. C.
Obs. Var. à fruits étranglés en gourde (*C. syciocarpa*, Lobel).

1220. — 17. C. HALLERIANA, Asso, C. de Haller. *C. gynobasis*, Will.; *C. alpestris*, All.; *C. diversiflora*, Host. — Epis femelles globuleux; écailles munies de 3 nervures vertes; utricules oblongs. Lieux secs, bois clairs, côteaux herbeux. Avril, juin. Calcaires. ♃. C., mais seulement au sud d'Auxerre.

1221. — 18. C. HUMILIS, Leyss., C. humble. *C. clandestina*, Good. — Epis femelles 3-5 bi-flores, renfermés dans les bractées; tige courte peu visible au milieu des feuilles. Bords des bois, pelouses élevées. Coulanges! Vincelles! Val-de-Mercy! Ancy-le-Franc! Cry! Blannay [Boreau]. Avril, mai. Calcaires. ♃. R.

1222. — 19. C. DIGITATA, L., C. digité. — Epis femelles 2-3 dressés, le supérienr dépassant l'épi mâle après la floraison; tiges presqne arrondies plus longues que les feuilles. Bois couverts montueux. Voutenay! forêt de Frétoy [Sagot]! Tanlay. Coulanges-la-Vineuse! Arcy! Saint-Moré! Avril, mai. ♃. A. R.

1223. — 20. C. GLAUCA, Scop., C. glauque. — Epis femelles 2-3 pédonculés, noirs, pendants à la maturité; plante très-glauque. Lieux frais, prés, bois, pâturages. Avril, juin. Partout. ♃. C. C. C.

1224. — 21. C. HIRTA, L., C. velu. — Epis mâles 2 3 rapprochés, aigus, velus; bractée inférieure longuement engainante, dépassant les épis mâles; feuilles et gaines velues. Lieux humides, bords des eaux, fossés. Mai, juin. Partout. ♃. C. C.

Obs. Var. à feuilles et gaînes glabres (*C. hirtæformis*, Pers).

1225. — 22. C. FLAVA, L., C. jaune. — Epis femelles tous réunis au sommet de la tige; utricules mûrs réfléchis; tige grêle, filiforme. Lieux marécageux et tourbeux. Mai, juillet. Sables. ♃. A. C.

1226. — 23. C. ŒDERI, Ehrh., C. d'Œder. — Epi femelle inférieur souvent écarté; utricules mûrs non réfléchis; tiges étalées, dressées en touffe. Lieux humides. Mai, août. Sables et grèves. ♃. C.

1227. — 24. C. HORNSCHUSCHIANA, Hopp., C. de Hornsch. *C. flava*, D. C. — Epi mâle aigu; épi femelle supérieur sessile; bec des utricules bifide à dents lisses, blanches-scarieuses. Prés marécageux. Auxerre! Tanlay! Mai, juin. ♃. R.

1228. — 25. C. DISTANS, L., C. distant. — Epi mâle obtus;

épis femelles tous pédonculés ; bec des utricules bifide à dents brunes et denticulées au bord interne. Lieux marécageux. Mai, juin. Alluvions et grèves. ♃. C.

1229. — 26. C. LÆVIGATA, Smith., C. lisse. *C. biligularis*, D. C. — Epi mâle atténué aux deux bouts; épis femelles cylindriques, l'inférieur penché à la maturité; écailles d'un jaune fauve; feuilles ligulées. Tourbières du Thureau de Saint-Denis à Bleigny ! Mai, juin. Sables. ♃. R.

1230. — 27. C. PANICEA, L., C. Panic. — Epis femelles 1-5 cylindriques, dressés ; écailles d'un brun foncé bordé de blanc, vertes sur le dos ; utricules à bec court, oblique et tronqué. Prés et bois humides. Mai, juin. Partout. ♃. C. C.

1231. — 28. C. PALLESCENS, L., C. pâle. — Epis femelles 2-3 rapprochés, penchés ; écailles d'un vert pâle ; utricules dépourvus de bec. Dans les bois couverts. Mai, juin. Sables. ♃. A. C.

1232. — 29. C. SYLVATICA, Huds., C. des Bois. *C. drymeia*, Ehrh.; *C patula*; Scop. — Epis femelles 4-7 écartés, linéaires ; écailles d'un blanc jaunâtre, vertes sur le dos ; utricules fusiformes à bec allongé bifide. Bois humides. Mai, juillet. Partout. ♃. C.

1233. — 30. C. PSEUDOCYPERUS, L., C. faux-Souchet. — Epi mâle linéaire, verdâtre ; bractées foliacées dépassant longuement l'épi mâle; écailles vertes subulées, ciliées et raides ; plante de 5-10 décimètres en touffe. Lieux marécageux. Laroche! Beaumont! Charbuy [Souplet]! Juin, août. Alluvions et grèves. ⊛. R.

1234. — 31. C. AMPULLACEA, Good., C. ampoulé. — Utricules subglobuleux divergents; tiges à angles très-obtus ; plante de 4-5 décimètres. Lieux marécageux. Branches ! Appoigny ! Laroche ! Mai, juin. Alluvions. ♃. R.

1235. — 32. C. VESICARIA, L., C. vésiculeux. — Utricules ovoïdes-coniques, dressés; tige à angles très-aigus ; plante de 6-10 décimètres. Lieux marécageux. Avril, juillet. Alluvions. ♃. A. C.

1236. — 33. C. PALUDOSA, Good., C. des Marécages. — Utricules mûrs d'un vert livide, ovales, comprimés à bord anguleux ; tige à angles, tous aigus et rudes. Bords des eaux, fossés. Mai, juin. Partout. ♃. C. C.

1237. — 34. C. RIPARIA, Curtis., C. des rives. *C. rufa*, Duby.
— Utricules mûrs bruns, ovoïdes-coniques, convexes à
bord lisse; tige à 3 angles dont 1 moins aigu et moins
rude. Bords des eaux, des ruisseaux. Avril, juin. Partout. ⚥. C. C.

FAM. XCVII. — **GRAMINÉES**. Gramineæ, Juss.).

1 { Epis formés de fleurs d'un seul sexe; les mâles en panicule
terminale, les femelles axillaires; styles longs pendants. .
. . . . *Zea*. (i).
Epis jamais formés de fleurs d'un seul sexe   2

2 { Fleurs en épis linéaires, réunis en panicule digitée au sommet
de la tige   3
Fleurs jamais disposées en panicule digitée.   5

3 { Epis velus soyeux. . . . . *Andropogon*. (ii).
Epillets glabres ou munis de poils non soyeux.   4

4 { Epillets disposés sur un rang; plante vivace. *Cynodon*. (iii).
Epillets disposés sur deux rangs; plante annuelle . . . . .
. . . . *Digitaria*. (iv).

5 { Pas de glumes. . . . . ,   6
Deux glumes   7

6 { Epillets sessiles unilatéraux. . . . . . . *Nardus*. (xxxvi).
Epillets en panicule flexueuse . . . . *Leersia*. (v).

7 { Epillets ne contenant qu'une fleur fertile   8
Epillets contenant au moins 2 fleurs fertiles   24

8 { Epillets sessiles, groupés par 3 dans une dépression de l'axe.
. . . . *Hordeum*. (xli).
Epillets non groupés par 3   9

9 { Fleur fertile, accompagnée d'une fleur mâle   10
Fleur fertile, non accompagnée d'une fleur mâle   11

10 { Fleur mâle placée sous la fleur fertile *Arrhenatherum*. (xxi).
Fleur mâle placée sur la fleur fertile . . . . *Holcus*. (xx).

11 { Glumelle inférieure munie d'une arête longue d'environ 1 décimètre . . . . *Stipa*. (x).
Glumelle mutique ou munie d'une arête n'ayant que quelques
centimètres   12

12 { Fleurs munies à la base de poils aussi longs qu'elles . . . . .
. . . . *Calamagrostis*. (vi).
Fleurs glabres ou à poils courts   13

13 { Epillets comprimés par le dos.   14
Epillets comprimés latéralement.   16

14 { Glumelles coriaces, luisantes, persistantes, renfermant étroitement la graine. . . . . *Milium*. (ix).
Graine libre dans les glumelles ni coriaces, ni persistantes. .   15

15 { Epillets entourés de soies raides. . . . . . *Setaria*. (xi).
Epillets non entourés de soies raides . . . *Panicum*. (xii).

16 { Glumes soudées inférieurement . . . . *Alopecurus*. (xv).
Glumes libres   17

17 { Glumes renflées globuleuses à la base. . *Gastridium.* (viii).
{ Glumes non renflées globuleuses 18

18 { Tiges étalées en cercle sur la terre . . . . *Crypsis.* (xvi).
{ Tiges dressées 19

19 { Epillets presque unilatéraux en épi filiforme. . . . . .
{ . . . . *Chamagrostis.* (xxxv).
{ Epillets en panicule ou épi cylindrique 20

20 { Glumes convexes . . . . *Melica.* (xviii).
{ Glumes carénées 21

21 { Stigmates subsessiles. . . . . *Agrostis.* (vii).
{ Styles allongés 22

22 { Fleurs accompagnées de rudiments de fleurs représentés par
{ des écailles accessoires 23
{ Fleurs dépourvues d'écailles accessoires . . *Phleum.* (xiv).

23 { 2 étamines . . . . *Anthoxanthum.* (xvii).
{ 3 étamines. . . . . *Phalaris.* (xiii).

24 { Epillets sessiles dans une dépression de l'axe 25
{ Epillets pédonculés, à pédoncules quelquefois très-courts. . 29

25 { 2 à 3 épillets sur chaque dent de l'axe . . . *Elymus.* (xl).
{ 1 épillet sur chaque dent de l'axe. 26

26 { Deux fleurs fertiles dans chaque épillet. . *Secale.* (xxxix).
{ Plus de deux fleurs fertiles dans chaque épillet. 27

27 { Dos des fleurs placé devant l'axe de l'épi . . *Lolium.* (xlii).
{ Face latérale des fleurs placée devant l'axe de l'épi . . . 28

28 { Epillets très-rapprochés ; glumes ventrues. *Triticum.* (xxxvii).
{ Epillets espacés ; glumes non ventrues. *Agropyrum.* (xxxviii).

29 { Glumes à peu près aussi longues que l'épillet 30
{ Glumes beaucoup plus courtes que l'épillet 35

30 { Stigmates filiformes . . . . *Sesleria.* (xxxiv).
{ Stigmates plumeux 31

31 { Glumelle mutique ou pourvue d'une arête courte placée dans
{ une échancrure au sommet de la glumelle. 32
{ Glumelle aristée ; arête naissant sur le dos de la glumelle, ra-
{ rement glumelle mutique. 34

32 { Glumelle pourvue d'une arête courte. . *Danthonia.* (xxiii).
{ Glumelle mutique. 33

33 { Glumes carénées. . . . . *Kœleria.* (xxix).
{ Glumes convexes . . . . *Melica.* (xviii).

34 { Stigmates placés au sommet de l'ovaire. . . *Avena.* (xxii).
{ Stigmates placés un peu au-dessous du sommet de l'ovaire .
{ . . . . *Aira.* (xix).

35 { Fleurs entourées à la base de longs poils soyeux . . . . .
{ . . . . *Phragmites.* (xxvii).
{ Fleurs non entourées de poils soyeux 36

36 { Epillets entourés de bractées pectinées . *Cynosurus.* (xxxiii).
{ Epillets non entourés de bractées pectinées 37

37 { Epillets disposés en glomérules compactes, unilatéraux, cour-
{ bés concaves. . . . . *Dactylis.* (xxviii).
{ Epillets non disposés en glomérules courbés concaves. . . 38

<table>
<tr><td>38</td><td>Stigmates naissant sur l'une des faces de l'ovaire . . . . ***Bromus.*** (xxiv).
Stigmates terminaux . . . .</td><td></td><td></td><td>39</td></tr>
</table>

- Stigmates naissant sur l'une des faces de l'ovaire . . . . .
  - 38 . . . . ***Bromus.*** (xxiv).
  - Stigmates terminaux 39

- 39
  - Glumelle inférieure comprimée, mutique ; fleurs munies souvent de poils laineux à la base . . . . ***Poa.*** (xxxi).
  - Glumelle inférieure convexe ; fleurs dépourvues de poils laineux 40

- 40
  - Glumelle inférieure aiguë, aristée, rarement mutique. . . . 42
  - Glumelle inférieure obtuse, toujours mutique 41

- 41
  - Glumelle inférieure oblongue : plante aquatique . . . . ***Glyceria.*** (xxx).
  - Glumelle inférieure suborbiculaire ; plante des lieux secs. . . . . ***Briza.*** (xxxii).

- 42
  - Glumelle supérieure bordée de cils raides ; épillets subsessiles ; plante vivace. . . . . . . ***Brachypodium.*** (xxv).
  - Glumelle supérieure très-finement ciliée ; épillets pédicellés, rarement subsessiles et alors plante annuelle. ***Festuca.*** (xxvi)

I. **Zea**, L., MAÏS.

(de *zéa*, nom grec d'une sorte de blé).

1238. — 1. Z. MAYS, L., M. cultivé. *Mays zea*, Gœrt. — Epis femelles 4-5, sessiles allongés, ventrus, les supérieurs plus précoces ; feuilles larges, planes, à bords scabres ; tige simple de 8-15 décimètres, Çà et là, dans les champs. Juin, août. Partout. ☉.

Vul. *blé de Turquie*; cultivé.

II. **Andropogon**, L. BARBON.

(*Anér*, homme, *pôgôn*, barbe ; allusion aux arêtes des fleurs).

1239. — 1. A. ISCHÆMUM, L., B. Pied de Poule. *A. angusti-folium*, Smith. — Epis 5-10 linéaires verts ou purpurins, étalés puis dressés ; épillets géminés, l'un mâle pédicellé, l'autre hermaphrodite sessile aristé ; pédicelles velus ; feuilles glauques. Lieux secs, côteaux, bords des chemins. Chemilly! Saint-Moré! Sergines [S. Moreau]! Juin, octobre. Calcaires. ♃. R.

Villiers-Louis (Guichard).

III. **Cynodon**, Rich., CHIENDENT.

(*Kuôn*, chien, *odous*, dent).

1240. — 1. C. DACTYLON, Pers., C. commun. *Panicum*, L., *Paspalum*, fl. fr. — Epis 4-7 linéaires étalés ; épillets sur 2 rangs, unilatéraux, verdâtres ou violacés ; tiges fleuries ascendantes ; tiges stériles couchées, munies de

feuilles glauques rapprochées distiques. — Lieux arides
incultes, chemins herbeux. Appoigny! Auxerre! Sens
[S. Moreau]! Juillet, septembre. Sables et graviers.
♃. R.

Vulg. *gros chiendent*; médicinale.

IV. **Digitaria**, Scop. DIGITAIRE.

(*Digitus*, doigt; allusion à la disposition des épillets).

Feuilles et gaînes glabres	*D. filiformis*. (2).
Feuilles et gaînes poilues	*D. sanguinalis*. (1).

1241. — 1. D. SANGUINALIS, Scop., D. sanguine. *Panicum*, L.;
Paspalum, Lam. — Epis 3-8, dressés puis étalés; épillets violacés; glume supérieure moitié plus courte que
la fleur; tiges ascendantes. Champs, vignes. Juillet,
octobre. Sables. ⊕. C.

1242. — 2. D. FILIFORMIS, Kœler. D. filiforme. *D. humifusa*,
Pers.; *Paspalum ambiguum*, D. C.; *Panicum glabrum*,
Gaud. — Epis 2-4; épillets violacés; glume supérieure
égalant la fleur; tiges inégales couchées. Champs. Août.
octobre. Sables. ⊕. C.

V. **Leersia**, Swartz. LÉERSIE.

(Dédié à Léers, botaniste allemand).

1243. — 1. L. ORIZOIDES, Swartz., L. à fleur de riz. *Phalaris*,
L.— Epillets d'un vert blanchâtre en panicule à rameaux
capillaires, flexueux, rudes et étalés; feuilles planes,
rudes; tige velue sur les nœuds. Bords des eaux. Tout
le cours de l'Yonne, du Cousin. Août, septembre. Alluvions. ♃. A. C.

VI. **Calamagrostis**, Roth. CALAMAGROSTIS.

(*Calamos*, roseau, *agrostis*, agrostis; qui tient du roseau et de
l'agrostis).

Poils de la longueur de la glume	*C. epigeios*. (1).
Poils bien plus courts que la glume . . .	*C. sylvatica*. (2).

1244. — 1. C. EPIGEIOS, Roth., C. terrestre. *Arundo*, L. —
panicule raide, dressée, compacte, violacée, verte
ou panachée; arête droite insérée sur le dos au milieu
de la glumelle. Lieux argileux. Haies, bois. Saint-Sérotin! Saint-Georges! Toucy! Juillet, août. Sables. ♃.
A. R.

1245. — 2. C. SYLVATICA, D. C., C. des Bois. *C. arundinacea*,

Roth.; *Agrostis arundinacea*, L. — Panicule lâche, interrompue, dressée, panachée de violet et de jaunâtre ; arête genouillée insérée au dos et à la base de la glumelle. Bois montueux à Vermenton ! Juillet. août. Calcaires. ♃. R. R.

VII. Agrostis, L. AGROSTIS.

(de *agros*, champ ; allusion à l'habitation de la plante).

1	Arête 3 à 4 fois plus longue que la fleur.. **A. spicaventi.** (5).	
	Arête nulle ou n'étant pas 3 fois aussi longue que la fleur. .	2
2	Feuilles radicales filiformes enroulées. . . **A. canina.** (4).	
	Toutes les feuilles planes	3
3	Ligule courte tronquée	4
	Ligule oblongue . . . . **A. alba.** (1).	
4	Plante de 4 à 15 centimètres . . . . . . **A. pumila.** (3).	
	Pante de 1 à 4 décimètres . . . . . . **A. vulgaris.** (2).	

1246. — 1. A. ALBA, L., A. blanche. — Panicule blanchâtre ou violette toujours contractée; glumelle supérieure une fois moins longue que l'inférieure. Lieux marécageux. Juin. septembre. Partout, surtout dans les sables. ♃. C.

1247. — 2. A. VULGARIS, With., A. vulgaire. *A. capillaris*, Dub. — Panicule lâche violette, rarement blanchâtre, à rameaux divariqués flexueux. Lieux secs, bords des chemins. Juillet, septembre. Partout. ♃. C. C.

1248. — 3. A. PUMILA, L., A. naine. — Panicule courte à pédicelles peu ou point flexueux; tiges de 4-15 centimètres en petite touffe. Bruyères sèches. Perrigny ! Juillet, septembre. Sables. R.

1249. — 4. A. CANINA, L., A. des Chiens. *A. vinealis*, Desv. — Panicule lâche violette ou rougeâtre; glume inférieure plus grande que la supérieure ; une seule glumelle. Prés humides. Juin, août. Partout. ♃. C.

1250. — 5. A. SPICA VENTI, L., A. Jouet-du-Vent. *Apera*, P. B. — Panicule large, jaunâtre ou violette, à rameaux flexueux étalés pendant la floraison ; anthères linéaires oblongues. Moissons, champs. Juin, juillet. Sables. ⊕. C.

VIII. Gastridium, P. B. GASTRIDIE.

(*Gaster*, ventre ; allusion aux glumes ventrues).

1251. — 1. G. LENDIGERUM, Gaud., G. ventrue, L. — Panicule

spiciforme atténuée aux deux bouts, contractée après la floraison, d'un vert blanchâtre, soyeuse, argentée; tige dressée ; feuilles glauques. Bords des prés secs. Saint-Georges ! Mai, juin. Sables. ☉. R. R.

IX. **Milium**, L. MILLET.

(de *mille*, mille ; allusion à la multitude de fleurs).

1252. — 1. M. EFFUSUM, L., M. étalé. *Agrostis effusa*, Lam. — Panicule grande pyramidale, lâche, rameuse à rameaux capillaires, rudes, nus à la base; épillets petits obtus, ovoïdes, verdâtres ou violets; glumes lisses ; tiges de 6-12 décimètres. Bois montueux. Mai, juillet. Calcaires. ⚥. A. C.

X. **Stipa**, L. STIPE.

(*Stupé*, soie; allusion anx arêtes plumeuses).

1253. — 1. S. PENNATA, L., S. plumeuse. — Panicule pauci-flore lâche, étalée, à rameaux courts; glumes deux fois plus longues que les fleurs; arête tordue et glabre à la base, plumeuse dans les 2/3 supérieurs. Lieux secs, côteaux. Saint-Moré! Mailly-la-Ville! Avallon [Boreau]. Exp. sud. Mai, juin. Calcaires. ⚥. R.
   Vulg. *barbe de Saint-Moré*.

XI. **Setaria**, P. B. SÉTAIRE.

(de *seta*, soie; allusion aux involucres des épillets).

1	Soies de l'épillet, munies de petites dents dirigées en bas . . . . *S. verticillata*. (1).	
	Soies de l'épillet, munies de petites dents dirigées en haut. .	2
2	Soies vertes ou rougeâtres; plante dressée. . *S. viridis*. (2).	
	Soies jaunâtres; plante souvent étalée . . . *S. glauca*. (3).	

1254. — 1. S. VERTICILLATA, P. B., S. verticillé. *Panicum verticillatum*, L. — Panicule verte spiciforme interrompue, rude de bas en haut; tige rude sous la panicule. Lieux cultivés, jardins. Juillet, octobre. Calcaires, ☉. peu C.

1255. — 2. S. VIRIDIS, P. B., S. vert. *Panicum viride*, L. — Panicule verte spiciforme, dense, lisse de bas en haut ; tige lisse sous la panicule. Dans les champs. Juillet, octobre. Calcaires. ☉. C. C.

1256. — 3. S. GLAUCA, P. B., S. glauque. *Panicum glaucum*, L. — Panicule spiciforme jaunâtre, dense, lisse; tige lisse; glumelles ridées en travers. Champs cultivés. Juillet, septembre. Sables. ☉. A. C.

XII. **Panicum**, L. PANIC.

(Panis, pain ; allusion aux propriétés alimentaires
de plusieurs espèces).

1 { Panicule rameuse	**P. miliaceum.** (1).
{ Panicule à épis unilatéraux	*P. crus galli.* (2).

1257. — 1. P. MILIACEUM, L , P. Millet. — Panicule diffuse
penchée au sommet, d'un vert pâle ; feuilles velues sur
les gaînes ; tiges dressées. Çà et là, dans lés champs.
Perrigny ! Juillet, août. Sables. ⊙.
   Vulg. *millet*; cultivée.

1258. — 2. P. CRUS-GALLI, L., P. Pied de Coq. *Echinochloa*,
P. B. — Epis nombreux unilatéraux verts ou violacés ;
feuilles glabres ; tiges ascendantes comprimées. Lieux
humides, cultures. Juillet, septembre. Sables et calcaires. ⊙. A. C.

XIII **Phalaris**, L. PHALARIS.

(de *phalos*, brillant ; allusion aux fleurs argentées du phalaris
des grecs).

1259. — 1. P. ARUNDINACEA, L., P. Roseau. *Calamagrostis
colorata*, Fl. fr. ; *Baldingera arundinacea*, Kunth. —
Panicule diffuse allongée, violacée, étalée, puis contractée ; glumes aiguës à 3 nervures. Bords des eaux. Juin,
juillet. Partout. ⚥. C. C.

XIV. **Phleum**, L. PHLÉOLE.

(de *phleós*, nom grec du typha ; allusion à la forme de l'épi).

1 { Glumes acuminées.	**P. bœhmeri.** (1).
{ Glumes tronquées aristées	2
2 { Tige bulbeuse, couchée à la base. . . .	**P. nodosum.** (3).
{ Tige non bulbeuse, droite.	**P. pratense.** (2).

1260. — 1. P. BŒHMERI, Webel., P. de Bœhmer. *Phalaris
phleoïdes*, L. — Panicule jaunâtre ou pourpre spiciforme, atténuée aux deux bouts ; glumes ponctuées
tuberculeuses. Lieux secs herbeux, bois, côteaux. Mai,
juillet. Calcaires. ⚥. C.

1261. — 2. P. PRATENSE, L., P. des Prés. — Panicule verdâtre
spiciforme obtuse ; glumes non tuberculeuses ; tige dressée de 4-10 décimètres. Dans les prés. Mai, juillet. Partout. ⚥. C. C.

1262. — 3. P. NODOSUM, L , P. noueux. — Panicule verdâtre
ou violacée ; tige étalée ascendante de 1-5 décimètres.
Pelouses sèches. Avril, septembre. Calcaires. ⚥. A. C.

XV. Alopecurus, L. VULPIN.

(*Alôpéx*, renard, *oura*, queue; allusion à la forme de l'épi).

1 { Tige couchée à la base 2
{ Tige dressée ou ascendante. 3

2 { Arète beaucoup plus longue que l'épillet. **A. geniculatus.** (3).
{ Arète de la longueur de l'épillet ou plus courte. . . . .
{ . . . . **A. fulvus.** (4).

3 { Epi velu soyeux; plante vivace. . . . . **A. pratensis.** (1).
{ Epi non velu soyeux; plante annuelle. 4

4 { Epis très allongés; feuille supérieure à gaîne non renflée. . .
{ . . . . **A. agrestis.** (2).
{ Epis ovoïdes; feuille supérieure à gaîne renflée. . . . .
{ . . . . , **A. utriculatus.** (5).

1263. — 1. A. PRATENSIS, L., V. des Prés. — Panicule spiciforme obtuse, dense, d'un vert pâle ou violacé; glumes aiguës soudées jusqu'au milieu, longuement ciliées; gaîne supérieure un peu enflée. Prés humides, bords des eaux. Mai, juillet. Partout. ♃. A. C.

1264. — 2. A. AGRESTIS, L., V. agreste. — Panicule cylindrique atténuée aux deux bouts, verdâtre ou violacée; glume brièvement pubescente; gaîne supérieure appliquée. Champs, vignes, lieux cultivés. Mai, octobre. Partout. ☉. C. C. C.

1265. — 3. A. GENICULATUS, L., V. géniculé. — Panicule obtuse, blanchâtre ou violacée; glumes obtuses à peine soudées; feuilles un peu glauques. Lieux fangeux des prés. Mai, septembre. Alluvions. ☉. A. C.

1266. — 4. A. FULVUS, Sm., V. fauve. — Panicule un peu amincie au sommet; épillets rétrécis au sommet; plante glauque. Lieux mouillés en hiver. Mai, septembre. Sables argileux. ☉. peu C.

1267. — 5. A. UTRICULATUS, Pers., V. utriculé. *Phalaris*, L. — Panicule ovoïde compacte d'un blanc verdâtre ou purpurine, à rameaux courts ne portant qu'un épillet. Prés marécageux. Sainte-Nitace à Auxerre! Augy! Vermenton! Avallon [Boreau], forêt d'Hervaux [Carré]! Mai, juin. ☉. R. R.

XVI. Crypsis, Aït. CRYPSIDE.

(*Cruptein*, cacher; allusion à l'épi sortant de la gaîne de la feuille supérieure).

1268. — 1. C. ALOPECUROIDES, Schrad., C. Vulpin. — Panicule

exserte, en épi oblong-cylindracé, d'un blanc grisâtre ou noirâtre ; feuilles planes à gaînes alternes et recouvrant la tige. Gravier humide. Chambre d'emprunt vers l'usine à ciment romain, Auxerre ! Août, septembre. ☉. R. R.

XVII. Anthoxanthum, L. FLOUVE.

(*Anthos*, fleur, *xanthos*, jaune ; allusion à la couleur de l'épi).

1269. — 1. A. ODORATUM, L., F. odorante. — Panicule spiciforme, cylindrique-oblongue, atténuée au sommet, d'un vert jaunâtre ; glumes carénées très-inégales, l'inférieure à 1 nervure, la supérieure à 3 nervures ; feuilles ciliées vers la gaîne. Dans les prés, les bois, lieux incultes. Mai, juin. Partout. ♃. C. C

Vulg. *flouve.*

XVIII. Melica, L. MÉLIQUE.

(de *melica*, nom italien d'un millet dont la moëlle à la saveur du miel).

1 { Glumelle inférieure munie de longs poils soyeux . . . . *M. nebrodensis.* (3).
{ Glumelle inférieure glabre 2

2 { Panicule unilatérale presque simple. . . . *M. nutans.* (2).
{ Panicule rameuse . . . . *M. uniflora.* (1).

1270. — 1. M. UNIFLORA, Retzius., M. à une fleur. *M. nutans*, Lam. — Panicule lâche à rameaux étalés ; glumes violacées ; épillets ne contenant qu'une fleur fertile, dressés ; pédicelles rudes non velus ; ligule velue terminée par un appendice étroit. Bois montueux couverts. Mailly Château ! Saint-Moré ! Tanlay ! forêt de Frétoy ! etc. Mai, juin. Calcaires. ♃. A. R.

1271. — 2. M. NUTANS, L., M. penchée. *M. montana*, Huds.— Panicule dressée puis penchée, glumes violacées ; épillets contenant 2 fleurs fertiles, pendants ; pédicelles velus ; ligule courte arrondie. Bois montueux. Vincelles ! Tanlay [Guinot] ! Mai, juin. Calcaires. ♃. R. R.

1272. — 3. M. NEBRODENSIS, Parlat.. M. des Nébrodes. *Melica ciliata* (auct.). — Panicule spiciforme unilatérale d'un vert blanchâtre, luisante ; rameaux courts dressés ; feuilles étroites enroulées, sétacées ; tiges rudes au sommet en touffe. Clairières des bois montueux, rochers, murs. Saint-Bris ! Mailly-Château ! Voutenay ! Tonnerre ! Mailly-la-Ville ! etc. Mai, juillet. Calcaires. ♃. A. C.

XIX. **Aira**, L. CANCHE.

(de *aïra*, nom grec de l'ivraie).

1 { Feuilles radicales planes, linéaires, élargies. *A. cæspitosa*.(2).
  { Feuilles radicales très-étroites, enroulées.   2

2 { Arête dépassant peu la glumelle   3
  { Arête dépassant longuement la glumelle   4

3 { Arête renflée en massue au sommet. . . **A. canescens**. (1).
  { Arête non renflée en massue au sommet. . . *A. media*. (3).

4 { Panicule serrée en épis. . . . . **A. præcox**. (7).
  { Panicule étalée   5

5 { Ligule courte tronquée. . . . . **A. flexuosa**. (4).
  { Ligule allongée.   6

6 { Arête insérée au-dessous du milieu de la glumelle. . . .
    . . . . **A. aggregata**. (6).
  { Arête insérée au-dessus du milieu de la glumelle . . . . .
    . . . . **A. caryophyllea**. (5).

1273. — 1. A. CANESCENS, L., C. blanchâtre. — Panicule dressée, étalée à la floraison puis contractée, rosée ou blanchâtre ; axe de l'épillet barbu sous les fleurs ; arête articulée au milieu ; souche en gazon fourni. Lieux incultes, bruyères. Juin, juillet. Sables, ⊕. C C.

1274. — 2. A. CÆSPITOSA, L., C. gazonnante. — Panicule grande dressée, panachée de blanc, de violet et de jaune, à rameaux très-étalés ; arête plus courte que la glumelle. Lieux frais, bois, taillis. Juin, août. Partout ♃. C.

1275. — 3. A. MEDIA, Gouan, C. intermédiaire. *Aira juncea*, Will. — Panicule grande dressée à rameaux étalés, blanche jaunâtre et violacée ; arête de la longueur de la glumelle. Lieux frais, bords des bois, entre Lichères et Aigremont [Guérin] ! Juin, juillet. Calcaires. ♃. R.

1276. — 4. A. FLEXUOSA, L., C. flexueuse. *Avenella*, Parlat.— Panicule dressée, puis contractée, panachée de blanc, de violet et de jaune, à reflets soyeux ; arête genouillée plus longue que la glumelle. Bois secs. Mai, juillet. Sables et granite. ♃. C. C.

1277. — 5. A. CARYOPHYLLEA, L., C. Caryophyllée. *Avena*, — Wigg. — Panicule dressée, à rameaux étalés, blanchâtre, luisante ; épillets écartés plus courts que les pédicelles ; arête une fois aussi longue que les glumes. Lieux herbeux secs, bruyères, bois. Mai, juin. Sables. ⊕. C.

1278. — 6. A. AGGREGATA, Timeroy, C. aggrégée. — Panicule

dressée à rameaux étalés dressés, blanchâtre, luisante ;
épillets égalant les pédicelles ; arête une fois et demie
aussi longue que les glumes. Champs, bois. Auxerre !
Saint-Georges ! Juin, juillet. Sables. ④. A. R.

1279. — 7. A. PRÆCOX, ·L., C. précoce. *Avena*, P. B. — Panicule spiciforme, contractée, à rameaux dressés, blanchâtre, luisante ; épillets rapprochés plus longs que les
pédicelles. Champs, bois. Charbuy ! Perrigny ! Appoigny ! Avril, juin. Sables. ④. A. R.

XX. **Holcus**, L. HOULQUE.

(de *Elkein*, tirer ; allusion à de prétendues propriétés d'extraire
les épines).

| Arête dépassant peu les glumes . . . . . . **H. lanatus.** (1).
| Arête dépassant longuement les glumes. . . **H. mollis.** (2).

1280. — 1. H. LANATUS, L., H. laineuse. *Avena lanata*, Kœl.
— Panicule blanchâtre ou rougeâtre ; arête courbée en
crochet ; souche fibreuse. Prés, bois, bords des eaux,
Juin, septembre. Partout. ♃. C. C. C.

Var. **umbrosa**, panicule pauciflore, tiges faibles ; bois couverts.

1281. — 2. H. MOLLIS, L., H. molle. — Panicule blanchâtre ;
arête non courbée en crochet ; souche rampante. Bois
secs. Chevannes ! Charbuy ! Appoigny ! Juillet, septembre. Sables. ④. A. R.

XXI. **Arrhenatherum**, P. B. ARRHÉNATHÈRE.

(*Arrén*, mâle, *athér*, pointe ; allusion à la pointe qui accompagne
la fleur mâle).

| Tige présentant plusieurs renflements à la base. . . . . . .
| . . . . **A. bulbosum.** (2).
| Tige dépourvue de renflements à la base . . **A. elatius.** (1).

1282. — 1. A. ELATIUS, Gaudin, Ar. élevée. *Avena elatior*, L.
— Panicule d'un vert pâle ou violacé, luisante ; nœuds
de la tige glabres. Lieux herbeux, haies, bois, prés.
Juin, juillet. Partout. ♃. C. C.

1283. — 2. A. BULBOSUM, Presl., Ar. bulbeuse. *Avena bulbosa*,
L.; *Avena prœcatoria*, Thuill. — Très-voisine de la
précédente ; nœuds de la tige velus, au moins les inférieurs. Champs, bois. Juin, juillet. Partout. ♃.,C.

Vulg. *chiendient à chapelet.*

XXII. **Avena**, L. Avoine.

(de *avere*, désirer ; allusion à l'avidité des chevaux pour
les graines).

1 { Epillets gros, pendants 2
{ Epillets petits, jamais pendants 5

2 { Glumelles entourées de longs poils soyeux roux   *A. fatua*. (7).
{ Glumelles glabres 3

3 { Glumelles terminées par 2 arêtes droites. . *A. strigosa*. (6).
{ Glumelles terminées par 2 pointes ou dents 4

4 { Panicule unilatérale. . . . . *A. orientalis*. (5).
{ Panicule étalée dans tous les sens. . . . . *A. sativa*. (4).

5 { Epillets petits luisants ; ovaire glabre. . *A. flavescens*.. (1).
{ Epillets assez gros ; ovaire velu. 6

6 { Fleurs munies de poils courts; épillets à 4 ou 5 fleurs. . . .
{ . . . . *A. pratensis*. (3).
{ Poils égalant au moins la moitié de la glumelle; épillets à 2
{ ou 3 fleurs . . . . *A. pubescens*. (2).

1284. — 1. A. FLAVESCENS, L., A. jaunâtre. *Trisetum*, P. B.—
Panicule lobulée, étalée, puis contractée, rameuse, jaunâtre luisante ; glume inférieure à une nervure; souche
rampante. Prés, bords des chemins. Mai, juillet. Partout.
♃. C. C.

1285. — 2. A. PUBESCENS, L., A. pubescente. — Panicule
oblongue contractée, peu rameuse, panachée de blanc-
argenté et de violet; glume inférieure à une nervure;
feuilles presque lisses. Prés. Auxerre! Mai, juin. ♃. R.

1286. — 3. A. PRATENSIS, L., A. des Prés. — Panicule presque spiciforme, verdâtre ou violacée; glumes à 3 nervures; feuilles rudes. Bois montueux, côteaux. Saint-
Moré! Saint-Bris! Yrouerre [Guérin! Juin, juillet. Calcaires. ♃. R.

1287. — 4. A. SATIVA, L., A. cultivée. — Panicule étalée en
tous sens, rameuse; arête tordue genouillée plus longue
que la fleur, axe velu sous la fleur. Champs. Juin, juillet.
Partout. ☉.

Vulg. *avoine commune*; cultivée.

1288. — 5. A. ORIENTALIS, Schreb., A. d'Orient. *A. racemosa*,
Thuil. — Panicule unilatérale; axe glabre; arête droite.
Champs. Juillet, août. Partout. ☉.

Vulg. *avoine de Hongrie*; cultivée.

1289. — 6. A. STRIGOSA, Schreb., A. rude. *A. nervosa*, Lam.—

Panicule unilatérale ; axe velu sous la fleur ; arête tordue genouillée une fois plus longue que la fleur. Champs montueux du Morvan. Juillet, août. Granite. ④.

Cultivée.

1290. — 7. A. FATUA, L., A. folle. — Panicule étalée en tous sens, rameuse, axe de l'épillet velu partout ; glumelle inférieure brune bidentée. Champs. Juin, septembre. Partout. ④. C.

XXIII. Danthonia, D. C. DANTHONIE.

(dédié à Danthoine, botaniste français).

1291. — 1. D. DECUMBENS, D. C., D. inclinée. *Festuca*, L.; *Triodia decumbens*, Pers. — Panicule spiciforme verdâtre ou violacée ; épillets pédicellés ; glumes égalant les fleurs ; glumelle inférieure tridentée. Bois humides, bruyères. Mai, juillet. Sables. ♃. C.

XXIV. Bromus, L., BROME.

(*Brômos*, nourriture ; plante fourragère).

1	Arête beaucoup plus longue que les fleurs	2
	Arête moins longue que les fleurs ou nulle	5
2	Epillets élargis au sommet ; glumelle profondément bifide. .	3
	Epillets aigus ; glumelle bidentée , ... ,	4
3	Panicule à rameaux penchés du même côté ; épillets pubescents. . . . . *B. tectorum.* (10).	
	Panicule à rameaux étalés ; épillets glabres. *B. sterilis.* (9).	
4	Fleurs et gaines des feuilles velues . . . . *B. asper.* (6).	
	Fleurs et gaines des feuilles glabres. . . *B. giganteus.* (7).	
5	Plante vivace	6
	Plante annuelle ou bisannuelle	7
6	Panicule à rameaux dressés . . . . *B. erectus.* (8).	
	Panicule à rameaux penchés. . . . . . . *B. asper.* (6).	
7	Epillets atteignant presque 1 centimètre de largeur	
	. . . . *B. commutatus.* (2).	
	Epillets n'ayant jamais 1 centimètre de largeur.	8
8	Epillets lancéolés ; rameaux de la panicule très-longs. . . .	
	. . . . *B. arvensis.* (5).	
	Epillets ovoïdes ou oblongs ; rameaux courts	9
9	Toutes les gaines glabres. . . . . . . *B. secalinus.* (1).	
	Gaines inférieures velues , ...	10
10	Epillets mollement pubescents. . . . . . *B. mollis.* (4).	
	Epillets presque glabres . . . . *B. racemosus.* (3).	

1292. — 1. B. SECALINUS, L., B. Seigle. — Panicule dressée
puis penchée, unilatérale; feuilles un peu auriculées;
tige à nœuds pubescents. Prés, champs. Mai, juillet.
Partout. ⊙. C.

1293. — 2. B. COMMUTATUS, Schrad. B. controversé. *B. racemosus*, Duby.; *B. pratensis*, Ehrh. — Panicule étalée
penchée à la maturité; ligule ovale; tiges à nœuds bruns.
Champs, moissons. Andryes [Boreau]. Mai, juillet.
⊙. R,

1294. — 3. B. RACEMOSUS, L., B. à grappe. — Panicule dressée, peu penchée, ligule tronquée; tiges à nœuds oli-
vâtres. Prés. Mai, juin. Partout. ♃. C. C.

1295. — 4. B. MOLLIS, L., B. Mollet. — Panicule étalée rameuse, puis contractée, compacte, dressée; tiges rudes
dressées. Bords des chemins, champs. Mai, juin. Partout. ⊙. C. C.

1296. — 5. B. ARVENSIS, L., B. des Champs. *B. versicolor*,
Dub. — Panicule très-étalée après la floraison, à rameaux
inférieurs très longs égalant la moitié de la panicule;
tiges ascendantes. Champs, vignes, prés. Juin, juillet.
Partout. ⊙. C.

1297. — 6. B. ASPER, L., B. rude. — Panicule grande, large à
rameaux allongés étalés pendants; feuilles toutes semblables; épillets linéaires. Lieux humides des bois. Juin,
août. Calcaires. ♃. A. C.

1298. — 7. B. GIGANTEUS, L., B. élancé. *Festuca gigantea*,
Wild. — Panicule grande à rameaux étalés pendants;
feuilles souvent réfléchies au sommet; épillets oblongs.
Lieux humides des bois. Bléneau! îles de Beaumont!
Juin, août. Alluvions. ♃. R.

1299. — 8. B. ERECTUS, Huds., B. dressé. *B. pratensis*, Lam.
— Panicule étroite à rameaux dressés; feuilles caulinaires 2 fois plus larges que les radicales. Lieux secs,
bois, bords des chemins, côteaux. Mai, juin. Partout. ♃.
C. C. C.

1300. — 9. B. STERILIS, L., B. stérile. — Panicule étalée en
tous sens, verte, à rameaux très-rudes; glumelle inférieure fortement nervée. Murs, décombres. Mai, septembre. Partout. ♁. C.

1301. — 10. B. TECTORUM, L,, B. des Toits. — Panicule unilatérale, pendante, verte ou violacée, à rameaux lisses;
glumelle inférieure faiblement nervée. Champs incultes,
murs. Mai, juin. Partout. ⊙. C.

XXV. **Brachypodium**, P. B. BRACHYPODE.

(Brakus, court, *podion,* pédicelle; allusion aux épillets presque
sessiles).

1 { Gaines des feuilles, glabres; arête plus courte que les fleurs;
    épillets souvent arqués. . . . . *B. pinnatum.* (2).
   { Gaines des feuilles, velues; arête supérieure plus longue que
    les fleurs . . . . *B. sylvaticum.* (1).

1302. — 1. B. SYLVATICUM, P. B., B. des Bois. *Triticum,*
Mœnch; *Festuca gracilis,* Schrad.; *Bromus,* Poll. —
Epi allongé lâche, penché; épillet renfermant 5-10
fleurs; feuilles courbées en arc; tige non rameuse à la
base; souche fibreuse. Bois. Juillet, octobre. Partout.
ɤ. C.

1303. — 2. B. PINNATUM, P. B., B. pinné. *Triticum,* Mœnch.;
Bromus, L. — Epi raide allongé, dressé; épillets souvent
courbés renfermant 8-24 fleurs; feuilles dressées; tige
rameuse à la base; souche rampante. Lieux herbeux,
haies, côteaux. Juin, septembre. Partout. ɤ. C.'C.

XXVI. **Festuca**, L. FÉTUQUE.

(de *festuca,* nom latin de la paille).

1 { Epillets presque sessiles en épis allongés. 2
   { Epillets pédicellés disposés en panicule 3

2 { Epillets placés sur un seul côté de l'axe. *F. tenuiflora.* (2).
   { Epillets alternes sur 2 rangs . . . . *F. poa.* (1).

3 { Fleurs aristées 4
   { Fleurs mutiques 10

4 { Arête plus longue que la fleur; panicule unilatérale 5
   { Arête égalant à peine la fleur; panicule étalée 7

5 { Glume supérieure aristée, l'inférieure nulle, ou très courte. .
   { . . . . *F. uniglumis.* (3).
   { Glume supérieure non aristée, l'inférieure distincte . . , . 6

6 { Glume inférieure moitié moins longue que la supérieure, tige
   { nue au sommet. . . . . *F. sciuroides.* (4).
   { Glume inférieure égalant le quart de la supérieure, tige feuil-
   { lée jusqu'au sommet. . . . . . *F. pseudo-myuros.* (5).

7 { Feuilles supérieures planes . . . . . *F. heterophylla.* (10).
   { Toutes les feuilles enroulées ou pliées carénées. 8

8 { Souche traçante. . . . . *F. rubra..* (9).
   { Souche non traçante. 9

9 { Feuilles enroulées sétacées, scabres . . . . . *F. ovina.* (6).
   { Feuilles pliées, carénées, lisses . . . . . *F. duriuscula.* (8).

10 { Feuilles enroulées filiformes . . . . . *F. tenuifolia.* (8).
    { Feuilles non filiformes 11

11 { Plante annuelle atteignant au plus 2 décimètres de hauteur. .
. . . . *F. rigida*. (13).
Plante vivace ; tige élevée   12

12 { Epillet ne contenant que deux fleurs fertiles. *F. cærulea*. (14).
Epillet contenant plus de deux fleurs fertiles.   13

13 { Panicule presque unilatérale à rameaux courts, portant 4 à 5
épillets. . . . . - . . . *F. pratensis*. (12).
Panicule diffuse, à rameaux allongés, portant 5 à 15 épillets. .
. . . . , ... *F. arundinacea*. (11).

1304. — 1. F. POA. Kunth., F. Paturin. *Triticum* — D. C.; *Nar-
durus* — bois.; *Triticum tenellum*, L.; *Festuca tenella*,
Chaub.; — *lachenalii*, Spen. — Epillets verdâtres ou
jaunâtres à 3-6 fleurs ; glumes à 3 nervures, la supérieure obtuse ; glumelle inférieure atténuée aux 2 bouts,
un peu obtuse ; tiges dressées ou ascendantes de 1-3 décimètres. Moissons, rochers. Perrigny! Avallon! Mai,
juillet. Sable et granite. ⊕. A. R.

1305. — 2. F. TENUIFLORA, Schrad., F. à petites fleurs. *Triticum nardus*, D. C. — Epi linéaire dressé ou arqué;
glume inférieure plus petite à 1 nervure, la supérieure à
3 nervures ; glumelle inférieure très-aiguë ; tiges dressées de 8-15 centimètres. — Prairies artificielles, moissons, murs. Juin, juillet. Partout. ⊕. C.

1306. — 3. F. UNIGLUMIS, Ait., F. à une glume. *F.* — *bromoïdes*, L. — Panicule unilatérale contractée en un
long épi; épillets d'un vert pâle à pédicelles dilatés ,
feuilles enroulées. Champs en friches, lieux arides. Saint-
Georges! Charbuy! Appoigny! Mai, juillet. Sables. ⊕.
A. R.

1307. — 4. F. SCIUROIDES, Roth., F. queue d'Ecureuil. *F.* —
bromoïdes, Smith. — Panicule dressée ; glume supérieure égalant la longueur de la fleur immédiatement
supérieure; tiges peu gazonnantes. Lieux herbeux incultes, taillis. Mai, juillet. Sables. ⊕. A. C.

1308. — 5. F. PSEUDO MYUROS, S. W., F. Queue de Rat. *F.* —
myuros, L. — Panicule penchée au sommet; glume
supérieure n'égalant que la moitié de la fleur immédiatement supérieure; tiges dressées fasciculées. Lieux
incultes, côteaux, bords des bois. Mai, juillet. Sables et
calcaires. ⊕. C.

1309. — 6. F. OVINA, L., F. de Brebis. — Panicule oblongue,
étalée; épillets oblongs ; feuilles vertes, fermes, rudes.
Lieux secs, bords des bois. Auxerre! Saint-Georges !
Mai, juin. Sables. ♃. R.

1310. — 7. F. TENUIFOLIA, Sibth , F. à feuilles menues. *F. — capillata*, Lam. — Panicule étroite presque linéaire, contractée : épillets ovales; feuilles d'un vert pâle, molles. Lieux herbeux, bois. Mai, juin. Sables et calcaires. ♃. C. C.

1311. — 8. F. DURIUSCULA, L., F. duriuscule.— Epillets formés de 3-5 fleurs; glumelle inférieure à peine nervée, mate, feuilles toutes semblables. Lieux herbeux, bords des prés. Mai, juin. Partout. ♃. C. C.

1312. — 9. F. RUBRA, L., F. rouge.—Epillets formés de 5-12 fleurs, glumelle inférieure distinctement nervée, luisante; feuilles radicales enroulées, celles de la tige presque planes. Lieux secs, bords des prés. Mai, juin. Partout. ♃. C.

1313. — 10. F. HETEROPHYLLA, Lam., F. hétérophylle. *F. — nemorum*, Leyss ; *F. — duriuscula*, L. — Panicule allongée lâche; épillets étroits, oblongs, formés de 4-5 fleurs; arête moins longue que la glumelle. Bois montueux, couverts. Juin, juillet. Sables et calcaires. ♃. A. C.

1314. — 11. F. ARUNDINACEA, Schr., F. Roseau. *F. — elatior*, Smith. — Panicule lâche, large, étalée, diffuse; épillets à 4-5 fleurs; souche rampante. Bords des eaux, des ruisseaux. Auxerre ! Juin, juillet. Alluvions. ♃. R.

1315. — 12. F. PRATENSIS, Huds., F. des Prés. *F. — elatior*, L. — Panicule dressée contractée spiciforme ; épillets à 7-12 fleurs; souche fibreuse. Dans les prés, bords des eaux. Mai, juillet. Partout. ♃. C.

1316. — 13. F. RIGIDA, Kunth, F. raide. *Poa.* — L. — Panicule sub-unilatérale, non divariquée, raide, nue aux bifurcations; tige dressée, feuillée jusqu'à la panicule. Lieux secs. Auxerre ! Gurgy ! Sens ! etc. Juin, juillet. Calcaires. ④. A. R.

1817. — 14. F. CÆRULEA. D. C., F. azurée. *Aira et melica*, L.; *Morinia* — Mœnch.; *Enodium cæruleum*, Gaud. — Panicule allongée étroite ; épillets verts ou violets ; glumes lancéolées aiguës, plus courtes que la fleur ; ligule remplacée par des poils ; tiges nombreuses dressées, raides, longuement nues au sommet. Bruyères humides, bois, tourbières. Juin, octobre. Sables. ♃. C.

XXVII. phragmites, Trin. ROSEAU.

(*Phragmos*, palissade; allusion à la taille et à la résistance
de la plante).

1318. — 1. P. COMMUNIS, Trin., R. commun. *Arundo phragmites*, L. — panicule ample violacée à la fin soyeuse; ligule
velue; tige élevée. Lieux marécageux, étangs, fossés.
Août, septembre. Alluvions. ♃. C. C.
Vulg. *roseau à balais.*

XXVIII. Dactylis, L. DACTYLE.

(de *dactulos*, doigt; allusion à la panicule obscurément digitée).

1319. — 1. D. GLOMERATA, L. D. aggloméré. — Panicule
unilatérale; épillets verts ou violets; glumelle inférieure
ciliée. Prés, bois. Juin, septembre. Partout. ♃. C. C.

XXIX. Kœleria, Pers. KEULERIE.

(dédié à Kœler, professeur à Mayence).

1	Feuilles inférieures enroulées, glabres . . . *K. setacea.* (3).	
	Feuilles planes	2

2	Glumes rudes sur toute leur surface; carène ciliée . . . . . *K. cristata.* (1).	
	Glumes rudes seulement sur la carène . . *K. gracilis.* (2).	

1320. — 1. K. CRISTATA, Pers., K. à crête. *K.* — *pyramidalis*,
Rochel? ; *Poa* — Leers. — Panicule un peu étalée pyramidale pendant l'anthèse; glumes verdâtres presque
égales aux fleurs, ciliées sur la carène. Côteaux herbeux
secs. Tonnerre [Boreau]. Juin, août. Calcaires. ♃. R.

1321. — 2. K. GRACILIS, Pers., K. grêle. *K.* — *cristata* (auct.];
Poa nitida, Lam. — Panicule spiciforme atténuée aux
deux bouts, étalée à l'anthèse, non pyramidale; glumes
verdâtres violacées, plus courtes que les fleurs, rudes
sur la carène. Lieux secs, bords des chemins, champs.
Mai, août. Partout. ♃. C.

1322. — 3. K. SETACEA, Pers., K. sétacée. — Panicule spiciforme, ovale ou oblongue, luisante, verdâtre ou violacée; glumelle supérieure terminée par 2 dents aiguës,
inégales. Lieux herbeux des côteaux. Mailly-la-Ville!
Saint-Moré! Voutenay! Avril, juin. Calcaires. ♃. R. R.

XXX. Glyceria, R. Br. GLYCÉRIE.

(*Glukeros*, doux; allusion aux propriétés alimentaires de la plante).

1	Feuilles obtuses . . . . *G. airoides.* (3).	
	Feuilles aiguës.	2

2 { Tige droite, raide; panicule étalée en tous sens . . . . .
. . . . *G. spectabilis.* (1).
{ Tige tombante ; panicule unilatérale . . . *G. fluitans.* (2).

1323. — 1. G. SPECTABILIS, M. et K., G. remarquable. *G. — aquatica,* Wahl.; *Poa aquatica,* L. — Panicule grande, rameuse, fournie, verdâtre ou-violacée ; épillets petits formés de 5-9 fleurs ; gaînes cylindriques. Lieux marécageux, étangs, fossés. Juillet, août. Alluvions. ♃. C.

1324. — 2. G. FLUITANS, R. Br., G. flottante. *Festuca,* — L.; *Poa,* — Scop. — Panicule peu rameuse, très-longue, d'un vert pâle ; épillets formés de 7-11 fleurs, atteignant jusqu'à 3 centimètres; gaînes comprimées. Dans les fossés, les étangs. Mai, août. Alluvions. ♃. C.

1325. — 3. G. AIROIDES, Reich.; G. canche. *Glyceria aquatica,* Presl.; *Aira,* L.; *catabrosa,* Palis. — Panicule grande pyramidale, verdâtre ou violacée ; glumes carénées ; feuilles molles ; tige couchée radicante, puis dressée. Lieux fangeux, Auxerre ! Sens ! Tonnerre ! Toucy ! Beaumont ! Mai, août. Alluvions. ♃. A. R.

XXXI. Poa, L. PATURIN.

(de *Poa,* gazon).

1 { Tige comprimée . . . . *P. compressa.* (1).
{ Tige cylindrique, au moins supérieurement 2

2 { Tige renflée bulbeuse à la base . . . . . *P. bulbosa.* (7).
{ Tige non renflée à la base. 3

3 { Ligule allongée. 4
{ Ligule courte, tronquée. 5

4 { Rameaux de la panicule solitaires ou géminés. *P. annua.* (8).
{ Rameaux de la panicule réunis par 3-5, dans les verticilles in-
{ férieurs . . . . *P. trivialis.*(5).

5 { Gaîne de la feuille supérieure plus courte que le limbe. . .
{ . . . . *P. nemoralis.* (6).
{ Gaîne plus longue que le limbe 6

6 { Feuilles étroites et enroulées . . . . . *P. angustifolia.*(4).
{ Feuilles planes ou pliées 7

7 { Pédoncules rudes . . . . *P. pratensis.* (3).
{ Pédoncules lisses . . . . *P. anceps.*(2).

1326. — 1. P. COMPRESSA, L., P. comprimé. Panicule dressée, verdâtre ou violacée, unilatérale; ligule courte tronquée, tiges couchées puis redressées. Vieux murs, bords des chemins, prés. Juin, août. Partout. ♃. C.

1327. — 2. P. ANCEPS, P. à deux faces. *Poa pratensis anceps,*

Gaud. — Panicule large pyramidale, souvent violacée;
tiges dressées. Lieux herbeux humides, bords des ruisseaux. Mai, juillet. ⚥. A. C.

1328. — 3. P. PRATENSIS, L., P. des Prés. — Panicule oblongue toujours étalée, souvent violacée; feuilles aiguës;
souche stolonifère. Prés, bords des chemins. Mai, juin.
Partout. ⚥. C. C.

1329. — 4. P. ANGUSTIFOLIA, L., P. à feuilles étroites. — Panicule étroite à rameaux capillaires, violacée; épillets à 2-3
fleurs; souche munie de stolons grêles. Lieux herbeux,
murs. Mai, juillet. Partout. ⚥. A. C.

1330. — 5. P. TRIVIALIS, L., P. commun. *P.* — *scabra*, Ehrh.
— Panicule étalée, rameuse, à rameaux rudes; feuilles
atténuées de la base au sommet, planes; souche fibreuse.
Lieux herbeux, humides, ombragés, prés. Mai, juillet.
Alluvions. ⚥. C.

1331. — 6. P. NEMORALIS, L., P. des Bois. — Panicule dressée
ou penchée; épillets ovales lancéolés verdâtres; glumes
presque égales à 3 nervures; ligule presque nulle. Bois
frais. Mai, septembre. Partout. ⚥. C.

1332. — 7. P. BULBOSA, L., P. bulbeux. — Panicule dressée
ovale, compacte; épillets panachés de blanc, de jaune et
de violet; ligule oblongue aiguë. Bords des chemins,
murs. Avril, juin. Partout. ⚥. C.

1333. — 8. P. ANNUA, L. P. annuel. — Panicule presque unilatérale à rameaux étalés à angle droit; épillets blancs
verdâtres ou violacés; feuilles molles; ligule oblongue.
Bois, chemins, cours, rues, jardins, champs. Toute l'année. Partout. ①. C. C. C.

XXXII. **Briza**, L. BRIZE.

(de *Brithein*, s'incliner; allusion aux épillets qui sont pendants).

1334. — 1. B. MEDIA, L., B. intermédiaire. — Panicule lâche à
rameaux filiformes étalés; épillets panachés, pendants
plus larges que longs; souche gazonnante. Côteaux, bois
secs, prés. Mai, juillet. Partout. ⚥. C.
Vulg. *amourette*.

XXXIII. **Cynosurus**, L. CYNOSURE.

(*Kuôn*, chien, *oura*, queue; allusion à la forme de l'épi).

1335. — 1. C. CRISTATUS, L., C. à crêtes. — Panicule spici-

forme unilatérale, distique, d'un vert jaunâtre ; tiges de
5-8 décimètres en gazon. Lieux herbeux, prés. Juin,
juillet. Partout ♃. C.

XXXIV. Sesleria, Ard. SESLÉRIE.

(Dédié au botaniste Sesler).

1336. — 1. S. CŒRULEA, Ard., S. bleuâtre. *Cynosurus cœru-
leus*, L. — Panicule en épi oblong à épillets comprimés,
luisants, bleuâtres, quelquefois verdâtres ; tiges dressées
de 1-3 décimètres. Clairières des bois montueux, depuis
Druyes jusqu'à Tonnerre. Avril, juin. Calcaires. ♃. C.

Manque complétement dans les sables.

XXXV. Chamagrostis, Borkh. CHAMAGROSTIS.

(de *Kamai*, à terre, *agrostis* ; allusion au peu d'élévation
de la plante).

1337. · 1. C. MINIMA, Bork, C. naine. *Agrostis* — L. ; *Sturmia*
— Hop. ; *Mibora*, — Adans. — Fleurs rougeâtres luisantes, alternes en épi simple presque unilatéral ; tiges
en touffe, sans nœuds. Dans les champs. Mars, mai. Sables.
①. C. C.

XXXVI. Nardus, L. NARD.

(de *nardos*, nom grec de diverses plantes odorantes).

1338. — 1. N. STRICTA, L , N. raide. — Fleurs bleuâtres rapprochées, en épi unilatéral; tiges dressées ; feuilles enroulées en touffe compacte. Bruyères sèches ou humides.
Bleigny ! Perrigny ! Appoigny ! etc. Mai, juillet. Sables.
♃. A. R.

XXXVII. Triticum, L. FROMENT.

(de *tritus*, broyé ; allusion aux graines broyées pour en extraire
la farine).

Glumes carénées, à carène tranchante . .	*T. turgidum.* (2).
Glumes non carénées à la base	*T. sativum.* (1).

1339. — 1. T. SATIVUM, Lam., F. commun. *T. — vulgare*, Will.
Epillets ovales en épi dressé, puis incliné à la maturité;
glumes carénées au sommet seulement. Dans les champs.
Juin. Partout. ②.

Vulg. *blé ordinaire*; cultivée.
Varie à épillets glabres ou pubescents, blanchâtres ou roux, à glumelle
inférieure munie d'une longue arête (*T. œstivum*, L.) ou presque mutique
(*T. hybernum*, L.).

1340. — 2. TURGIDUM, L., F. renflé. — Epillets renflés ventrus réunis en épi tétragone, incliné; glumes carénées daus toute sa longueur. Dans les champs. Mai, juin. ☉.

Vulg. *gros blé*; cultivée.
Varie à épi composé (*T. compositum*, L.).

XXXVIII. Agropyrum, P. B. Agropyre.

(*Agros*, champ, *puros*, blé; blé sauvage).

1 { Arêtes beaucoup plus longues que les fleurs. *A. caninum*. (2).
{ Arêtes nulles ou plus courtes que les fleurs. *A. repens*. (1).

1341. — 1. A. REPENS, P. B , A. rampant. *Triticum* — L. — Epi distique; feuilles rudes en dessus; souche rampante. Champs, bords des chemins, des haies, etc. Juin, septembre. Partout. ⚇. C. C. C.

Vulg. *chiendent*; médicinale, rafraichissante.

1342. — 2. A. CANINUM, R. et S., A. des Chiens. *Triticum*, Huds ; *Elymus caninus*, L. — Epi distique; feuilles rudes sur les deux faces; souche non traçante. Lieux ombragés humides. Juin, août. ⚇. A. C.

XXXIX. Secale, L. SEIGLE.

(du mot celtique ségal).

1343. — 1. S. CEREALE, L , S. cultivé. — Epi oblong souvent penché, glauque, comprimé; glumelle inférieure à carène ciliée épineuse, aristée. Dans les champs. Juin. Sables et granite. ☉.

XL. Elymus, L. ELYME.

(de *elumos*, nom grec d'un panic).

1344. — 1. E. EUROPÆUS, L. E. d'Europe. *Hordeum sylvaticum*, Will.; *Cuviera europœa*, Kœl. — Epi linéaire lancéolé; glumes et glumelle inférieure aristées ; souche un peu en gazon. Bords des bois montueux. Forêt de Frétoy [Sagot]! Juin, août. Calcaires. ⚇. R.

XLI. Hordeum, L. ORGE.

(de *hordus*, pesant ; allusion au pain d'orge peu digestif).

1 { Epillets à fleurs toutes hermaphrodites 2
{ Fleurs latérales mâles ou neutres 3

2 { Epillets disposés sur six rangs égaux. . *H. hexastichon*. (2).
{ Epillets sur six rangs inégaux . . . . . *H. vulgare*. (1).

3 { Fleurs stériles aristées 4
{ Fleurs latérales stériles mutiques. . . . *H. distichum*. (3).

4 { Fleurs latérales à glumes ciliées. . . . *H. murinum*. (4).
{ Glumes non ciliées . . . . *H. secalinum*. (5).

1345. — 1. H. VULGARE, L., O. vulgaire. — Épillets sur 6 rangs, 2 rangs opposés peu saillants et 4 proéminents ; épi comprimé presque tétragone. Champs. Juillet, août. Calcaires arides. ④.

Vulg. *orge* ; cultivée, alimentaire.

1346. — 2. H. HEXASTICHON, L , O. à 6 rangs. — Épi court plus épais, plus serré que le précédent ; épillets sur 6 rangs également saillants. Champs. Juin, juillet. Calcaires arides. ④.

Vulg. *orge carrée* ; cultivée, alimentaire.

1347. — 3. H. DISTICHUM, L., O. à 2 rangs. — Épi comprimé allongé ; épillet sur 6 rangs, 4 formés par des fleurs mâles mutiques, et 2 saillants formés par des fleurs hermaphrodites aristées. Champs. Juin, juillet. Calcaires arides. ④.

Vulg. *orge à deux rangs* ; cultivée, alimentaire.

1348. — 4. H. MURINUM, L., O. Queue de Souris. — Feuilles molles, rudes aux bords ; gaines glabres, la supérieure un peu enflée. Bords des chemins herbeux, pied des murs. Juin, août. Partout. ④. C. C.

1349. — 5. H. SECALINUM, Schreb., O. faux Seigle., *H. — pratense*, Huds.; *H, — nodosum*, Bieb. — Feuilles rudes sur les 2 faces ; gaines inférieures velues non renflées, même la supérieure. Dans les prés. Juin, juillet. Partout. ④. C.

XLII. Lolium, L. IVRAIE.

(Altéré de *dolioó*, je trompe ; allusion aux propriétés vénéneuses de la plante).

1	Plante annuelle.	2
	Plante vivace	3

2	Arête égalant la glume. . . . . *L. temulentum.* (4).	
	Arête nulle ou beaucoup plus courte que la glume . . . . *L. rigidum.* (3).	

3	Fleurs mutiques. . . . . *L. perenne.* (1).	
	Fleurs aristées . . . . *L. italicum.* (2).	

1350. — 1. L. PERENNE, L., I. vivace. — Épillets toujours appliqués contre l'axe ; feuilles pliées dans leur jeunesse. Lieux herbeux des chemins, pelouses, prés, champs. Juin, octobre. Partout. ♃. C. C. C.

Vulg. *ray-grass.*

1351. — 2. L. ITALICUM, Braun., I. d'Italie. *L.— boucheanum,*

Kunth. — Epillets étalés pendant la floraison; feuilles
enroulées dans leur jeunesse. Gazons artificiels. Juin,
octobre. ⚥.

1352. — 3. L. RIGIDUM, Gaudin, l. raide. *Lolium strictum*,
Godr. — Epi dressé ou un peu arqué ; épillets oblongs
serrés contre l'axe; glumelle inférieure à 5 nervures.
Dans les champs, vignes. Juin, juillet. sables ⊕. A. C.

1353. — 4. L. TEMULENTUM, L., l. enivrante. — Epi dressé
raide ; épillets oblongs toujours apprimés ; glume plus
longue que l'épillet; plante de 6-10 décimètres. Moissons. Juin, juillet. Partout. ⊕. A. C.

Fam. XCVIII. — TYPHACÉES. (Typheæ, Juss.).

Fleurs réunies en épis allongés.	*Typha.*	(i).
Fleurs réunies en glomérules arrondis. .	*Sparganium.*	(ii).

I. Typha, L. Massette.

(de *typhos*, marais; allusion à l'habitation de la plante).

Epi mâle écarté de l'épi femelle · feuilles étroites convexes .
. . . . *T. angustifolia.* (2).
Epi mâle rapproché de l'épi femelle ; feuilles planes . . . .
. . . . *T. latifolia.* (1).

1354. — 1. T. LATIFOLIA, L., M. à feuilles larges. — Axe de
l'épi mâle garni de poils d'un blanc sale; épi femelle
brun-noirâtre à surface écailleuse et à axe dépourvu de
poils. Eaux tranquilles, lieux marécageux. Juin, juillet.
Partout. ⚥. A. C.

1355. — 2. T. ANGUSTIFOLIA, L., M. à feuilles étroites. — Axe
de l'épi mâle garni de poils roux ; épi femelle d'un roux
châtain à surface filamenteuse et à axe velu au sommet.
Lieux marécageux, fossés, étangs. Juin, juillet Partout.
⚥. C. C.

II. Sparganium, L. Rubanier.

(de *sparganon*, bandelette ; allusion à la forme des feuilles).

Glomérules en panicule rameuse.	*S. ramosum.*	(1).
Glomérules en grappe simple	*S. simplex.*	(2).

1356. — 1. S. RAMOSUM, Huds., R. rameux. *S. erectum*, a. L.
— Ecailles des fleurs entières au sommet ; feuilles triquètres à la base, à faces latérales concaves. Bords des
eaux, fossés, étangs. Juin, août. Partout. ⚥. C.

1357. — 2. S. SIMPLEX, Huds., R. simple. *S. erectum*, b. L.—
Ecailles des fleurs dentées au sommet ; feuilles triquètres
à la base à faces latérales planes. Lieux marécageux,
bords des eaux tranquilles. Juin, août. ♃. A. C.

Fam. XCIX. — **LEMNACÉES**. (Lemnaceæ, Dub.).

I. **Lemna**, L. Lenticule.

(de *lemma*, écaille ; allusion à la forme de la plante).

1	Frondes oblongues réunies par 3. . . . *L. trisulca.* (1).	
	Frondes suborbiculaires.	2
2	Frondes dépourvues de fibres radicales . . *L. arrhiza.* (5).	
	Frondes munies de 1 ou plusieurs fibres radicales. . . .	3
3	Plusieurs fibres radicales . . . . *L. polyrhiza.* (2).	
	Une fibre radicale.	4
4	Frondes planes en dessous . . . . *L. minor.* (3).	
	Frondes convexes en dessous. . . . . . . *L. gibba.* (4).	

1358. — 1. L. TRISULCA, L., L. prolifère. — Frondes minces
translucides, pétiolées, réunies à angle droit. Eaux stagnantes. ④. A. C.

1359. — 2 L. POLYRHYZA, L., L. à plusieurs racines.— Frondes vertes dessus, rougeâtres en dessous, non spongieuses. Eaux stagnantes. ④. C.

1360. — 3. L. MINOR, L , L. petite, — Frondes vertes épaisses
et planes des 2 côtés. Eaux stagnantes. ④. C.

1361. — 4. L. GIBBA, L., L. gonflée. — Frondes vertes, convexes et spongieuses en dessous. Eaux stagnantes. ④. C.

1362. — 5. L. ARRHIZA, L., L. sans racine. — Frondes très-
petites, planes en dessus, convexes en dessous. Eaux
stagnantes, Brosses [Sagot]! ④. R.

Toutes les espèces de ce genre portent le nom de lentilles d'eau.

Fam. C. — **AROIDÉES**. (Aroideæ, Juss.).

I. **Arum**, L. Arum.

(de *aron*, nom grec du pied de veau).

1363. — 1. A. MACULATUM, L., A. commun. *A. vulgare*, Lam.
— Fleurs placées sur un spadice terminé en massue vio-
lette et renfermé dans une spathe d'un vert jaunâtre ;
feuilles hastées souvent tachées. Mai, juin. Partout.
♃. C.
Vul. *Gouet*, pied de veau.

CLASSE TROISIÈME.

—

MONOCOTYLÉDONÉES CRYPTOGAMES.

—

Fam. CI. — **FOUGÈRES**. (Filices, Juss.).

1 { Sporanges en panicule ou en épi à la partie supérieure des feuilles fertiles 2
Sporanges placés à la surface inférieure des feuilles fertiles. 4

2 { Capsules disposées en épi linéaire distique ; feuille stérile entière . . . . *Ophioglossum*. (1).
Capsules disposées en panicule ; feuille stérile pennisé-
quée. 5

3 { Fructifications terminant la feuille. . . . *Osmunda*. (iii).
Fructifications portées sur un rameau distinct . . . .
. . . . *Botrychium*. (ii).

4 { Sporanges réunis par groupes, dépourvus d'indusium. . . . 5
Sporanges réunis par groupes, munis d'indusium 6

5 { Groupes arrondis; feuilles écailleuses en dessous. *Ceterach*.(iv).
Groupes allongés; feuilles dépourvues d'écailles *Polypopium*.(v).

6 { Sporanges en lignes sur les bords de la feuilles. *Pteris*. (xiii).
Sporanges en groupes distincts sur la surface de la feuille . . 7

7 { Groupes arrondis ou ovales. 8
Groupes linéaires. 11

8 { Indusium pelté attaché à la feuille par le centre et libre sur
toute la circonférence. . . . . *Aspidium*. (vi).
Indusium attaché sur une partie de la circonférence. . . . 9

9 { Attache de l'indusium allant du centre à la circonférence et
formant un pli profond. . . . . . *Polystichum*. (vii).
Indusium n'offrant pas de pli et attaché seulement à la circonférence. 10

10 { Lobes des feuilles aigus ; indusium libre du côté interne . .
. . . . *Athyrium*. (ix).
Lobes des feuilles obtus ; indusium libre du côté du bord . .
. . . . *Cystopteris*. (viii).

11 { Feuilles entières, cordées à la base. . *Scolopendrium*. (vi).
Feuilles plus ou moins découpées ou linéaires 12

12 { Feuilles pinnatipartites . . . . *Blechnum*. (xii).
Feuilles au moins une fois ailées ou linéaires. *Asplenium*. (x).

I. Ophioglossum, L. Ophioglosse.

(*Ophis*, serpent, *glossa*, langue ; allusion à la forme de l'épi).

1364. — 1. O. VULGATUM, L., O. commun. — Feuille stérile ovale dépassée longuement par l'épi fertile. Lieux herbeux humides, prés. Mailly-la Ville ! Vaux [Breuillard]! forêt d'Othe à Bussy [Mabile]! Juin. Sables et calcaires. ⚥. R.

Vulg. *langue de serpent.* Prés de Tonna, du Bouchard (Guichard).

II. Botrychium, Sw. Botryquie.

(de *botrus*, grappe de raisin ; allusion à la forme de la panicule).

1365. — 1. B. LUNARIA, Sw., B. lunaire. *Osmunda*, L. — Feuilles stériles à segments réniformes semi-lunaires, entiers ou sinués ; tige de 1 décimètre environ. Lieux herbeux incultes. Appoigny ! forêt d'Othe à Bussy [Mabile]! Mai, juillet. Sables. R. R.

III. Osmunda, L. Osmonde.

(de *osmunder*, divinité celtique).

1366. — 1. O. REGALIS, L., O. royale. — Feuilles deux fois ailées, à divisions obliquement en cœur à la base ; plante de 8-15 décimètres. Bois tourbeux. Bleigny ! Appoigny ! Avallon ! Chastellux ! Monéteau ! Juin, août. Sables et granite. ⚥. R.

IV. Ceterach, C. Bauh. Cétérach.

(de *cheterak*, nom arabe de la plante).

1367. — 1. C. OFFICINARUM, D. C., C. officinal. *Asplenium ceterach*, L.; *Grammitis*, Sw. — Feuilles nombreuses en touffe, pinnatifides à lobes arrondis, verts en dessus, couverts en dessous d'écailles rousses brillantes.. Vieux murs, rochers. Voutenay ! Pont-de-Givry ! Eglise de Dixmont ! [Dey] Arcy ! Juillet, octobre. Calcaires. ⚥. R.

Vulg. *ceterach*; médicinale. Guichard la cite à Dolot.

V. Polypodium, L. Polypode.

(*Polus, pous*, pieds nombreux ; allusion à la disposition des divisions de la feuille).

1 { Feuilles pinnatifides. . . . . *P. vulgare.* (1).
{ Feuilles plusieurs fois ailées. . . . *P. Robertianum.* (2).

1368. — 1. P. VULGARE, L., P. commun. — Groupes de sporanges disposés sur deux rangs ; feuilles dressées, pétiolées, profondément pinnatifides. Rochers, bois. Hiver et printemps. Sables et granite. ♃. C. C.

Vulg. *polypode*; médicinale, apéritive.

1369. — 2. P. ROBERTIANUM, Hoff., P. de Robert. *P.* — *calcareum*, Sm. — Groupe de sporanges confluents à la maturité ; feuilles dressées, pétiolées, molles, triangulaires. Rochers à Magny-sur-Yonne ! bois d'Arcy ! Arcy [Boreau]. Est. Juillet, septembre. Calcaires. ♃. R.

VI. **Aspidium**, Sw. ASPIDIE.

(de *aspis*, bouclier ; allusion à la forme de l'indusium).

1370. — 1. A. ACULEATUM, Sw., A. à cils raides. *Polypodium* — L.; *Polysticum*, — D. C. — Feuilles de 4-8 décimètres, 2 fois ailées, dressées à pétiole court, atténuées aux deux bouts ; lobes un peu arqués, dentés, à dents terminées par une pointe. Rochers ombragés humides. Rive gauche du Cousin entre Avallon et Pontaubert ! Juin, septembre. Granite. ♃. R.

VII. **Polysticum**, Roth. POLYSTIC.

(*Polus stikos*, rangs nombreux ; allusion aux fructifications placées sur plusieurs rangs).

1 { Lobes des feuilles terminés par une soie. **P. spinulosum**. (3).
  { Lobes des feuilles non terminés par une soie 2

2 { Feuilles dépourvues d'écailles . . . . . **P. thelypteris**. (1).
  { Feuilles munies d'écailles . . . . **P. filix mas**. (2).

1371. — 1. P. THELYPTERIS, Roth., P. à bords roulés. *Aspidium*, — Sw.; *Acrostichum*, — L. — Feuilles de 2-7 décimètres longuement pétiolées, pinnatiséquées ; lobes des segments entiers à bords infléchis en dessous. Prairies marécageuses. Andryes ! Châtel-Censoir [Sagot] ! Juin, septembre. Calcaires. ♃. R.

1372. — 2. P. FILIX MAS, Roth., P. Fougère-mâle. *Aspidium*, — Sw.; *Polypodium*, — L. — Feuilles en touffe pinnatiséquées à pétiole écailleux ; lobes oblongs crénelés dentés ; groupes de sporanges disposés sur 2 rangs à la base des lobes. Bois, haies. Juin, octobre. Partout. ♃. C.

Vulg. *fougère mâle* ; médicinale, vermifuge.

1373. — 3. P. SPINULOSUM, D. C., P. à pointes. *Polypodium*,

— Retz.; *Aspidium*, Sw. — Feuilles en touffes bi-pinnatiséquées; groupes de sporanges disposés sur 2 rangs
d'un bout à l'autre des lobes. Lieux tourbeux, rochers
humides. Juin, septembre. Sables et granite. ♃. A. C.

VIII. Cystopteris, Bernh. CYSTOPTERIS.

(*Custis*, vessie, *pteris*, fougère ; allusion à l'indusium membraneux).

1374. — 1. C. FRAGILIS, Bern. C. fragile. *Aspidium fragile*, Sw.;
Polypodium, — L. — Feuilles de 1-4 décimètres d'un
vert gai bi-pinnatiséquées ; segments opposés, les inférieurs plus courts que les moyens ; indusium s'ouvrant
de haut en bas. Rochers, bords des bois. Avallon [Bo-
reau]! Juin, septembre. Granite. ♃. R.

IX. Athyrium, Roth. ATHYRIUM.

(de *athuros*, sans porte ; allusion à l'indusium peu développé).

1375. — 1. A. FILIX FŒMINA, Roth., A. fougère-femelle. *Aspidium*, Sw.; *Polypodium*, L.; *Asplenium*, Bernh. —
Feuilles de 5-10 décimètres finement bi-pinnatiséquées ;
pétiole plus court que le limbe. Lieux marécageux des
bois, rochers. Indusium se renversant en dehors. Juin,
septembre. Sables et granite. ♃. C.

    Vulg. *fougère femelle.*

X. Asplenium, L. DORADILLE.

(*A splén*, sans rate ; allusion à de prétendues propriétés résolutives
des engorgements de la rate).

1	Feuilles divisées en 2 ou 3 segments linéaires . . . . , *A. septentrionale.* (5).	
	Feuilles divisées en segments nombreux	2
2	Feuilles une fois ailées. . . . . . . *A. trichomanes.* (4).	
	Feuilles plusieurs fois ailées	3
3	Segments obtus entiers ou peu découpés. *A. ruta muraria* (3).	
	Segments incisés.	4
4	Feuilles 3 fois ailées. . . . . *A. adianthum nigrum.* (1).	
	Feuilles 2 fois ailées. . . . . *A. lanceolatum.* (2).	

1376. — 1. A. ADIANTHUM NIGRUM, L., D. noire. — Feuilles
de 1-3 décimètres bi-tri-pinnatiséquées, à pétiole luisant
brun noirâtre inférieurement, limbe triangulaire lancéolé
dans son pourtour. Lieux ombragés humides, bois,
haies. Appoigny! Toucy ! Lindry! etc. Juin, septembre.
Sables. ♃. peu C.

    Vulg. *capillaire noire.*

1377. — 2. A. LANCEOLATUM, Smith., D. lancéolée.— Feuilles de 1-3 décimètres bi-pinnatiséquées, un peu crispées; segments inférieurs moins longs que les moyens. Rochers humides. Avallon! Magny [Boreau]. Juin, septembre. Calcaires et granite. ⚥. R.

1378. — 3. A. RUTA MURARIA, L., D. Rue de muraille.— Feuilles triangulaires épaisses, coriaces, bi-pinnatiséquées; pétiole vert aussi long que le limbe. Vieux murs, rochers. Tout l'été. Calcaires et granite. ⚥. C. C.

1379. — 4. A. TRICHOMANES, L., D. Polytric. — Feuilles linéaires pinnatiséquées à segments nombreux ovales-arrondis, tronqués à la base, crénelés, dentés; pétiole noir luisant, ailé sur les angles. Vieux murs, rochers, puits. Tout l'été. Calcaires. ⚥. C.

> Vulg. *capillaire.*

1380. — 5. A. SEPTENTRIONALE, Hoff., D. septentrionale. *Acrostichum*, — L. — Feuilles glabres, coriaces, divisées en 2-3 segments aigus, dirigés dans le même sens. Rochers humides. Avallon! Voutenay, Pontaubert, Chastellux [Boreau]. Tout l'été. Calcaires et granite. ⚥. R.

XI. Scolopendrium, Smith. SCOLOPENDRÉ.

(*Scolopendra*, mille pied; allusion aux groupes des sporanges simulant les pattes d'un mille-pieds).

1381. — 1. S. OFFICINALE, Smith., S. officinale. *Asplenium scolopendrium*, L. — Feuilles oblongues lancéolées en cœur à la base, munies de deux oreilles contournées en dedans. Rochers des bois, puits. Juin, septembre. Calcaires. ⚥. C.

XII. Blechnum, L. BLECHNE.

(de *bléchnon*, nom grec d'une fougère).

1382. — 1. B. SPICANT, Smith., B. spicant. *B.* — *boreale*, Sw., *Osmunda*, L. — Feuilles coriaces de 2 sortes; les stériles profondément pinnatifides à lobes parallèles; les fertiles plus longues à lobes plus espacés. Bois humides. Bleigny! Saint-Sauveur! Saint-Léger! Juin, septembre. Sables et granite. ⚥. R.

XIII. Pteris, L. PTÉRIS.

(*Pteros*, nom grec des fougères en général).

1283. — 1. P. AQUILINA, L., P. Aigle. — Feuilles de 1 mètre et

plus, triangulaires dans leur pourtour, coriaces, bi-tri-
pinnatiséquées à lobes velus en dessous ; pétiole très·
long, robuste et brun à la base. Bois, bruyères. Juillet,
octobre. Sables. ♃. C. C.

Vulg. *fougère commune.*

Fam. CII. — **EQUISÉTACÉES**. (Equisetaceæ, D. C.).

1. **Equisetum**, L. Prêle.

(*Equus*, cheval, *seta*, crin ; la plante offre l'aspect d'une queue
de cheval).

1	Tiges fertiles jamais vertes, nues . . . . . *E. arvense.* (1).	
	Tiges vertes . . . , ... , . .	2
2	Tiges très-rudes jamais rameuses . . . . . *E. hyemale.* (4).	
	Tiges lisses souvent rameuses.	3
3	Gaines à 6 dents . . . . *E. palustre.* (2).	
	Gaines à 15 ou 20 dents . . . . *E. limosum.* (3).	

1384. — 1. E. ARVENSE, L., P. des Champs. Tiges de 2 formes,
les fertiles blanchâtres, simples, se détruisant après la
la floraison ; les stériles vertes, rameuses, persistantes ;
épi obtus. Champs, prés. Mars, avril. Partout. ♃. C.

Vulg. *prêle.*

1385. — 2. E. PALUSTRE, L. P. des marais. — Epi cylindrique ; tige creusée de 6-8 sillons, rameuse dans la moitié
supérieure ; rameaux verticillés par 8 12, tétragones ;
gaines à dents blanches, scarieuses au bord. Lieux frais
herbeux. Mars, juin. ♃. C.

1386. — 3. E LIMOSUM, L. P. des Bourbiers. — Epi ovoïde ; tige
creusée de 10-20 sillons, rameuse au sommet ou nue ;
rameaux verticillés par 10-20, à 5 angles ; gaines à dents
brunes. Fossés, étangs. Mai, juin. Alluvions. ♃. C. C.

1387. — 4. E, HYEMALE, L. P. d'hiver. — Tiges persistantes pendant l'hiver, toujours vertes ; épi acuminé-
mucroné ovoïde, court. Lieux fangeux. Isle-sur-Sercin
[Tétrel] ! Mars, avril. Alluvions. ♃. R.

Vulg. *prêle des ébénistes.*

Fam. CIII. — **MARSILÉACÉES**. (Marsileaceæ, R. Br.).

(Nom tiré du genre *marsilea*, dédié à Marsigli, naturaliste italien).

1. **Pilularia**, L. Pilulaire.

(de *pilula*, petite boule ; allusion à la forme des involucres).

1388. — 1. P. GLOBULIFERA, L., P. à globules. — Fruits globuleux couverts d'un feutrage brun, placés à la base des feuilles ; feuilles alternes linéaires dressées, d'un beau vert. Etangs de la Puisaye. Juin, août. ♃. R.

Fam. ClV. — **LYCOPODIACÉES**. (Lycopodiaceæ, D.C.).

1. **Lycopodium**, L. Lycopode.

(lucos, loup, *pous*, pied ; allusion à la tige bifurquée, simulant une griffe de loup)

1 { Feuilles terminées par un long poil . . . ***L. clavatum.*** (1).
   { Feuilles non terminées par un poil. . . . ***L. inundatum.*** (2).

1389. — 1. L. CLAVATUM, L., L. à massue. — Epis géminés ou ternés au sommet d'un pédoncule commun ; bractées différentes des feuilles ; feuilles molles étalées et recourbées. Forêt d'Othe, Joigny (Lasnier)! Bussy (Boise) ! Sables. Juillet, octobre. ♃ R. R.

1390. — 2. L. INUNDATUM, L., L. inondé. — Epi terminal solitaire, renflé, vert, muni de feuilles semblables à celles de la tige ; feuilles un peu raides. Bruyères tourbeuses. Appoigny ! Branches [Boreau]! Juillet, octobre. Sables. ♃. R. R.

Fam. CV. — **CHARACÉES**. (Characeæ, Rich.).

1 { Tiges opaques à stries en spirales ; anthéridies hypogynes. .
    {   *Chara.* (ii).
    { Tiges diaphanes non striées ; anthéridies épigynes . . .
    {   *Nitella.* (i).

1. **Nitella**, Ag. Nitelle.

(de *Nitela,* qui rend brillant ; allusion à son emploi).

1 { Rameaux présentant à leur partie inférieure une étoile blanche, crustacée. . . . . ***N. stelligera.*** (4).
   { Rameaux dépourvus d'étoiles crustacées   2

2 { Rameaux munis de pointes ou épines aux articulations. *Chara.*
   { Rameaux dépourvus de pointes   3

3 { Rayons ou rameaux plusieurs fois bifurqués   4
   { Rayons simples ou 1 fois bifurqués . . ***N. translucens*** (3).

4 { Plusieurs rayons 3 fois bifurqués . . . ***N. tenuissima.*** (1).
   { Rayons 2 fois bifurqués . . . . . . ***N. mucronata.*** (2).

1391. — 1. N. TENUISSIMA, Kutz , N. menue. *Chara,* — Desv. — Tiges gazonnantes filiformes, grêles, peu rameuses, d'un vert terne ; ramuscules courts en glomérules compactes disposés comme les grains d'un chapelet. Eaux stagnantes. Joigny ! Saint-Sauveur [Boreau]! Juin, août. ☉. R.

1392. — 2. N. MUCRONATA, Kutz , N. mucronée. — Verticilles
formés de 6-8 rayons géniculés au point de divisions ;
sommet des ramifications obtus et muni d'un mucron
aciculaire. Eaux tranquilles. Auxerre. Juin, septembre. R.

1393. — 3. N. TRANSLUCENS, Ag., N. translucide. *Chara trans-
lucens*, Pers. — Tiges d'un vert gai, luisantes après dessication ; verticilles inférieurs à 6 rayons, les supérieurs
à 4 rayons.Eaux tranquilles.Canal du château à Tanlay ! R.

1394. — 4. N. STELLIGERA, Bauer., N. à Etoiles. *Chara obtusa*,
Desv. — Plante dioïque grisâtre, robuste, très-longue,
en touffe très-considérable. Canal de Bourgogne, à Laroche ! Juin, septembre. R. R.

II. **Chara**, L CHARAGNE.

(de *chara*, plaisir, d'après Linné ; allusion au port de la plante).

1	Tige flexible, diaphane, non striée. . . . . *C. Braunii*. (1).	
	Tige fragile, opaque et striée	2
2	Tiges vertes. . . . . *C. fragilis*. (4).	
	Tiges grisâtres.	3
3	Tiges robustes,très-hispides . . . . *C. hispida*. (3).	
	Tiges grêles, non hispides . . . . *C. fœtida*. (2).	

1395. — 1. C. BRAUNII, Gmel., C. de Braun. — Plante en touffe
de 1-2 décimètres ; tiges flexibles d'un beau vert, luisantes ; 6-10 bractées égalant le sporange. Etang Saint-
Ange à Bussy ! Juillet, septembre ⨁. R.

1396. — 2. C. FŒTIDA, A. Br., C fétide. *C. — vulgaris*, Wallr.
— Tiges grêles, grisâtres, de 1-3 décimètres ; 2 bractées
très-longues dépassant le sporange. Eaux tranquilles,
fossés, mares. Juin, septembre. ⚥. C.

1397. — 3. C. HISPIDA, Smith., C. hispide. — Tiges glauques de
5 8 décimètres, 3-4 bractées plus longues que le sporange. Eaux tranquilles, fossés profonds. Sainte-Nitace à
Auxerre! Juin, septembre. ⨁. Peu C.

1398. — 4. C. FRAGILIS, Desv., C. fragile. *C. — vulgaris*, L.
part. — Tiges très grêles en touffe, fragiles ; bractées plus
courtes que le sporange. Eaux tranquilles. Fossés de
Sainte Nitace à Auxerre ! Juillet, septembre. ⨁. peu C.

FIN DE LA PREMIÈRE PARTIE.

ADDENDA.

CARYOPHYLLÉES. (Genre VI *bis*).

Buffonia, L. BUFFONIE.
(dédié à Buffon).

173 *bis*. — 1. B. PANICULATA, Delarb., B. paniculée. *B. annua*,
D. C. — Fleurs blanchâtres en panicule; 4-5 sépales
libres; 5 pétales plus courts que les sépales; 4 étamines;
capsules à 2 valves, à 2 graines tuberculeuses; feuilles
sans stipules, connées étroites ; tige rameuse, rameaux
inférieurs étalés. Bords des chemins crayeux. Plessis-
du-Méc [S. Moreau]! Juillet, août. ♃. R. R.

OMBELLIFÈRES. (Genre V).

Petroselinum.

1 { Fleurs blanches. . . . . *P. segetum*. (2).
{ Fleurs d'un jaune verdâtre. . . . . . *P. sativum*. (1).

501 *bis*. — 2. P. SEGETUM, Koch., P. des Moissons. *Sison*, L.
Sium, Lam. — Fleurs blanches ou rougeâtres; feuilles
pinnées, les radicales à 13-19 folioles; ombelles pédon-
lées à 2-3 rayons inégaux. Moissons. Fleurigny [S. Mo-
reau]! Juillet, août. Calcaires. ④. R. R.

(1) Les noms des Familles sont en lettres majuscules et les noms des Genres en caractères ordinaires.

TABLE DES NOMS VULGAIRES.

C

Q

V

Y

LISTE DES PLANTES

QUI CONSTITUENT UN BON PRÉ NATUREL.

———

Fromental (Arrhenatherum elatius); Avoine jaunâtre (Avena flavescens); Brome droit, à grappe, mollet (Bromus erectus, racemosus, mollis); Orge faux-seigle (Hordum secalinum); Ray-Grass (Lolium perenne); Paturin des prés (Poa pratensis); Phléole des prés (Phleum pratense); Vulpin des prés (Alopecurus pratensis); Flouve odorante (Anthoxanthum odoratum); Houlque laineuse (Holcus lanatus); Fétuque des prés (Festuca pratensis); Dactyle aggloméré (Dactylis glomerata); Cynosure crételle (Cynosurus cristatus); Caille-lait jaune, blanc, (Galium verum, album); Trèfle étalé (Trifolium patens); Lotier corniculé (Lotus corniculatus); Berce (Heracleum); Jacobée (Senecio Jacobæa); Crépide verdâtre, bisannuelle (Crepis virens, biennis); Scabieuse (Knautia arvensis); Sauge des prés (Salvia pratensis); Grande Marguerite (Leucanthemum vulgare); Crête de coq glabre, velue (Rhinanthus glabra, hirsuta); Carotte sauvage (Daucus carota); Maillon (Centaurea jacea); Bouton d'or (Ranunculus steveni); Géranium découpé (Geranium dissectum); Minette (Medicago lupulina).

———

TABLE DES COMMUNES

ANCY LE-FRANC. — Arabis arenosa ; Helianthemum procumbens ; Cytisus capitatus; Epilobium angustifolium; Aster amellus; Chlora perfoliata ; Gentiana lutea, germanica, ciliata ; Orobanche ramosa; Mentha sylvestris; Carex humilis.

ANDRIES. — Ranunculus lingua; Onobrychis collina; Sedum sexangulare; Tordylium maximum; Senecio paludosus; Mentha sylvestris ; Triglochin palustre; Juncus obtusifolius; Cladium mariscus ; Schœnus nigricans; Bromus commutatus; Polystichum thelypteris ; Cystopteris fragilis.

APPOIGNY. — Myosurus minimus; Ranunculus hederaceus ; Brassica cheiranthus; Myagrum perfoliatum ; Drosera rotundifolia ; Silene conica ; Lychnis viscaria ; spergula subulata, pentendra ; Mœnchia erecta ; Elodes palustris; Ulex nanus; Trifolium aureum ; Vicia latyroides ; Rosa erythrantha, trachyphylla, tomentosa; Isnardia palustris; Illecebrum verticillatum ; Tillæa muscosa ; Sedum elegans ; Gnaphalium dioicum; Hypochæris maculata ; Pyrola rotundifolia ; Microcala filiformis; Linaria pelisseriana ; Veronica verna ; Orobanche rapum; Plantago arenaria ; Polygonum humifusum; Salix repens; Triglochin palustre; Potamogeton polygonifolius ; Juncus squarrosus, obtusifolius; Scilla bifolia ; Gagea arvensis; Orchis incarnata ; Neottia nidus avis; Spiranthes æstivalis ; Cyperus flavescens ; Carex vulgaris, ampullacea, pulicaris; Cynodon dactylon ; Aira præcox; Festuca uniglumis; Botrychium lunaria ; Osmunda regalis; Lycopodium inundatum.

ARCY. — Cardamine impatiens ; Thlaspi arnaudiæ; Ænothera biennis ; Sedum sexangulare; Lactuca chondrillæflora ; Echinospermum lappula ; Paris quadrifolia ; Orchis odoratissima ; Carex digitata ; Ceterach officinarum ; Polypodium robertianum.

ARGENTENAY. — Thlaspi montanum ; Cytisus capitatus; Mentha sylvestris; Phalangium liliago; Ophrys apifera var. Trollii.

ARTHONNAY. — Anthriscus sylvestris.

ASNIÈRES. — Atropa belladona ; vesbascum nigrum.

AUGY. — Myagrum perfoliatum ; centaurea solstitialis; Lamium maculatum ; Zannichellia palustris : Alopecurus utriculatus.

AUXERRE. — Adonis flammea ; Myosurus minimus; Ranunculus divaricatus ; Nigella arvensis; Berberis vulgaris; Papaver hybridum ; Glaucium flavum; Fumaria media, micrantha, Vaillantii; Cheiranthus cheïri; Barbarea præcox; Arabis hirsuta; Cardamine hirsuta, impatiens; Sisymbrium asperum; Erysimum orientale : Bunias orientalis; Calepina corvini; Viola provostii; Polygala calcaræa; saponaria vaccaria; Linum gallicum; Malva moschata; Althæa hirsuta; Ononis campestris; Lotus diffusus; Colutea arborescens; Vicia tenuifolia; Rubus nemorosus, collinus, tomentosus; Rosa sphærica, psilophylla, platyphylla, corymbifera, collina, tomentella, klukii, agrestis, echinocarpa, tomentosa; Cratægus pyracantha; Epilobium tetragonum; Ænothera biennis; Œnanthe lachenalii; Peucedanum carvifolium; Orlaya grandiflora; Torilis nodosa; Galium constrictum; Centhranthus latifolius; Valerianella morisonii; Arnica montana; Helminthia echioides; Echinospermum lappula; Lycium ovatum; verbascum virgatum; Linaria cymbalaria, prætermissa; Gratiola officinalis; Rhinanthus minor; Orobanche amethystea; Salvia sclarea; Galeopsis pubescens; Rumex scutatus; Euphorbia esula; Parietaria officinalis; Ulmus corylifolia; Salix fragilis, hippophæfolia, rubra; Alopecurus utriculatus; Avena pubescens; Festuca ovina, arundinacea; Crypsis alopecuroides; Glyceria airoides; Sparganium simplex; Nitella mucronata.

AVALLON. — Ranunculus aconitifolius; Meconopsis cambrica; Corydalis solida; Cheiranthus cheiri; Brassica cheiranthus; Thlapsi sylvestre; Spergula pentendra; Stellaria nemorum; Tilia parvifolia; Hypericum linearifolium; Oxalis acetosella, stricta; Impatiens noli-tangere; Trifolium aureum; Galegea officinalis; Rubus idæus, glandulosus; Comarum palustre; Amelanchier vulgaris; Epilob. angustifolium, palustre; Circea lutetiana : Illecebrum verticillatum: Corrigiola littoralis; Sedum purpurascens, sexangulare; Tordylium maximum; Adoxa moschatellina; Sambucus racemosa; Galium saxatile; Centhranthus rubra; Dipsacus pilosus; Doronicum pardalianches; Senecio fuschii; Hieracium auricula; Phyteuma spicatum; Lysimachia nemorum; Menyanthes trifoliata; Cuscuta major; Myosotis multiflora; Veronica verna; Euphrasia officinalis; Pedicularis palustris; Orobanche rapum; Salvia sclarea; Littorella lacustris; Polygonum bistorta; Parietaria officinalis; Ulmus effusa; Juncus squarrosus; Luzula maxima; Paris quadrifolia; Endymion nutans; Scilla bifolia; allium ursinum; Aceras anthropophora; Carex vulgaris; Alopecurus utriculatus; Festuca poa; Osmunda regalis; Aspidium aculeatum; Cystopteris fragilis; Asplenium lanceolatum, septentrionale.

BAON. — Dianthus carthusianorum; Trifolium montanum; Verbascum nigrum; Orchis incarnata.

BAZARNES. — Buxus sempervirens.

BEAUMONT. — Circæa lutetiana; Ribes rubrum; Lappa major; Stachys alpina; Carex pseudo-cyperus; Bromus giganteus; Glyceria airoides.

BEINES. — Xeranthemum cylindraceum.

BÉRU. — Saponaria vaccaria; Linosyris vulgaris; Xeranthemum cylindraceum; Gentiana lutea, ciliata; Physalis alkekengi; Veronica anagaloides.

BLEIGNY. — Myosurus minimus; Drosera rotundifolia; Lotus tenuifolius; Gnaphalium dioïcum; Pyrola rotundifolia; Linaria pelisseriana; Gratiola officinalis; Potamogeton polygonifolius; Juncus squarrosus; Neottia nidus avis; Cyperus flavescens; Eleocharis uniglumis; Calex pulicaris, lævigata; Osmunda regalis; Blechnum spicant.

BLÉNEAU. — Nymphæa alba; Potentilla supina; Limosella aquatica; Alisma ranunculoides, damasonium; Eleocharis ovata; Scirpus fluitans; Bromus giganteus.

BONNARD. — Salix rubra : Muscari Lelievrii.

BRANCHES. — Drosera rotundifolia; Elodes palustris; Ulex nanus; Rubus sylvaticus; Epilobium palustre ; Tillæa muscosa ; Triglochin palustre; Juncus squarrosu ; Spiranthes æstivalis; Cyperus flavescens, fuscus ; Eleocharis multicaulis; Scirpus pauciflorus; Carex pulicaris, vulgaris, ampullacea; Lycopodium inundatum.

BRIENON. — Falcaria rivini ; Petasites vulgaris.

BRION. — Fumaria parviflora ; Thalictrum collinum ; Erysimum cheiriflorum ; Isatis tinctoria ; Polygala austriaca ; Rosa tomentosa.

BROSSES. — Polygala Lejeunii ; Lemna arrhiza.

BUSSY. — Nymphæa alba; Arabis arenosa ; Nasturtium palustre : Cardamine hirsuta, impatiens; Erysimum cheiriflorum ; Malva italica : Oxalis acetosella; Rubus idæus, glandulosus, rudis; Fragaria elatior ; Rosa lemanii ; Mespilus Germanica ; Epilobium angustifolium ; Chrysosplenium alternifolium ; Asperula odorata ; Pyrola rotundifolia ; Hypopithys multiflora ; Atropa belladona ; Vesbascum nigrum; Digitalis lutea , Veronica montana ; Stachys alpina ; Luzula maxima ; Scilla bifolia ; Neottia nidus avis ; Carex elongata ; Melica uniflora ; Sparganium simplex; Botrychium lunaria ; Ophioglossum vulgare ; Lycopodium clavatum; Chara Braunii.

CHABLIS. — Camelina microcarpa ; Gentiana lutea ; Mentha veridis ; Butomus umbellatus.

CHAMPIGNY. — Vaccinium myrtillus.

CHAMPLOST. — Dipsacus pilosus.

CHAMPS. — Myagrum perfoliatum; Isatis tinctoria ; Juncus obtusiflorus.

CHARBUY. — Myosurus minimus ; Viola subcarnea ; Drosera rotundifolia ; Silene conica; Spergula subulata, pentendra; Mœnchia erecta ; Linum gallicum ; Elodes palustris ; Ulex nanus ; Trifolium Molinerii; Vicia latyroides; Rosa trachyphylla ; circæa lutetiana ; Corrigiola littoralis ; Arnica montana ; Hypochæris maculata ; Hieracium auricula ; Cicendia pusilla ; Microcala filiformis ; Veronica verna; Orobanche ramosa; Stachys arvensis ; Amaranthus ascendens; Juncus squarrosus, capitatus ; Ornithogalum divergens ; Carex pseudo-cyperus (étang de la Chesneau) ; Cynodon dactylon ; Aira præcox ; Festuca uniglumis.

CHASTELLUX. — Aconitum napellus; Cardamine sylvatica; Silene armeria; Rubus tomentosus; Circæa intermedia ; Sedum purpurascens : Senecio fuschii ; Nepeta cataria ; Stachys alpina ; Osmunda regalis ; Asplenium septentrionale.

CHATEL-CENSOIR. — Erysimum cheiriflorum ; Helianthemum apenninum ; Ononis columnæ ; Rosa subglobosa ; Epilobium palustre ; Vesbascum nigrum ; Mentha candicans, piperita ; Salix rubra ; naias minor.

CHEMILLY. — Nigella arvensis ; Ononis campestris ; Vicia uncinata ; Filago arvensis ; Podospermum laciniatum ; Pyrethrum chamomilla ; Linaria supina ; Orobanche ramosa ; Andropogon ischæmum.

CHENY. — Rosa subglobosa.

CHÉROY. — Potentilla supina.

COULANGES-LA-VINEUSE. — Actæa spicata ; arabis arenosa ; Isatis tinctoria ; Iberis Durandii ; Thlaspi montanum ; Camelina microcarpa ; Helianthemum procumbens; Ononis columnæ; Rubus tomentosus ; Amelanchier vulgaris ; Euphorbia esula ; Iris fœtidissima ; Aceras anthropophora ; Limodorum abortivum ; Carex humilis, digitata.

COURSON. — Astralagus cicer ; Rubus glandulosus ; Xeranthemum cylindraceum ; Hypopithys multiflora ; Atropa belladona ; Stachys alpina ; Quercus pubescens ; Carex digitata.

CRUZY. — Adonis æstivalis ; Silene noctiflora ; Asperula odorata ; Dipsacus pilosus ; Aster amellus ; Gentiana lutea, ciliata ; Atropa belladona ; Ophrys muscifera.

CRY. — Helianthemum canum, procumbens ; Violette de Cry ; Coronilla montana ; Amelanchier vulgaris ; Galium commutatum ; Leontodon hyoserioides ; Linaria alpina ; Mentha mollissima ; Calamintha ascendens : Scutellaria alpina ; Euphorbia esula ; Phalangium liliago ; Limodorum abortivum ; Carex humilis.

CUY. — Diplotaxis muralis ; Lathyrus angulatus ; Centaurea solstitialis ; Antirrhinum orontium.

DIXMONT. — Salvia officinalis ; ceterach officinarum.

DRUYES. — Senecio paludosus ; gentiana germanica ; Vesbascum nigrum ; Mentha sylvestris ; Nepeta cataria ; Daphne mezereum ; Triglochin palustre ; Schænus nigricans.

ESCOLIVES. — Tordylium maximum ; Orchis odoratissima.

EVRY. — Diplotaxis muralis ; Lathyrus angulatus ; Linaria prætermissa ; Antirrhinum oruntium ; Veronica anagalloides ; Teucrium scordium.

FLOGNY. — Lotus diffusus ; rosa systila.

FONTENOY. — Galanthus nivalis.

GUERCHY. — Epilobium roseum.

GUILLON. — Cuscuta major ; Orobanche ramosa.

GURGY. — Helianthemum guttatum ; Cerastium obscurum.

GY-L'ÉVÊQUE. — Adonis autumnalis ; Alchemilla vulgaris.

GYZY. — Annemone pulsatella ; Adonis autumnalis ; Diplotaxis virninea ; Inula britannica ; Teucrium scordium.

HÉRY. — Cucubalus bacciferus ; Lappa major ; Vinca major ; Gagea arvensis.

ISLAND. — Cardamine hirsuta ; Thlaspi arnaudiæ ; Narcissus pseudonarcissus ; Allium ursinum.

JOIGNY. — Rosa sphærica ; Podospermum laciniatum ; Samolus valerandi ; Vinca major ; Chlora perfoliata ; Physalis alkekengi ; Gratiola officinalis ; Salvia sclarea ; Nepeta cataria ; Littorella lacustris ; Alisma ranunculoides ; Potamogeton heterophyllus, tuberculatus ; Luzula maxima ; Scilla bifolia ; Aceras anthropophora ; Spiranthes autumnalis ; Lycopodium clavatum.

JOUX-LA-VILLE. — Echinospermum lappula ; Alopecurus utriculatus.

JUSSY. — Tulipa sylvestris.

LA CHAPELLE-SUR-OREUSE. — Senecio paludosus ; Cirsium oleraceum ; Veronica præcox.

LÉZINNES. — Orlaya grandiflora ; Amaranthus ascendens ; Allium rotundum.

LINDRY. — Cardamine amara ; Geranium pyrenaïcum ; Oxalis acetosella ; Cirsium oleraceum ; Pyrola rotundifolia ; Menyanthes trifoliata ; Veronica montana ; Galeopsis pubescens ; Carex panicea.

L'ISLE-SUR-SEREIN. — Genista prostrata; Peucedanum carvifolium; Inula helenium; Chenopodium intermedium; Equisetum hyemale.

LUCY-SUR-CURE. — Erysimum cheiriflorum; Phalangium liliago.

LAROCHE. — Ranunculus divaricatus; Glaucium flavum; Camelina microcarpa; Epilobium palustre; Tordylium maximnm; Utricularia neglecta; Physalis alkekengi; Euphrasia officinalis; Mentha plicata; Populus canescens; Potamogeton lucens: Naias major, minor; Juncus obtusiflorus; Cyperus fuscus; Scirpus tabernæmontani; Blysmus compressus; Carex pseudo-cyperus, ampullacea; Nitella stelligera.

MAILLY-CHATEAU. — Anemone sylvestris, ranunculoïdes; Hesperis matronalis; Erysimum cheiriflorum; Helianthemum canum, apenninum; Viola subcarnea; Tilia grandifolia, corallina; Medicago ambigua; Amelanchier vulgaris; Sedum sexangulare; Trinia vulgaris; Artemisia camphorata; Silybum mariannm; Convolvulus cantabrica; Salvia sclarea; Thesium divaricatum; Phalangium liliago; Stipa pennata; Andropog. ischæmum.

MAILLY-LA-VILLE. — Cheiranthus cheiri; Arabis brassicæformis; Hes peris matronalis; Erysimum cheriflorum; Hutchinsia petræa; Thlaspi mon tanum; Viola scotophylla; Fragaria collina; Sedum sexangulare; Trinia vulgaris; Populus canescens; Scilla bifolia; Cephalanthera grandiflora; Stipa pennata; Melica uniflora; Kæleria setacea; Ophioglossum vulgare.

MERRY-SUR-YONNE. — Ranunculus vulgatus; Hesperis matronalis; Erysimum cheiriflorum; Helianthemum canum, procumbens; Viola subcarnea, scotophylla, virescens; Polygala Lejeunii; Tilia grandifolia, corallina; Sedum sexangulare; Linaria supina; Buxus sempervirens; Salix rubra; Iris fætidissima; Ophrys muscifera; Elymus europæus; Polypodium robertianum; Asplenium lanceolatum.

MICHERY. — Cratægus pyracantha; Orobanche amethystea.

MILLY. — Rosa micrantha; Aceras authropophora; Ophrys muscifera; Limodorum abortivum; Neottia nidus-avis.

MONÉTEAU. — Nigella arvensis; Helianthemum guttatum; Ruta graveolens; Vicia uncinata; Rosa lutea; Ænothera biennis; Sedum elegans; Helminthia echioides; Phyteuma spicatum; Spiranthes autumnalis; Osmunda regalis.

NAILLY. — Reseda phtyeuma; Sisymbrium supinum; Ribes rubrum; Vesbascum lychnitis (Var.).

NOYERS. — Carlina acaulis.

OUAINE. — Anemone sylvestris; Cephalanthera ensifolia.

PAILLY. — Adonis autumnalis; Sisymbrium supinum; Diplotaxis viminea; Camelina microcarpa; Re eda phyteuma; Centaurea solstitialis; Antirrhinum orontium; Orobanche amethystea.

PERRIGNY. — Myosurus minimus; Drosera rotundifolia; Polygala oxyptera; Cucubalus bacciferus; Spergula subulata; Mænchia erecta; Ulex nanus; Ononis campestris; Trifolium aureum; Illecebrum verticillatum; Carum verticillatum; Buplevrum tenuissimum; Selinum carvifolia; Laserpitium latifolium; Gnaphalium dioïcum; Arnica montana; Hypochæris maculata; Hieracium auricula; Lobelia urens; Phyteuma spicatum; Cicendia pusilla; Microcala filiformis; Antirrhimum orontium; Mentha plicata; Thymus chamædrys; Melittis grandiflora; Stachys arvensis; Polygonum humifusum; Salix repens; Potamogeton polygonifolius; Juncus squarrosus, obtusiflorus; Spiranthes æstivalis; Cyperus flavescens; Carex pulicaris, paniculata; Aira præcox; Festuca poa.

PIERRE-PERTHUIS. — Aconitum napellus ; Scilla autumnalis.

PLESSIS-DU-MÉE. — Sysimbrium supinum; Buffonia paniculata.

PLESSIS-SAINT-JEAN. — Adonis autumnalis; Orlaya grandiflora ; Androsace maxima.

PONT. — Sisymbrium irio, supinum.

PONTAUBERT. — Corydalis solida ; Cardamine hirsuta ; Stellaria nemorum ; Impatiens noli tangere ; Epilobium palustre ; Adoxa moschatellina ; Ulmus effusa ; Narcissus p eudo-narcissus ; Aspidium aculeatum ; Asplenium septentrionale.

PONTIGNY (Forêt de). — Turritis glabra ; Lychnis diurna ; Illecebrum verticillatum ; Sison amomum ; Hypopithys multiflora ; Maianthemum bifolium ; Festuca heterophylla.

PRÉCY. — Anthemis nobilis ; Nepeta cataria.

QUARRÉ. — Ranunculus hederaceus ; Nymphæa alba ; Impatiens nolitangere ; Comarum palustre ; Sorbus aucuparia ; Epilobium palustre ; Trapa natans ; Corrigiola littoralis ; Sedum villosum ; Sambucus racemosa ; Galium saxatile ; Senecio fuschii ; Hieracium pilosella ; Wahlenbergia hederacea ; Oxycoccos palustris ; Menyanthes trifoliata ; Antirrhinum orontium ; Euphrasia officinalis ; Pedicularis palustris ; Stachys arvensis.

SAINT-BRIS. — Thalicthrum collinum ; Anemone sylvestris ; Adonis æstivalis ; Actæa spicata ; Althæa hirsuta ; Hypericum montanum ; Genista pilosa ; Lathyrus sylvestris ; Colutea arborescens ; Trifolium aureum ; Rubus tomentosus ; Fragaria collina ; Rosa corymbifera, terebinthinacea ; Laserpitium latifolium ; Androsace maxima ; Gentiana lutea, germanica ; Orobanche amethystea ; Phalangium liliago ; Narcissus poeticus ; Galanthus nivalis ; Iris fœtidissima ; Orchis simia ; Ophrys muscifera ; Cephalanthera grandiflora, ensifolia ; Avena pratensis ; Festuca heterophylla.

SAINT-FLORENTIN. — Teucrium scordium ; Cladium mariscus.

SAINT-GEORGES. — Brassica cheiranthus ; Polygala oxyptera ; Oxalis stricta ; Trifolium striatum ; Lathyrus angulatus ; Rosa klukii ; Herniaria glabra, hirsuta ; Sedum elegans ; Sison amomum ; Buplevrum tenuissimum ; Pyrola rotundifolia ; Chlora perfoliata ; Rhinanthus minor ; Armeria plantaginea ; Plantago arenaria ; Gagea arvensis ; Orchis incarnata, viridis ; Festuca uniglumis, ovina ; Gastridium lendigerum.

SAINT-JULIEN-DU-SAULT. — Arabis arenosa ; Petasites vulgaris.

SAINT-LÉGER. — Rubus idæus, glandulosus ; Comarum palustre ; Sorbus aucuparia ; Epilobium palustre ; Senecio fuschii ; Wahlenbergia hederacea ; Oxycoccos palustris ; Menianthes trifoliata ; Pedicularis palustris ; Antirrhinum orontium ; Stachys arvensis; Polygonum bistorta ; Potamogeton polygonifolius ; Blechnum spicant.

SAINT-MARTIN-SUR-OREUSE. — Melitotus alba ; Asperula odorata.

SAINT-MAURICE-AUX-RICHES-HOMMES. — Reseda phyteuma ; Lithospermum purpureo-cæruleum.

SAINT-MORÉ. — Actæa spicata ; Arabis brassicæformis ; Dianthus carthusianorum ; Tilia grandifolia ; Geranium sanguineum ; Trifolium scabrum ; Amelanchier vulgaris ; Trinia vulgaris ; artemisia camphorata ; Doronicum pardalianches ; Convolvulus cantabrica ; Orobanche minor ; Hyssopus officinalis ; Quercus pubescens ; Phalangium liliago ; Scilla autumnalis. bifolia ; Carex digitata ; Andropogon ischæmum ; Stipa pennata ; Melica uniflora ; Avena pratensis ; Kœleria setacea.

SAINT-SAUVEUR. — Myosurus minimus; Drosera rotundifolia, inter-media; Elatine hexandra; Linum gallicum; Trifolium aureum; Comarum palustre; Epilobium palustre; Trapa natans; Adoxa moschatellina; Lobelia urens; Pinguicula vulgaris; Hottonia palustris; Chlora perfoliata; Menian-thes trifoliata; Gratiola officinalis; Linosella aquatica; Pedicularis palus-tris; Littorella lacustris; Potamogeton polygonifolius; Narcissus pseudo-narcissus; Eleocharis ovata; Carex paniculata; Blechnum spicant; Pilu-laria globulifera; Nitella tenuissima.

SAINT-SEROTIN. — Galeopsis canescens; Spiranthes autumnalis; Cala-magrostis epigeios.

SAVIGNY-EN-TERRE-PLAINE. — Petasites vulgaris.

SEIGNELAY. — Cucubalus bacciferus; Vicia uncinata; Circæa lute-tiana; Orobanche rapum.

SENAN. — Centaurea solstitialis; Antirrhinum orontium; Orobanche ramosa.

SENS. — Papaver somniferum; Fumaria wirtgeni, micrantha, parvi-flora; Sisymbrium supinum; Isatis tinctoria; Reseda phyteuma; Hyperi-cum quadrangulum, montanum; Ononis columnæ; Melilotus alba; Rosa pimpinellifolia; Ribes rubrum; Orlaya grandiflora; Valerianella morisonii; Inula britannica; Limnanthemum nymphoïdes; Linaria cymbalaria, præ-termissa; Origanum megastachyum; Chenopodium glaucum; Naias major, minor; Cynodon dactylon; Glyceria airoides.

SERGINES. — Sisymbrium supinum; Reseda phyteuma.

SERMIZELLES. — Rosa pimpinellifolia; Linosyris vulgaris; Inula mon-tana; Crepis setosa; Euphorbia salicetorum.

SERRIGNY. — Papaver hybridum; Myagrum perfoliatum; Helianthe-mum apenninum; Geranium pyrenaicum; Genista prostrata; Trifolium au-reum; Astragalus cicer; Sison amomum; carum carvi; Anthriscus sylves-tris; Stachys arvensis; Teucrium scordium; Paris quadrifolia.

TANLAY. — Ranunculus divaricatus; Actæa spicata; Arabis brassicæ-formis; Erysimum cheiriflorum; Hypericum montanum; Medicago time-royii; Trifolium montanum; Sanguisorba officinalis; Callitriche truncata; Seseli coloratum; Galium boreale; Cirsium bulbosum; Pulmonaria lon-gifolia; Atropa belladona; Physalis alkekengi; Verbascum nigrum; Oro-banche unicotor; Stachys alpina; Potamogeton œderi; Allium ursinum; Carex digitata, hornschuchiana; Melica uniflora, nutans; Nitella trans-lucens.

THORIGNY. — Adonis autumnalis; Helianthemum procumbens; Malva italica; Rubus glandulosus: Antirrhinum orontium; Orobanche teucrium.

TONNERRE. — Thalictrum collinum; Adonis æstivalis; Erysimum chei-riflorum; Calepina corvini; Helianthemum procumbens; Polygala austriaca; Dianthus carthusianorum; Silene rupicola; Sedum sexangulare; Gentiana lutea, germanica, ciliata; Asperugo procumbens; Veronica anagalloides; Orobanche minor; Rumex scutatus; Polygonum bellardi; Parietaria offi-cinalis; Allium rotundum; Kœleria cristata; Glyceria airoides.

TOUCY. — Ranunculus hederacens; Nymphæa alba; Althæa officinalis; Oxalis autosella; Lathyrus sphæricus, Rosa tomentosa, cuspidata; Circæa lu-tetiana; Hieracium auricula; Lobelia urens; Phyteuma spicatum; Pingui-cula vulgaris; Menyanthes trifoliata; Atropa belladona; Melittis grandiflora; Eriophorum latifolium; Glyceria airoides.

VAL-DE-MERCY. — Anemone sylvestris ; Ranunculus gramineus ; Berberis vulgaris ; Arabis arenosa ; Isatis tinctoria ; Iberis Durandii ; Polygala austriaca ; Podospermum laciniatum ; Lithospermum purpureo-cæruleum ; Veronica præcox ; Narcissus poeticus ; Orchis simia, militaris, odoratissima ; Carex humilis.

VAUX. — Rubus tomentosus ; Orlaya grandiflora ; Ononis columnæ ; Ophioglossum vulgare.

VENOY. — Ranunculus lingua ; Lepidium latifolium ; Viola subcarnea ; Cucubalus bacciferus ; Spergularia segetalis ; Althæa hirsuta ; Rosa arvina, erythrantha, collina, Lemanii, rotundifolia ; Ribes rubrum ; Inula helenium ; Mentha sylvestris ; Populus canescens.

VERLIN. — Petasites vulgaris ; Antirrhinum orontium.

VERMENTON. — Viola provostii ; Rubus collinus ; Calamintha ascendens ; Nepeta cataria ; Stachys alpina ; Cephalanthera eusifolia ; Calamagrostis sylvatica.

VERTILLY. — Sisymbrium supinum ; Erysimum cheiriflorum ; Camelina microcarpa.

VÉZELAY. — Asperula odorata ; Hissopus officinalis ; Rumex scutatus.

VINCELLES. — Ranunculus gramineus ; Arabis arenosa ; Isatis tinctoria ; Thlaspi montanum ; Camelina microcarpa ; Viola provostii ; Sison amomum ; Peucedanum carvifolium ; Popospermum laciniatum ; Cephalanthera ensifolia ; Carex humilis, digitata.

VOUTENAY. — Helianthemum canum, procumbens ; Geranium sanguineum ; Sedum sexangulare ; Carex digitata ; Kœleria setacea ; Ceterach officinarum ; Asplenium septentrionale.

ERRATA.

Page 54, ligne 11, en remontant, au lieu de Argenome ; *lisez* Argemone.
id. 61, ligne 10, en remontant, au lieu de supérieur ; *lisez* supérieurement.
id. 66, ligne 2, au lieu de pinnatipartites ; *lisez* pinnatipartites.
id. 68, ligne 16, en remontant, au lieu de sépages ; *lisez* sépales.
id. 72, espèce 148, le nom français est R. intermédiaire.
id. 72, espèce 149, le nom français est parnassie des marais.
id. 73, ligne 9, au bout des points ; *mettez* 3.
id. 75, genre 3, au lieu de soponaria ; *lisez* saponaria.
id. 76, ligne dernière, ou bout des points, *mettez* 4.
id. 79, espèce 182, le nom français est S. Holostée.
id. 79, espèce 183, le nom français est S. graminée.
id. 79, espèce 184, le nom français est S. des Fanges.
id. 84, ligne 11, en remontant, au lieu de Humifosum ; *lisez* humifusum.
id. 107, ligne 8, au lieu de Duricina ; *lisez* Duracina.
id. 111, ligne dernière ; *ajoutez* C.
id. 118, ligne 10, au lieu de velues en dessus ; *lisez* en dessous.
id. 132, famille 39, au lieu de (ulbelliferæ ; *lisez* umbelliferæ.
id. 135, espèce 508, remplacez le blocage par ♃.
id. 142, espèce 543, au lieu de L. nodosa ; *lisez* T. nodosa.
id. 152, ligne 11, en remontant, au lieu de sur 3 rangs ; *lisez* sur 2-3 rangs.
id. 164, ligne 15, au lieu de crucifolius, *lisez* erucifolius.
id. 182, ligne 9, au lieu de triaugulaire ; *lisez* triangulaire.
id. 182, ligne 3 de l'obs. après l'esp. 753, au lieu de ou verticilles ; *lisez* en verticilles.
id. 186, ligne 4, au lieu de Microcola ; *lisez* Microcala.
id. 201, espèce 853, au lieu de V. officinal ; *lisez* officinale.
id. 202, espèce 857, au lieu de calice suborbiculaire ; *lisez* capsule suborbiculaire.
id. 204, ligne 6, en remontant, au lieu de N. Teucrii. *lisez* O. Teucrii.
id. 234, ligne 15, en remontant, au lieu de ulmns ; *lisez* ulmus.
id. 299, espèce 1365 ; *ajoutez* ♃.
id. 311, au lieu de lythrum 129 ; *lisez* 126.
id. 313, au lieu de Primula 183 ; *lisez* 182.

Auxerre, imprimerie de G. Perriquet.

AUXERRE, TYPOGRAPHIE DE G. PERRIQUET.

* 9 7 8 2 3 2 9 3 6 6 4 5 6 *